friends 프렌즈 시리즈 17

프렌즈
크로아티아

김유진 · 박현숙 지음

Croatia

중앙books

PROLOGUE

삐삐 SAY

2007년 처음 크로아티아를 여행했을 때, 사람들의 차가운 인상과 달리 따뜻한 마음 씨와 소박한 모습이 매우 인상적이었습니다. 하지만 그들과 어울리고 싶은 속마음과 달리 함께하는 것이 쉽지 않았습니다.

결혼 후 아이를 낳고 키우는 생활을 하다 자료 조사를 위해 오랜만에 다시 찾게 된 크로아티아. 크로아티아도, 저도 변했습니다. 한 TV 프로그램 영향 때문인지 크로아티아에는 한국 사람 반, 다른 나라 관광객 반이 되었습니다. 가는 곳마다 친숙한 한국어가 들렸습니다. 그런 모습이 반가움 반, 조금은 아껴두고 혼자만 보고 싶었던 장난감을 빼앗긴 기분이 반이었다고 할까요? 다시 찾은 이곳에 서 저는 제법 용감해져 있었습니다.

무거운 짐을 끌고 계단을 올라갈 자신이 없으면 택시 기사에게 짐 좀 들어달라는 얘기를 할 수 있게 되었고, 길에서 만난 현지인 가족들과 함께 앉아서 오렌지를 까먹으며 이 도시에 그들만 아는 좋은 피크닉 장소도 들을 수 있게 되었습니다. 민박집 요금을 조금이라도 깎아 보려고 할아버지에게 "핸섬 맨~"이라 고 말하면서 엄지손가락을 척! 올릴 줄 아는 능청도 생겼지요. 내 생활이 없어졌다고 생각한 시기에 긴 여행을 하며 온전히 나만의 시간을 누려서일까요? 이번 여행은 끝나고도 여운이 길게 남았습니다.

어떤 사람들은 혼자 하는 여행은 지루하거나 무섭다고 생각할 수 있습니다. 여행은 누군가와 같이 해야 한다고 얘기하는 사람도 있을 것입니다. 하지만 혼자 떠나도 진짜 혼자인 사람은 아무도 없는 것 같습 니다. 모두 길 위에서 친구를 만나게 되니까요. 길 위에서 만난 모든 친구들에게 감사를 전합니다.

휴가 내고 온 짧은 시간동안 취재를 도와준 남편, 엄마 흉내 낸다고 키보드를 두드리는 건률&소율, 내 가 하는 일을 전폭적으로 지지하고 응원해주는 엄마와 언니, 사춘기 소녀가 된 쌍둥이 조카 가원&서원, 든든한 후원군 아버님과 어머님, 응답하라 SOS!하면 출동하는 정남&보라, 파리 여행 가서 지도 챙겨오 는 낙타 현진이, 잘한다고 칭찬만 해주는 연수 언니, 이 일을 할 수 있도록 계기를 마련해주고 채찍과 당 근을 함께 주는 현숙 언니, 이스탄불 지도와 자료를 선뜻 내준 인더월드 고인석 님, 마지막으로 하늘에서 지켜보고 있을 아빠에게 이 책을 바칩니다.

김유진 eugene1224@naver.com

1998년 대학교 1학년 겨울방학 때 인도로 첫 배낭여행을 떠났다. 몇 번의 방학을 인도에서 보내고 난 후 다른 곳으로 눈을 돌리기 시작했다. 여행이 좋다는 단순한 이유로 여행사에 취직했고, 회사에서 만난 인디 님과의 인연으로 머릿속으로만 알던 지식들을 풀게 되었다. 아직 갈 길이 멀고 이제 큰 산을 하나 넘었지만 이 일은 언제나 즐겁다.

현대 다이모스 매거진, 서울대학교병원 매거진, 올림푸스 코리아 블로그 등에 여행기를 기고했으며, 백화점 문화센터에서 동유럽 및 크로아티아에 대한 강연을 했다.

여행 경력: 유럽 10회 이상, 인도 6회 이상, 네팔&태국 6회 이상, 홍콩 2회 이상, 뉴질랜드, 싱가포르, 하와이, 시드니, 미 국, 중국, 일본, 뉴질랜드 어학연수 1년

주요 저서: 『프렌즈 동유럽』『유럽여행바이블』『똑 소리 나는 동유럽 (모두투어)』

인디 SAY

"도대체 유럽 사람들은 어디로 휴가를 떠나죠?"

8월이면 유럽 전체가 여름휴가로 텅 빈다는 글을 쓰다 문득 유럽 사람들은 어디로 휴가를 갈까 궁금해졌습니다. 궁금증을 해소하기 위해 만나는 유럽 사람들에게 질문을 했고 많은 사람들이 크로아티아를 이야기하며 행복해 하더군요. 이름만 떠올려도 행복해지는 곳이라니?

지도를 펼쳐보니 내전 중이었던 발칸반도의 나라 중 하나였습니다. 사회주의 시절 유고 연방에 속했던 나라. 지도를 자세히 살펴보니 이탈리아와 마주하고 있네요. 그 사이에 이름도 어여쁜 아드리아 해가 있고요. 7년 전 동유럽 책을 위해 크로아티아를 처음 여행했을 땐 매일이 감동이었습니다. 버스를 타고 도시와 도시를 이동할 때마다 눈부시도록 아름다운 푸른 바다가 파노라마처럼 펼쳐졌고 가는 도시마다 어찌나 작고 앙증맞은지 아껴보고 싶어서 슬로모션으로 걸었던 기억이 납니다.

천혜의 비경을 자랑하는 플리트비체에서의 첫 여행은 지금도 생생합니다. 하루 종일 호수 하이킹을 즐기다 숙소로 돌아와서 이곳이 얼마나 아름다운지에 대해 써서 사랑하는 사람들에게 엽서를 보냈습니다. 지금도 눈을 감고 신비로운 호수의 모습을 상상하면 기분이 좋아집니다. 아마도 그 무엇과도 비교할 수 없는 아름다운 자연 덕분일 겁니다.

크로아티아. 이름도 낯선 나라, 그리스·로마 신화 속에서나 존재할 것 같은 아주 특별한 여행지를 찾는다면 크로아티아로의 여행을 추천합니다. 자연, 특히 바다를 사랑하는 사람이라면 아드리아 해의 보석 같은 작은 섬으로의 여행도 잊지 마세요. 어디 꽁꽁 숨어 나만의 휴가를 즐기고 싶은 사람이라면 더욱 좋습니다. 유럽 귀족들이 즐겼다는 밀월여행처럼요.

박현숙 honeyquest@naver.com

1994년 100일간의 유럽 배낭여행을 시작으로 지금까지 유럽을 20번도 넘게 여행했다. 20대에는 여행 컨설턴트로 활동하며 배낭여행 전문 업체 블루에서 10년간 근무했고, 현재는 유럽 가이드북 저자로 활동 중이다.

여행 경력: 유럽 25회, 중국 3회, 상하이 10회, 인도 2회, 네팔 2회, 터키 3회, 홍콩 3회, 태국 5회, 말레이시아 2회, 싱가포르 2회, 캄보디아, 대만, 호주, 일본, 그리스, 이집트, 캐나다 어학연수 1년 등

주요 저서: 『프렌즈 동유럽』 『프렌즈 스페인&포르투갈』 『프렌즈 유럽 베스트시티 48』 『유럽여행바이블』 『7박 8일 바르셀로나』 『어느 멋진 일주일 싱가포르』 『유럽 100배 즐기기』 등

thanks to

조용하면서 차분하지만 확실한 피드백을 준 에디터 김민영 님, 열정으로 개정판 작업에 참여해준 에디터 유효주 님, 디자이너 김미연 님, 존재만으로 든든한 이정아 부문장님, 책을 예쁘게 디자인해 주신 정해진 님, 꼼꼼하게 지도 작업을 해주신 신혜진 님, 그리고 이 책이 발간될 수 있도록 보이지 않는 곳에서 애써 주신 모든 분들께 감사의 마음을 전합니다.

INTRODUCTORY REMARKS

이 책에 실린 정보는 2020년 2월까지 수집한 정보를 바탕으로 하고 있습니다. 따라서 현지 볼거리, 레스토랑, 상점 등의 예산과 운영 시간, 도시 내의 교통 요금과 운행 시간, 숙소 정보 등은 수시로 바뀔 수 있으며, 때로는 공사 중이어서 입장이 불가능한 경우도 있을 수 있음을 말씀드립니다. 바뀐 정보를 수집해 반영하고 있지만 예고 없이 현지 요금이 변경, 인상되는 경우가 있습니다. 이 점을 감안해 여행 계획을 세우시기 바라며, 혹 이로 인해 여행에 불편이 있더라도 양해 부탁드립니다. 새로운 정보나 변경된 정보가 있다면 아래로 연락주시기 바랍니다. **저자 김유진** eugene1224@naver.com, **편집부 02 6416 3922**

1 현지어 표기에 대해
『프렌즈 크로아티아』에서는 크로아티아어 발음을 외래어표기법에 맞춰 표기하려고 노력했습니다. 크로아티아어 표기에 일관성이 부족한 부분이 있겠지만, 여행자가 이 책을 들고 크로아티아를 누비며 크로아티아인과 의사소통을 하며 여행할 수 있는 데 초점을 맞춘 책이라는 사실을 감안해 주시길 바랍니다.

2 크로아티아 여행을 위한 추천 루트
『프렌즈 크로아티아』는 수도인 자그레브에서 시작해 남쪽으로 내려가는, 한국 여행자에게 가장 매력적이면서 기본이 되는 도시를 중심으로 다뤘습니다. 추천 루트는 단기 여행자를 위한 10일, 중·장기 여행자를 위한 15일, 20일의 세 가지 일정으로 나눠 제시했습니다. 전체 일정을 한눈에 볼 수 있도록 표로 만들었으며, 도시 간 이동 시 소요 시간 등이 함께 정리되어 있어 첫 여행을 계획하는 초보 여행자, 스스로 여행을 계획하고 루트를 짜는 자유여행자도 빠르게 이해할
수 있습니다. 루트대로 따라 하거나 자신의 취향을 고려해 조금씩 변형해도 무난하게 크로아티아 여행을 소화할 수 있는 기본이 되게끔 일정을 제시했습니다. 자신의 여행 스타일에 맞춰 즐거운 여행 루트를 만들어 보세요.

3 국가 · 도시 매뉴얼
도시 크기별로 대도시, 중간 도시, 근교 도시 등 총 3개 형태로 구분됩니다.

❶ 국가 개요
국가 기초 정보에는 간추린 역사와 지역 정보, 치안과 주의사항, 공휴일이 간단한 현지 오리엔테이션에는 여행 시 필요한 전압, 시차, 전화 사용 방법 등이 수록되어 있습니다.

❷ 도시 인포메이션과 가는 방법

도시 인포메이션만 잘 이해하면 누구나 쉽게 현지에 익숙해질 수 있습니다. 여행 전 유용한 정보에는 관광안내소, 환전소, 우체국 등 알아두면 도움이 되는 현지 기초 정보를 수록했습니다. 가는 방법과 시내 교통에서는 그 도시로 들어가는 국제·국내 항공편, 버스 및 열차 정보와 시내를 효율적으로 돌아다닐 수 있는 시내 교통편 등을 최대한 자세히 소개했습니다.

❸ 도시 완전 정복

도시마다 효율적인 관광 동선과 적절한 관광 시간을 제시하여 여행 계획을 짤 수 있도록 도와줍니다. 시내 관광을 위한 키포인트에서는 길의 중심이 되는 랜드 마크와 베스트 코스, 밥 먹기 좋은 거리 등을 콕 짚어 주었으니 여행에 참고가 될 것입니다.

❹ 하루만에 도시와 친구 되기

낯선 도시에 대한 두려움을 최대한 빨리 해소할 수 있도록 추천 코스를 만들었습니다. 대도시에 도착한 첫날 하루 핵심 볼거리를 알차고 재미있게 관광함으로써 현지에 적응할 수 있습니다.

❺ 보는 즐거움 · 먹는 즐거움 · 사는 즐거움 · 쉬는 즐거움

`보는 즐거움` 기본 볼거리에 충실하면서도 요즘 뜨는 새로운 볼거리와 취향을 고려한 마니아적인 곳까지 소개했습니다.

`먹는 즐거움` 배낭 여행자를 고려해 저렴한 현지 전통 레스토랑과 간단하게 먹을 수 있는 거리 음식점과 다양한 카페 등을 소개했습니다.

`사는 즐거움` 크로아티아에서만 구입 가능한 현지 브랜드나 저렴하면서 다양한 물품을 구입할 수 있는 노천 시장 등을 소개했습니다.

`쉬는 즐거움` 저렴하게 묵을 수 있는 사설 호스텔, 체계적으로 관리되는 유스 호스텔, 현지인의 생활을 체험할 수 있는 민박, 온전히 나만 머무는 아파트먼트와 관리가 잘 되는 호텔 등을 자세히 소개했습니다.

지도에 사용한 기호	
ⓘ 관광안내소	✈ 공항	⛪ 성당	🏖 해변
✉ 우체국	🚌 버스 터미널	👁 전망대(뷰포인트)	Ⓟ 주차장
역	🚢 페리 터미널	🏬 슈퍼마켓	

CONTENTS

목차

PART 3   크로아티아 여행 실전

PART 4 크로아티아 여행 준비하기

TRAVEL PLUS

PART 1 크로아티아 알고 가기

크로아티아 여행 키워드

크로아티아는 매력이 참 많은 나라다. 숲이 우거져 공기가 맑은 내륙 지방과 눈부신 태양으로 선글라스와 모자 없이는 하늘을 볼 수 없는 아드리아 해 연안 지역 모두 예로부터 유럽인들의 휴양지로 사랑받았다. 이렇게 아름다우면서 꾸밈없는 크로아티아 여행의 키워드를 다음과 같이 나눌 수 있다.

Keyword 1
해변에서의 해수욕

크로아티아 해안은 지중해성 온난한 기후를 가진 토지로 푸른 소나무에 둘러싸여 있으며, 뜨거운 태양과 선선한 바람이 상쾌하게 부는 진정한 낙원이다. 투명하고 푸른 아드리아 해에는 약 1185개의 섬과 암초가 떠올라 있다.

투명하고 깨끗한 물속에서 수영이 가능하고, 모래사장에 누워 휴식을 취하고, 눈앞에 펼쳐진 푸르른 수평선 위의 섬들을 바라본다면 이 모든 것이 신의 작품이라는 사실에 공감하게 된다. 크로아티아 연안은 휴식이 필요한 사람뿐만 아니라 요트 애호가나 다이버, 서퍼들에게 꿈의 장소이기도 하다.

Keyword 2
국립공원에서의 하이킹

크로아티아는 유럽에서 자연환경이 가장 잘 유지되어 있는 곳 중 하나다. 이렇게 작은 지역에 국립공원이 6개나 있다는 사실이 놀라울 뿐이다. 16개의 계단식 호수가 매력적인 플리트비체, 웅장한 협곡을 자랑하며 하이킹과 등산을 즐길 수 있는 파클라니차, 국립공원 중 가장 잘 가꿔진 브리유니 군도와 로빈슨 크루소가 살 것 같은 코르나티 군도, 때 묻지 않은 순수의 섬 믈레트 섬과 폭포 아래 수영과 하이킹이 가능한 크르카가 그곳들이다. 잘 보호된 자연환경 덕분에 약 4300종의 동식물이 서식하는 녹색의 땅은 자연과의 교감을 즐기는 사람에게는 최적의 장소다.

Keyword 3
아드리아의
푸른 바다

이탈리아와 크로아티아의 긴 해안선에서 유럽 대륙에 둘러 싸여 있는 아드리아 해는 고대 문화 전파에 있어서 매우 중요한 곳으로, 지중해 중앙부에서 유럽의 중북부에 이르는 최단의 해로였다. 큰 파도나 강한 해류가 적은 조용한 바다로 투명도가 높아 약 50m의 바닷속까지 볼 수 있다. 연안부의 총면적은 14만㎢, 평균 수온 16~21°지만 여름의 해면 온도는 21~26°로 해양 스포츠의 천국이다. 크로아티아의 해안은 비교적 작은 해역이지만 신비로운 푸른 빛이 반짝이는 자연의 선물과도 같다.

Keyword 4
문화유산

크로아티아 전역에는 먼 고대부터 현대에 이르기까지 역사와 문화를 짙게 구현하고 있는 문화 유적이 펼쳐져 있다. 만약 고대 로마 시대에 흥미가 있다면 자다르의 포럼과 스플리트의 디오클레티아누스 궁전을 둘러보자. 로마네스크 시대로 여행을 떠나고 싶다면 트로기르의 구시가에 앉아 풍경을 감상하는 것도 좋다. 고딕 시대의 모습이 궁금하다면 자그레브를 꼼꼼하게 돌아보자. 르네상스 시대를 만나고 싶다면 시베니크와 흐바르 섬, 그리고 두브로브니크로 향해야 한다.

저자가 뽑은 크로아티아의 볼거리 BEST 10

크로아티아는 1000개의 섬을 가진 자연과 풍부한 문화유산이 아름답기로 유명한 곳이다. 1000년에 빛나는 파란만장한 역사와 푸르고 따스한 지중해, 평온하고 아름다운 녹색의 산과 구릉은 우리가 꿈에 그리던 모습이다. 아드리아 해를 마주한 해변에서의 해수욕은 그동안 쌓인 긴장을 풀어주고, 세계문화유산에 빛나는 로마 시대의 다양한 유적들은 감탄을 자아낸다. 문화유산에 지정된 국립공원에서의 하이킹 등의 스포츠는 덤이다. 크로아티아 여행에 매료되고 싶다면 저자가 뽑은 Best 10은 절대 놓치지 말자.

❶ 아드리아 해의 진주라 불리는 두브로브니크의 성벽 걷기

❷ 자그레브의 박물관 돌아보기

❸ 앨프리드 히치콕 감독이 극찬한 자다르의 일몰 감상하기

❹ 유럽에서 가장 핫한 파그의 해변 파티 즐기기

❺ 로마 황제가 건설한 스플리트의
디오클레티아누스 궁전 돌아보기

❻ 솔린에 남아 있는 로마제국의
콜로세움 터전 산책하기

❼ 라벤더 향기 가득한
흐바르 섬에서의 휴가 즐기기

❽ 푸른빛이 신비로운 비셰보
섬의 푸른 동굴 투어하기

❾ 고깔모자를 쓴 황금해변,
볼 섬에서 해수욕하기

❿ 요정이 만든 호수, 플리트비체
국립호수공원에서 하이킹하기

크로아티아에서 꼭 먹어봐야 하는 음식

크로아티아 음식은 기름지고 짠맛이 강한 편이다. 기원은 고대 슬라브족의 시대까지 거슬러 올라가며, 내륙과 해안 지방의 조리 방법이 다르다. 아드리아 해에 인접해 있는 해안 지방은 지중해·이탈리아·프랑스 요리가 발달했고, 내륙 지방은 헝가리·오스트리아·터키의 영향을 많이 받았다. 흔히 먹을 수 있는 해산물 요리는 싱싱한 맛이 그대로 살아 있으며, 우리도 거부감 없이 즐길 수 있다. 전통 철 냄비에 커다란 문어를 통째로 삶아 먹는 문어 요리와 생선을 통째로 소금에 묻힌 뒤 오븐에 구워내는 소금생선 구이, 오징어, 새우, 홍합을 이용한 달마티아 지방의 이색 요리는 입맛을 돋우는 데 그만이다.

스튜 Peka
무거운 솥뚜껑 아래 돼지고기나 양고기 등을 넣고 감자와 함께 약 2시간 정도를 끓여 먹는 전통 음식.

오징어 먹물 리소토 Crni Rižoto
오징어 먹물을 이용한 리소토로 시커먼 색 때문에 쉽게 손이 가지는 않는다. 하지만 먹어보면 고소하면서 간이 딱 맞아 숟가락을 내려놓을 수 없다.

오징어 튀김 Pržene Lignje
해안 도시에서 인기 있는 메뉴. 식사보다는 안주로 인기 있다.

문어 샐러드 Salata od Hobotnice
대부분 레스토랑의 식전 메뉴에 있다. 해안가 마을에서는 그날 잡은 신선한 문어를 채소에 버무린 후 새콤한 레몬 소스를 뿌려서 입맛을 돋운다.

굴 Kamenica
두브로브니크 근교의 스톤 Ston에서 가져오는 싱싱한 굴은 꼭 먹어봐야 한다.

구운 생선 Riba na Gradele
그릴에 구워 나오는 생선으로 레몬을 살짝 뿌려 먹으면 비리지 않고 담백한 맛을 그대로 느낄 수 있다.

생 햄 Pršut
돼지의 뒷다리 생고기를 소금에 절이고 발효시켜서 만든 생 햄으로 달마티아 지방 와인과 잘 어울린다. 스페인의 하몬과 비슷하다.

크로아티아에서 꼭 사야 하는 기념품

크로아티아는 유럽 최대의 라벤더 생산 국가 중 한 곳으로 크로아티아 전역에서 파는 라벤더 제품은 모두 흐바르 섬에서 나는 라벤더로 만든 것이다. 포푸리와 라벤더 오일, 비누와 작은 에센셜 등은 가격도 부담 없고 예뻐서 선물로 인기 만점이다. 질 좋은 크로아티아 와인이나 레이스, 올리브 오일, 파그 치즈, 넥타이, 달콤한 꿀도 크로아티아의 특산품이다. 꼭 이스트리아 지방을 여행하지 않아도 자그레브에서 송로버섯을 구입할 수도 있다.

라벤더 Lavanda
유럽 최대의 라벤더 생산 국가에서 만든 제품을 잊지 말자!

올리브 오일 Maslinovo Ulje
룬의 오일이나 이스트리아의 오일도 유명하다. 각 가정에서 소규모로 만든 오일은 노천 시장에서 구입할 수 있다.

넥타이 Kravata
17세기 크로아티아 군인들은 목 주위에 우아한 스카프를 타이로 묶었는데 프랑스인들이 이 문화를 배워 후에 우리가 매는 넥타이가 되었다고 한다.

꿀 Med
깨끗한 자연환경에서 만들어진 꿀은 세계적인 마누카 꿀 못지않다. 우리가 흔히 아는 꿀뿐만 아니라 허브나 로즈메리가 안에 들어간 녹색 꿀도 있다.

송로버섯(트러플) Tartufi
땅속의 다이아몬드라 불리는 세계 3대 식재료 중 하나다. 송로버섯을 갈아 샐러드에 넣어 먹거나 올리브 오일에 넣어 먹을 수도 있다.

파그 치즈 Paški Sir
파그 토착 양의 우유로 만드는 치즈로, 섬의 저지대에서 나오는 소금을 머금은 허브와 식물들을 먹어 특별한 맛과 향을 준다. 파그 치즈를 만들기 위해서는 이런 양들의 젖을 5월에 짠 후 그냥 두는데 발효 과정에서 그 맛과 풍미가 더 강해진다.

레이스 Čipka
거미줄 패턴의 기하학적 모양이 특징인 파그 레이스부터 알로에 잎의 심에서 나오는 흰색 실을 이용해 만드는 흐바르의 레이스까지 마음에 드는 것을 골라보자.

소금 Sol
깨끗한 자연환경에서 생산되는 소금으로 슈퍼마켓이나 상점에서 작은 요리용을 구입하면 선물로 부담이 없다.

와인 Vina
뛰어난 맛의 레드와인 바비치 Babić나 딩가츠Dingac가 유명하다. 화이트 와인으로는 포시프 Pošip가 있다.

리치타르 Licitar
꿀과 호두, 후춧가루로 만든 비스킷으로 먹지 못하며 장식으로만 사용된다. 붉은색 하트 모양이 특징이다.

작품 속 배경이 된 크로아티아의 명소

지중해의 뜨거운 햇살과 고대 건축물, 아드리아 해의 멋진 해안선이 매력적인 크로아티아는 할리우드 영화사와 광고 제작자들에게 인기 있는 촬영 장소다. 많은 영화와 CF의 배경이 되었으며, 또한 미국 드라마 <왕좌의 게임>의 흥행으로 크로아티아는 헐리우드의 러브콜을 한 몸에 받고 있다. 지금부터 눈과 마음을 황홀하게 만드는 작품 속 매력적인 도시들을 찾아 떠나보자.

왕좌의 게임
Game of Thrones

두브로브니크를 전 세계에 알린 드라마 <왕자의 게임> 시즌 2~5가 크로아티아 곳곳에서 촬영되었다. 드라마 속 수도 킹스 랜딩은 어둡고 음울하지만 실제 도시는 붉은 지붕과 옥빛 바다가 넘실대는 활기찬 모습이다. 시베니크의 성 야코브 대성당은 극 중 철의 은행, 데너리스가 용을 가둔 공간은 스플리트의 지하궁전에서 촬영되었다.

배경 두브로브니크, 트로기르, 스플리트, 크르카 국립공원, 시베니크

왕좌의 게임 속 스플리트

왕좌의 게임 속 시베니크

© Tourist Board of Dubrovnik

로빈후드
Robin Hood

부패한 영국 왕실에 맞선 로빈 후드의 활약을 그린 작품. 레오나르도 디카프리오가 제작을 맡고 태론 애저튼과 제이미 폭스가 주연을 맡은 <로빈 후드>가 두브로브니크에서 촬영되었다. 영국이 아닌 두브로브니크가 선택된 이유는 12세기의 노팅엄을 닮았기 때문이라고. 2018년 개봉되었다.

배경 두브로브니크

© Tourist Board of Dubrovnik

스타워즈: 라스트 제다이
Star Wars the last Jedi

은하계의 대서사시 <스타워즈: 라스트 제다이>로 다시 돌아온 스타워즈 8번째 시리즈. 우주를 가로 질러 비밀의 열쇠를 쥔 레이가 중심이 되어 운명을 결정지을 선과 악의 대결을 그린 작품이다. 우주와 만나는 고대 도시로 변신한 두브로브니크의 모습을 영화 속에서 확인해보자.

배경 두브로브니크

에메랄드 시티
Emerald city

미국 NBC 방송국의 야심작으로 오즈의 마법사 어른버전이다. 텍사스에 살던 도로시가 토네이도를 만나 오즈에 도착해 일어나는 모험을 그린 내용으로 2017년 초에 방송되었다. 감독은 멋진 배경을 위해 장소를 물색하러 전 세계를 여행했고, 드라마에서는 두브로브니크와 플리트비체 국립공원을 볼 수 있다.

배경 두브로브니크, 플리트비체 국립 호수공원

© Tourist Board of the Town Vis

맘마미아 2
Mamma Mia: Here We go again!

결혼식을 앞두고 아빠를 찾는 소피의 여정을 그린 맘마미아 1편에 이어 10년 만에 돌아온 맘마미아 2편이그리스가 배경이었던 1편과 달리 2편은 크로아티아의작은 섬 비스와 근교 섬이 배경이 되었다. 신나는 아바의 노래만큼 에메랄드빛 신비로운 섬이 어떤 모습일지작품에서 확인해보자.

배경 비스 섬

크로아티아 기본 정보

ABOUT CROATIA 국가 기초 정보

정식 국명	크로아티아공화국 Republic of Croatia(Republika Hrvatska) * 크로아티아는 독일어 발음으로, 영어는 크로웨이샤, 현지인은 흐르바츠카라 부른다.
수도	자그레브
면적	5만 6538㎢(한반도의 약 ¼)
인구	약 449만 명
인종	크로아티아인, 세르비아인, 보스니아인, 헝가리인
정치체제	공화제(대통령 콜린다 그라바르 키타로비치Kolinda Grabar Kitarović)
종교	가톨릭
공용어	크로아티아어
통화	쿠나 Kuna(kn), 보조 통화 리파 lipa 1kn = 100lipa **지폐** 5 · 10 · 20 · 50 · 100 · 200 · 500 · 1000kn **동전** 1 · 2 · 5 · 10 · 20 · 50lipa, 1 · 2 · 5 · 25kn 1kn≒177원(2020년 3월 기준)
지역 정보	북서쪽으로는 슬로베니아, 북쪽으로는 헝가리, 동쪽으로는 세르비아, 몬테네그로, 남쪽으로는 보스니아-헤르체고비나와 국경을 이루며, 서쪽은 아드리아 해에 면해 있다. 국토는 좁고 기다란 달마티아 해안평야, 디나르알프스 산지, 동부의 도나우 평원 등 세 지역으로 나눌 수 있다.
현지 오리엔테이션	**추천 웹사이트** 크로아티아 관광청 www.croatia.hr **국가번호** 385 **비자** 무비자로 90일 체류 가능 **시차** 우리나라보다 8시간 느리다(서머타임 기간에는 7시간 느리다) **전압** 220V, 50Hz (콘센트 모양은 우리나라와 동일) **국내전화** 시내 · 시외 전화 모두 0을 뺀 지역번호를 포함해 입력해야 한다 · 시내전화 예) 자그레브 시내 1 1234 5678 · 시외전화 예) 자그레브 → 스플리트 21 1234 5678

치안과 주의사항
- 관광객이 증가하면서 범죄도 증가하는 추세다. 주로 관광 명소를 운행하는 대중 교통수단에 소매치기가 있으니 주의해야 하며, 늦은 밤에는 돌아다니지 않는 게 좋다.
- 팁은 의무는 아니지만 서비스를 잘 받았다면 거스름돈 정도는 주는 게 일반적이다. 택시는 5kn 미만, 레스토랑에서는 금액의 5~10% 등이 적당하다.

공휴일 (2020년)

1월	1일	신년	8월	5일	승전의 날
1월	6일	주현절	8월	15일	성모 승천일
4월	13일	부활절 연휴*	10월	8일	독립기념일
5월	1일	노동절	11월	1일	만성절
6월	11일	성체축일*	12월 25, 26일		크리스마스 연휴
6월	22일	반파시즘 데이	* 해마다 날짜가 바뀌는 공휴일		
6월	25일	제헌절			

간추린 역사

통일 크로아티아의 역사는 9세기 무렵에 시작된다. 7~9세기 북쪽은 프랑크왕국, 동쪽은 동로마제국의 지배를 받아 오다가 10세기경 크로아티아의 토미슬라브 공이 왕위에 오른 뒤 비로소 통일을 이루어 크로아티아 왕국이 수립되었으며 이때 가톨릭을 도입했다.

1091년 헝가리가 왕국의 통치권을 장악하면서 크로아티아는 800년 동안 헝가리에 합병되는데 법률상으로는 독립왕국의 지위를 인정받았다. 한편 이탈리아와 가까운 일부 달마티아 지역은 베네치아공화국의 지배를 받았다. 15세기 후반 침략해 온 오스만제국과의 전투에서 헝가리·체코슬로바키아·슬로베니아·크로아티아 연합군이 패하고 합스부르크 제국의 페르디난트 1세가 크로아티아의 왕위를 차지했으나 종국에는 오스트리아·헝가리 이중제국의 지배를 받았다.

제 1차 세계대전에서 오스트리아·헝가리제국이 패배한 후 세르비아·크로아티아·슬로베니아 왕국이 탄생되고 제 2차 세계대전 이후에는 유고 사회주의 연방에 편입되었다. 크로아티아는 사회주의 체제하에서 발전을 이룩했으며, 연방 내에서 자치권을 확보하려는 노력이 계속 이어져 마침내 1990년 4월 사회주의가 붕괴하자 1991년 6월 25일 독립을 선포하기에 이르렀다. 이것이 계기가 되어 연방의 해체를 원하지 않는 세르비아인들은 베오그라드를 중심으로 반란을 일으켰으며 1995년 인종과 종교, 지역 문제 등으로 갈등을 빚어 결국 20세기의 추악한 전쟁으로 기억되는 유고 내전을 겪게 된다. 10년이 지난 지금까지도 내전의 상처는 여전히 아물지 않은 채 남아 있다. 그러나 예로부터 유럽 귀족의 숨은 휴양지로 각광받아 온 명성은 오늘날에도 계속되어 '죽기 전에 꼭 가보고 싶은 여행지'로 손꼽힐 만큼 관광대국으로 급부상 중이다.

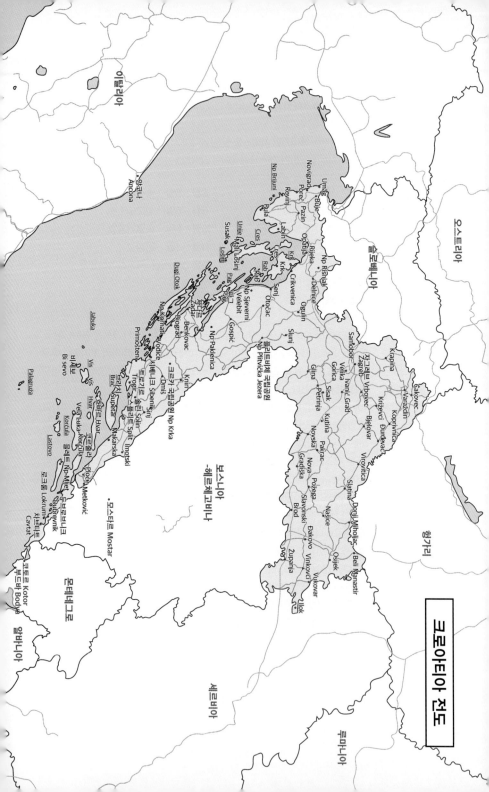

크로아티아 전도

세계에서 가장 작은 거
리들을 걸을 수 있다. 송
로버섯, 아스파라거스
등을 이용한 이 지방의
뛰어난 음식은 꼭 맛봐
야 한다.

이스트리아
Istria

중앙 유럽에서 가장 오래된 도
시 중 하나로 크로아티아의 수
도. 유럽에서 가장 푸르고 아름
다운 시가지가 형성되어 있다.

자그레브&중부 크로아티아
Zagreb&Central Croatia

한때 푸른 바다가 끝없이
계속되었던, 예전에 사라
진 판노니아 해의 흔적을
찾을 수 있다.

슬라보니아
Slavonia

Varaždin · Čakovec

Krapina · Koprivnica

Zagreb
자그레브 · Bjelovar · Virovitica

Karlovac · Sisak

Pazin · Rijeka
리예카

Požega · Osijek

Vukovar

Slavonski
Brod

Pula
풀라

Gospić

중부 달마티아
Dalmatia-Split

고대 로마인들이 만든 도시를 걸으면 로마 황제
가 선택한 도시가 우리의 상상력을 자극한다.

Zadar
자다르

크바르네르와 리카
Kvarner and Lika

따뜻한 기온과 지중해성
식물로 넘치는 이 지방은
19세기 유럽의 귀족사회
의 휴양지였다.

Šibenik
시베니크

남부 달마티아
Dalmatia-Dubrovnik

옛 선장들이 활약한 루트
를 돌아보는 곳으로 한때
치열한 전투가 반복되었
고, 자유가 지켜진 곳이다.

Split
스플리트

북부 달마티아
Dalmatia-Zadar-Šibenik

타임머신을 타고 날아가
7~12세기 크로아티아 시
대를 느낄 수 있다.

Dubrovnik
두브로브니크

최고의 크로아티아 여행을 위한
추천 루트

아드리아 해의 진주라 불리는 크로아티아는 남쪽으로 길게 이어져 지역에 따라 볼거리가 다르다. 역사에 중점을 둔다면 자그레브와 북부 지역을, 자연을 즐기고 싶다면 국립공원을, 해수욕을 원한다면 달마티아 지방의 해안 도시가 좋다. 크로아티아 내 대부분의 도시는 규모도 작고 하루면 도보로 감상할 수 있다. 하지만 주변에 아름다운 섬이나, 유적지, 국립공원 등이 산재해 있어 어느 도시든 여유 있게 머물며 근교 여행까지 즐기는 것을 추천한다. 천혜의 비경으로 잘 알려진 플리트비체 국립호수공원과 크르카 국립공원을 여행하게 된다면 하이킹도 즐길 겸 등산화나 발이 편한 운동화를 준비하자. 그리고 해수욕을 즐기려면 수영복과 아쿠아 슈즈도 잊지 말자.

크로아티아와 함께 즐기기 좋은 나라는 이탈리아다. 스플리트나 두브로브니크에서 페리를 이용해 이탈리아로 이동하면 아름다운 두 나라를 함께 둘러볼 수도 있다.

추천 루트는 여행 기간, 여행지, 동선 등을 고려해 크로아티아를 여행할 때 반드시 들러야 하는 핵심 도시 위주로 10일, 15일, 20일 일정을 제시한다. 세부 일정이나 여행 일수는 자신의 일정에 맞추면 된다. 크로아티아는 아래로 내려가기만 하면 되기 때문에 루트를 짤 때 큰 어려움은 없다. 10일 일정은 크로아티아 하이라이트, 15일 일정은 크로아티아 핵심 일주, 20일 일정은 크로아티아 완전 일주가 가능한 루트다. 일정과 교통 어드바이스를 상세히 다뤄 쉽게 따라 할 수 있도록 제시했다. 스스로 여행을 계획하고 루트를 짜는 여행자도 읽기만 하면 쉽게 응용할 수 있다.

하이라이트 크로아티아 **10일**

일	도시	교통편	상세 여행 일정
1일	인천 ➜ 자그레브	비행기(약 12시간)	비행기를 타고 자그레브 도착 후 휴식
2일	자그레브		자유여행
3일	자그레브		자유여행
4일	자그레브 ➜ 플리트비체 국립호수 공원 ➜ 자다르	버스(약 2시간 30분) →버스(약 3시간)	오전에 플리트비체로 이동, 반나절 여행 후 자다르로 이동
5일	자다르 ➜ 스플리트	버스(약 3시간)	반나절 여행 후 스플리트로 이동
6일	스플리트		자유여행
7일	스플리트 ➜ 두브로브니크	버스(약 4시간 30분) 또는 스피드 보트 및 페리(약 4시간 15분 또는 10시간)	오전에 두브로브니크로 이동
8일	두브로브니크		자유여행
9일	두브로브니크 ➜ 인천	비행기(약 12시간)	비행기를 타고 인천으로 이동
10일	인천		집으로!

ADVICE

크로아티아의 핵심 도시만 둘러보는 일정으로 패키지 여행사에서 가장 선호하는 코스지만 짧은 일정이라 아쉬움이 남는다. 현재 직항 노선이 생기기는 했지만 여전히 우리나라에서 출발하는 가장 편리한 항공사는 프랑크푸르트나 뮌헨을 경유하는 독일항공이나, 파리를 경유하는 에어프랑스 등의 유럽계 항공사다. 만약 시간 여유가 있다면 경유지에서 스톱오버로 2~3일 머물며 여행하는 것도 좋다. 크로아티아는 열차보다는 버스 노선이 발달한 곳으로 이동 시 버스표는 그때그때 구입하든지 이동 전 버스 터미널이나 여행사에서 구입하면 된다. 일정상 야간 이동은 없지만 너무 늦은 시간에 도착할 경우를 대비해 숙소는 미리 예약해 두는 것이 좋다.

크로아티아 + 이탈리아 10일

일	도시	교통편	상세 여행 일정
1일	인천 → 자그레브	비행기(약 12시간)	비행기를 타고 자그레브 도착 후 휴식
2일	자그레브		자유여행
3일	자그레브 → 플리트비체 국립호수 공원 → 스플리트	버스(약 3시간)→ 버스(약 4시간)	오전에 플리트비체 이동 후 반나절 여행 후 스플리트로 이동
4일	스플리트		자유여행
5일	스플리트 → 두브로브니크	버스(약 3시간) 또는 쾌속 페리 (약 4시간 15분)	반나절 여행 후 두브로브니크로 이동, 도착 후 자유여행
6일	두브로브니크		자유여행
7일	두브로브니크 → 바리	야간 페리 (약 10시간)	자유여행 후 야간 페리로 이동
8일	바리 → 로마	저가 항공(약 1시간)	바리 도착 후 저가 항공으로 로마로 이동
9일	로마		자유여행
10일	로마 → 인천	비행기(약 12시간)	비행기를 타고 인천으로 이동
11일	인천		집으로!

ADVICE

크로아티아와 이탈리아를 함께 즐길 수 있는 코스. 두브로브니크에서 바리까지는 페리로 약 9시간 40분 소요되기에 보통 야간 페리를 이용해 자면서 가면 다음 날 8시쯤 이탈리아에 도착한다. 나라를 이동하기 때문에 공항만큼은 아니지만 간단한 짐 검사와 여권 검사를 한 후 페리에 탑승하게 된다. 국제선 페리이니만큼 탑승 1시간 전에는 페리 터미널에 도착해야 한다. 선실 내부는 야간열차의 쿠셋을 상상하면 되는데, 선실에 딸려 있지 않다면 공동 화장실과 샤워실을 사용해야 한다. 이탈리아와 크로아티아를 운항하는 페리는 자동차까지 실어 나르는 대형 페리로 배 안에 간단한 간식이나 식사를 할 수 있는 레스토랑을 겸비하고 있다. 바리에 도착한 후 로마까지는 기차로 약 8시간 걸리니 저가 항공을 이용해 이동하는 게 여행에도 효율적이다.

크로아티아 핵심 일주 **15일**

일	도시	교통편	상세 여행 일정
1일	인천 → 자그레브	비행기(약 12시간)	비행기를 타고 자그레브 도착 후 휴식
2일	자그레브		자유여행
3일	자그레브 → 플리트비체 국립호수공원	버스(약 2시간 30분)	오전에 플리트비체로 이동
4일	플리트비체 국립호수공원 → 자다르	버스(약 2시간)	반나절 여행 후 자다르로 이동
5일	자다르		자유여행
6일	자다르 → 파그 섬(근교)	버스(약 1시간)	근교 자유여행
7일	자다르 → 시베니크	버스(약 1시간 30분)	오전에 시베니크로 이동, 도착 후 자유여행
8일	시베니크 → 크르카 국립공원(근교)	버스(약 30분 소요)와 보트(약 20분)	근교 자유여행
9일	시베니크 → 스플리트	버스(약 1시간 30분)	반나절 여행 후 스플리트로 이동
10일	스플리트		자유여행
11일	스플리트 → 흐바르 섬(근교)	페리(약 1시간)	근교 자유여행
12일	스플리트 → 트로기르&솔린(근교) → 두브로브니크	버스(약 40분) →버스(약 3시간)	오전에 근교 자유여행 후 오후에 두브로브니크로 이동
13일	두브로브니크		자유여행
14일	두브로브니크 → 인천	비행기(약 12시간)	비행기를 타고 인천으로 이동
15일	인천		집으로!

ADVICE

하이라이트보다는 일정에 여유가 있어 크로아티아의 핵심 도시뿐만 아니라 근교의 섬이나 국립공원도 함께 볼 수 있는 코스로, 버스와 페리를 모두 이용한다. 유네스코의 보호를 받는 국립공원도 두 곳이나 들를 수 있으니 발이 편한 운동화는 필수다. 한여름 성수기 이동 시 버스표 및 페리 티켓은 미리 구입하는 게 좋다. 잦은 이동보다는 한 도시에 숙소를 정하고 근교로 여행을 다니는 것이 더 낫다.

크로아티아 완전 일주 20일

일	도시	교통편	상세 여행 일정
1일	인천 ➡ 자그레브	비행기(약 12시간)	비행기를 타고 자그레브 도착 후 휴식
2일	자그레브		자유여행
3일	자그레브		자유여행
4일	자그레브 ➡ 플리트비체 국립호수공원	버스(약 2시간 30분)	오전에 플리트비체로 이동
5일	플리트비체 국립호수공원 ➡ 자다르	버스(약 2시간)	오전에 자다르로 이동, 도착 후 자유여행
6일	자다르		자유여행
7일	자다르 ➡ 파그 섬(근교)	버스(약 1시간)	근교 자유여행
8일	자다르 ➡ 시베니크(근교)	버스(약 1시간 30분)	근교 자유여행
9일	자다르 ➡ 크르카 국립공원(근교)	버스(약 40분)	근교 자유여행
10일	자다르 ➡ 스플리트	버스(약 3시간)	오전에 스플리트로 이동 후 자유여행
11일	스플리트		자유여행
12일	스플리트 ➡ 트로기르&솔린(근교)	버스(약 40분)	근교 자유여행
13일	스플리트 ➡ 흐바르 섬(근교)	페리(약 1시간)	근교 자유여행
14일	스플리트 ➡ 볼 섬(근교)	페리(약 1시간)	근교 자유여행
15일	스플리트 ➡ 두브로브니크	버스(약 3시간) 또는 쾌속 페리(약 4시간 15분)	오전에 두브로브니크로 이동, 도착 후 자유여행
16일	두브로브니크		자유여행
17일	두브로브니크 ➡ 코토르&부드바(근교)	버스(약 2시간)	근교 자유여행
18일	두브로브니크 ➡ 믈레트 섬(근교)	배(약 45분)	근교 자유여행
19일	두브로브니크 ➡ 인천	비행기(약 12시간)	비행기를 타고 인천으로 이동
20일	인천		집으로!

ADVICE

이 책에서 소개하는 가장 인기 있는 여행지만 골라 여유롭게 돌아보는 루트다. 스쳐지나가는 도시가 아닌, 현대미술이 발달하고, 박물관이 많으며, 걷기 좋은 수도로서의 자그레브를 여유 있게 느낄 수 있다. 또한 스플리트에 숙소를 잡고 근교의 흐바르 섬, 볼 섬, 로마의 원형경기장 못지않은 규모지만 부서진 유적이 있는 솔린까지 두루 둘러볼 수 있다. 두브로브니크에서는 근교의 몬테네그로를 잠시라도 맛볼 수 있어 자연과 역사, 휴식, 세 마리 토끼를 모두 잡는 매우 알찬 여행이 될 것이다.

ZAGREB

세련된 녹색의 도시

자그레브

자그레브바치카 산Zagrebačka Gora의 경사면과 사바Sava 강에 걸쳐 있는 자그레브는 크로아티아의 수도다. 13세기에 오스만 제국의 침입을 막기 위해 성벽으로 둘러싼 그라데츠Gradec와 16세기에 요새화된 성직자 마을 카프톨Kaptol이 합쳐진 것이 그 기원이다. 1093년 로마 가톨릭 주교 관구가 되면서 처음으로 유럽 지도상에 등장했다. 오랫동안 오스트리아·헝가리제국의 지배를 받았으며 19세기에 새 건물들이 들어서고 광장이 생겨나면서 시가지를 확장해 나갔다. 그 후 아드리아 해와 발칸반도로 이어지는 도로와 철도망이 발달해 동서 유럽을 연결하는 교통의 요충지 구실을 했지만 1991년부터 1996년까지 종교와 인종 갈등으로 비극적인 내전을 겪기도 했다.

자그레브는 공산주의의 붕괴와 함께 관광지로 유명세를 타고 있는 다른 동유럽 국가들과는 달리 10년이 지난 지금에야 관심의 대상이 되고 있다. 지상낙원이라 칭송받는 크로아티아의 수도라고 하기에는 조금은 초라하고 소박하지만 이제 막 기지개를 켜고 과거의 영광을 되찾기 위해 노력하는 중이다. 크로아티아의 어느 도시보다 다정다감하고 친절한 현지인을 만날 수 있어 사람이 기억에 남는 도시이기도 하다.

왜 '자그레브'일까?

화창한 어느 날 전투에서 돌아오던 한 크로아티아의 지도자가 목이 말라 분수가에 있던 소녀 아만다에게 물을 달라고 말했다. '물을 뜨다'는 크로아티아어로 Zagrabiti인데 여기에서 파생되어 자그레브Zagreb라는 이름을 얻게 되었다.

이들에게 추천!

· 세상에 하나밖에 없는 실연 박물관이 궁금하다면
· 현대미술에 관심 있는 사람이라면
· 도보 여행을 즐기는 여행자라면

INFORMATION
인포메이션

유용한 홈페이지

자그레브 관광청 www.infozagreb.hr
자그레브 트램 사이트 www.zet.hr
크로아티아 철도청 www.hzpp.hr
크로아티아 버스 사이트 www.croatiabus.hr

관광안내소

중앙 ⓘ MAP p. 34 B-1

무료 지도 제공, 자그레브 카드 구입 및 근교 도시
정보와 버스 시간을 확인할 수 있고 숙박 및 시티
투어City Tour도 예약 가능하다.
주소 Trg Bana Josip Jelačića 11(반 옐라치치 광장 내)
전화 01 48 14 051
홈페이지 www.infozagreb.hr
운영 월~금 08:30~20:00, 토 09:00~18:00
　　　일·공휴일 10:00~16:00

버스 터미널 ⓘ

전화 01 61 15 507
운영 월~금 09:00~21:00, 토·일·공휴일 10:00~17:00

환전

은행과 환전소는 구시가에 모여 있다. 은행이 사
설 환전소보다 환율이 더 좋고 24시간 ATM이 시
내 곳곳에 있어 편리하다.

우체국

반 옐라치치 광장 동쪽 주리시체바 거리Jurišićeva
Ulica에 있다. 중앙역 오른쪽에 있는 중앙우체국은
24시간 운영된다.
주소 Jurišićeva 13
운영 월~금 07:00~20:00, 토 07:00~13:00

슈퍼마켓

구시가의 반 옐라치치 광장 관광안내소 뒤쪽 건
물 지하 1층에 슈퍼마켓 빌라Billa가 있다. 스파Spar
슈퍼마켓은 광장 우측의 주리시체바 거리에 위치
하고 있다.

ACCESS
가는 방법

자그레브는 서유럽과 동유럽, 발칸, 아드리아 해를 연결하는 교통의 중심지로 비행기, 버스, 열차 등 모든 노선이 발달해 있다. 행선지에 따라 편리한 교통수단을 이용하면 된다.

비행기

2018년 9월 대한항공의 자그레브 취항으로 경유해야 하는 번거로움이 사라졌다. 자그레브 공항 Međunarodna Zračna Luka Zagreb은 시내에서 남쪽으로 15㎞ 정도 떨어져 있고 공항에서 시내까지는 공항버스나 택시를 이용한다. 공항의 환전소는 환율이 좋지 않으므로 교통비 정도만 환전하고, 너무 늦은 시간에 도착했다면 ATM을 이용하자. 공항버스는 20시가 막차지만 공항 정규 항공편 도착시각에 맞춰 임시로 추가 운행을 한다. 20시 이후 공항버스를 이용해야 한다면 서두르자. 차비는 유로(€)로도 지불할 수 있다. 택시는 바가지가 심해 공항 측에서도 콜택시를 이용할 것을 권할 정도. 아니면 숙소마다 픽업 서비스를 대행하고 있으니 숙소에 미리 예약하는 방법도 안전하다.
자그레브 공항 홈페이지 www.zagreb-airport.hr

공항버스

공항에서 시내로 나가는 유일한 대중교통인 공항버스Pleso Prijevoz는 자그레브 시내버스 터미널Autobusni Kolodvor까지 운행한다. 버스 터미널에서는 트램 6번을 타면 중앙역(3번째 정류장)을 거쳐 반 옐라치치 광장(5번째 정류장)까지 갈 수 있다. 공항 입국장 출입구 바로 앞에 정류장이 있고 티켓은 운전사에게 현금으로 구입하면 된다.
홈페이지 www.plesoprijevoz.hr
운행 공항 출발 06:00~22:30(30분 간격), 버스 터미널 출발 04:30~21:30(30분 간격)
요금 편도 30kn, 왕복 40kn(가는 날과 오는 날이 다를 경우 구입 시 운전사에게 문의) **소요 시간** 30~40분

택시

공항에서 추천하는 콜택시 회사는 라디오 택시다. 공항에 도착해 전화로 예약하자. 현지인의 도움을 받거나 예약한 숙소에 요청하는 방법도 있다.

- **라디오 택시** Radio Taksi Zagreb
  전화 1717 **홈페이지** www.radio-taksi-zagreb.hr
  요금 200~250kn **소요 시간** 20~30분

철도

류블랴나와 부다페스트, 빈에서 가는 게 일반적이고, 베네치아와 뮌헨, 사라예보에서는 야간열차를 운행한다. 국내선은 스플리트 구간 열차가 운행되고 있으나 편수가 적고 소요 시간이 길어 별로 인기가 없다. 하지만 유레일패스가 통용되면서 열차 이용 빈도가 높아졌다.
자그레브 중앙역Glavni Kolodvor은 단층이지만 매표소와 ⓘ, 짐 보관소(15kn | 24시간), 빵집, ATM, 가판대 티사크Tisak 등 대부분의 편의 시설이 모여 있다. 역 정문을 빠져나와 일직선으로 난 페트리니스카 거리Petrinjska Ulica를 따라가면 즈리네바츠 광장Zrinjevac을 만난다. 이 길을 계속 걸어가면 중앙

ⓘ와 크로아티아의 초대 왕인 토미슬라브Tomislav 왕의 기마상이 있는 반 옐라치치 광장Trg Bana Jelačić 이 나오고 광장 뒤쪽으로 가면 구시가가 나온다. 도보 약 15분 소요. 또는 중앙역 맞은편에서 트램 6번(Črnomerec 방향) 또는 13번(Žitnjak 방향)을 타면 반 옐라치치 광장 앞에 내린다.

중앙역 내 ⓘ

운영 여름 월~금 09:00~21:00, 토 · 일 12:00~20:30 (겨울 주중 동일, 토 · 일 · 공휴일 10:00~17:00)

버스

기암절벽과 해안선이 발달한 지형적인 특성을 살려 전국적으로 버스 노선이 발달해 있으며, 교통수단 중 가장 인기가 있다. 국제선으로는 보스니아, 슬로베니아, 헝가리행 버스가 있고, 국내선은 두브로브니크, 스플리트, 자다르, 플리트비체 등 크로아티아의 구석구석을 연결한다. 버스 터미널Autobusni Kolodvor은 1, 2층으로 이루어져 있고 매표소와 대기실, 유인 짐 보관소 등 편의 시설은 2층에 있다. 터미널은 시내에서 1.5km 정도 떨어져 있어 걸어서 약 30분 정도 걸리므로 트램을 이용하는 게 편리하다. 길 건너 트램 정류장에서 6번(Črnomerec 방향)을 타고 중앙역을 지나 구시가의 반 옐라치치 광장 앞에서 내리면 된다.

주간 이동 가능 도시

플리트비체 국립 호수공원	버스 2시간 30분	자그레브
자다르	버스 3시간 40분~4시간 30분	자그레브
시베니크	버스 7시간 또는 열차 7시간 40분	자그레브
스플리트	버스 5~6시간 또는 열차 6~7시간	자그레브
슬로베니아 류블랴나	열차 2시간 30분	자그레브 중앙역
오스트리아 빈 Hbf	열차 6시간 40분	자그레브 중앙역
헝가리 부다페스트(Keleti Pu)	열차 6시간~6시간 55분	자그레브 중앙역

야간 이동 가능 도시

독일 뮌헨 Hbf 또는 ZOB	열차 9시간 20분	자그레브 중앙역
보스니아-헤르체고비나 사라예보	버스 9시간	자그레브 중앙역
두브로브니크	버스 12~13시간	자그레브

* 현지 사정에 따라 열차 및 버스 운행 시간의 변동이 크니 반드시 그때그때 확인할 것

THE CITY TRAFFIC
시내 교통

자그레브의 시내 교통수단으로는 트램, 버스, 케이블카가 있다. 가장 대중적인 수단은 트램으로 1891년 최초로 시작했고 지금은 15개 노선이 운행 중이다. 정류장마다 도착 시간 및 노선도를 알려주는 전광판이 있어 방향을 헷갈리지 않고 탈 수 있다. 밤과 주말에는 운행 시간의 간격이 평일 낮보다 더 길다. 만약 1회권을 구입했다면 승차 후 곧바로 단말기에 펀칭하자. 검표원의 불심검문이 심하니 무임승차나 단말기에 펀칭을 하지 않는 행위는 생각도 하지 말기를. 개시한 티켓의 유효 시간 또한 꼼꼼히 확인해야 한다. 티켓은 신문가판대나 담배 가게, 운전사에게 직접 구입할 수 있다.
교통부 www.zet.hr

트램 & 버스

운행 04:00~23:50
심야 트램 23:50~04:30(31~34번)
1회권 자동발매기 4kn(30분 유효, 환승불가), 7Kn(60분 유효), 10kn(90분 유효), (운전사에게 구입시 6kn, 10kn, 15kn ※탔던 진행 방향으로만 환승 가능, 반대방향으로는 불가)
심야 1회권 자동발매기 15kn(운전사에게 구입 시 20kn)
1일권 30kn **3일권** 70kn(ⓘ에서 구입 가능)

자그레브 카드

자그레브에서 최소 2박 이상 머무는 여행자에게 유용한 카드. 일부 박물관, 숙소, 카페, 식당, 상점 등의 할인과 트램, 버스, 케이블카의 시내 교통이 무제한 포함되어 있다. ⓘ 및 호텔, 대형 호스텔에서 구입 가능하다. 구입 후 카드 뒷면에 볼펜으로 날짜와 이름 및 개시 시간을 쓰고 사용하면 된다.
24시간 일반 98kn **72시간** 일반 135kn

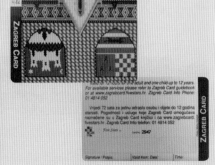

자그레브 완전 정복

아드리아 해를 사이에 두고 이탈리아와 마주 보고 있는 크로아티아는 북쪽으로는 헝가리와 멀게는 오스트리아, 동쪽으로는 세르비아, 서쪽으로는 슬로베니아, 남쪽으로는 보스니아−헤르체고비나와 국경을 접하고 있다. 특히 수도 자그레브는 동유럽과 서유럽의 역사적·정치적 만남의 문턱에 위치해 오스트리아와 헝가리의 건축 및 카페 등의 내륙 문화와 이탈리아 음식이나 날씨 등 지중해 연안의 특성이 모두 나타나는 곳이다. 어떻게 보면 반 옐라치치 광장의 동상도 오스트리아 빈 왕궁에 세워진 동상과 매우 흡사하다.

볼거리는 최고 번화가인 반 옐라치치 광장을 중심으로 북쪽의 고르니 그라드(구시가)와 남쪽의 도니 그라드(신시가)에 몰려 있다. 대부분이 도보로 이동할 수 있어 편리하지만 하루에 모든 곳을 돌아보는 것은 불가능하니 시내 관광을 하려면 최소 이틀은 계획해야 한다.

첫날, 먼저 ①에 들러 지도와 관광 정보, 각 명소의 운영 시간 리스트를 얻은 후 자그레브의 심장인 대성당으로 가자. 구시가의 주요 명소는 모두 한 방향으로 걸으면 되니 길을 잃을 걱정은 없다. 명소로 가는 각 골목에는 로맨틱한 분위기의 레스토랑, 카페, 기념품점도 많으니 눈이 즐거워지는 구경도 잊지 말자. 광장으로 다시 내려갈 때는 세계에서 가장 짧은 시간을 자랑하는 케이블카를 타는 것도 하나의 재미다. 저녁에는 젊음의 거리 트칼치체바의 카페에 앉아 세계 각지에서 여행 온 사람들과 어울리는 것도 좋겠다.

둘째 날은 신시가를 돌아보자. 신시가의 명소는 주로 박물관이다. 박물관 관람은 최소 1~2시간 소요되니 시간 분배를 잘해야 한다. 이후에는 자신의 취향에 맞춰 여행을 즐기면 된다. 흥미로운 박물관을 더 찾아서 관람해도 좋고, 자그레브에서만 살 수 있는 아이템을 위한 쇼핑도 좋다. 시간이 된다면 유럽에서 가장 아름다운 묘지인 미로고이를 방문해 보자. 만약 하루 더 머물 예정이라면 근교에 있는 플리트비체 국립호수공원도 놓치지 말자.

시내 야경

이것만은 놓치지 말자!

❶ 로트르슈차크 탑에서 감상하는 자그레브 시내 전경

❷ 실연 박물관에서 파는 재밌는 기념품 구입

❸ 자그레브에서 뜨고 있는 현대미술 감상하기

❹ 젊음의 거리! 트칼치체바에서 시원한 맥주 마시기

MISSION

태양을 찾아라!

꽃의 광장(프레라도비치 광장)을 지나가다 문득 발견한 커다란 황금색 공! 자그레브에서 가장 인기 있는 현대 조각가 이반 코자리치 Ivan Kožarić의 2004년 작품이다. 실제 크기와 거리의 비율을 적용해 태양계의 행성을 만들었다. 수성, 금성, 지구 등 다른 행성들도 자그레브 시내 곳곳에 흩어져 있는데 갈수록 크기가 작아져 찾는 게 쉽지 않다고. 지금은 낙서가 많아서 반짝반짝 빛나던 처음 모습은 찾기 힘들다.

현대미술 감상하기

시내 관광을 위한
KEY POINT

기념품 구입

랜드 마크 반 옐라치치 광장

베스트 뷰포인트

❶ 자그레브 아이 전망대에서 바라보는 시내 야경

❷ 성녀 카타리네 예수회 성당 오른쪽 공터에서 바라본 대성당 전경

❸ 로트르슈차크 탑에서 감상하는 시내 전경

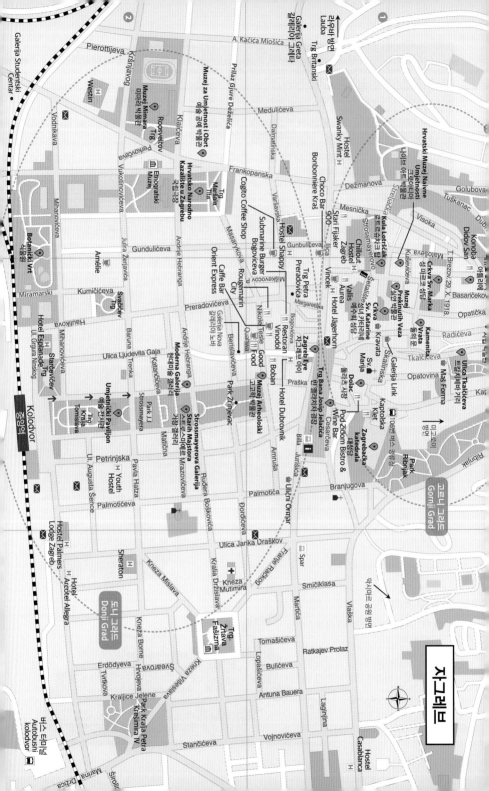

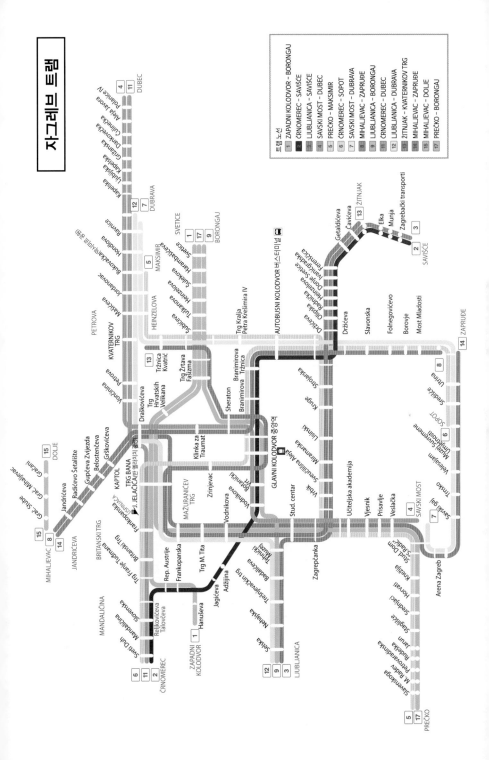

FRIENDLY ZAGREB

하루만에 자그레브와 친구 되기

녹색의 도시 자그레브만큼 도보 여행이 즐거운 곳도 없다. 지도 한 장 주머니에 넣고 천천히 산책하듯 걸어 다니면 마치 어제도 이곳에 있었던 것처럼 낯설지만 익숙한 풍경들을 마주치게 된다. 첫날은 **대성당**이 있는 구시가 언덕에 올라 시내 풍경을 감상한 후 골목길을 돌아다니며 자브레브와 친해져보자. 관광은 **반 옐라치치 광장**에서 시작한다. 광장 가운데의 기마상 꼬리 아래에 앉아서 활기 넘치는 관광객과 그들 사이를 아무렇지 않게 지나가는 현지인들을 구경하다 보면 진짜 크로아티아에 있음을 실감하게 된다. 저 멀리 간판의 현지어가 낯설지 않을 때쯤 엉덩이를 떼고 진짜 구경에 나서 보자. 테트리스 게임 같은 **성 마르코 성당**에서의 인증샷도 빼놓으면 안 된다. 다른 곳은 몰라도 이 배경만은 오랫동안 기억할 테니 말이다. 이름도 기가 막힌 **실연박물관**에서 내 사연과 비슷한 얘기에 잠시 추억에 빠져보기도 한다. 석양 무렵에 **로트르슈차크 탑**에 올라 구시가를 본다면 오늘 이 도시와 사랑에 빠지는 건 운명이라 느낄 것이다.

점심 먹기 좋은 곳

프레라도비치 광장
반 옐라치치 광장
테슬라 거리

알아두세요!

❶ 반 옐라치치 광장 안의 ⓘ에서 시내 지도와 성당 운영 시간 등을 확인하자.

❷ 시내에는 광장과 카페가 많으니 걷다가 지치면 잠시 앉아서 쉬었다 가자.

BEST COURSE 👍

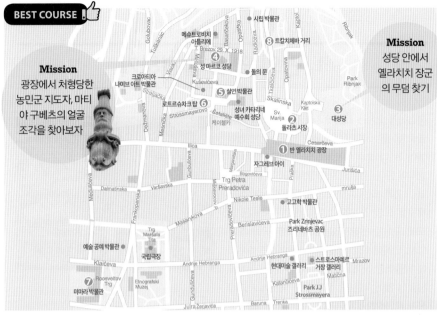

Mission
광장에서 처형당한 농민군 지도자, 마티야 구베츠의 얼굴 조각을 찾아보자

Mission
성당 안에서 옐라치치 장군의 무덤 찾기

① 반 옐라치치 광장

돌라츠 시장

자그레브아이

Trg Petra Preradovića

고고학 박물관

Park Zrinjevac
즈리네바츠 공원

현대미술 갤러리

스트로스마에르 거장 갤러리

Park JJ
Strossmayera

예술 공예 박물관

국립극장

⑦ 미마라 박물관

Etnografski Muzej

시립 박물관

⑧ 트칼치체바 거리

메슈트로비치 아틀리에

④ 성 마르코 성당

돌의 문

크로아티아 나이브 아트 박물관

⑤ 실연박물관

로트르슈차크탑 ⑥

성녀 카타리네 예수회 성당

③ 대성당

돌라츠 시장

Park Ribnjak

| 도보 1분 | 도보 3분 | 도보 7분 | 도보 5분 |

① 반 옐라치치 광장

시내에서 가장 번화한 곳으로 여행의 시작점이다. 광장을 중심으로 구시가와 신시가가 나눠진다.

② 돌라츠 시장

자그레브에서 가장 큰 노천 시장. 먹음직스러운 무화과 하나를 사서 다음 장소로 이동해 보자.

③ 대성당

자그레브의 심장. 108m의 높이를 자랑하는 쌍둥이 첨탑이다. 성당 전체를 카메라에 담고 싶다면 누워서 찍어야 한다.

④ 성 마르코 성당

자그레브를 대표하는 사진에 자주 등장하는 성당이니 자그레브에 온 걸 증명하려면 성당을 배경으로 한 컷!

| 도보 3분 | 도보 15분 | 도보 20분 또는 트램 2정류장 |

⑤ 실연 박물관

자그레브에서 가장 핫한 박물관. 실제로 연애하다 헤어진 커플이 만든 곳이다. 전 세계에서 실연을 경험한 사람들에게 기증받은 물품과 이야기로 가득하다.

⑥ 로트르슈차크 탑

시내의 멋진 풍경을 감상할 수 있는 전망대. 맞은편에는 반 옐라치치 광장으로 내려가는 케이블카가 있다.

⑦ 미마라 박물관

렘브란트, 벨라스케스 등 유명 화가들의 작품을 감상할 수 있다.

⑧ 트칼치체바 거리

젊음이 넘치는 보행자 거리. 개성 있는 상점들이 환영의 손짓을 한다. 밤에 좀 더 활기차다.

SECRET ATTRACTION

나만의 명소 발견하기

복잡하게 오가는 트램과 자동차, 관광객과 사람들로 뒤섞인 자그레브의 관광 명소를 정신없이 돌아다니다 보니 어제와 오늘이 다르지 않다는 생각이 든다. 서울과 자그레브의 공기가 똑같다고 느끼게 되는 순간 조용한 공간을 찾고 싶은 욕구를 느낀 건 과연 나 혼자일까? 오늘은 지도에 표시된 관광지와는 조금 다른 곳을 찾아보자. 인적이 드문 뒷골목으로 들어가면 19세기에 만들어진 산책로가 펼쳐지고 시인의 동상과 나란히 앉아 찍은 한 장의 사진 덕분에 자그레브가 로맨틱하게 다가온다. 구름 한 점 없는 파란 하늘과 마주한 대성당의 쌍둥이 첨탑을 보고 있노라면 가슴속까지 뻥 뚫리는 기분이다. 바람이 귓가에 울리니 보고 듣는 풍경마다 마음이 아련해지고 사랑하는 사람들이 떠올라 눈가는 그윽해진다.

알아두세요!

❶ 모든 코스는 도보로 둘러볼 수 있어 미로고이로 가는 버스 1회권(4kn, 30분간 유효, 왕복은 2장 필요)만 구입하면 된다.

❷ 스트로스마예르 산책로와 즈리네바츠 공원은 앉아서 잠시 쉬었다 가면 좋다.

성녀 카타리네 예수회 성당
CRKVA SV. KATARINE

자그레브에서 가장 아름다운 바로크 성당. 성당을 바라보고 오른쪽으로 가면 나오는 넓은 공터가 바로 숨겨진 뷰포인트 장소. 마치 크레파스로 칠한 것 같은 구름 한 점 없는 파란 하늘 아래 대성당의 쌍둥이 첨탑을 또렷하게 볼 수 있다.

스트로스마예르 산책로
STROSSMAYEROVO ŠETALIŠTE

그라데츠 언덕 남쪽 가장자리를 따라 내려가면 밤나무가 늘어선 스트로스마예르 산책로를 만나게 된다. 19세기 스트로스마예르 주교의 기부로 만들어진 곳으로 석양 무렵에 가면 더욱 운치 있다. 벤치에 앉아 있는 신사는 유명한 작가이자 시인인 안톤 구스타프 마토스Antun Gustav Matoš(1873~1914). 사진을 찍을 때 그의 무릎 위에 앉지 않으면 평생 싱글이 된다는 속설이 있으니 과감하게 무릎에 앉아보자. 이 또한 자그레브의 태양을 만든 현대 조각가 이반 코자리치의 작품이다.

프레라도비치 광장
TRG PETAR PRERADOVIĆ

프레라도비치 광장의 또 다른 이름은 꽃의 광장. 낭만 가득한 이름처럼 주로 예술가들과 젊은이들이 만나는 장소로, 저렴한 포장마차 카페가 많다. 이 중 한 곳에 들어가 커피 한잔을 마시면서 오고 가는 사람들을 구경하는 것도 자그레브 여행의 즐거움이다.

테슬라 거리
NIKOLE TESLE

카페, 식당, 상점 등이 모여 있는 거리. 길 양쪽으로 상점과 카페가 많으니 시간이 허락한다면 천천히 구경하면서 걸어보자. 자그레브의 맛집 비노돌Vinodol과 오리엔트 익스프레스Orient Express 카페도 이 거리에 있다.

즈리네바츠 공원
TRG NIKOLE SUBICA ZRINSKOG

크고 작은 음악회나 행사가 열리는 광장. 사실 광장보다 작은 공원에 가깝다. 시민과 여행객들의 쉼터가 되어 주는 고마운 장소다.

미로고이 묘지
MIROGOJ

대성당 옆에서 버스를 타고 10분 정도 가면 나오는 중앙 묘지. 탁 트인 야외에 아름다운 조각이 장식된 무덤들이 있어 묘지라기보다 커다란 야외조각 공원 같다.

ATTRACTION
보는 즐거움

자그레브의 구시가에는 몸이 오싹해지는 마녀 이야기부터 안타깝게 처형당한 농민군 지도자의 모습, 오스트리아·헝가리제국 시대의 딱딱한 건축물까지 걷다 보면 구석구석 살아 있는 역사를 발견할 수 있다. 지도가 없어도 금세 익숙해지는 거리를 걷다가 마음에 드는 박물관과 갤러리에 들러 잠시 작품을 감상하고, 예쁜 카페에 앉아 커피를 마시면 어느새 하루가 저문다.

(A1)
고르니 그라드
Gornji Grad

언덕에 자리한 고르니 그라드는 13세기 오스만제국의 침입을 막기 위해 세워진 성벽에 둘러싸인 그라데츠와 16세기 요새화된 성직자 마을 카프톨이 합쳐져 세워진 곳으로 중세 시대 자그레브의 모습이 고스란히 살아 있다. 120년 역사를 자랑하는 케이블카를 타고 올라가면 파노라마 같은 자그레브 시내 풍경을 감상할 수 있다.

Zagrebačka katedrala
대성당 MAP p. 38 B-1

자그레브를 대표하는 고딕 양식의 성당. 1093년 초석을 놓은 후 123년 뒤 로마네스크 양식으로 완성되었다. 1242년 타타르족의 공격으로 심하게 파손되어 고딕 양식으로 새롭게 짓게 되었다. 1264년 바실리카 동쪽부터 시작된 공사는 그 후 2세기에 걸쳐 진행 중이었는데 16세기 초 터키의 침공이 우려되자 잠시 중단되었다. 대신 성당을 보호하기 위해 둘레에 르네상스 시대의 담을 세웠다. 이후 크로아티아는 합스부르크 제국의 일원이 되었지만 터키의 공격을 피할 수 없었고 결국 대성당도 화재로 인해 심하게 손상을 입었다. 17세기 말 찾아온 평화의 시기에 화려한 바로크 양식으로 실내를 치장하고 30개가 넘는 제단을 설치했다.

그러나 1880년 대지진으로 새로 지어야 할 정도로 파괴되어 1990년 빈에서 온 건축가와 헤르만 볼레Hermann Bollé가 손을 잡고 원래의 모습을 최대한 살리면서 복원에 들어갔다. 쌍둥이 탑이 있는 성당의 파사드를 네오고딕 양식으로 재건하면서 오늘날의 모습을 갖추게 되었다. 원래는 108m의 쌍둥이 첨탑이었지만 이제는 양쪽의 높이가 104m와 105m로 달라졌다고.

내부는 길이 77m, 너비 46m로 약 5000명을 수용할 수 있는 규모다. 우리나라 명동성당이 약 500명을 수용할 수 있는 크기이니 자그레브 대성당에 들어가면 그 규모에 압도될 수밖에 없다. 빛을 받아 반짝이는 스테인드글라스는 1849년에 만든 것으로 크로아티아에서 가장 오래되었다. 벽에 새겨진 특이한 상형문자는 크로아티아에서 10~16세기에 사용한 글자로, 성당을 지을 당시의 상황을 기록해 놓은 것이라고 하니 성당의 오랜 역사를 알려준다. 프레스코화를 보면 익숙한 그림체 하나가 눈에 띄는데 유명한 독일 화가 알브레히트 뒤러Albercht Dürer의 그림이다. 바로크 양식의 설교단은 천사들의 모습이 화려하게 장식되어 있어 고딕 양식의 딱딱함을 부드럽게 융화시켜준다.

설교단 뒤의 관은 알로지에 스테피나츠Alojzije Stepinac 추기경의 것으로 1998년 교황 요한 바오로 2세에 의해 성인으로 추앙받았다. 그는 제 2차 세계 대전 당시 가톨릭 신도가 아닌 사람들을 가혹하게 박해해 논쟁의 중심에 섰었고, 1946년 유고슬라비아 대통령 티토에 의해 가택연금을 선고받고 1960년 세상을 떠났다. 이반 메슈트로비치는 그를 기념해 무릎 꿇고 기도하는 추기경의 머리를 쓰다듬는 예수의 모습을 대리석으로 조각해 성당에 기증했다. 대성당 앞의 조각상은 성모상과 네 천사로, 이는 기독교의 미덕인 믿음, 순수, 희망, 겸손을 표현한다. 작품 사진을 찍고 싶다면 조각상을 모델로 삼고 대성당을 찍어보자.

주소 Kaptol 31 홈페이지 www.zg-nadbiskupija.hr 운영 월~토 10:00~17:00, 일 13:00~17:00 입장료 무료 가는 방법 반 옐라치치 광장에서 도보 5분

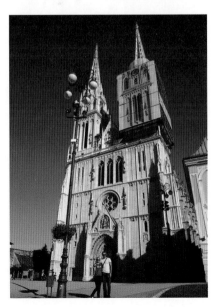

Dolac
돌라츠 시장 MAP p. 38 B-1

1926년에 만든 광장에서 열리는 중앙시장은 대성당 길을 따라 올라가면 만날 수 있다. 아침 일찍 문을 열어서 대개 15시쯤이면 파장 분위기가 역력하니 주민들의 분주하고 활기찬 모습을 보고 싶다면 아침 일찍 서두르자. 시장으로 올라가는 계단 앞 작은 골목에서는 꽃을, 계단 위 광장에서는 신선한 과일과 채소를 판매한다. 계단과 이어진 상가에서는 치즈 등 유제품을 판매한다. 노천시장인 만큼 계산은 현금, 쿠나kn만 받는다는 사실도 잊지 말자. 시장 옆 골목길에 있는 작은 식당들은 시장 구경을 하다 허기진 배를 달래기에 그만이다.

운영 월~토 07:00~15:00, 일 07:00~13:00 가는 방법 반 옐라치치 광장에서 도보 5분

Kamenita Vrata
돌의 문 MAP p. 38 B-1

반 옐라치치 광장에서 북쪽 라디체바 거리Radiceva Ulica로 올라가면 중간쯤 위치한 골목에 아치로 된 작은 터널이 보인다. 중세 시대에 지어진, 윗마을로 들어가는 출입문이다. 지금은 쓸쓸히 하나만 남아 있지만 13세기에는 모두 5개의 문이 있었다고 한다. 전해 내려오는 이야기에 따르면 1731년 화재로 다른 문들이 모두 타 버렸을 때, 성모 마리아와 예수 그림이 놓여 있던 이곳만 무사했다고 한다. 그 후 사람들은 이곳에 작은 제단을 만들어 놓고 기적을 바라며 기도를 드린다고 한다. 자그레브의 수호성인이기도 한 성모 마리아를 기리기 위해 매년 5월 31일에 행사가 열리며 찾아오는 사람들의 발길이 끊이지 않는다. 돌의 문으로 올라가는 길에 있는 동상은 기독교 성인 중 한 사람인 성 주라Sv. Juraj(성 게오르기우스)로 자신이 무찌른 용을 밟고 있다.

가는 방법 반 옐라치치 광장에서 도보 10분

Meštrović Atelier
메슈트로비치 아틀리에 MAP p. 38 B-1

크로아티아에서 가장 유명한 조각가 이반 메슈트로비치의 작업실. 17세기 귀족의 집을 사서 고친 후 1922~1942년까지 가족과 함께 살면서 작업을 한 곳이다. 지금은 메슈트로비치 재단 소유로 그의 작품을 전시하는 박물관으로 사용한다. 대리석, 돌, 나무와 청동으로 만든 작품, 판화 및 그의 스케치 등이 전시되어 있는데 본채, 안뜰, 별채에 100여 개의 작품이 있다. 스플리트의 그레고리우스 닌의 동상 및 자그레브 대학교 앞의 동상 등 그의 작품들의 미니어처 버전들도 볼 수 있다. 이곳은 그가 처음 예술가로 활동한 때부터 40년 동안의 작품 활동을 한눈에 볼 수 있어 더욱 가치가 있다.

주소 Mletačka Ulica 8 전화 01 485 1123 홈페이지 www.mestrovic.hr 운영 화~토 10:00~18:00, 일 10:00~14:00 휴무 월·공휴일 입장료 일반 40kn, 학생 20kn 가는 방법 성 마르크 성당에서 도보 5분

이 작품들을 놓치지 말자!

❶ 바다 옆의 여인

1926년 대리석으로 만든 작품. 나체의 여성이 한쪽 다리를 꼬고 바위에 앉아 바다를 바라보고 있다. 섬세한 손은 허벅지에 살며시 올라가 있다.

❷ 엄마와 아이

1942년 작품. 그의 위대한 재능을 나무 조각에 표현한 작품. 사랑스러운 아이에게 엄마가 입맞춤을 하고 있다. 세월의 무게를 견디지 못해 조각에 금이 갔다.

❸ 크로아티아의 역사

1932년 작품. 크기만 더 큰 동상이 자그레브 대학교 정문 앞에도 있다. 먼 곳을 응시하는 여자의 깊은 시선이 크로아티아에 대한 기대와 희망을 상징하고, 이를 통해 미래를 꿈꾼다는 메시지를 담고 있다.

❹ 피에타

1914년 작품. 성경의 내용으로 만든 작품으로 그의 걸작 중 하나다. 구부러진 다리와 힘없는 머리에 입을 맞추는 어머니. 팔을 어루만지는 제자의 깊은 후회와 슬픔을 표현했는데 이는 전쟁 이후의 소용돌이에 처한 인류의 운명을 의미하기도 한다.

❺ 기도하는 여인

1917년 프랑스 칸에서 만든 작품. 당시 종교적인 주제에 심취해 있었기에 기도하는 여인의 긴 손가락은 본인의 감정을 담아 더욱 길게 표현했다.

❻ 영원한 십자가

1930년 작품. 십자가에 못 박힌 예수를 품에 안은 부처를 표현했다. 동양의 종교에 관한 책을 읽고 감동받아 하느님을 부처의 모습으로 형상화시켜서 만들었다. 동서양의 만남이 신비로움을 더한다.

❼ 그레고리우스 닌의 손

1927년 작품. 스플리트의 카리스마를 상징하는 그레고리우스 닌의 손만 따로 표현한 작품. 손가락 하나하나에서 힘이 솟아난다.

Muzej Grada Zagreba
시립 박물관 MAP p. 38 B-1

17세기에 지은 성 클레어 수도원 안에 위치한 박물관. 유서 깊은 건물로 1907년 이후 내부를 모던하게 개조해 박물관으로 사용 중이다. 3층 건물에 회화, 고대 유적, 투구와 갑옷, 교회용품 등 7000여 점 이상의 방대한 양을 전시 중이므로 보는데도 한참 걸린다. 1970년대 미용실로 꾸며놓은 방이나 두발자전거이지만 앞바퀴가 지나치게 큰 자전거는 보는 것만으로 재밌다. 박물관이지만 지루하기보다는 흥미로운 물건들이 많아서 시간 가는 줄 모를 것이다.

주소 Opatička 20 홈페이지 www.mgz.hr 운영 화~토 10:00~19:00, 일 10:00~14:00 휴무 월·공휴일 입장료 일반 30kn, 학생 20kn 가는 방법 메슈트로비치 갤러리에서 도보 3분

Crkva Sv. Katarine
성녀 카타리네 예수회 성당

MAP p. 38 B-1

자그레브에서 가장 아름다운 바로크 성당. 캐서린 광장에 위치한 카타리네 성당은 17세기에 예수회에 의해 만들어졌다. 지금의 외관은 1880년 대지진 후 헤르만 볼레에 의해 재건축된 모습이다. 내부에는 6개의 예배당과 하나의 통로가 있는데 이는 로마 예수회에서 볼 수 있는 양식이다. 5개는 바로크 양식의 목조 제단으로 만들었고 특이하게 하나만 1729년 대리석으로 만들었다. 성녀 카타리네의 삶을 조각한 설교단과 성 이그나티우스를 조각한 제단이 인상적이다. 17세기에 지은 예수회 수도원과 신학교, 소년 기숙사가 건물 바로 뒤에 있다. 화사하고 아름다운 실내 덕분에 지금도 결혼식이나 행사에 많이 사용된다.

주소 Katarinin Trg 전화 01 485 1950 운영 미사 시간 또는 행사 중에만 입장 가능(①에서 확인) 입장료 무료 가는 방법 반 옐라치치 광장에서 라디체바 길을 따라 직진. 반 옐라치치 광장에서 도보 15분

Crkva Sv. Marka
성 마르코 성당 MAP p. 38 B-1

자그레브의 기념엽서에 자주 등장하는 성당. 멀리서도 눈에 띄는 타일 모자이크의 독특한 지붕이 인상적이다. 갈색, 청색, 흰색의 선명한 타일을 사용해 왼쪽에는 당시 분리되어 있던 달마티아-슬라보니아-크로아티아 지역의 문장을, 오른쪽에는 자그레브의 문장을 새겼다. 그라데츠 지구의 정신적 지주인 이 성당은 13세기에 로마네스크 양식으로 지어졌지만 14세기 후반 고딕 양식의 아치형 천장과 성소가 추가되었다. 19세기 후반 고딕 양식으로 재건될 때 로마네스크 양식의 창문은 그냥 두고, 지붕에 타일로 모자이크를 추가하면서 지금과 같은 모습을 갖추게 되었다. 출입문에는 예수와 성모 마리아와 성 마르코의 동상 및 12사도가 조각되어 있는데 이는 프라하의 성 비투스 대성당Saint Vitus Cathedral을 설계한 페터 파를러Peter Parler의 막내아들이 맡았다.

내부의 하이라이트는 제단 위 십자가와 피에타로, 이는 조각가 이반 메슈트로비치의 작품이다. 이밖에 크로아티아 왕을 묘사한 현대 벽화와 화려한 프레스코화도 볼 만하다.

성당을 마주 보고 경비병이 지키고 있는 왼쪽 건물은 반스키 드보르Banski Dvor 총리 사무실이다. 이곳에서 요시프 옐라치치Josip Jelačić 총독이 살다가 죽었다. 오른쪽에 있는 건물은 의회Sabor다. 1918년 크로아티아는 이곳 발코니에서 오스트리아·헝가리제국으로부터 독립을 선언했다.

주소 Trg Svetog Marka 5 전화 01 485 1611 운영 특별 행사 중에만 입장 가능(ⓘ에서 확인) 입장료 무료 가는 방법 반 옐라치치 광장에서 라디체바 길을 따라 직진. 반 옐라치치 광장에서 도보 15분

농민군 지도자, **마티야 구베츠**

삐삐의
SaySaySay

광장 한쪽에 새겨진 얼굴의 주인공은 마티야 구베츠Matija Gubec (1548~1573)로 본명은 암브로즈 구베츠다. 봉건시대였던 1573년 영주에 대항한 농민군 반란 조직의 지도자였다. 결국 반란은 농민군의 패배로 끝났고, 그는 2월 15일 성 마르코 광장에서 공개 처형당한 후 쇠막대에 끼워져 보란 듯이 전시되었다. 성 마르코 광장 한쪽에 그의 얼굴을 본떠 조각을 만든 이유는 그의 영혼을 위로하기 위해서일까? 아니면 민중들에게 본보기를 보이기 위해서일까?

Hrvatski Muzej Naivne Umjetnosti
크로아티아 나이브 아트 박물관

MAP p. 38 B-1

1952년에 세계 최초로 세워진 나이브 아트 박물관. 1960~70년대 나이브 아트가 전 세계를 휩쓸었지만 잠시의 유행으로 끝나버렸고, 지금까지 꾸준한 곳은 크로아티아밖에 없다. 나이브 아트란 정식으로 미술 교육을 받지 않은 작가들이 그린 전문적인 스타일의 그림이다. 멕시코의 프리다 칼로Frida Kahlo가 대표적이다. 나이브 아트 박물관은 미술학교와 연계해 꾸준히 화가를 배출해 내고 있다. 박물관은 건물 2층에 위치하는데 1930~80년 사이에 만든 회화, 조각, 드로잉 등 크로아티아 나이브 예술과 다량의 외국 작품이 전시돼 있다. 전시실은 총 7개로 구성되어 있고 5개는 크로아티아 작가들의 작품을, 나머지 2개는 외국 작가의 작품을 전시해 놓았다. 이들은 모두 환상적인 주제와 초현실적인 분위기를 잘 표현해 꿈을 현실세계처럼 묘사하고 있어 보는 내내 그림 속으로 빠져들게 된다. 대부분의 그림이 주제가 명확해서 어렵지 않게 감상할 수 있다.

주소 Ulica Sv. Ćirila I Metoda 3 전화 01 485 1911 홈페이지 www.hmnu.hr 운영 월~토 10:00~18:00, 일 10:00~13:00 휴무 공휴일 입장료 일반 25kn, 학생 15kn 가는 방법 성 마르코 성당에서 도보 5분

이 작가들에게 주목하자!

❶ 이반 게네랄리치 Ivan Generalić

낭만적인 시골 풍경이 아닌 사실주의적 표현이 작품에 녹아난다.

❷ 이반 라부진 Ivan Rabuzin

꽃, 새, 언덕, 하늘 등 자연을 주제로 서정적이며, 독특하고 따뜻한 그림을 그린다. 지속적으로 새로운 스타일을 창조하는 독립적인 예술가다. 그의 그림이 담긴 엽서나 책은 선물로도 좋고, 소장 가치도 높다.

❸ 에머릭 페예시 Emerik Feješ

주로 건축물이나 도시를 그리는데 기하학적인 구조의 그림을 색상의 밝음으로 표현한다. 특징이 확실해서 그의 그림은 딱 보면 알 수 있을 정도다.

❹ 제르맹 반 데르 스틴 Germain van der Steen

프랑스 화가로 색을 활발하게 잘 이용하는 것이 특징이다. 20세기 후반 가장 눈에 띄는 나이브 아트 예술가다.

❺ 이반 라코비치 크로아타 Ivan Lacković Croata

고향에 대한 그리움과 자유에 대한 갈망을 농촌 풍경에 녹여냈다.

Muzej Prekinutih Veza

실연 박물관 MAP p. 38 B-1

자그레브에서 가장 인기 있는 박물관. 이 곳은 실연을 경험한

사람들로부터 기증받은 물품과 이야기를 전시하는 곳으로 실제 커플인 드라젠 그루비식과 올린카 비스티카가 4년의 열애 후 이별을 추억하자는 의도에서 시작했다. 사랑, 죽음, 배신에 의한 이별 및 헤어짐의 추억을 다른 사람에게 얘기하는 것만으로 상처는 치유되는 것일까? 전시품은 개구리 인형, 빨간 드레스, 하이힐, MP3 같은 평범한 것이지만 누군가에게는 의미가 있다. 2011년 가장 혁신적인 유럽 박물관에 주는 상인 케네스 허드슨 상 Kenneth Hudson Award을 수상했다. 입구에 위치한 기념품점에는 기발한 상품들이 가득하다. 특히, 기억을 지우는 지우개는 누구에게나 인기 만점.

주소 Ćirilometodska 2 전화 01 485 10 21 홈페이지 brokenships.com 운영 6~9월 09:00~22:30, 10~5월 09:00~21:00 휴무 공휴일 입장료 일반 40kn, 학생 30kn 가는 방법 로트르슈차크 탑에서 도보 3분

Kula Lotrščak

로트르슈차크 탑 MAP p. 38 B-1

자그레브의 베스트 뷰포인트. 13세기에 건설한 중세 시대의 탑으로 시내에서 가장 오래된 건축물이다. 지금은 멋진 시내 전경을 감상할 수 있는 전망대로 사용하고 있고 매일 정오에 대포를 쏘는 작은 행사를 한다.

대포를 쏘는 것에는 몇 가지 전설이 전해진다. 첫 번째는 헝가리 왕 벨라 4세가 타타르 족이 그를 보호해 준 것을 감사하기 위해 그라데츠를 자유의 도시로 선포하였고 이를 기념하기 위해 정오에 대포를 쏘았다고 한다. 두 번째는 어느 날 정오 사바 강 건너편에서 터키군을 향해 대포를 발사했는데 다리를 지나가던 닭이 맞았다. 닭은 부서져 날아갔고 이를 목격한 터키군은 바로 도시를 떠났다고 한다. 세 번째는 중세 시대 자정이 되면 다리의 문을 닫는데 탑의 종을 쳐서 돌아오지 않은 사람들을 부르는 용도로 사용했다고 한다. 어느 것이 정답인지 알 수 없지만 만약 여행을 하다 대포 소리를 들어도 놀라지 말자. 자그레브 시민들은 정오에 대포 소리를 들으며 자신의 시계가 맞는지 확인한다고. 현재 1층은 관광 안내소로, 위층은 갤러리와 전망대로 사용하고 있다. 맞은편에 반 옐라치치 광장으로 바로 내려갈 수 있는 케이블카가 있다.

주소 Strossmayerovo Šetalište 9 전화 01 485 1768 운영 여름 월~금 09:00~21:00, 토 · 일 10:00~21:00, 겨울 월~금 09:00~19:00, 토 · 일 11:00~19:00 입장료 일반 20kn 가는 방법 반 옐라치치 광장에서 도보 10분
• 케이블카 운영 06:30~22:00(10분 간격) 요금 일반 5kn(편도)

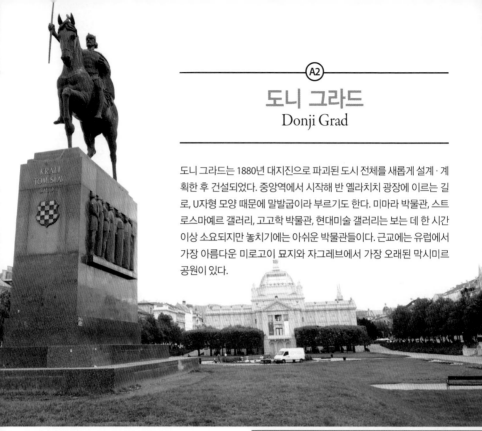

도니 그라드
Donji Grad

도니 그라드는 1880년 대지진으로 파괴된 도시 전체를 새롭게 설계·계획한 후 건설되었다. 중앙역에서 시작해 반 옐라치치 광장에 이르는 길로, U자형 모양 때문에 말발굽이라 부르기도 한다. 미마라 박물관, 스트로스마예르 갤러리, 고고학 박물관, 현대미술 갤러리는 보는 데 한 시간 이상 소요되지만 놓치기에는 아쉬운 박물관들이다. 근교에는 유럽에서 가장 아름다운 미로고이 묘지와 자그레브에서 가장 오래된 막시미르 공원이 있다.

Trg Bana Josipa Jelačića
반 옐라치치 광장 MAP p. 38 B-1

자그레브의 핵심이자 시내에서 가장 번화한 곳인 반 옐라치치 광장은 현대적이면서 고풍스러운 아르누보와 모더니즘 건축물에 둘러싸여 있다. 처음에는 광장 한쪽에 있는 만두세바츠 분수Manduševac의 이름을 따 불렸지만, 1848년 오스트리아 제국의 군대로 헝가리 전투에서 승리한 영웅 '반 요시프 옐라치치'의 이름으로 바꿨다. 제 2차 세계대전 이후 공산정권에 의해 공화국 광장으로 불리다 1991년 독립 후 예전의 이름을 다시 찾았다. 광장 중앙에는 요시프 옐라치치의 동상이 서 있다. 동상의 말꼬리는 늘 약속 장소로 붐빈다.

가는 방법 중앙역에서 도보 15~20분

크로아티아의 영웅,
요시프 옐라치치

요시프 옐라치치(Josip Jelačić(1801~1859)는 오스트리아·헝가리제국 당시 크로아티아의 총독 겸 총사령관으로 이탈리아에서 크로아티아로 부임했다. 당시 오스트리아의 지배를 받고 있던 헝가리가 민족주의 운동을 통해 오스트리아에서 벗어나려 하자 헝가리의 지배를 받고 있던 크로아티아 또한 이를 계기로 크로아티아의 독립을 주장했다. 그러자 합스부르크 왕가는 곧바로 옐라치치를 해임했다. 1848년 또다시 헝가리가 오스트리아에서 독립하려 혁명을 일으키자 합스부르크 왕가는 옐라치치 총독을 복직시켰고, 그는 바로 전장으로 나가 헝가리 혁명을 진압하는 데 큰 공을 세우고 백작 작위를 받았다.

하지만 이런 공헌에도 불구하고 크로아티아는 이후 신절대주의 치하에 들어가고, 또 제국이 오스트리아·헝가리 이중제국 체제로 재편되자 헝가리 산하의 영토에 편입되었다. 그럼에도 옐라치치는 크로아티아에서 농노제를 몰아내는 데 성공해 영웅이 된다. 광장에 있는 그의 동상은 오스트리아 조각가 안톤 페른코른(Anton Fernkorn의 작품으로 의뢰한 주체도 오스트리아 당국이다. 바로 이 때문에 1974년 공산정권 당시 옐라치치를 오스트리아 정부에 협조한 반역자로 치부해 동상을 광장에서 제거한다.

1990년 크로아티아가 독립국이 되자 옐라치치의 동상도 과거의 명예와 영광을 되찾고 광장으로 돌아온다. 원래 동상은 크로아티아의 권리를 지키기 위해 오스트리아와 헝가리가 있는 북쪽을 바라보고 있었지만 지금은 미관상 중앙에 위치하고 있다.

Zagreb Eye
자그레브 아이 MAP p. 38 B-1

2013년에 오픈한 자그레브의 새로운 뷰포인트. 자그레브에서 가장 높은 건물의 16층에 위치해 있다. 우리나라에서는 보기 드문 엘리베이터 안내양과 함께 올라가면 카페로 꾸며져 있는 내부를 지나 360도 파노라마로 시내를 감상할 수 있는 테라스가 나온다. 가장 큰 장점은 티켓을 구입한 날은 몇 번이고 재방문이 가능하다는 것이다. 자그레브의 낮과 밤을 볼 수 있는데 그중 야경을 보는 것을 더 추천한다.

주소 Ilica Ulica 1 홈페이지 www.zagrebeye.hr 운영 10:00~23:00 입장료 60kn 가는 방법 반 옐라치치 광장에서 도보 3분

Muzej Mimara
미마라 박물관 MAP p. 38 A-2

세계 100대 박물관 가운데 하나. 안테 토피츠 미마라Ante Topic Mimara가 평생 수집한 작품들을 기증하며 1987년 개관했다. 루스벨트 광장 서쪽, 거대한 르네상스 양식의 외관과 정원은 멀리서도 한눈에 보인다. 관내에는 렘브란트, 벨라스케스 등 유명 화가들의 회화와 조각, 아시아 미술품과 중동의 미술품, 유리공예품 등 3700여 점이 넘는 작품들을 전시하고 있다. 1층은 동양 공예품과 유리공예, 직물, 2층은 조각, 응용예술품을 전시한다. 3층은 13~20세기에 걸친 서양 회화를 방대하게 전시하고 있어서 가장 볼 만하다. 기증자에 대한 예의로 미마라실이 따로 있다. 미마라의 얼굴 조각과 그가 사용하던 카펫, 의자, 가구 등을 통해 그의 생활을 엿볼 수 있으니 관심이 있다면 한번 들러보자. 넓은 실내에는 중간중간 쉴 수 있는 의자도 마련되어 있다. 플래시를 터뜨리지 않는다면 사진도 찍을 수 있다.

박물관 대각선으로 있는 화사한 노란색 건물은 국립극장Hrvatsko Narodno Kazalište u Zagrebu으로 크로아티아에서 가장 규모가 큰 공연장이다. 1890년대지진으로 붕괴된 건물을 오스트리아 황제의 방문을 기념해 빈에서 온 건축가들이 다시 지었다고 하는데 너무 급히 만들어 완성도는 떨어진다. 국립극장 앞의 조각은 이반 메슈트로비치의 <생명의 우물Zdenac Života>이다. 이는 상호 의존성에 대한 인간의 열정을 표현한 작품으로 대중의 큰 호응을 받았다.

주소 Trg Franklina Rooserelta 5 홈페이지 www.mimara.hr 운영 10~6월 화·수·금·토 10:00~17:00, 목 10:00~19:00, 일 10:00~14:00 7~9월 화~금 10:00~19:00, 토 10:00~17:00, 일 10:00~14:00 휴무 월·공휴일 입장료 일반 40kn, 학생 30kn 가는 방법 반 옐라치치 광장에서 도보 10분
• 국립극장 주소 Trg Maršala Tita 15 티켓 요금 약 150~200kn

국립극장과 이반 메슈트로비치의 〈생명의 우물〉

Ulica Tkalčićeva
트칼치체바 거리 MAP p. 38 B-1

자그레브 시내에서 가장 화려하고 활기 넘치는 보
행자 거리. 서울의 매력적인 거리와 비교해도 손
색없는 이 거리에는 원래 개울가가 있었고 옛날에
는 물레방아가 많았다고 한다. 그래서 18세기에는
천, 비누, 종이, 주류 등을 생산하는 작업장이 있었
고 19세기말에는 유흥지가 되었다가 오늘날 레스
토랑, 카페, 개성 있는 상점들이 하나둘씩 자리를
잡으면서 지금의 거리가 형성되었다.
젊음의 거리인 만큼 낮과 밤의 모습이 화장 전후
모습마냥 다르다. 해가 질 무렵 조명이 하나둘씩
켜지면 잔뜩 멋을 낸 젊은이들이 거리에 가득해진
다. 거리 끝에는 카프톨Kaptol과 캐스케이드Cascade,
2개의 큰 쇼핑센터가 있다.
트칼치체바 거리의 시작은 크로아티아 최초의
여성 작가 마리아 유리치 자고르카Marija Jurić Zag-
orka(1878~1957) 동상부터 시작된다.

가는 방법 반 옐라치치 광장에서 도보 5분

Muzej Arheološki
고고학 박물관 MAP p. 38 B-1

1846년 해프너 궁전Vranyczany-Hafner에 설립된 고고
학 박물관. 선사시대 방, 그리스 및 로마 시대 방,
이집트 방, 화폐 방으로 나눠진 전시관에 약 40만
점의 방대한 수집품이 전시되어 있다. 4층에서부
터 차례대로 둘러보면 된다. 내부에서 가장 흥미
로운 볼거리는 선사시대 방에 전시된 '부체돌스
카 골루비카Vučedolska Golubica'다. 이는 부코브르
부근에서 발견된 것으로 3000년 전 종교 의식에
사용된 비둘기 모양의 점토 용기다.
이집트 방에서 주목할 미라는 이집트 테베에서
가져온, 리넨으로 된 문서로 싸인 기괴한 여성 미
라다. 미라를 감싼 리넨에 새겨진 글자는 에트루
리아에서 가장 오래된 글로 아직 해석되지 않았
다고 하는데 이 글자에 신비한 기운이 담겨 있다
고 한다.
박물관 마당에 있는 카페는 저녁에 조명이 켜지
면 분위기가 좋아서 데이트 장소로 인기다.

주소 Trg Nikole Šubića Zrinskog 19 전화 01 487
3000 홈페이지 www.amz.hr 운영 화·수·금·토
10:00~18:00, 목 10:00~20:00, 일 10:00~13:00 휴무
월·공휴일 입장료 일반 30kn, 학생 15kn, 매주 첫 번
째 일요일은 무료 가는 방법 반 옐라치치 광장에서
도보 10분

Moderna Galerija
현대미술 갤러리 MAP p. 38 B-2

19~20세기 저명한 크로아티아 예술가의 작품들을 전시한 갤러리로 도시 중심의 궁전에 위치해 있다. 19세기 말 설립되어 여러 번의 복원을 거친 후 지금의 모습을 갖추게 되었다. 회화, 조각, 수채화, 드로잉, 인쇄 등 광범위한 작품 수집은 기부와 구매로 이뤄졌는데 현재 9500여 점에 이른다. 내부는 제 2차 세계대전을 겪은 예술가들에 의해 역사적 주제로 시작, 연대순으로 전시되어 있다. 20세기 초반의 작품은 주로 유럽 모더니즘의 혼란을 반영한 현대 작가의 작품으로 과거와 현재가 조화롭게 이어진다. 2층의 전시가 현대적이면서 창의적이라면 1층은 조금 차분하게 감상할 수 있다. 입구에 걸린 그림은 크로아티아 화가 블라호 부코바치|Vlaho Bukovac의 작품이다. 이밖에 엠마누엘 비도비치|Emanuel Vidović, 니콜라 마시치|Nikola Mašić, 이보 케디치|Ivo Kerdić 등의 작품도 놓치지 말자.

주소 Andrije Hebranga 1
전화 01 604 1055 홈페이지
www.moderna-galerija.hr
운영 화~금 11:00~19:00, 토 ·
일 11:00~14:00 휴무 월 · 공휴
일 입장료 일반 40kn, 학생 30kn
가는 방법 반 옐라치치 광장에
서 도보 10분

Umjetnički Paviljon u Zagrebu
예술 전시관 MAP p. 38 B-2

크로아티아에서 전시회만을 위해 만든 최초의 건물로 화사한 노란색이 멀리서도 눈에 띈다. 아르누보 스타일의 이 건물은 남유럽에서도 가장 오래된 전시 공간 중 하나이다. 이곳에서 여러 크로아티아 현대미술협회가 창단되는 등 크로아티아 현대미술과 역사를 함께 했다.

1896년 부다페스트에서 열린 크로아티아 박람회를 위해 지은 예술 전시관은 당시로는 혁신적인 철 구조 공법을 사용했는데 박람회가 끝난 후 건물의 기본 구조물을 분해한 후 기차로 운반, 재조립하고 덧붙여 지금의 모습이 완성되었다. 1898년 12월 15일 완성된 예술 전시관 오픈 개막식에 크로아티아 현대미술의 뿌리를 탐구하는 유명한 전시회인 <크로아티아 살롱>이 개최되었다. 전시회는 매번 바뀌지만 로댕, 미로 등 우리가 아는 유명인의 전시인 경우가 많으니 지나가다가 걸려 있는 전시회 현수막을 눈여겨보자. 전시회도 볼 만하지만 내부 천장의 그림과 장식들도 매우 인상적이니 현대미술에 관심 있다면 꼭 한번 들러보자.

주소 Trg Kralja Tomislava 22 전화 01 484 1070
홈페이지 www.umjetnicki-paviljon.hr 운영 화~일
11:00~19:30(금 ~20:30) 휴무 월요일 입장료 일반
50kn, 학생 30kn 가는 방법 반 옐라치치 광장에서
도보 10분

Botanički Vrt

식물원 MAP p. 38 A·B-2

1890년 자그레브 대학 자연과학부의 위탁을 받은 안톤 하인즈Antun Heinz 식물학 교수가 만든 식물원. 약 5만㎡의 넓은 공간에 인공 연못과 바위 정원, 넓은 마당과 높게 솟아 오른 침엽수로 가꾼 식물원은 영국식 정원풍이다. 크로아티아 식물에서부터 전 세계에서 온 이국적인 열대 식물을 포함해 1만여 종의 식물이 자라고 있다. 도시에 푸른 녹음을 선물하며 이 지역의 산책로를 담당한다. 식물원은 일몰까지 무료로 운영되고 잔디 위를 걷거나 자전거를 타는 등 자연을 해치는 행위와 취사는 엄격히 금지하고 있다.

주소 Marulićev Trg 9a 전화 01 489 8060 홈페이지 hirc.botanic.hr/vrt 운영 4~10월 월 · 화 09:00~14:30, 수~일 09:00~17:00(날씨가 좋은 경우 3 · 11월도 오픈) 입장료 무료 가는 방법 반 옐라치치 광장에서 도보 20분

Muzej za umjetnost i Obrt

예술 공예 박물관 MAP p. 38 A-2

1880년 설립된 박물관으로 건축가 헤르만 볼레가 설계했다. 중세 후기부터 현재까지의 약 15만점의 품목을 소장하고 있다. 박물관 내부는 시간과 주제별로 이루어져 있는데 가구, 유리, 금속, 세라믹, 그래픽 및 디자인, 사진, 섬유, 패션, 악기, 조각, 시계 등 독특한 작품을 전시 중이다. 외국 문화기관의 지원을 받아 종종 해외 기획전이 열린다. 입구 옆에 위치한 갤러리 숍은 매우 작지만 박물관에서 본 예쁜 유리그릇과 컵을 판매하니 관심있다면 들러보자.

주소 Trg Maršala Tita 10 전화 01 488 2111 홈페이지 www.muo.hr 운영 화~토 10:00~19:00, 일 10:00~14:00 휴무 월·공휴일 입장료 일반 40kn, 학생 20kn 가는 방법 반 옐라치치 광장에서 도보 15분

Mirogoj
미로고이

유럽에서 가장 아름다운 묘지. 메드베드니차 산 경사면에 자리 잡은 미로고이는 1876년 건축가 헤르만 볼레가 설계해 만든 묘지로 녹색의 둥근 돔 아케이드에 넝쿨 식물들이 잘 어우러져 있다. 2만8000㎡의 넓게 트인 장소에 제 2차 세계대전 희생자를 위한 기념비, 크로아티아 내전에서 숨진 병사들을 기리며 만든 십자가, 파빌리온 등 아름다운 조각들이 있어 묘지보다 야외 조각 공원이라 부르는 게 더 어울린다. 원래 크로아티아 정치가 류데비트 가이Ljudevit Gaj의 여름 별장이었는데 그가 죽은 후 자그레브 시가 구입해 중앙 묘지로 만들었다.

정면 입구로 들어가면 작은 성당 안에 납골당이 있고 양 옆으로 네오르네상스식 긴 회랑이 나오는데 그 안에 가족 묘지가 있다. 일반 묘지는 회랑 앞의 긴 가로수 길을 사이에 두고 두 부분으로 영역이 나눠져 있다. 무덤은 다양한 조각으로 장식해 놓았는데 유명인부터 일반인까지 많은 사람들이 묻혀 있다. 시간이 된다면 크로아티아 초대 대통령 프란요 투즈만Franjo Tuđman(1번), 건축가 헤르만 볼레(23번), 땅의 원래 주인인 류데비트 가이

(2번) 등은 찾아볼 만하다. 자그레브 시민들은 산책하듯 가벼운 마음으로 이곳을 찾는데, 워낙 넓어서 보는 데 2시간 이상 소요된다.

주소 Mirogoj 10 전화 01 4696 700 홈페이지 www. gradskagroblja.hr 운영 4~10월 06:00~20:00, 11~3월 07:30~18:00 입장료 무료 가는 방법 자그레브 대성당 버스 정류장에서 버스 106번을 타고 Mirogoj 하차. 약 10분 소요(버스 티켓 1회권 2장 필요)

Strossmayerova Galerija Starih Majstora

스트로스마예르 거장 갤러리 MAP p. 38 B-2

스트로스마예르 거장 갤러리는 1880년 지어진 네오르네상스 궁전 안 크로아티아 예술과학 아카데미에 위치하고 있다. 동부 크로아티아 자코보Đakovo 시에서 성직자 생활을 한 요시프 유라이 스트로스마예르(1815~1905) 주교가 1884년 자그레브 시에 250여 점의 작품을 기증한 것이 설립의 기초가 되었다. 갤러리는 건물 2층에 있고 9개의 방에 14~19세기 독일, 이탈리아, 프랑스 거장인 틴토레토, 베로나, 엘 그레코 등의 회화 및 조각이 전시되어 있다. 이 중 페데리코 벤코비치Federiko Benković의 바로크 회화 <아브라함의 희생 제물Abraham Sacrifices Isaac>은 놓치지 말아야 할 명작이다. 1층 안뜰에 있는 커다란 돌은 바슈카 석판Baščanska Ploča으로 안에 글라골루 문자Glagolitic가 새겨져 있다. 11세기 로마 문자가 보급되기 전 크로아티아 언어로 적힌 가장 오래된 돌 비문 중 하나로 중요한 보물이다. 뒤편 공원의 고뇌하는 동상의 주인공은 1926년 이반 메슈트로비치가 조각한 스트로스마예르 주교다.

주소 Trg Nikole Šubića Zrinskog 11 전화 01 489 5117 홈페이지 www.hazu.hr 운영 화 10:00~19:00, 수~금 10:00~16:00, 토 · 일 10:00~13:00 휴무 월요일 입장료 일반 30kn 가는 방법 반 옐라치치 광장에서 도보 15분

Park Maksimir

막시미르 공원 MAP p. 38 C-1

자그레브에서 가장 오래된, 유럽 최초의 시민 공원. 총 면적 4㎢로 1794년에 막시밀리안 브르호바치Maksimilijan Vrhovac(1752~1827) 주교가 사냥터로 쓰던 떡갈나무 숲을 공원으로 조성했다. 이후 설립자의 이름을 따서 막시미르 공원이라 불렀다. 자그레브 시내에서 트램을 타고 약 15분 정도 가야 하지만 현지인들에게는 최고의 힐링 장소다. 공원 안에는 동물원과 인공 호수, 공연장, 파빌리온, 산책로 등이 잘 조성되어 있다. 주말에는 데이트하는 연인과 조깅하는 사람들, 소풍 나온 가족들 외에도 거리의 악사나 화가들이 찾아와 더욱 활기가 넘친다. 한여름 공연장에서 야외 콘서트나 영화 상연 등 문화 행사가 열리기도 하는 자그레브의 대표적인 휴식처다.

주소 Maksimirski Perivoj 1 홈페이지 www.park-maksimir.hr 운영 매일 입장료 무료 가는 방법 반 옐라치치 광장에서 트램 11, 12번(Dubec 방향)을 타고 일곱 번째 정류장 Bukovačka 역에서 하차 후 맞은 편으로 도보 3분

삐삐의 SaySaySay

자그레브의 무시무시한
마녀 이야기

혹시 알고 계셨나요? 중세 유럽 교회에서 시작된 마녀사냥으로 아무 죄 없는 여성들이 억울하게 죽었다는 사실을요. 마녀재판은 14세기 후반부터 18세기 중반에 걸쳐 일어났으며, 약 6만 명의 여성들이 마녀라는 이름으로 처형되었습니다. 이는 도미니코 수도회 때문인데 그들은 교회를 배척하는 존재를 마녀로 몰고 갔고, 긴 시간 십자군 전쟁에 시달린 백성들은 마녀만 사라지만 다시 평화가 올 것이란 이기적이고도 무지한 생각을 했습니다. 더 어이없는 사실은 마녀재판에는 돈이 들었다는 겁니다. 마녀를 고문하는 기술자, 재판관 등. 그러나 이 비용은 모두 마녀 용의자가 내야 했기에 용의자 대부분이 돈 많은 과부였습니다. 살해당하면서 재산도 교회에 바치는 꼴이 되었습니다.
결국 마녀사냥은 없어졌지만 자그레브는 유럽에서 가장 늦게 마녀사냥이 폐지된 도시입니다. 억울함 때문일까요? 자그레브에는 유난히 마녀에 관한 전설이 많습니다.

그라데츠의 마녀

마리아 유리츠 자고르카의 소설 <그라데츠의 마녀Grička Vještica>는 18세기 자그레브에서 있었던 마녀사냥에 관한 실화를 바탕으로 했습니다. 제빵사 네라는 매력적이고 사업도 성공한 과부였습니다. 그녀를 남몰래 흠모하던 이웃집 남자가 청혼을 하지만 거부당했고 화풀이로 그녀가 주머니에 악마를 넣고 다니는 마녀라고 고소했습니다. 결국 네라는 억울하게 감옥에 갇힌 후 마녀라는 누명을 쓰고 화형 당했습니다. 훗날 법원에서 당시의 재판에 대한 자료를 발표했는데, 과거 여성과 남성의 성비가 맞지 않았고 이로 인한 히스테리와 질투가 마녀사냥이라는 무시무시한 결과를 낳았다는 것입니다.

검은 여왕

이 이야기는 여러 가지 전설이 존재하지만 확인된 것은 아무것도 없는 검은 여왕에 관한 것입니다. 그녀는 매우 무시무시한 마녀였다고 합니다. 룩셈부르크의 지그문드 왕과 결혼했지만 46세에 미망인이 되었고, 그 후부터 늘 검은 예복을 입어서 검은 여왕이라 불리게 되었습니다. 잔인한 여왕은 동물을 창문 밖으로 던져 죽였고, 사람들을 위협하기 위해 까마귀 떼를 마을에 보냈습니다. 늙지 않는 외모 때문에 피를 빨아 먹는 흡혈귀라는 소문과 저주받은 수십 마리의 뱀을 키우고 있다는 소문이 돌았습니다. 어느 날 터키의 공격을 받게 되자 여왕은 뱀으로 변해 성 지하에 숨었습니다. 그 후 한 소년 병사를 만나 키스를 해주면 본래의 모습으로 돌아가 황금을 나눠 주겠다고 했지만 거절당했고, 뱀은 소년에게 저주를 퍼부었습니다. 결국 여왕은 계속 뱀이 된 채 산속을 헤매고 다니게 되었습니다. 만약 미로고이나 메드베드그라드를 여행한다면 발밑을 조심하세요! 언제 검은 여왕이 나타나 속삭일지 모르니까요! "나에게 키스해 주면 황금을 나눠줄게."

• Secret Zagreb

가이드와 함께 그라데츠의 마녀를 찾는 투어, 유령, 시내, 근교 투어 등 다양한 프로그램을 진행한다. 특히 밤에 진행되는 유령 투어가 으스스하면서 인기다.

전화 097 673 8738 홈페이지 www.secret-zagreb.com

SPECIAL THEME

만남의 장소, 자그레브 광장을 탐험하다

① Park Zrinjevac 즈리네바츠 공원 MAP p. 38 B-2

시민들에게 가장 사랑받는 공원. 19세기 후반 가축 시장이었던 곳에 이탈리아에서 나무를 수입해 심고 그 옆에 벤치를 만들고 야외음악당을 지어 우아한 산책로를 만들었다. 오스만제국 전쟁 당시 사망한 크로아티아 장군의 이름 니콜라 수비차 즈린스키|Nikola Šubića Zrinski(1508-1566)의 이름을 붙였다. 광장 한 쪽에는 자그레브의 첫 번째 분수가 있다. 헤르만 볼레의 작품으로 조금은 우스꽝스러운 모양 덕분에 '버섯'이란 애칭으로 불린다. 광장이 만들어질 당시에 같이 세운 기상학 정보 전시판은 오늘도 멈추지 않고 기온을 측정한다.

가는 방법 반 옐라치치 광장에서 중앙역 방향으로 도보 5분

② Trg Petra Preradovića 페타르 프레라도비치 광장 MAP p. 38 B-1

예술가와 젊은이들에게 가장 사랑받는 광장. 시인이자 작가였던 페타르 프레라도비치|Petar Preradović(1818~1872) 장군의 이름을 붙여 만든 광장. 한가운데 그의 동상이 있다. 14세기에 이곳에서 꽃시장이 열렸기 때문에 '꽃의 광장'으로 부르기도 한다. 광장 한쪽에는 크로아티아의 위대한 시인 오귀스틴|Augustin(1891~1955)의 동상이 있다. 도시의 방랑자이자 지독한 애주가였던 그의 모습을 그대로 묘사했으며 낡은 코트 차림에 한 손에는 포도주 잔을 들고 있다. 광장을 둘러싸고 포장마차 카페가 즐비하다. 우측에 있는 쇼핑센터는 과거 크로아티아 저축 은행 건물인 옥타곤|Oktagon이다.

가는 방법 반 옐라치치 광장에서 도보 5분

③ Trg Britanski 브리탄스키 광장 MAP p. 38 A-1

일명 영국 광장. 시내에서 즐길 수 있는 작은 골동품 시장으로 평일에는 신선한 농산물을 팔지만 일요일에는 활기찬 골동품 시장으로 변한다. 오래된 엽서, 레코드, 은수저, 촛대 등 재미있는 물건이 많다. 규모는 작지만 간단한 기념품 정도는 찾을 수 있으니 구경해 보자. 가방 단속은 필수. 제대로 된 골동품 시장을 구경하고 싶다면 흐렐리치|Hrelić로 가보자. 크로아티아에서 가장 큰 골동품 시장이다.

운영 일 09:00~14:00 가는 방법 반 옐라치치 광장에서 일리차 대로를 따라 도보 10분

• **흐렐리치 Hrelić** 주소 Sajmišna Cesta 8 운영 수 · 토 · 일 07:00~14:00

가는 방법 14번 트램을 타고 Zapruđe에 내린 후 도보 15분

자그레브의
현대미술을
찾아서

우리가 흔히 말하는 현대미술은 20세기의 미술로, 예술가들은 새로운 시각으로 재료 본성에 대해 생각했다. 오늘날 자그레브의 젊은 예술가들은 과거의 공장을 개조해 작품을 전시하거나 큐레이터들이 모여 사회 문제를 비판하는데, 이들의 목표는 하나다. 창의적이고 흥미로운 전시를 통해 일반인들에게 현대미술을 보다 잘 전달하는 것. 혈기 넘치는 젊은 예술가들의 작품을 감상해보는 것도 자그레브의 현재를 이해하는 좋은 방법 중 하나다.

Galerija Studentski Centar
스튜덴스키 센타르 갤러리

1962년에 설립된 이 갤러리는 크로아티아 현대미술에서 무척 중요한 공간 이다. 특히 콘셉트 예술에 초점을 맞춰 보리스 부칸Boris Bucan, 산야 이베코비치Sanja Ivekovic, 달리보 마르티니스Dalibor Martinis와 미로슬라프 수테이Miroslav Sutej 등 국제적으로 잘 알려진 크로아티아 예술가들의 전시회를 개최했다. 2004년 이후에는 시각 예술 및 커뮤니케이션 분야 등 모든 형태에 개방되어 학생과 젊은 예술가들에게 장소를 제공한다.

주소 Savska 25 전화 01 459 3602 홈페이지 www.facebook.com/galerijasczg 운영 월~금 12:00~20:00, 토 10:00~13:00 휴무 일요일 입장료 무료 가는 방법 트램 3, 9, 12, 14, 17번을 타고 Stud. Centar 역에서 하차 후 도보 3분

Lauba

라우바 MAP p. 38 A-1

과거 자그레브 직물 공장이었던 건물을 개조해 만든 라우바 하우스는 사람과 예술을 위한 집이다. 사업가 클리치코Kličko의 개인 소장품을 바탕으로 2011년 문을 열었고 크로아티아 예술에 큰 영향을 끼친 갤러리로, 현대미술 애호가들이 지나쳐서는 안 될 중요한 정류장이 되었다.

이곳은 수석 큐레이터 모라나 마트코비치Morana Matković와 8명의 자원봉사자로 이루어진 비영리 단체로, 모든 프로그램은 각 계층에 종사하는 프리랜서 전문가들에 의해 운영된다. 매달 돌아가면서 현대 작가의 개인전과 그룹전 형식으로 작품을 전시 중인데 국제 문화 행사에도 참여해 다양한 프로젝트로 사람들이 교류하는 장소다. 창의적이고 흥미로운 전시와 다양한 프로그램을 통해 일반인들에게 현대 시각 예술을 보다 잘 전달하는 게 라우바의 목표다.

주소 Prilaz baruna Filipovića 23a 전화 01 630 2115 홈페이지 www.lauba.hr 운영 월~금 14:00~22:00, 토 11:00~22:00 휴무 일요일, 12/25, 1/1, 공휴일 입장료 25kn 가는 방법 트램 2, 6, 11번을 타고 Sveti Duh 역에서 하차 후 Selska Cesta 길을 따라 도보 5분

Galerija Greta

갈레리야 그레타 MAP p. 38 A-1

자그레브의 비영리 단체에 의해 2011년 설립되었다. 미술, 영상, 설치, 조각, 퍼포먼스 등 다양한 예술을 소개하는데 특히 이름 없는 예술가가 자신의 작품을 소개하는 장소로 유명하다. 매주 월요일에 열리는 새로운 전시회는 자그레브에서 가장 인기 있다. 이곳에서 활동하는 예술가로는 마리아 칼로게라Maria Kalogera, 다비드 말리코비치David Maljković, 알렘 코르쿠트Alem Korkut 등이 있다.

주소 Ilica 92 전화 91 222 0810 홈페이지 www.greta.hr 운영 월~토 17:00~20:00 휴무 일요일 입장료 무료 가는 방법 트램 1, 6, 11번을 타고 Britanski Trg 하차 후 도보 1분 또는 반 옐라치치 광장에서 일리차 거리를 따라 브리탄스키 광장까지 도보 15분

Galerija Nova

갈레리야 노바 MAP p. 38 B-1

1970년대 크로아티아의 새로운 예술을 실천하기 위한 가장 중요한 장소 중 하나로 전위적인 모더니즘의 관행을 재평가했다. 2003년 5월 이후 큐레이터 집단 'WHW(Who, Why, What의 약자)'가 운영하면서 현대미술을 발표하기 가장 좋은 장소가 되었다. 이들은 공산당 선언에서 영감을 얻은 큐레이터 팀으로 주로 구 유고슬라비아의 추억과 집단 사회를 탐구하고 비판적 사고를 나누며, 정치, 사회 문제를 비판하는 일에 앞장선다.

주소 Ulica Nikole Tesle 7 전화 01 487 2582 홈페이지 www.whw.hr 운영 화~금 12:00~20:00, 토 11:00~14:00 휴무 월·일요일 입장료 무료 가는 방법 반 옐라치치 광장에서 도보 7분

FOOD
먹는 즐거움

크로아티아의 역사는 음식에서 알 수 있다. 달마티아 지방에서는 지중해와 이탈리아 요리를, 내륙 지방에서는 헝가리, 오스트리아, 터키의 영향을 받은 음식을 맛볼 수 있다. 그중 자그레브는 오스트리아와 헝가리의 영향을 받아 육류 요리가 발달했다. 또한 수도인 만큼 각 지방의 특색 있는 요리들을 두루 맛볼 수 있는데, 그중 꼭 먹어봐야 하는 음식은 페카Peka다. 무거운 솥뚜껑 아래 고기와 감자를 넣고 천천히 익혀 먹는 음식으로, 조리에 최소 2시간 이상이 필요해서 반드시 예약을 해야 한다. 레스토랑은 대부분 반 옐라치치 광장 주변과 골목, 트칼치체바 거리에 밀집해 있다. 저렴하게 한 끼를 해결하려면 역이나 길거리에서 파는 샌드위치, 조각 피자, 터키식 케밥 등이 적당하다.

F1
레스토랑
Restaurant

크로아티아 전통 요리는 물론 세계 어디서나 먹을 수 있는 다양한 요리를 내놓는 레스토랑이 즐비하다. 최근 들어 건강식 레스토랑이나 아시안 레스토랑도 하나둘씩 생겨나는 추세다. 식전 빵이 무료인 곳도 있지만 앉아서 식사를 하면 음식 값 외에 자릿세까지 청구되는 곳이 있으니 먹지 않은 음식이 영수증에 나온다면 꼼꼼하게 따져 보는 게 좋다. 대체로 음식의 간이 세고 짠 편이니 주문할 때는 반드시 소금을 적게 넣어 달라고 말하자.
"소금은 조금만 넣어 주세요Manje Soli, Molim(마네 솔리, 몰림)."

Kaptolska Klet

MAP p. 38 B-1

대성당 바로 맞은편에 있는 전통 요리 전문 레스토랑. 1982년에 오픈했다. 실내가 넓고 테이블도 커서 많은 인원을 수용할 수 있다. 대표적인 메뉴는 송아지로 만든 스테이크. 12개월 미만의 어린 소를 사용해서인지 고기가 연해 입안에 들어가면 사르르 녹는 듯하다. 삶은 감자와 곁들여 먹으면 한 끼 식사로 든든하다. 만약 밥이 먹고 싶다면 송아지 리소토를 시켜 보자. 모든 음식이 푸짐하게 나와서 성인 남자가 먹어도 모자라지 않지만 대체로 짠 편이다.

주소 Kaptol 5　전화 01 4876 502　홈페이지 www.kaptolska-klet.eu　영업 11:00~23:00　예산 해산물 리소토 40kn~　가는 방법 대성당 맞은편

Stari Fijaker 900

MAP p. 38 A-1

자그레브에서 가장 오래된 식당. 실내는 원목을 이용해 차분하게 꾸몄지만 세련되지는 않았다. 치즈돈가스와 비슷한 자그레바치키 오드레자크Zagrebački Odrezak를 추천한다. 부드러운 고기를 치즈로 감싸 튀겨서 겉은 바삭바삭하고 속은 촉촉하다. 고기와 치즈를 같이 먹기 때문에 약간은 짜게 느껴지니 곁들이는 음식은 감자튀김보다 샐러드를 추천한다.

주소 Mesnička Ulica 6 전화 01 4833 829 홈페이지 www.starifijaker.hr 영업 월~토 11:00~23:00, 일·공휴일 11:00~22:00 예산 자그레바치키 오드레자크 70kn~ 가는 방법 반 옐라치치 광장에서 도보 10분

Restoran Vinodol

MAP p. 38 B-1

자그레브의 맛집. 많은 사람들이 이구동성으로 추천하는 식당에 가면 그 이유를 알 수 있다. 저녁에 가면 훨씬 분위기가 좋다. 아치형의 천장, 은은한 조명 덕분에 요리를 먹기도 전에 분위기에 취한다. 메뉴 중 추천할 만한 것은 하우스 플레이트House Plate. 예약 없이 간다면 'Teleći Kotlet s krustom I Sezonkim Prilogom'도 좋다. 빵가루를 얇게 입혀 마치 잘 익은 파이 같은 고기 요리와 부드러운 수플레, 삶은 시금치가 곁들여 나온다. 부드러운 고기와 시금치의 궁합이 좋다. 음식 맛도 분위기도 모두 좋아서 팁이 아깝지 않다.

주소 Ulica Nikole Tesle 10 전화 01 481 1427 홈페이지 www.vinodol-zg.hr 영업 11:30~24:00 예산 하우스 플레이트 88kn~ 가는 방법 반 옐라치치 광장에서 도보 5분

Vallis Aurea

MAP p. 38 B-1

가정 요리를 맛볼 수 있는 식당. 점심에는 우리나라 식당에서 김치찌개, 된장찌개, 돈가스 중 하나를 고르듯 매일 3~4개의 메뉴를 제공해 그중 하나를 골라서 먹는다. 저렴하면서 맛있고 메뉴를 고르는 고민도 적어서 주변의 직장인들에게 인기가 많다. 예를 들면 월요일의 특별 메뉴는 고기와 작게 썬 수제비가 들어간 굴라시 종류의 스튜다. 라면 국물 맛도 나면서 김치찌개 맛도 나 느끼하지 않다. 스튜를 한 그릇 가득 담아주니 빵만 리필해서 먹으면 배불리 먹을 수 있다.

주소 Tomićeva Ulica 4 전화 01 483 1305 홈페이지 www.vallis-aurea.com 영업 월~토 10:00~23:00 예산 45kn~ 가는 방법 케이블카 아래쪽 승강장 바로 앞에 위치

Good Food

MAP p. 38 B-1

자그레브 대학생들에게 인기 있는 식당이다. 이름처럼 좋은 음식을 만드는 것을 슬로건으로 삼고 있다. 특히 상큼한 초록색 간판이 멀리서도 눈에 확 띈다.

간단하게 먹을 수 있는 샐러드 및 햄버거, 샌드위치가 주메뉴지만 패스트푸드가 아니라 신선한 재료로 즉석에서 만들어 준다. 샐러드의 종류는 7가지로 큰 사이즈를 혼자 먹으면 배가 부를 정도. 포장할 경우 소스는 따로 담아달라고 얘기하자. 가장 무난한 샐러드는 참치 샐러드로 신선한 각종 채소에 올리브, 기름기를 쏙 뺀 참치를 넣고 소스를 뿌려준다. 아삭한 채소는 여행에서 맛보기 힘든 신선한 초록의 맛으로 뽀빠이 기운이 솟아나게 한다.

주소 Ulica Nikole Tesle 7 전화 01 481 1302 홈페이지 www.goodfood.hr 영업 월~목 10:00~24:00, 금·토 10:00~02:00, 일 11:00~23:00 예산 참치 샐러드 30kn~ 가는 방법 반 옐라치치 광장에서 도보 5분

Submarine Burger Bogoviceva

MAP p. 38 B-1

방송에서 소개한 이후로 더욱 유명해진 트러플 햄버거 맛집이다. 이 집의 비법은 트러플을 섞은 마요네즈 소스를 잘 구운 패티 위에 아낌없이 넣고, 두툼한 고기와 신선한 채소를 올리는 것! 한 입 베어 먹었을 때 진하고 고소한 맛을 입안 가득 느낄 수 있다. 자그레브 시내에만 6곳의 지점이 더 있다.

주소 Bogovićeva ul 7 전화 01 6272 690 영업 월~목·일 11:00~23:00, 금·토 11:00~01:00 예산 프렌치 하우스 버거 56kn, 트러플 감자튀김 28kn~ 가는 방법 반 옐라치치 광장에서 도보 5분

©Submarine Burger Bogoviceva

Submarine Burger Bogoviceva

Konoba Didov San

MAP p. 38 B-1

이름에 '할아버지의 꿈'이라는 뜻을 담은, 달마티안 스타일의 레스토랑. 비록 할아버지는 돌아가셨지만 맛을 전수 받은 가족들이 이어받아 운영 중이다. 오래된 오크 나무와 벽돌을 이용한 아치형 천장 덕에 자연스러운 분위기가 연출된다. 우리 입에는 소고기와 양고기를 이용해 만든 페카 Peka나 집에서 만든 소시지에 직접 구운 빵을 곁들여 먹는 게 가장 무난하고 맛있다. 식당 추천 메뉴는 프로슈토로 감싸 살짝 구운 송아지 요리다. 프로슈토는 향신료를 쓴 햄이기 때문에 입에는 맞지 않을 수도 있다.

주소 Mletačka ul 11 전화 01 485 1154 홈페이지
www.konoba-didovsan.com 영업 10:30~23:30 예
산 샐러드 45kn~ 가는 방법 반 옐라치치 광장에서
도보 20분 또는 성 마르코 성당에서 도보 5분

ⓒ Konoba Didov San

Rougemarin City

MAP p. 38 B-1

한국인 관광객에게도 유명했던 문도아카 Mundoaka
식당이 리노베이션을 마치고 재오픈했다. 날씨
가 좋다면 테라스에서, 흐리다면 실내에서 분위
기 있게 식사를 즐겨보자. 예전과 같이 유명한 수
제 맥주와 음식의 맛은 보장할 수 있지만 한국인
의 입맛에는 간이 다소 세게 느껴질 수도 있다. 주
문 시 소금은 조금만 넣어달라고 말하자. 주말이
나 저녁에는 빈자리를 찾기 어려울 수 있으니 방
문 전 예약하는 편이 좋다.

주소 Petrinjska ul. 2 전화 091 509 3191 홈페이지
www.rougemarincity.eatbu.hr 영업 월~토 11:00~
23:00 예산 참치스테이크 126kn~ 가는 방법 반 옐
라치치 광장에서 도보 5분

ⓒ Rougemarin City

Boban

MAP p. 38 B-1

다양한 지중해 요리를 선보이는 식당으로 직원들
도 친절하다. 좌석은 약 200여 명을 수용할 수 있
는 넓은 실내와 테라스 석으로 나뉘어 있다. 요리
사는 제철 식재료를 사용해 요리할 뿐 아니라 파
스타 면도 직접 뽑고 식전 빵도 굽는다. 가장 인기
있는 메뉴는 방울토마토와 구운 감자, 루꼴라를
곁들인 소고기 스테이크Rustica다.

주소 Gajeva Ulica 9 전화 01 4811 549 홈페이지
www.boban.hr 영업 일~목 11:00~23:00(금·토
~24:00) 예산 스테이크 Rustica 148kn~ 가는 방법
반 옐라치치 광장에서 도보 5분

Pod Zidom Bistro & Wine Bar

MAP p. 38 B-1

돌라츠 시장이 매우 가까이 있어 신선한 식재료
를 공수해오기 때문에 계절 메뉴를 비롯해 날마
다 새로운 요리를 선보인다. 식당에서 만든 특제
살사소스에 찍어 먹는 오리 요리가 특히 맛있다.
수익의 일정 금액을 지역 사회에 환원하는 착한
식당이다. 저녁 예약은 필수다.

주소 Pod Zidom 5 전화 099 325 3600 영업 월~
토 12:00~24:00, 일 12:00~23:00 예산 오리 요리
120kn~ 가는 방법 돌라츠 시장에서 도보 1분

ⓒ Pod Zidom Bistro

(F2) 카페
Cafe

자그레브는 수백 년 동안 빈의 문화와 생활양식에 영향을 받아서 카페 문화가 발달했다. 카페에서 여유롭게 시간을 보내는 것이 생활의 한 부분이 된 지 오래다. 특히 토요일 정오에는 카페에 앉아 커피를 마시며 신문을 읽으며 느긋하게 시간을 보내는데, 현지에서는 이를 슈피차Špica라 부른다. 트칼치체바Tkalčićeva와 보고비체바Bogovićeva, 프레라도비체바Preradovićeva 거리에 카페가 많다.

Vincek

MAP p. 38 B-1

현지인, 관광객, 누구에게나 인기 있는 카페 겸 아이스크림 전문점. 자그레브의 달콤한 맛에 빠지고 싶다면 꼭 들러보자. 케이블카 타는 곳에 위치해 있어 오고 가다 들르기 좋다.
40개 이상의 아이스크림을 매일 직접 만들어 무척 신선하며, 호두, 헤이즐넛, 초콜릿 등 종류도 다양하다. 테이크아웃도 가능하고, 테이블에 앉아 느긋하게 즐길 수도 있다.

주소 Ilica 18 전화 01 483 3612 홈페이지 www.vincek.com.hr 영업 08:30~23:00 예산 아이스크림 한 스쿱 7kn~ 가는 방법 반 옐라치치 광장에서 도보 5분

Choco Bar Bonbonniere Kraš

MAP p. 38 A-1

세계적인 브랜드로 유명한 스위스나, 명품 초콜릿을 만드는 벨기에에 비하면 아직은 걸음마 단계지만 크로아티아의 초콜릿도 먹어보면 잊지 못할 훌륭한 맛이다. 가장 유명한 브랜드는 크라스Kras로 여러 개의 지점을 가지고 있다. 그중 도리나Dorina라 부르는 밀크 초콜릿은 남녀노소, 아이 · 어른 할 것 없이 좋아한다. 헤이즐넛 시럽을 넣은 핫초코 위에 부드러운 크림을 얹어 나오는데, 진한 초콜릿의 맛이 느껴진다. 선물용 초콜릿도 구입이 가능하다.

주소 Ilica 15 전화 01 4876 362 홈페이지 www.kraschocobar.com 영업 08:00~22:00 예산 핫초코 22kn~ 가는 방법 반 옐라치치 광장에서 도보 3분

Caffe Bar Orient Express

MAP p. 38 B-1

오리엔트 특급열차를 모티프로 만든 카페. 빛나는 구리와 원목, 진녹색 의자로 꾸민 실내 인테리어에

조명이 더해져 몽환적인 분위기를 연출한다. 앉아 있자니 마치 애거사 크리스티의 소설 <오리엔트 특급 살인>의 주인공이 된 기분이다. 벽에는 오래된 영화 포스터와 매력적인 승객들의 흑백 사진이 멋진 시리즈로 꾸며져 있다. 이곳은 커피 맛보다는 분위기로 먹는다 해도 과언이 아니다. 실내는 흡연이 가능하니 답답한 공기가 싫다면 테라스에 앉자.

주소 Ulica Nikole Tesle 10 전화 01 629 7122 영업 월~목 07:30~24:00, 금 · 토 07:30~02:00, 일 12:00~23:00 예산 카푸치노 7kn~ 가는 방법 반 옐라치치 광장에서 도보 5분

Cogito Coffee Shop

MAP p. 38 A-1

크로아티아어로 '커피를 생각하다'라는 뜻의 코기토 커피. 세계 최고의 바리스타를 뽑는 월드 바리스타 챔피언십에서 3위를 수상한 바리스타가 직접 선별하고 로스팅한 커피콩을 사용해 자그레브에서도 최고의 커피숍으로 손꼽히는 곳이다. 자그레브에 있는 여러 카페가 이곳에서 원두를 받아다 쓴다고 하니 커피 맛은 보장된 게 아닐까? 궁금하다면 직접 확인해 보자. 한적한 골목에 있어서 찾아가는 재미도 있다.

주소 Varšavska ul 11 영업 월~금 08:00~20:00, 토 09:00~19:00 예산 카푸치노 12kn~ 가는 방법 반 옐라치치 광장에서 도보 5분

© Cogito Coffee Shop

Amélie

MAP p. 38 B-1

자그레브에서 디저트 부문 1위를 차지한 카페로 유명하다. 가게 이름 때문일까? 아니면 아기자기한 실내의 따뜻한 분위기 때문일까? 왠지 이곳에 오면 귀여운 아멜리에를 만날 것 같은 기분이 든다. 특히 커피와 함께 곁들이기 좋은 케이크 중에서 프랑스식 디저트인 밀푀유 mille feuille가 맛있다.

주소 Vlaška ul 6, 전화 01 5583 360 영업 월~토 08:00~23:00, 일 09:00~23:00 예산 에스프레소 9kn~, 밀페유 17kn~ 가는 방법 대성당에서 도보 3분

© Amélie

Quahwa

MAP p. 38 B-1

테슬라 거리의 안뜰에 위치한 매력적인 커피숍이다. 통유리로 비치는 햇살을 받으며 커피를 마실 수 있다. 에티오피아에서 수입한 유기농 아라비카 콩을 사용한다. 다른 카페보다 약간 비싸게 느낄 수도 있지만 마셔보면 품질의 차이를 느낄 수 있다. 커피 외에 말차라테와 수제 맥주의 맛도 훌륭하다.

주소 Nikole Tesle 9 전화 01 3639 074 영업 월~토 09:00~22:00, 일 10:00~18:00 예산 카푸치노 16kn~ 가는 방법 반 옐라치치 광장에서 도보 7분

SHOPPING
사는 즐거움

자그레브에는 살 게 너무 많아서 지갑이 얇아지는 걸 조심해야 한다. 가장 번화한 상점가는 반 옐라치치 광장에서 뻗어 나가는 일리차Ilica 거리다. 트칼치체바 거리에는 개성 있는 상점들이, 라디체바거리 Ulica Radićeva에는 크로아티아의 신진 디자이너들의 숍이 있다. 대성당 앞에도 기념품 가게가 있다.

Galerija Link

MAP p. 38 B-1

크로아티아 디자이너가 만든 핸드메이드 제품을 판매한다. 올리브 나무로 만든 주걱, 조명에 쓰는 갓, 이름이 새겨진 티셔츠와 에코 백, 직접 만든 티가 팍팍 나는 그릇도 인기 품목 중 하나다. 올리브 나무를 깎아 만든 손목시계는 발상도 독특하다. 친절한 사장님에게 선물할 사람의 나이나 성별 등을 얘기하면 개성 있는 아이템을 추천해 주기도 한다. 아이부터 어른들을 위한 선물까지 한 곳에서 전부 고를 수 있다는 게 가장 큰 장점. 다양한 물건들이

있으니 꼭 한번 들러보자. 다만 모든 제품이 수제품이라 가격이 저렴하지는 않다.

주소 Ulica Radićeva 27 전화 01 4813 294 이메일 anja.velnic@zg.t-com.hr 영업 10:00~20:00 예산 라벤더 자석 인형 140kn~ 가는 방법 반 옐라치치 광장에서 도보 10분

Maš Forma

MAP p. 38 B-1

트칼치체바 거리에 위치한 가게. 입구에 물이 흐르는 커다란 수도꼭지 조각을 찾았다면 바로 그곳이다. 28년 된 가게로 6명의 디자이너가 저마다 개성을 살려 독특하게 디자인한 물건을 판매한다. 유리와 메탈을 활용한 물건들이 무척 사랑스럽고 아기자기해 감탄을 자아낸다. 결혼식에 쓰는 액자와 촛대, 귀걸이와 팔찌 같

은 액세서리, 벽시계, 인테리어 소품 등 다양한 물건들을 구경할 수 있다. 깨지지 않으면서 가방에 자리를 차지하지 않는 티스푼을 선물용으로 추천한다.

주소 Tkalčićeva 56 전화 01 5532 946 홈페이지 www.mas-forma.hr 영업 월~토 10:00~20:00, 일 10:00~15:00 예산 티스푼 5세트 60kn~ 가는 방법 반 옐라치치 광장에서 도보 5분

Kravata

MAP p. 38 B-1

60년 전통의 넥타이 기업. 최고급 실크 원단을 전통적인 방법으로 수작업해서 이탈리아 장인과 견주어도 뒤지지 않는다. 17세기 크로아티아 군인들은 목 주위에 우아한 스카프로 타이를 묶었는데 프랑스인들이 이 문화를 배워 지금 우리가 매는 넥타이가 되었다고 한다. 매년 10월 18일에 크로아티아에서는 넥타이 축제가 열리기도 한다. 타이는 크로아티아의 전통 무늬가 들어간 것이 가장 비싸며, 그 이하는 질과 색에 따라 가격이 달라진

다. 넥타이가 시작된 나라에서 사는 넥타이는 받는 사람에게도 주는 사람에게도 의미 있는 선물이 될 것이다.

주소 Ulica Radićeva 13 전화 01 483 0919 홈페이지 www.kravata-zagreb.com 영업 10:00~19:00 예산 250kn~ 가는 방법 반 옐라치치 광장에서 도보 5분

Ulični Ormar

MAP p. 38 B-1

Ulični Ormar는 '거리의 옷장'을 뜻한다. 이름에서 알 수 있듯이, 매장에 들어서면 스커트부터 아우터까지 빈티지 의류와 소품으로 가득해 오랜 세월의 흔적을 느낄 수 있다. 노란색 벽과 조화를 이루는 다양한 색상의 옷을 보고 있노라면 1960~1970년대를 배경으로 하는 영화 세트장에 들어온 듯하다. 레트로한 감성을 좋아한다면 한번 들러볼 만하다. 특히 유행을 타지 않으면서도 멋스러운 원피스를 구경해 보자.

주소 Jurišićeva ul 16 전화 01 4926 500 홈페이지 www.ulicni-ormar.hr 영업 월~금 10:00~20:00, 토 11:00~18:00 예산 원피스 140kn~ 가는 방법 반 옐라치치 광장에서 도보 10분

자그레브에서 구입한
우리 가족 선물 보따리

넥타이
양복을 입고 출근하는 아빠나 남편, 남동생, 오빠 또는 남자친구에게 최고의 선물이 되는 넥타이. 한 땀 한 땀 정성들여 바느질한 자그레브 장인이 만든 실크 넥타이에는 이탈리아 장인의 운동복 못지않은 노력과 세련미가 담겨 있다.

올리브 나무 주걱
올리브 나무로 만든 주방용품은 살모넬라균 등의 악성 세균이 3분 이상 생존할 수 없다. 또한 내구성이 뛰어나 견고하고 뜨거운 요리에도 변색이 되지 않고 빨리 건조되니 주방용품에서는 명품 중의 명품! 크로아티아는 날씨 덕분에 올리브 나무가 많다. 100% 크로아티아 올리브 나무로 만든 주걱은 요리를 좋아하는 사람들을 위한 좋은 선물이다. 또 다른 추천 상품은 파스타 자. 매번 양을 못 맞춰서 남기거나 모자랐는데 이 제품 덕분에 완벽하게 인원수에 맞춰 파스타를 삶을 수 있게 되었다.

티스푼
은으로 만든 티스푼. 스푼 손잡이에 예쁜 장식이 새겨져 있다. 집에 돌아와 여행을 추억할 때 제일 빨리 만날 수 있는 물건. 커피 마실 때나 차 마실 때, 혹은 아이스크림 먹으면서 감상에 젖을 수 있다.

크레용
어린아이를 위한 크레용. 획일화된 손잡이가 아니어서 아이가 그림을 그릴 때 자유롭게 잡을 수 있다. 손에 묻지 않는 재질로 만들고 친환경 재료를 사용했다고. 아이의 두뇌 발달까지 생각한 착한 크레용이다.

라벤더향 가득한 자석 인형
라벤더향을 가득 머금은 자석 인형은 조카들 선물로 제격. 예쁜 것을 좋아하는 나이의 여자 아이들에게 알맞은 선물이다. 책가방에 달아두면 향기가 솔솔 올라온다.

HOTEL
쉬는 즐거움

다른 유명 관광 도시에 비해 숙박 시설이 적은 편이다. 하지만 호텔부터 호스텔, 민박 등 종류는 다양하다. 체류 기간이 3박 이상이라면 아파트를 렌트하는 것도 좋은 방법이니 ①에 문의해 보자. 여름 성수기에는 방을 구하기가 어려우므로 미리 예약하자. 현지어로 민박은 '소베Sobe'다.

Hostel Swanky Mint

MAP p. 38 A-1

TV 프로그램 <꽃보다 누나>에 나온 호스텔. 19세기 후반 섬유 염색 공장을 호스텔로 개조한 곳으로 편안하고 자연 친화적인 분위기다. 1, 2인실, 4인실, 8~11인실 도미토리가 있다. 조식은 유료지만 주방이 넓고 취사 시설을 잘 갖추고 있어 음식을 해먹기 부담 없다. Wifi, 시트, 수건이 제공되며, 위치상 구시가를 걸어서 관광할 수 있다.

주소 Ilica 50 전화 01 4004 248 홈페이지 www.swanky-hostel.com 요금 도미토리 100kn~ 가는 방법 반 옐라치치 광장에서 도보 5분 또는 버스 터미널에서 트램 6번(Črnomerec 방향)을 타고 7번째 정류장 Frankopanska 역 하차 후 트램을 등지고 왼쪽으로 도보 3분

Youth Hostel MAP p. 38 B-2

중앙역에서 도보 7분 거리에 있는 공식 유스호스텔. 규모가 꽤 큰 편으로 건물은 오래되었지만 시설은 깨끗하다. 조식은 없고, 취사도 불가능하다. 위치가 좋아 시내 관광이 편리하나 체크아웃 시각이 9시로 이른 편이고 방음 시설이 부실해 밤에 시끄럽다는 단점이 있다.

주소 Petrinjska 77 전화 01 484 1261 홈페이지 www.hfhs.hr 요금 6인실 도미토리 €15.70~, 2인실 €40~ 가는 방법 중앙역 맞은편에서 오른쪽으로 걸어가다가 Hotel Central 오른쪽 골목으로 들어가서 3분 정도 걷다 보면 호스텔 간판을 찾을 수 있다.

Hostel Taban

MAP p. 38 B-1

트칼치체바 거리에 위치한 호스텔. 반 옐라치치 광장과 대성당 등 구시가와 가까워 모든 관광지를 도보로 돌아보는 것이 가능하다. 1~2인실, 가족실, 도미토리 등 다양한 형태의 방이 깨끗하게 운영되고 있다. 24시간 리셉션, 무료 Wifi가 가능하며, 도미토리에 개인 사물함이 있어 짐보관이 가능하다. 공항 픽업 서비스와 자전거 대여 및 유료 세탁 서비스를 받을 수 있다. 다만 1층에 바가 있어 밤에는 약간 시끄럽기 때문에 조용한 분위기를 좋아하는 사람에게는 추천하지 않는다.

주소 Tkalčićeva 82 전화 01 5533 527 홈페이지 www.tabanzagreb.com 요금 도미토리 100kn~ 가는 방법 반 옐라치치 광장에서 도보 7분

Hostel Casablanca

MAP p. 38 C-1

버스 터미널과 구시가지 모두 적당한 거리에 위치한 호스텔. 객실은 총 10개로 1~3인실로 구성되어 있고, 개인 사물함을 이용할 수 있다. 침대엔 잘 세탁되어 뽀송뽀송하고 깨끗한 시트가 깔려있으며, 무료 Wifi가 제공된다. 호스텔 가격에 따뜻한 조식이 포함되어 있으며, 더불어 직원들도 매우 친절하다.

주소 Vlaška ul 92 전화 01 464 1418 홈페이지 www.hostel-casablanca.com 요금 더블 510kn~ 가는 방법 버스 터미널에서 트램 7번 (Dubrava 방향)을 타고 3번째 정류장 Tržnica Kvatrić역에서 하차 후 도보 5분 또는 반 엘라치치 광장에서 도보 15분

Hostel Palmers Lodge Zagreb MAP p. 38 C-2

2014년 우수 호스텔로 선정된 인기 있는 호스텔. 오픈한 지 얼마 안 돼 매우 깨끗하고 쾌적하다. 리셉션은 24시간 운영되고 Wifi, 주방 등은 무료로 이용할 수 있다. 중앙역 근처에 위치해 구시가까지 걸어서 갈 수 있어 시내 관광이 편리하다.

주소 Ulica Kneza Branimira 25 전화 01 8892 868 홈페이지 www.palmerslodge.com.hr 요금 8인실 도미토리 115kn~ 가는 방법 중앙역을 등지고 오른쪽으로 도보 3분

Chillout Hostel Zagreb

MAP p. 38 B-1

반 엘라치치 광장에서 가까운 대형 호스텔. 5층 건물로 약 200명이 머물 수 있다. 연두색, 주황색, 빨간색, 노란색 등 원색을 이용해 인테리어해서 실내가 화사하다. 1, 2인실은 개인욕실이 방 안에 딸려있으며 4, 6, 8인실 도미토리는 공동욕실과 화장실을 이용해야 한다. Wifi 및 주방 사용은 무료다.

주소 Tomićeva Ulica 5A 전화 01 4849 605 홈페이지 www.chillout-hostel-zagreb.com 요금 8인실 도미토리 85kn~ 가는 방법 반 엘라치치 광장에서 도보 7분

Hostel Shappy MAP p. 38 A-1

한국인 여행자에게 인기 있는 호스텔. 객실은 총 14개로 1~2인실, 도미토리로 구성되어 있고 각 객실마다 해피룸, 로맨틱룸 등 재밌는 이름이 붙어있다. 호스텔의 직원들이 매우 친절하다. 모든 객실에는 에어컨이 있고 도미토리에는 개인 사물함을 갖추고 있다. 무료 Wifi, 침대 시트가 제공된다.

주소 Varšavska 8 전화 01 4830 483 홈페이지 www.hostel-shappy.com 요금 도미토리 120kn~ 가는 방법 반 엘라치치 광장에서 도보 5분

Hotel Esplanade

MAP p. 38 B-2

파리와 이스탄불을 오가던 오리엔트 익스프레스 승객을 위해 호화롭게 지어진 호텔. 1925년 중앙역 근처에 자리 잡아 정치가, 기자, 연예인 등 많은 유명 인사가 머물렀다. 1926년 호텔에서 열린 자그레브 미인 대회 우승자가 다음 해 '미스 유럽 진'에 당선되는 기쁨을 누리기도 했다. 호화로운 외관과 달리 객실은 모던하게 꾸며져 있다.

주소 Mihanovićeva Ulica 1 전화 01 4566 666 홈페이지 www.esplanade.hr 요금 트윈룸 950kn~ 가는 방법 중앙역에서 왼쪽으로 도보 5분

Hotel Arcotel Allegra

MAP p. 38 C-2

자그레브 최초의 디자인 호텔. 모든 객실이 깨끗하게 관리되고 있는데 무엇보다 객실이 넓어서 좋다. 침대 쿠션 및 모포에 프란츠 카프카, 프로이트, 체 게바라 등의 인물이 모자이크되어 있다. 사실 디자인 호텔이라고 부르기에는 조금 부족함이 있다. 조식 포함 여부에 따라 가격이 달라진다. 중앙역 부근에 위치하고 있어 구시가까지 도보로 이동이 가능하고 관광이 편리해서 출장 및 단기 여행자에게 안성맞춤이다.

주소 Ulica Kneza Branimira 29 전화 01 469 6000 홈페이지 www.arcotelhotels.com 요금 트윈룸 460kn~ 가는 방법 중앙역에서 오른쪽으로 도보 5분

Hotel Dubrovnik

MAP p. 38 B-1

1929년 자그레브 중심에 지은 호텔 두브로브니크는 반 옐라치치 광장에 인접해 있다. 1982년 늘어나는 관광객의 수요를 충족시키기 위하여 150개의 방을 추가하면서 최대한 멋을 부려 설계했고 지금과 같이 독특한 전면부가 탄생하게 되었다. 2014년 내부를 수리하며 지금은 현대적인 객실뿐만 아니라 최고급 소재의 항 알레르기 침구, 액정 TV 등을 사용하는 '크라운 스위트'가 추가되었다. 이곳 테라스에서 자그레브 최고의 전망을 감상할 수 있다. 85년 전통의 호텔에서 하루쯤 호화롭게 보내고 싶은 사람에게 추천한다.

주소 Ulica Ljudevita Gaja 1 전화 01 486 3555 홈페이지 www.hotel-dubrovnik.hr 요금 트윈룸 850kn~ 가는 방법 반 옐라치치 광장에서 도보 3분

Hotel Jägerhorn

MAP p. 38 B-1

1827년에 세운 호텔로 도시에서 가장 오래된 숙박시설이다. 우아하게 꾸며진 객실은 오래된 티는 나지만 깨끗한 편이다. 객실은 총 18개며, 무료 Wifi, 에어컨, TV, 샤워부스, 책상 등 최소한의 시설만 갖추었다. 호텔 안쪽의 정원을 따라가다 보면 전망대와 성 마르코 교회를 만날 수 있다. 반 옐라치치 광장에서 도보 3분 거리에 위치해 시내 관광에 편리하다.

주소 Ilica 14 전화 01 4833 877 홈페이지 www.hotel-jagerhorn.hr 요금 트윈룸 730kn~ 가는 방법 반 옐라치치 광장에서 도보 3분

NACIONALNI PARK PLITVIČKA JEZERA

죽기 전에 꼭 봐야 하는 천혜의 비경

플리트비체 국립호수공원

버스에서 내리는 순간, 맑은 공기가 머리를 정화시킨다. 요정들이 살 것 같은 아름다운 플리트비체와 만나기 전에 자연이 주는 배려 같다. 플리트비체는 말라카펠라 산과 플리에세비카 산에 있는 크로아티아 최초의 국립공원이다. 울창한 숲 속에 16개의 에메랄드빛 호수가 계단식으로 펼쳐지고 호수 위로 크고 작은 폭포가 흘러내려 천혜의 비경을 이룬다. 뿐만 아니라 보호가치가 높은 동식물의 서식지로 인정되어 세계자연유산으로 지정되기도 했다.

아주 먼 옛날 곡식과 동물이 말라죽을 만큼 심각한 가뭄이 들자 절망에 빠진 사람들은 비가 오기만을 간절히 빌었다. 그들의 기도가 하늘에 닿았는지 어느 날 검은 여왕이 나타나 천둥과 번개를 계곡에 보내 며칠 동안 비를 뿌렸다고 한다. 계곡의 생명체들은 초록을 되찾았고 이때 호수와 폭포가 생겼다는 전설이 전해진다. 어떤 과학적인 설명보다 이 동화 같은 전설이 플리트비체와 가장 잘 어울리는 건 왜일까. 천혜의 비경 속에 아름다운 전설을 품은 이곳의 풍경은 어떤 예술 작품보다도 빛나는 듯하다.

이들에게 추천!

· 유럽에서도 손꼽히는 천혜의 비경을 감상하고 싶다면
· 자연을 벗 삼아 등산과 하이킹을 즐기고 싶다면

INFORMATION
인포메이션

ACCESS
가는 방법

유용한 홈페이지

플리트비체 관광청 www.np-plitvicka-jezera.hr
숙박 정보, 예약 www.tzplitvice.hr

관광안내소

ULAZ 1 · 2의 ⓘ

지도 판매(20kn), 추천 코스와 소요 시간, 숙박 정보와 예약, 버스 스케줄 등을 문의하자. 동절기에 ⓘ가 문을 닫았을 때는 매표소가 ⓘ의 업무를 대신하며 ⓘ 옆 짐 보관소는 08:00~19:30까지 무료로 운영된다.

운영
ULAZ 1 동절기 08:00~16:00, 하절기 07:00~20:00
ULAZ 2 6~8월 08:00~19:00, 4~5월, 9월 09:00
~17:00(동절기엔 폐쇄)

버스

자그레브와 자다르에서 플리트비체로 가는 버스가 있다. 플리트비체 국립호수공원의 입구는 ULAZ 1, ULAZ 2 두 곳으로 버스를 타고 행선지를 말하면 운전사가 어느 입구에서 내릴지 물어보니 미리 생각해두는 게 좋다.

플리트비체 버스 정류장은 숲 속 한가운데 고속도로에 있다. 겨울에 방문했다면 내리는 순간 휑한 고속도로를 보고 당황하게 되는데 주위를 살피면 육교가 보인다. 육교 쪽으로 가면 ULAZ 1과 ULAZ 2 입구를 찾을 수 있다. ULAZ 1 입구에는 국립호수공원 ⓘ와 매표소가 있고 ULAZ 2는 중앙 ⓘ와 매표소, 호텔, 레스토랑 등이 있다. ULAZ 1과 ULAZ 2는 도보로 10분 남짓 떨어져 있다. 플리트비체에서 돌아갈 때 버스에 자리가 없으면 그냥 지나가기 때문에 다음 버스를 타야 한다. 그러니 플리트비체에 도착하면 먼저 ⓘ에 들러 돌아가는 버스 시간을 확인한 후 움직이자.

자그레브 ——————— 버스 2시간 30분, 73kn~
플리트비체 국립호수공원

자다르 ——————— 버스 3시간, 편도 75kn~
플리트비체 국립호수공원

플리트비체 완전 정복

플리트비체는 자그레브와 자다르에서 당일치기 여행이 가능하지만, 공원 근처의 숙소에서 2~3일 머무르며 구석구석을 여유롭게 돌아보는 것도 좋다. 플리트비체 국립호수공원이 가장 아름다운 시기는 단풍이 물드는 가을, 눈 녹은 물이 흘러내려 폭포가 장관을 이루는 봄이다. 11~3월은 전 지역이 눈으로 뒤덮이고 심지어 12월과 1월에는 호수가 얼어붙기 때문에 사람들이 거의 오지 않는 비수기다. 비수기인 겨울은 공원 내 유람선 및 버스가 운행하지 않아 도보로 돌아보는 것만 가능하기에 일부 상부 호수와 하부 호수만 감상할 수 있다.

나무 널빤지를 연결해 놓은 국립호수공원의 등산로는 평탄하고 잘 정비되어 있어 노인이나 어린이도 무난히 걸을 수 있으므로 느긋하게 산책하듯 돌아보는 게 포인트다. ⓘ에서 개인의 체력, 시간, 선호도, 계절 등을 고려한 다양한 루트를 제안한다. 또한 국립호수공원을 순환하는 버스와 아름다운 호수를 돌아보는 유람선은 여행의 기분을 한껏 돋워준다.

ⓘ에 들러 여행 루트를 상담하고 유료 지도를 구입하자. 지도에 유람선 승선장(P)과 버스 정류장(ST)이 표시되어 있다. 국립호수공원에서 개발한 모든 루트는 각 정류장이 연결되어 있으니 각 포인트를 찾아가는 길이 감상 포인트다. 국립호수공원 안에서도 P와 ST 표지판을 쉽게 찾을 수 있으므로 지도와 안내표지판을 따라가기만 하면 쉽게 돌아볼 수 있다.

알아두세요!

❶ 산악 지대인 만큼 한여름에도 24℃가 넘지 않는다. 등산에 필요한 따뜻한 옷과 신발은 필수!

❷ 공원 안에는 먹을거리를 살 곳이 마땅치 않으니 반드시 도시락이나 음료, 간식 등을 미리 준비한다.

❸ 입장료에는 유람선과 버스 요금이 포함되어 있다.

❹ 기념품이나 엽서 등은 ⓘ에서 구입하자. 우표도 판매한다.

❺ 메인 출구는 ULAZ 2. 현대적으로 꾸며져 있으며 호텔, 레스토랑 등이 있다.

❻ 불시에 티켓 검사가 이뤄질 수 있으니, 공원을 떠나기 전까지 티켓을 버리지 말 것!

FRIENDLY NACIONALNI PARK PLITVIČKA JEZERA

하루만에 플리트비체와 친구 되기

국립호수공원의 모든 길은 걷기에 좋아서 한나절 동안 아름다운 풍경을 보면서 신나게 하이킹을 즐기면 된다. 모든 코스는 호수를 보며 숲 사이를 누비듯 지나가게 되어 있다. 층층이 계단을 이루고 있는 호수는 크고 작은 폭포들로 연결되는데, 물색깔이 너무나 아름다워 저절로 손을 담가보게 된다. 전망대에 도착하면 폭포에서 떨어지는 물보라를 가로지르며 춤추는 무지개도 볼 수 있다. 만약 시간과 체력이 허락한다면 상부 호수까지 가보자. 하부 호수의 풍경과 국립호수공원의 아름다운 모습을 감상할 수 있다.

점심 먹기 좋은 곳

P3 유람선 선착장 앞 코자치카 드라가 뷔페Kozjač-ka Draga Buffet 및 그 외 벤치들

알아두세요!

❶ 국립호수공원 안에서는 등산에 맞는 운동화나 등산화가 필수! 비가 온 다음에는 다리가 물에 잠겨 있어 신발이 젖을 수도 있답니다.

❷ 도시락, 간식, 음료 등을 미리 준비해 주세요.

STUBICA

JEZERO KOZJAK

P3 ℹ️

벨리키 슬라프(큰 폭포)
VELIKI SLAP

NOVAKOVIĆA BROD

MILANOVAC

GAVANOVAC

KALUĐEROVAC

ZAGREB 140km

ST1

ℹ️

ULAZ ❶입구

Lička kuća

BURGETI

P2

P1

ST2 ℹ️

BEST COURSE ! 👍

계절에 상관없이 연중 돌아볼 수 있는 코스. 상하부의 핵심 호수와 폭포를 감상할 수 있고 하이킹, 유람선, 버스 등도 모두 경험할 수 있다.

벨리키 슬라프
VELIKI SLAP

하부에서 가장 큰 폭포. 높이 78m에서 떨어지는 폭포로 플리트비체 국립호수공원의 뷰포인트 장소다. 걷다 보면 어느새 유람선을 타는 선착장 앞에 도착한다.

P3

이곳에 도착하니 어느새 점심시간. 코자크Kozjak 호수를 바라보며 넓은 잔디밭에서 먹는 점심은 꿀맛이 따로 없다. 도시락을 준비하지 못했다면 선착장 앞에 있는 식당에서 점심을 먹자. 이제, 플리트비체에서 가장 큰 코자크 호수를 감상해 보자. 물 흐르듯 조용히 움직이는 유람선을 타고 자연과 하나 되는 기분을 느껴보자. 크고 작은 폭포와 1888년 호수를 방문한 스테파니야Stefanija 공주의 이름을 딴 중앙의 섬도 구경해 보자.

ST2

ULAZ 2 입구가 있는 곳. 혹시 점심을 먹지 못했다면 이곳의 식당을 이용해 보자. 플리트비체의 호텔 3개가 이곳에 모여 있기도 하다. 이곳에서 버스를 타고 ST1로 이동하면서 숲길의 풍경도 감상해 보자. 시간이 없는 여행자라면 이곳에서 여행을 마치고 출구로 나가 버스를 타고 이동하면 된다.

ULAZ 1

밀라노바츠Milanovac 호수, 가바노바츠Gavanovac 호수, 칼루데로바츠Kaluđerovac 호수까지 계단식으로 흐르는 폭포를 따라 감상하며 걸어보자. 칼루데로바츠 호수 옆에는 크로아티아의 소프라노 밀카 트르니나Milka Trnina의 기념비가 걸려 있다. 공연 수익금을 국립호수공원에 기부한 것을 기념해 걸어놓았다고 한다. 사람이 지나가면 용케 알고 몰려드는 송어떼에 신기하다고 먹이를 주면 안 된다.

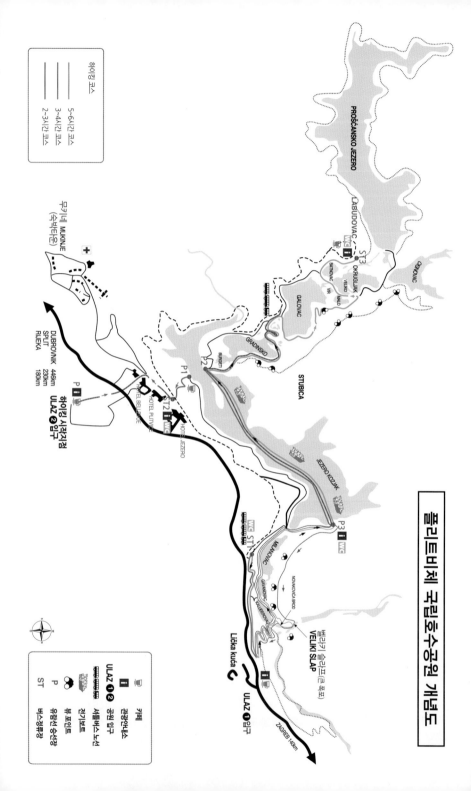

플리트비체 국립호수공원 개념도

하이킹 코스
- 5~6시간 코스
- 3~4시간 코스
- 2~3시간 코스

무키네 MUKINJE
(숙박단지)

DUBROVNIK 446km
SPLIT 230km
RIJEKA 180km

하이킹 시작지점
ULAZ ② 입구

HOTEL PLITVICE
HOTEL BELLEVUE
HOTEL JEZERO

PROŠĆANSKO JEZERO

LABUDOVAC

ST3

OKRUGLJAK
BATINOVAC
VELIKO
MALO
VIR
GALOVAC

GRADINSKO

STUBICA

BURGETI

JEZERO KOZJAK

P1

P2

P3

MILANOVAC
GAVANOVAC
KALUĐEROVAC
NOVAKOVIĆA BROD

멀리기 슬라프(큰 폭포)
VELIKI SLAP

Ličка kuća

ULAZ ① 입구

ZAGREB 140km

범례
- 카페
- ULAZ ① ② 관광안내소
- 셔틀버스노선 공원입구
- 전기보트
- P 부포인트
- ST 유람선 승선장
  버스정류장

ATTRACTION
보는 즐거움

계곡에서 가파른 계단을 내려와서 호수에 사는 송어 떼와 인사를 나누고 아름다운 들꽃 사진을 찍어보자. 가다가 지치면 준비한 도시락을 먹고, 몸도 마음도 호수의 정취를 흠뻑 느꼈다면 일기나 엽서를 써보자. 지금의 감동을 하나도 빼놓지 말고 담아 보자.

- 전기보트 운영 시간 P2-P3 08:30~15:00, P3-P2 09:00~15:30
- 파노라마 기차 운영 시간 St2-St1 08:30~16:00, St1-St2 09:00~16:00

Nacionalni Park Plitvička Jezera
플리트비체 국립호수공원

플리트비체 국립호수공원은 상층부의 큰 호수와 하층부의 자그마한 호수로 나뉜다. 원래 하나였던 강물이 탄산칼슘과 염화마그네슘으로 분리되는 과정에서 생긴 석회 침전물이 쌓이고 쌓여 자연스럽게 계단식으로 둑을 이루며 16개의 호수가 생겼으며, 그 호수들 사이에 100여 개의 폭포가 있다. 가장 높은 곳에 있는 호수는 해발 637m, 가장 낮은 곳에 있는 호수는 해발 503m에 있다. 호수 면이 유난히 선명한 에메랄드빛을 띠고 있는 것은 물속에 있는 석회 성분이 태양 아래 빛나고 있기 때문이다. 수심에 따라 푸른빛과 짙은 에메랄드빛이 아름답게 교차한다. 상부 호수는 백운석으로 된 계곡과 울창한 숲에 둘러싸여 있고 각각의 호수에는 크고 작은 폭포가 흐른다. 하부 호수는 상부 호수에서 흘러내려온 물의 압력으로 땅속 동굴이 무너지면서 생성된 것으로 수심이 얕고 그다

지 크지 않다. 대자연의 섭리에 따라 앞으로도 얼마나 많은 제방과 호수가 더 생길지 모른다.

유람선을 타고 상쾌한 강바람을 쐬면서 아름다운 자연을 만끽하고 계곡에 올라 에메랄드빛 호수의 신비로운 조화를 체험해 보자. 국립호수공원은 자연을 있는 그대로 보존하고자 노력하고 있기에 호수에서의 낚시, 먹이 주기, 수영 등의 행위는 금지한다. 1949년 크로아티아 최초의 국립공원으로 지정되었고, 1979년 유네스코 세계 자연유산으로 지정되었다.

• 백운암층의 상부 호수 Gornja Jezera
Prošćansko, Ciginovac, Okrugljak, Batinovac, Veliko, Malo, Vir, Galovac, Gradinsko, Burgeti, Kozjak

• 운회암층의 하부 호수 Donja Jezera
Milanovac, Gavanovac, Kaluđerovac, Novakovića Brod

운영 07:00~20:00 입장료 1·3·11·12월 일반 80kn, 학생 50kn 4·5·10월 일반 180kn, 학생 110kn, 6~9월 일반 300kn, 학생 200kn(6~8월 16시 이후, 9월 15시 이후 일반 200kn, 학생 125kn)

FOOD
먹는 즐거움

국립호수공원 내에는 8~10개의 식당과 카페가 있다. 가장 추천하는 방법은 미리 도시락을 준비하고 걷다가 배가 고플 때 벤치에 앉아 먹는 것이지만 미처 준비하지 못했을 때는 공원에 있는 식당을 이용할 수밖에 없다. 맛은 무난한 수준으로 허기를 채우는 데 만족하자.

국립호수공원에서 가장 보편적인 식당은 유람선을 타는 P3 선착장 앞에 있다. 오전에 공원에 들어가서 선착장 근처에 가면 대부분 점심시간이기 때문이다. ULAZ 2의 호텔 안 식당이나 중간에 문을 여는 간이매점을 이용하는 것도 괜찮다.

Kozjačka Draga Buffet

코자크 호수를 바라보며, 넓은 잔디밭에서 삼림욕하며 식사를 하는 이상적인 식당이다. 요리만 더 맛있다면 금상첨화겠다. 가장 보편적인 메뉴는 통닭과 소시지. 맥주와 함께 식사를 하고 나면 다시 공원을 걸을 힘이 생긴다. 만약 우리나라 치킨을 판매한다면 정말 잘될 것 같다는 생각이 잠깐 든다.

영업 08:30~19:00 예산 ½ 치킨 32kn~ 가는 방법 P3 선착장 앞

Restoran Poljana

레스토랑과 셀프 서비스 식당을 같이 운영하고 있는데 가격은 셀프 서비스 식당이 더 저렴하다. 맛은 대체로 무난한 편이며, 이 지역 특산품 송어구이를 추천한다.

전화 053 751 092 영업 08:00~22:00 예산 송어구이 65kn~ 가는 방법 ULAZ 2의 Hotel Bellevue 옆

Hladovina Buffet

오래된 너도밤나무 그늘 아래에 있는 식당으로 공원에 들어가기 전에, 산책을 마친 후에 간단하게 허기진 배를 달래기 좋은 곳이다. 핫도그나 햄버거, 오늘의 메뉴 등을 판매한다.

영업 08:00~19:00 예산 핫도그 20kn~ 가는 방법 ULAZ 2의 입구에 위치

HOTEL
쉬는 즐거움

국립호수공원 ULAZ 2 입구 근처에는 예제로Jezero, 플리트비체Plitvice, 벨레부에Bellevue 3개의 호텔이 있다. 이곳에서 숙박하면 하루짜리 국립호수공원 티켓을 이틀 동안 사용할 수 있다. 배낭여행자를 위한 저렴한 숙소는 공원 입구에서 도보로 20~30분 거리에 있는 무키네Mukinje와 예제르체Jezerce 마을로 가야 한다. 이곳은 집집마다 민박을 운영하는 숙박타운으로 대부분 2~3층짜리 예쁜 전원주택이다. 아래층은 민박, 위층은 주인이 사용한다. 현지인의 생활도 엿볼 수 있고 친밀감도 더해져 두고 두고 잊지 못할 추억이 된다. 숙박 예약은 공원 입구 ⓘ에서 할 수 있고 또는 민박집 주인이 버스 도착 시간에 맞춰 나와 호객을 하기도 한다. 비수기에는 흥정도 가능하다. 국립호수공원에서 내렸다면 무키네 마을까지 고속도로를 따라 걸어가도 되지만 차량이 많아 위험할 수 있으니 숲길을 따라가는 게 더 안전하다. 슈퍼마켓, 레스토랑도 있어 편리하다. 바로 맞은편 마을이 예제르체다.

Hotel Jezero

국립호수공원 중심에 위치한, 약 260개의 객실이 있는 대형 호텔. 주차장, 테니스장, 헬스장, 기념품점, ATM, 24시간 리셉션이 있고 유료 세탁 및 룸서비스 등을 제공한다. 호수 쪽의 스위트룸 7개와 숲을 바라보는 일반 룸이 있고 실내 인테리어는 모던한 스타일이다.

전화 053 751 500 이메일 info@np-plitvicka-jezera.hr 요금 트윈룸 450kn~ 가는 방법 ULAZ 2의 입구에 위치

Hotel Plitvice

1954~57년에 크로아티아의 유명 건축가가 지은 호텔. 1997년에 리모델링해서 실내는 쾌적하지만 엘리베이터가 없어서 짐을 직접 옮겨야 하는 불편함이 있다. 국립호수공원 내에 있는 호텔 중에서 가장 세련됐다. 환전소와 기념품점이 있으며, 유료 세탁 서비스를 제공한다. 객실에는 TV, 전화, 미니바, 샤워 및 화장실의 기본 시설만 갖췄다. Wifi는 방보다는 로비가 잘 잡힌다.

전화 053 751 200 이메일 info@np-plitvicka-jezera.hr
요금 트윈룸 540kn~ 가는 방법 ULAZ 2의 입구에 위치

Milan Brajković

주인 할아버지가 버스 도착 시간에 맞춰 차를 가지고 나와 온화한 미소를 던지며 호객을 한다. 영어는 단 한마디도 못하지만 모든 의사소통이 몸짓과 표정으로도 통한다. 3층짜리 전원주택으로 방, 거실, 주방, 화장실이 분리된 넓은 집을 빌려준다. 2, 3층은 손님 방이고 1층은 친절한 노부부의 안채다. 길 건너 무키네 마을 정상에 슈퍼마켓이 있다.

주소 Jezerce 14 전화 053 53 774 736 휴대폰 098 975 2260 요금 240kn(비수기 / 1박당) 가는 방법 예제르체 마을에 위치. 국립호수공원에서 도보 20분(미리 전화하면 픽업 가능하다)

Hotel Bellevue

플리트비체 버스 정류장에서 가장 가까워 단체 여행객들에게 인기 있다. 목조 건물로 지어진 호텔이며 주차장과 카페, 테라스, 세탁 서비스를 제공한다. 70개의 모든 객실에 샤워장, 위성 TV의 시설을 갖추고 있다.

전화 053 751 800 이메일 info@np-plitvicka-jezera.hr
요금 트윈룸 420kn~ 가는 방법 ULAZ 2의 입구에 위치

Plitvice Mirić Inn

국립호수공원에서 약 2㎞ 떨어진 숙소로 2013년에 우수 숙소로 뽑혔다. 문을 연 지 얼마 되지 않아 깨끗하다. 객실은 총 11개로 모두 원목을 이용해 꾸몄으며, 에어컨이 있고 Wifi가 가능하다. 식당에서는 인근 호수에서 잡은 물고기와 직접 기른 채소로 전통 음식을 만든다. 국립호수공원 외에 근교 여행도 알선해 주며, 미리 전화하면 픽업해 준다.

주소 Jezerce 18/1 전화 098 930 6508 예약 www.plitvice-croatia.com, www.booking.com 요금 더블룸 500kn~ 가는 방법 예제르체 마을에 위치. 국립호수공원에서 도보 20분

RASTOKE

물의 요정이 사는 마을,

라스토케

중세 시대 유럽과 오스만제국 사이에 주인 없는 땅으로
알려졌던 슬루니Slunj 북쪽에 위치한 라스토케는 1~2시간
이면 다 둘러볼 정도로 아주 작은 마을이다. 플리트비체
에서 흘러나온 코라나Koranar 강과 슬루니치차Slunjčica 강이
합쳐져 그림 같은 작은 폭포를 만들고, 옹기종기 모여 있
는 집 사이사이에 물레방아가 조화롭게 어우러져 요정의
마을이라는 이름이 더없이 잘 어울린다.

INFORMATION
인포메이션

자그레브에서 갈 경우 플리트비체행 버스를 타고 슬루니에서 내린다. 버스가 가는 방향으로 10분 정도 걸으면 다리가 나온다. 다리 아래 라스토케 마을이 있다. 플리트비체에서 약 30분 소요.

버스 요금 플리트비체 국립호수공원 _30kn_ 라스토케

숙소 예약 및 요청과 함께 마을을 돌아보는 프로그램을 예약할 수 있다. 플리트비체나 자그레브, 슬루니로 가는 버스 시간표를 알려준다.

주소 Braće Radić 11 전화 047 777 630 홈페이지 http://slunj-rastoke.info 운영 월~금 08:00~16:00

Slovin Unique Rastoke
슬로빈 우니크 라스토케

물레방아와 전통 가옥을 좀 더 가까이서 볼 수 있다. 숫자로 포인트를 표시해 놓아서 순서대로 둘러보면 된다. 입장료를 끊는 사무실은 숙박업소도 함께 운영한다.

주소 Rastoke 25b 전화 047 801 460 홈페이지 www.slunj-rastoke.com 운영 월·수~일 09:00~20:00 휴무 화요일 요금 일반 30kn

Petro

라스토케에서 가장 인기 있는 식당. 한국 여행자에게는 TV 프로그램 <꽃보다 누나>에 나와서 더 친

숙하다. 이 지방은 송어구이가 대표적인 음식이므로 추천 메뉴는 송어구이Pastrva. 샐러드, 구운 감자와 함께 나오는 송어가 무척 실하다. 비리지 않게 레몬을 살짝 뿌리면 더 맛있다. 생선이 담백해 다른 소스는 필요 없다.

주소 Rastoke 29 전화 047 777 709 홈페이지 www.petro-rastoke.com 운영 09:00~22:00 예산 송어구이 1kg 180kn~

Konoba Pod Rastockim Krovom

숙소와 식당을 함께 운영하는 곳으로 페트로의 복작복작한 분위기가 부담스럽다면 조용한 이곳을 추천한다. 음식은 전체적으로 짜지 않고 바삭하게 구운 송어도 담백하고 맛있다.

주소 Rastoke 25b 운영 10:00~20:00 전화 047 801 460 예산 60kn~

요정의 머릿결 같은 폭포를 만나다

코라나 강이 슬루니치차 강을 통과하면서 폭 500m, 길이 200m의 석회화 장벽이 만들어졌다. 이 석회화 장벽은 위와 아래로 분리되어 작은 폭포와 급류, 계곡으로 나뉘어 흘러간다. 이 중 가장 유명한 폭포는 흐르보예Hrvoje와 요정의 머릿결이라 불리는 빌리나 코사Vilina Kosa다. 슬루니치차 강의 수온은 인근 코라나 강보다 항상 낮아서 여름과 겨울 사이에 수온 변화가 심하다. 이로 인해 물 근처의 나무들이 이슬에 덮여 있어 신비로운 풍경을 자아낸다.

집 아래로 흐르는 물이 계단을 만나며 작은 폭포를 만든다. 물 위에 집을 지을 수 있는 건 오랜 시간에 걸쳐 석회화되어 굳은 바위 덕분이다. 주민들은 흐르는 물을 이용해 물레방아를 만들어 사용하는데, 최초의 물레방아는 17세기로 거슬러 올라간다. 이들 중 일부는 지금도 여전히 사용되고 있다. 세탁기가 없던 시절에 세탁기의 원리를 이용한 세탁소나 밀 제분소 등이 대표적이다. 제2차 세계대전 후, 전기 공장의 발전으로 물레방아의 경제적 중요성이 크게 감소하면서 주민들이 대규모로 마을을 떠나게 되었다. 1964년 라스토케가 보호구역으로 지정되고 플리트비체를 찾는 사람들이 하나둘씩 라스토케의 아기자기한 매력에 빨려들어 이곳을 찾아오면서 차츰 관광지로서 자리를 잡기 시작했다.

라스토케는 빨리 돌아보면 30분, 여유 있게 걸어도 1~2시간이면 넉넉하게 볼 수 있다. 마을 안쪽의 슬로빈 우니크 라스토케는 우리나라의 민속촌 같은 곳으로 전통 가옥을 볼 수 있다. 유료로 운영된다. TV 프로그램 〈꽃보다 누나〉에서 여배우들이 감탄했던 풍경은 대부분 이 안이다. 플리트비체처럼 웅장한 멋은 없지만 아기자기한 맛이 있다.

ZADAR

세계에서 가장 아름다운 일몰日沒

자다르

'세계에서 가장 아름다운 붉은 노을' 자다르는 고대 로마 시대의 문헌에 등장하는 3000년 역사를 간직한 고도古都다. 중세 시대에는 슬라브족의 상업, 문화 중심지였으며, 오늘날은 크로아티아의 남서부 아드리아해 연안 지역인 달마티아 지방의 주도主都다. 14세기 말 크로아티아 최초의 대학이 자다르에서 설립되었고, 프랑스 식민지 시절에는 모국어로 된 최초의 신문을 발행하기도 했다. 19세기 후반에는 달마티아 지역이 문화국가 재건 운동의 중심지가 되어 '지식인의 도시'로도 불렸다.

셰익스피어의 대표적인 희곡 〈십이야〉는 1600년대 이탈리아 설화에서 모티브를 얻은 작품으로, 쌍둥이 남매 세바스찬과 비올라가 탄 배가 난파하면서 벌어지는 일을 그리고 있다. 작품의 배경이자 꿈과 낭만이 가득한 곳으로 묘사되어 궁금증을 불러 일으켰던 일리리아는 자다르 근교의 코르나티 Kornati 군도의 한 섬이기도 하다.

구시가는 고대 로마와 중세의 유적이 곳곳에 보존되어 있고, 아름다운 해변에는 세계 유일의 바다 오르간이 설치되어 있어 파도의 움직임에 따라 음악을 연주한다. 세계에서 가장 아름다운 석양이라고 극찬했던 히치콕 감독의 말을 떠올리며, 오늘도 많은 관광객들이 자다르의 일몰을 기다린다.

이들에게 추천!

· 세계에서 가장 아름다운 일몰을 보고 싶다면
· 고대 로마 유적이 있는 달마티아 지방의 주도에 관심이 있다면
· 세계 최초로 파도가 연주하는 바다 파이프 오르간이 궁금하다면
· 태양열 전지판과 LED의 조합이 만들어 낸 '태양의 인사'가 궁금하다면
· 희곡 〈십이야〉의 배경이 된 코르나티 군도가 궁금한 사람이라면

INFORMATION
인포메이션

ACCESS
가는 방법

유용한 홈페이지

자다르 관광청 www.zadar.hr

관광안내소

중앙 ⓘ MAP p. 97 C-1

무료 지도 및 가이드북을 제공하며 근교 플리트비
체 국립호수공원으로 가는 교통 정보를 알려준다.
주소 Ulica Jurja Barakovića 5
전화 023 316 166
운영 9~6월 월~금 08:00~20:00, 토 · 일 09:00~14:00,
7~8월 월~금 08:00~22:00, 토 · 일 09:00~22:00

슈퍼마켓

콘줌 Konzum   MAP p. 97 B-1

구시가에서 가장 가까
운 슈퍼마켓. 나로드니
광장Narodni Trg에서 시로
카 대로Široka Ulica의 작은
사거리 오른쪽에 있다.

버스

자다르 버스 터미널Autobusni Kolodvor은 구시가에서
동쪽으로 약 2㎞ 떨어진 곳에 위치하고 있다. 국
제선으로는 독일, 오스트리아, 스위스, 국내선으
로는 두브로브니크, 스플리트, 리예카, 플리트비
체, 자그레브 등 크로아티아의 각 도시를 연결한
다. 특히 자그레브와 자다르 구간 버스는 중간에
플리트비체를 경유하기 때문에 가장 많이 이용하
는 노선이다. 터미널은 새로 지은 건물이어서 현
대적이고 깨끗하다. 버스가 출발하는 각 플랫폼
앞에는 노천카페가 즐비해 차를 마시면서 시간을
보내기도 좋다. 터미널에서 구시가지까지는 도보
로 약 20분. 터미널 앞에서 길을 건넌 다음 슈퍼마
켓 콘줌 옆으로 직진해 항구까지 내려간 후 성벽
을 따라 걸으면 구시가가 나온다.

주간 이동 가능 도시

스플리트	버스 3시간, 편도 94kn~	자다르
플리트비체 국립호수공원	버스 3시간, 편도 87kn~	자다르
자그레브	버스 3시간 30분	자다르
두브로브니크	버스 8~9시간	자다르
이탈리아 앙코나	페리 9시간	자다르

* 현지 사정에 따라 운행 시간의 변동이 크니 반드시 그 때그때 확인할 것.

페리

달마티아 해안의 항구도시 자다르에는 대부분의 페리가 정박한다. 가장 인기 있는 국제선은 이탈리아의 앙코나Ancona를 왕래하는 페리다. 성수기에는 매일, 비수기에도 주 3~4회씩 운항한다. 모든 운항편이 밤에 출발해서 아침에 도착하는데 앙코나까지는 대략 9시간 걸린다. 그 밖에 리예카Rijeka를 출발해서 아름다운 섬과 아드리아 해안의 주요 해안도시를 경유해 최종 목적지인 두브로브니크까지 운항하는 페리가 있다. 인기 있는 노선이므로 한여름에는 반드시 예약해야 한다. 크로아티아의 대표적인 페리 회사인 야드롤리니야 사무실은 구시가의 리부른스카 거리Liburnska Obala에 있다. 항구에서 구시가까지 도보로 5분 정도 소요된다.

페리 요금

앙코나	€52~ (데크)	자다르
풀라	€30~ (데크)	자다르

페리 회사

야드롤리니야 Jadrolinija   MAP p. 97 B-1

주소 Liburnska obala 4
전화 023 250 996
홈페이지 www.jadrolinija.hr
운영 06:00~22:00

비행기

자다르 국제공항Zračna luka Zadar은 시내에서 약 8km 떨어져 있으며, 작지만 현대적인 시설을 갖추고 있다. 런던, 파리, 뮌헨, 로마, 프랑크푸르트, 빈 등의 유럽 주요 도시로 저가 항공사가 운항하며, 자그레브, 풀라 등 크로아티아 국내선도 운항한다. 공항에서 시내까지는 공항버스를 이용하면 되는데, 정류장은 본관 출구 옆에 있다. 반대로 시내에서 올 경우 자다르 버스 터미널과 항구에서 공항버스를 타면 된다. 요금은 편도 25kn, 약 30분 소요.

자다르 공항 홈페이지
www.zadar-airport.hr

MASTER OF ZADAR

자다르 완전 정복

1204년 베네치아공화국은 제 4차 십자군 전쟁의 운송비를 마련하지 못한 십자군 측에 도시를 하나 달라고 제안하는데, 그곳이 다름 아닌 자다르였다. 과거 자다르는 달마티아 해안에서 가장 중요한 곳으로 상선들과 여객선들이 자주 드나드는 주요 기항지였다. 결국 3년간의 치열한 전쟁 후 자다르와 아드리아 해안을 손에 넣은 베네치아는 약 800년간 이곳을 다스리게 되었다. 자다르 관광은 한나절이면 충분하지만 당일치기 여행지로 삼기에는 무리가 있다. 일반적으로 스플리트→자다르→플리트비체→자그레브순으로 여행하는 도중에 들러 1박을 하고 시내 관광을 하면 좋다. 자다르 구시가는 본토에서 서북 방향으로 약 1.5㎞ 정도 뻗어 나온, 성벽에 둘러싸인 요새 형태의 모습이다. 1962년 구시가와 본토를 연결하는 길이 152m, 너비 6m의 보행자 전용 다리가 만들어졌다. 본토로 갈 수 있는 또 다른 방법은 보트를 타고 강을 건너는 것이다. 베네치아의 곤돌라를 연상시키는 '바카욜리Barkajoli'는 800년 이상 전통을 이어왔으며, 수세기에 걸쳐 아버지에게서 아들에게 대물림되고, 현대에

자다르의 곤돌라, 바카욜리

도 계속 이어지고 있다. 구시가 성문으로 들어오면 중앙을 가르는 **시로카 대로**Široka Ulica를 중심으로 관광 명소가 흩어져 있다. 두브로브니크의 구시가와 가장 많이 닮은 곳이기도 하다.

구시가 자체가 워낙 작아 천천히 돌아봐도 한나절이면 충분하다. 구시가를 걷다 보면 마치 과거로 시간 여행을 떠난 것 같은 독특한 느낌을 받게 된다. **포럼 광장**에서는 로마 시대를, **성 도나트 성당**에서는 초기 중세 문화를 느낄 수 있다. 고대 유리 박물관의 언덕에 서서 구시가와 바다를 본 후 성벽을 따라 한 바퀴 돌면 어느새 시간 여행이 끝나고 현재로 돌아온다. 여행을 마무리할 무렵의 바닷가 산책은 일상으로 돌아와서도 떠오르게 하는 추억을 선물한다. 자다르에서는 태고의 자연을 감상할 수 있는 코르나티 국립공원 투어도 인기 있다. 진정한 아드리아 해를 만끽하고 싶다면 시간을 할애해 여행사에서 주최하는 투어에 참여해 보자. 여행사는 구시가 곳곳에 있다. ①에 문의하는 것도 좋다.

일출과 일몰

이것만은 놓치지 말자!

❶ 앨프리드 히치콕 감독이 극찬한 리바 해변의 일몰

❷ 세상에서 하나뿐인 파도의 연주, 바다 오르간

❸ 성 도나트 성당 에서 듣는 연 주회

시로카 대로

대성당 종탑

시내 관광을 위한
KEY POINT

랜드 마크 최대 번화가이자 쇼핑가 시로카 대로

베스트 뷰포인트

❶ 대성당 옆 종탑에서 바라보는 구시가 의 풍경

❷ 고대 유리 박물관 앞에서 보는 구시 가와 아드리아 해

❸ 리바 해변에서 보는 일몰과 일출

고대 유리 박물관

셰익스피어의 희곡 〈십이야〉의 배경, **코르나티 군도**

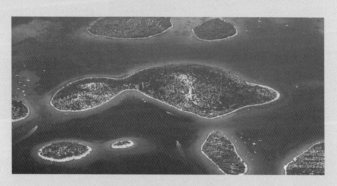

코르나티|Kornati는 지중해에서 가장 많은 수의 크고 작은 섬으로 구성된 군도다. 약 147개 섬으로 이루어져 있으며, 그 가운데 100여 개 섬은 빼어난 자연미와 생태학적 가치를 인정받아 국립공원으로 지정되었다. 코르나티라는 호칭은 군도 중에서 가장 큰 섬의 이름을 따서 부르게 된 것이다. 사람이 살 수 없는 작은 무인도나 암초들 외에도 대부분의 섬에는 상주인구가 없으며 다만 별장을 짓고 올리브, 포도, 과수원 등을 가꾸는 사람들이 오고 갈 뿐이다.

자다르에서 출발하는 코르나티 관광 코스 가운데 가장 인기 있는 것은 무인도에서 색다른 경험을 해볼 수 있는 '로빈슨 투어'와 배를 타고 낚시, 수영, 세일링, 스쿠버다이빙, 스노클링 등 다양한 해양 스포츠를 즐길 수 있는 프로그램이다. 투명한 바다와 크고 작은 섬들이 자아내는 환상적이고 이국적인 풍경은 쉽게 발길을 돌리지 못하게 한다. 각종 매체마다 섬의 개수가 다르게 나오는 것은 섬이 너무 많아 정확한 개수를 파악하기 어렵기 때문이다.

• 코르나티 군도 투어
코르나티 군도의 일부 섬은 현재 국립공원으로 지정되어 있어서 국립공원에서 지정한 보트 회사만 배를 정박할 수 있다. 7~8월은 매일 일일 투어가 진행되지만 5월, 6월, 9월, 10월은 인원에 따라 투어의 진행 여부가 달라진다. 보통 투어는 9시에 시작해 18시에 끝난다.
홈페이지 www.np-kornati.hr

• Kornati Excursions MAP p. 93 B-1
주소 Andrije Hebranga 3 전화 098 869 895
홈페이지 www.kornati-excursions-zadar.com

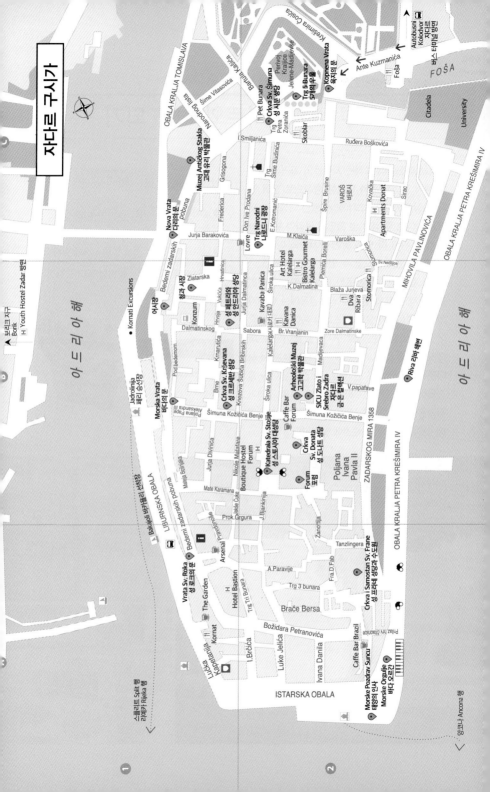

자다르 구시가

Borik 보리크 지구
H Youth Hostel Zadar 방면

아 드 리 아 해

아 드 리 아 해

ISTARSKA OBALA

OBALA KRALJA TOMISLAVA

Krešimira Cosića

Ante Kuzmanića

FOŠA

Autobusni Kolodvor 버스 터미널 정류장

Citadela

University

OBALA KRALJA PETRA KREŠIMIRA IV

OBALA KRALJA PETRA KREŠIMIRA IV

Pervoj Kralica

Jelene-Madijevke

Trg 5 Bunara 5개의 우물

Kopnena Vrata 육지의 문

Petra Zoranića

Skobiar

Ruđera Boškovića

Trg Šime Budinića

Spire Brusine

VAROŠ 바로시

Kovačka

Sirac

Apartments Donat

MIHOVILA PAVLINOVIĆA

Pet Bunara

Crkva Sv. Šimuna 성 시문 성당

I.Smiljanića

Muzej Antičkog Stakla 고대 유리 박물관

Grisogona

Nova Vrata 다리의 문

Frederica

pobuna

Jurja Barakovica

Lovre Don Ive Prodana

Trg Narodni 나로드니 광장

E.Kotromanić

M.Klaiča

Varoška

Art Hotel Kalelarga
H
Bistro Gourmet Kalelarga

Plemića Borelli

Blaža Jurjeva

Dva Ribara

Stomorica

Sv. Nedjelice

Riva 리바 해변

Kornati Excursions

Bedemi zadarskih

Ziatarska

챵세 사장

야시장

Konzum

Dalmatinskog

Pivoja

Hrvatinica

Vučića

Jurja Dalmatinca

Kavaba Panica

Kavana Danica

Kalelarga (대로)

Široka ulica

K.Dalmatina

Br. Vranjanin

Zore Dalmatinske

Jadrolinija 페리 승선장

Morske Vrata 바다의 문

Poljana Pape Aleksandra III

Pod bedemon

Brne

Kmeturica

Crkva Sv. Krševana 성 크르세반 성당

Krešova Subića Bribirskih

Široka ulica

Caffe Bar Forum

Arheološki Muzej 고고학 박물관

SICU Zlato i Srebro Zadra 자다르 금은 보석세공

V.papafave

Madjevaca

Sabora

LIBURNSKA OBALA

Bakaljol 바키윤키 선착장

Bedemi zadarskih pobuna

Arsenal Pradorana

i

Poljana Pape

Jurja Divinića

Nikole Matafara

Boutique Hostel
H

Forum

Šimuna Kožičića Benje

Šimuna Kožičića Benje

Katedrala Sv. Stošije 성 스토시야대성당

Crkva Sv. Donata 성 도나트 성당

Forum 포럼

Poljana Ivana Pavla II

ZADARSKOG MIRA 1358

Malej Bošnjaka

Matè Karamana

Paška Čuke

Prok.Grgura

J.Blankinija

Zanotija

Tanzlingera

Vrata Sv. Roka 성 로크의 문

The Garden

Hotel Bastion
H

Trg Tri Bunara

A.Paravije

Fra.D.Fab

Trg 3 bunara

Crkva i Samostan Sv. Frane 성 프라네 성당과 수도원

I.Brčića

Luke Jeličića

Ivana Danila

Božidara Petranovića

Braće Bersa

Prilaz Dry Citaonice

Lučka Kapetanija

Kornat

Caffe Bar Brazil

Morske Pozdrav Suncu 태양의 인사

Morske Orgulje 바다 오르간

스플리트 Split 행
리에카 Rijeka 행

앙코나 Ancona 행

FRIENDLY ZADAR

하루만에 자다르와 친구 되기

지중해의 진주라 불리는 자다르의 볼거리는 모두 성벽 안의 시로카 대로를 중심으로 뻗어 있다. 가장 먼저 관광의 하이라이트인 대성당과 포럼을 돌아본 후 성당 옆 종탑에 올라가 보자. 마치 바다 위에 떠 있는 듯한 구시가의 아름다운 전경을 한눈에 감상할 수 있다. 그리고 최대 번화가이자 쇼핑가인 시로카 대로를 따라 천천히 걸어보자. 대로와 연결된 골목골목에는 아기자기한 기념품점과 상점, 레스토랑 등이 곳곳에 숨어 있다. 발길 닿는 대로 구시가를 돌아본 후 바다 오르간이 있는 해변으로 가보자. 세상에서 하나뿐인, 계단식으로 된 바다 오르간에 앉아 귀를 기울이면 파도가 연주하는 자연의 음악 소리가 들려온다. 특히 석양 무렵이면 낭만적인 분위기에 여행의 피로가 한순간에 날아간다.

알아두세요!

❶ 넓지 않은 구시가는 느긋하게 돌아보는 게 최고!

❷ 나로드니 광장 ①에서 무료 지도를 받자

❸ 바다 오르간 연주는 몇 번을 들어도 질리지 않는 최고의 명곡

점심 먹기 좋은 곳

바로시 근처의 식당
시로카 대로

BEST COURSE

Mission
또 다른 기둥인
메두사와 주피터
찾기

① 시로카 대로

현지인들은 이탈리아식으로 칼렐라르
가Kalelarga라 부르는 거리. 카페, 상점,
식당 등이 몰려 있다.

② 성 스토시야 대성당 종탑

구시가의 전경을 감상할 수 있는 뷰포인트. 종탑은 두 번에 걸쳐 지어졌는데 1~2층
은 1452년 대주교 발레리사가, 나머지는 1890~94년 영국의 건축가이자 예술 사학
자 토머스 그레이엄 잭슨이 지었다고 한다.

③ 포럼

아드리아 해의 동부 해안에서 가장 큰
로마 시대 광장. 한쪽에 세워진 기둥은
수치심의 기둥이다.

④ 바다 오르간

파도 앞에 앉아 자연이 연주하는 교향
곡에 귀를 기울여 보자. 여느 훌륭한 연
주회장이 부럽지 않은 순간이다.

⑤ 리바 해변에서 일몰

석양 무렵의 리바 해변은 낮과 다른 풍
경을 선사한다. 아드리아 해로 부서져
내리는 붉은 노을빛이 반사되는 모습
을 보면 누구라도 사랑에 빠질 것 같
다. 아름다운 해변은 연인들에게 최고
의 프러포즈 장소로 손꼽힌다.

ATTRACTION
보는 즐거움

기원전 1세기 로마에 함락당한 자다르는 전형적인 로마의 도시계획에 근거해 포럼, 신전, 극장, 시장이 세워졌다. 계획은 단순했다. 보는 사람들로 하여금 아름답고 깊은 인상을 주어야 한다는 것이었다. 성벽과 성문, 주요 도로를 건설했고, 사람이 모이는 곳에는 극장이나 시장이 있었다. 정치나 종교의 중심인 포럼을 만들고 정비하면서 달마티아의 중심 도시로 성장했다. 중세에는 기독교 세력을 떨치면서 고대 유적지 옆에 성당을 건축하기도 했다. 수차례의 침략으로부터 도시를 지키기 위해 세운 견고한 성채에 가려져 있던 자다르는 지금에야 그 베일을 벗고 전 세계인에게 그들의 역사를 보여주고 있다.

Gradske Zidine, Utvrde I Vrata
성벽과 성문

16세기 베네치아공화국과 오스만제국 사이의 잦은 전쟁으로 자다르에 요새 같은 성벽이 세워졌다. 5개의 우물 광장에는 로마네스크 양식의 요새, 남쪽에는 시타델라, 북쪽에는 카슈텔 요새가 세워졌다. 이는 달마티아에 있는 베네치아 기념물의 하나로 간주된다. 17세기 베네치아의 몰락으로 자다르는 오스트리아에 넘어갔고, 1868년 12월 14일 프란츠 요제프 황제의 명령에 따라 요새는 파괴되고 오늘날 성벽 일부와 4개의 문만 남았다.

구시가로 들어오는 입구인 '육지의 문Kopnena Vrata'은 과거 구시가의 정문 역할을 했다. 1543년에 포사Foša 하버에 중앙 통로와 개선문의 형태를 가지고 르네상스 양식으로 건설됐으며, 승리를 상징하는 3개의 아치로 구성되어 있다. 가운데 아치 위에 성 크르세반Sv. Krševan(성 크리소고노Saint Chrysogonus)의 기마상과 베네치아의 문장인 날개 달린 사자가 조각되어 있다. 약 60년 후 포사 하버

육지의 문

다리의 문

Trg 5 Bunara
5개의 우물 MAP p. 97 C-2

5개의 우물

와 성벽 사이를 운하로 메웠고 항구 주변의 산책로는 10년 후에 만들어졌다. 연안부두와 시장 사이에는 1573년 로마의 아치를 재구성해 지은 '바다의 문Morska Vrata'이 있다. 레판토 해전에서 오스만제국을 이긴 기독교 함대의 승리를 기념하기 위해 지어졌으며 기념비가 세워져 있다. 북쪽의 네오르네상스 양식으로 만든 '다리의 문Nova Vrata'은 나로드니 광장과 칼렐라르가에 곧바로 닿는다. 서쪽 항구 지역에는 3개의 우물을 잇는 '성 로크의 문Vrata Sv. Roka'이 있다.

가는 방법 버스 터미널에서 도보 20분

16세기 베네치아인들은 오스만제국의 공격에 대비해 식수를 확보하기 위해 저수지를 만들고, 5개의 우물을 팠다. 5개의 우물은 다행히 공격을 모면하고 지금까지 잘 보존되어 있다. 장식이 돋보이는 5개의 우물이 일렬로 서 있는 모습에서 건축 당시 단순한 식수 공급 외에 시각적인 면도 중요시했음을 알 수 있다. 우물 옆에 있는 것은 13세기에 만들어진 대장의 탑Kapetanova Kula으로 베네치아인들이 구축한 감시탑이며, 우물 앞에는 작은 광장이 있다.

가는 방법 육지의 문에서 도보 5분

Crkva Sv. Šimuna
성 시문 성당 MAP p. 97 C-2

나로드니 광장 동쪽에 자다르에서 가장 인기 있
는 수호성인의 이름을 따서 지은 성당. 외부에
심은 야자나무와 핑크색 성당의 조화가 마치 지
중해의 그림엽서 같다. 내부의 중요한 볼거리는
1377년에 만들어진, 금과 은을 입힌 삼나무 석관
으로 제단 위에 있다. 이는 14세기 후반 봉건 사회
의 뛰어난 금세공술을 보여주는 것으로 현재 유
네스코의 보호를 받고 있다.

전설에 따르면 베네치아 상인이 성 시문Sv. Simun
(성 시메온Saint Simeon)의 유해를 싣고 가다가 배가
폭풍우에 휘말려 자다르에 도착했다. 상인은 수
도원에서 하룻밤 머물면서 배를 수리할 동안 성
인을 안전하게 숨겨두려고 몰래 묘지에 묻었는데
상인이 발병해 숨을 거두고 말았다. 그날 밤 사람
들의 꿈에 성인이 나와 묘지에서 꺼내달라고 말
했고, 그 계기로 성인은 자다르의 성당에 모셔졌
다고 한다.

과거 유럽의 강력한 통치자였던 헝가리 · 크로아
티아의 여왕 엘리자베트가 자다르를 방문했을 때
성인의 손가락을 훔쳐 가져갔고 나중에 그것을
안 성당에서 반환을 요구했다. 결국 그녀는 솜씨
좋은 조각가를 불러 복원을 명령했고, 미안한 마
음에 금으로 된 사리를 주문해 성인에게 봉헌했
다고 한다.

성당은 주민들에게 상당히 의미 있는 곳으로 단
순히 사진 찍고 구경하려는 관광객들에게는 입장
을 허락하지 않는다. 만약 황금 사리를 입은 성인
의 모습이 궁금하다면 미사 시간에 맞춰 조용히
들어가서 감상하거나 창문 너머로 멀리서 보는
방법밖에 없다.

주소 Trg Petra Zoranića 7 운영 미사 시간 입장료 무
료 가는 방법 5개의 우물 광장에서 도보 3분

성 시문 성당

Trg Narodni
나로드니 광장 MAP p. 97 C-2

구시가의 중심 시로카 대로 한가운데 있는 중세
시대 광장은 르네상스 이후 시민생활의 중심이
되어 왔다. 아담한 광장 바닥에는 하얀 대리석이
깔려 있어 언제나 반짝반짝 윤이 난다. 광장 주위
로 시계탑, 시청사, 공개재판소가 둘러싸고 있으
며, 날씨 좋은 날에는 광장 중앙에 노천카페가 열
린다. 시계탑 건물은 현재 박물관으로, 옛 공개재
판소는 갤러리로 사용하고 있다. 1730년에 처음
문을 연 카페는 지금까지 시민들의 휴식처이자,
만남의 장소다. 광장에서 사람 구경도 할 겸 카페
에 앉아 차를 마시면서 여유를 즐겨보자.

가는 방법 5개의 우물에서 도보 5분

Crkva Sv. Krševana
성 크르세반 성당 MAP p. 97 B-1

1807년 베네딕트 수도원의 일부로 로마네스크 양식으로 지었다. 1403년 나폴리 왕 라디스라스가 이곳에서 즉위했고, 보스니아의 여왕 엘리자베스가 이곳에 묻혀 있다. 외관의 상단은 로마네스크 양식으로, 대성당과 비슷한 아치로 장식되어 있지만 하단은 아무런 장식이 없다. 내부의 북쪽 벽에서는 잘 보존된 비잔틴 프레스코화를 볼 수 있다. 제단은 후기 바로크 양식이며, 베네치아 장인이 조각한 마을의 수호성인 성 스토시야Sv. Stošija(성 아나스타시야Saint Anastasia)와 성 시문, 성 조일로Sv. Zoilo(성 조일루스Saint Zoilus)와 성 크르세반이 있다. 현재 내부는 보수 공사로 인해 볼 수 없는데 오픈 날짜는 아직 미정이다.

전설에 따르면 로마 기사였던 크르세반은 디오클레티아누스 황제의 통치 당시 복음을 전파하다 투옥되었다. 목이 잘려 바다에 던져진 그를 자다르의 사제 조일로가 건져내자 몸과 머리가 붙는 기적이 일어났고 그 후 기적을 부르는 자다르의 수호성인이 되었다고 한다.

주소 Poljana Pape Aleksanra III 2 운영 현재 내부 수리 중 가는 방법 포럼에서 도보 5분

Forum
포럼 MAP p. 97 B-2

포럼은 고대 로마 도시 특유의 시민광장으로 집회장이나 시장으로 사용되었다. 자다르의 포럼은 서기 1~3세기에 로마의 황제 아우구스투스Augustus가 세웠다.

90m×45m 면적으로 아드리아 해의 동부 해안에서 가장 큰 로마 시대 광장으로 한쪽에 위치한 우물에는 아우구스투스의 이름이 새겨진 비문이 있다. 그러나 제 2차 세계대전 때 폭격으로 손상되고 말았다. 이후 1964년 시작한 복구 작업이 아직까지 진행 중이다. 1840년 형을 선고 받은 죄수들을 사슬에 매어 수치심을 느끼게 하는 데 사용한 '수치심의 기둥'이 한쪽 구석에 남아 있다.

광장을 중심으로 시대별 다양한 양식의 건축물이 즐비해 자다르의 건축박물관으로도 불린다.

가는 방법 성 스토시야 대성당 앞

Crkva Sv. Donata
성 도나트 성당 MAP p. 97 B-2

자다르를 소개하는 안내책자의 표지 모델로 자주 등장하는 건축물로 포럼 동쪽에 있다. 9세기에 도나트 주교Sv. Donat에 의해 세워졌고 달마티아 지방에서 보기 드문 비잔틴 건축양식 건물이다. 원래는 삼위일체 성당이라고 불렸다. 건축 600년 후 성당을 발견한 사람들이 주교에게 경의를 표하기 위해 그의 이름을 따서 성 도나트 성당이 되었다. 전쟁이 끊이지 않던 시절에 만들어져서일까? 외관만 봐서는 성당으로 보기 어려운 원통형 벽으로 이뤄졌다. 내부는 이중 공간으로 되어 있고, 벽에는 별다른 장식이 없으며 제단은 소박하다. 천장을 지탱하고 있는 기둥 중 2개는 포럼을 장식하고 있던 실제 로마 시대의 기둥이다. 최근 발굴 중에 고대 제단에 새겨진 라틴어 비문을 발견하기도 했다.

1797년부터 성당으로 사용하지 않았고, 울림 효과가 좋아 지금은 연주회장으로 사용하고 있다. 음악회 '성 도나트 음악의 밤'이 50년간 개최되었는데 르네상스와 초기 바로크 시대의 고전 작품을 주로 연주한다. 보통 공연은 주말 저녁에 열리니 시간만 허락한다면 들어보는 것도 좋은 경험이 될 것이다. 바로 옆에 있는 주교 궁전은 11세기에 건축, 15세기에 증축했고 지금의 모습은 1830년에 재건축한 것이다.

주소 Trg Rimskog Foruma 운영 4·5·9·10월 09:00~17:00, 6월 09:00~21:00, 7·8월 09:00~22:00 휴무 11~3월 입장료 20kn 가는 방법 포럼 내 위치

SICU Zlato i Srebro Zadra
자다르 금 · 은 컬렉션 MAP p. 97 B-2

1066년에 설립한, 베네딕트 수녀회에 속한 성 마리아 성당Crkva Sv. Marije은 아침 미사 시간에만 문을 연다. 성당 옆 베네딕트 수도원 안에는 자다르와 크로아티아의 귀중한 유산을 전시 중인데 제 2차 세계대전 당시에도 수녀님들에 의해 보호받았다고 한다. 내부에는 황금으로 만든 성배, 자수, 회화 및 성인의 유물 상자를 포함해 십자가, 금은 실로 짠 옷 등이 전시 중이다. 특히 보석으로 장식된 눈부신 황금 손들이 눈길을 끄는데 이 중에는 자다르의 주교 성 도나트와 수호성인 크르세반, 14세기 세례자 요한의 손의 사리도 있으니 찾아보자. 중세 시대에는 성인의 신체 부위(팔, 다리, 손가락 등)를 떠서 만든 용기 안에 성인의 일부분을 넣어서 모셨다. 이것이 하느님의 축복을 받아 기적을 일으켜 질환과 악령으로부터 보호해 줄 것이라 믿었기 때문이다.

다른 유명한 작품으로는 15세기 뷔토레 카르파초

Vittore Carpaccio가 그린 6개의 회화가 있다. 이밖에 1447년에 크로아티아 화가 블라즈 유레프 트로지라닌Blaz Jurjev Trogiranin이 비잔틴 양식으로 그린 성모 마리아와 아이들 그림과 대성당의 성가대석을 설계한 마테이가 만든 십자가가 있다.

주소 Trg Opatice Čike 1 전화 023 250 496 운영 여름 월~토 10:00~13:00, 17:00~19:00, 일·공휴일 10:00~13:00, 겨울 월~토 10:00~12:30, 17:00~18:30, 일·공휴일 10:00~12:30 입장료 일반 30kn, 학생 10kn 가는 방법 포럼 내 위치

Arheološki Muzej

고고학 박물관 MAP p. 97 B-2

포럼에서 가장 현대적인 건물로 신석기부터 로마, 비잔틴제국의 다양한 유물이 전시되어 있다. 3층은 선사시대와 이집트 유적을 전시하고 있으며, 2층은 그리스와 로마제국의 수집품을 전시한다. 그리스어 꽃병, 섬세한 유리 공예품, 다수의 비문 조각과 초상화, 카이사르, 아우구스투스의 석상, 티베리우스의 동상 등이 전시되어 있다. 1층은 닌Nin 근처에서 발견된 초기 크로아티아 교회의 장식품과 석관, 가구 등이 전시되어 있다. 스마트폰에서 무료 스마트 오디오 가이드로 전시품에 대한 설명을 들을 수 있으니 이를 활용해 작품을 보면 더 흥미롭게 감상할 수 있다.

주소 Trg Opatice Čike 1 전화 023 250 516 홈페이지 amzd.hr 운영 1~3·11·12월 월~금 09:00~14:00, 토 09:00~13:00, 4·5·10월 월~토 09:00~15:00, 6월, 9월 09:00~21:00, 7·8월 09:00~22:00 입장료 일반 30kn, 학생 12kn 가는 방법 포럼 내 위치

Katedrala Sv. Stošije

성 스토시야 대성당 MAP p. 97 B-2

달마티아 지방에서 가장 큰 성당. 시로카 대로가 끝나는 지점에 웅장하게 서 있는 대성당은 12세기 로마네스크 양식으로 짓기 시작해 1202년 십자군 전쟁으로 공사가 중단되었다가 1324년 완성되어 고딕과 로마네스크가 섞인 모습을 갖추게 되었다. 지금의 모습은 제 2차 세계대전 중 연합군 폭격으로 파괴되었다 재건된 것이다.

파사드 중간에 2개의 장미 모양 창문과 3개의 회랑으로 구성된 아름다운 외관을 갖고 있다. 성당 안에 꽃으로 장식된 고딕 성가대석은 베네치아의 장인 마테이 모론존Matej Moronzon이 설계한 것으로 주요 볼거리 중의 하나다.

성당의 진짜 하이라이트는 지하에 있는 성 스토시야의 대리석 석관과 유품이다. 성 스토시야는 자다르의 수호성인으로, 기독교를 박해한 디오클레티아누스 황제 시대에 신앙을 버리지 않아 화형당한 로마 귀족 여성이다. 비잔틴과 자다르 사이의 화해의 표시로 도나트 주교가 그녀의 유해를 자다르로 옮겨왔다고 한다. 성당과 나란히 서 있는 종탑은 15세기에 완공되었고, 바다 위의 구시가 전경을 감상할 수 있는 훌륭한 전망대다.

주소 Trg Svete Stošije 운영 5~10월 월~토 08:00~20:00 휴무 11~4월 입장료 종탑 20kn 가는 방법 나로드니 광장에서 도보 5분

Morske Orgulje
바다 오르간 MAP p. 97 A-2

세계 유일의, 바다가 연주하는 파이프 오르간. 신항구에 있으며, 해변을 따라 만든 75m의 산책로에 넓고 길게 계단식으로 만들어져 있다. 계단 하단에 35개의 파이프가 작은 구멍 안에 설치되어 있다. 파도의 크기, 속도, 바람의 세기에 따라 바닷물이 공기를 밀어내며 구멍 사이로 소리를 내는데 그 영롱함이 마치 파이프 오르간 소리와 비슷하다. 이 구멍은 아래에서 올려다보면 커다란 피아노 건반을 연상시키는데 계단 위 구멍에 발을 대고 있으면 떨림도 느낄 수 있다. 출렁대는 파도와 교묘한 구조물이 빚어낸 바다 오르간은 건축가 니콜라 바시치Nikola Bašić가 2005년에 만든 작품이다. 섬 마을에서 자란 그는 파도가 칠 때 절벽에서 들려오는 소리와 파도에 부딪히는 뱃소리를 듣고 자랐고 그 소리가 바로 바다 오르간을 만들게 한 원동력이었다고 한다. 2006년 유럽에서 '도시의 공공장소 상'을 받았는데 이는 대자연의 신비로운 소리를 들려준 데 대한 보답이라 할 수 있다.

가는 방법 포럼에서 해안가로 난 대로를 따라 오른쪽으로 5분 정도 걸어가면 나온다

Morske Pozdrav Suncu
태양의 인사 MAP p. 97 A-2

바다 오르간의 명성을 잇는, 건축가 니콜라 바시치의 또 다른 작품. 바다 오르간 바로 옆에 해를 본떠 만든 22m의 대형 원형 광장이다. 태양열 전지판과 LED를 조합해 만들었다. 한낮에 저장해 둔 햇빛의 에너지가 해가 지면 LED를 통해 빛으로 변해 아름다운 장관을 연출한다. 형형색색으로 변하는 색 때문에 바다 위 나이트클럽을 연상시킨다. 이렇게 낮과 밤의 모습이 확 다른 태양의 인사는 건축과 예술이 함께 빚어낸 마술이다. 해가 져야 제대로 감상할 수 있기에 하루 여행을 마친 여행객들의 마지막 행선지이자 휴식 공간이 되고 있다.

가는 방법 바다 오르간 옆

Franjevački Samostan I Crkva Sv. Frane
성 프라네 성당과 수도원 MAP p. 97 A-2

달마티아에서 가장 오래된 고딕 양식의 성당. 1221년에 세워져 1282년 10월에 축성되었다. 내부에는 르네상스와 바로크 양식의 예술 작품을 전시한다. 특히 고딕 양식으로 조각된 꽃이 인상적인 성가대석을 눈여겨볼 만하다.

구 예배당은 크로아티아 역사에서 매우 중요한 장소로, 1358년 베네치아공화국이 달마티아를 포기하는 자다르 협약 서명 장소였다. 아름다운 르네상스 회랑이 돋보이는 수도원은 1556년에 지어졌다. 2011년 초에 14~19세기의 것으로 추정되는 묘비가 발견되어 복원 공사가 진행 중이다. 성 프라네 성당의 크리스마스 자정 미사는 자다르 젊은이들에게 매우 인기 있다.

주소 Trg Sveti Frane 1 전화 023 250 468 운영 09:00~18:00 입장료 일반 15kn, 학생 5kn 가는 방법 바다 오르간에서 도보 3분

Muzej Antičkog Stakla
고대 유리 박물관 MAP p. 97 C-1

바다를 한눈에 바라볼 수 있는 언덕에 위치한 유리 박물관은 관광 명소 중 한 곳이다. 19세기 코스마센디 Cosmacendi 궁전을 개조해 만든 이곳은 항구를 바라보는 뛰어난 경관 덕분에 새로운 뷰포인트가 되었다. 입구로 들어가면 유리의 역사와 발명 과정 등을 설명하는 비디오를 상영해 주는데 이를 보고 내부를 관람한다면 더 흥미롭게 볼 수 있다. 내부에는 달마티아 전체 유적지에서 꺼낸 잔이나 유리병, 그릇 등과 로마의 유리제품들을 전시하고 유물이 어떻게 출토되었는지 사진도 함께 보여줘 이해를 돕는다. 전시의 하이라이트는 향수나 스킨, 정유를 저장하기 위해 로마 여성들이 사용한 섬세하고 작은 화장품 용기들이다. 입구에 위치한 기념품점에서 유리로 만든 그릇이나 액세서리를 판매하니 관심 있다면 그냥 지나치지 말자.

주소 Poljana Zemaljskog odbora 1 전화 023 251 851 운영 11~4월 월~토 09:00~16:00, 5~10월 09:00~21:00 입장료 일반 30kn, 학생 10kn 가는 방법 나로드니 광장에서 항구를 따라 도보 10분

SPECIAL THEME
자다르에서 놓칠 수 없는
BEST 3!

① Maraschino
마라스키노

만약 보들레르의 시와 히치콕의 영화를 좋아한다면 지금 당장 마라스키노를 마셔보자. 달콤한 체리와 나뭇가지 잎으로 만든 마라스키노는 자다르의 명물이다. 단맛이 나는 술로 심지어 나폴레옹도 즐겨 마셨다고 한다. 16세기에 만들어진 오리지널 레시피는 도미니코 수도원에 보관되어 있다. 아이스크림이나 과일 샐러드와 함께 먹으면 더욱 맛있는 마라스키노는 당당하게 크로아티아의 기념품 목록에 이름을 올렸다.

② Riva and Morske Orgulje
리바 해변에서 바라본 석양과 바다 오르간 MAP p. 97 B-2

"자다르의 리바에 앉아 있으면 세계에서 가장 아름다운 석양을 볼 수 있다." 1970년 자다르를 방문한 세계적인 영화감독, 앨프리드 히치콕Alfred Hitchcock(1899~1980)이 남긴 말이다. 그만큼 자다르의 해변은 낭만적인 산책을 즐기기에 최적의 장소다. 자연이 만들어 내는 화려한 색에 푹 빠질 마음의 준비를 하고 해가 질 무렵에 일몰을 보러 길을 나서자. 히치콕 감독의 말이 사실인지 아닌지 직접 느낄 수 있다.

태양은 아드리아 해를 넘어가며 푸른 바다와 만나 황금 섞인 보라색을 만들어 내고, 시원한 바다 공기가 코끝을 간질인다. 자다르 대학 건물 앞에서 시작해 소라를 바라보며 분위기를 잡고 있는 스피로 브루시나Spiro Brusina의 동상이 서 있는 곳까지 걷다 보면 저 멀리 우글란Ugljan 섬과 파스만Pašman 섬의 멋진 전망도 즐길 수 있다. 리바의 끝에 도착하면 아름다운 태양이 보이고, 세상에서 가장 멋진 바다 오르간 소리가 들린다. 자연이 연주하는 놀라운 교향곡을 듣고 있노라면 마치 천국에 와 있는 느낌이 든다.

③ Kalelarga and Varoš
칼렐라르가와 바로시 거리

· 칼렐라르가 거리(시로카 대로) MAP p. 97 B-2

현지인들은 시로카 대로를 이탈리아식으로 칼렐라르가라고 부른다. 넓은 거리라는 뜻과는 달리 두세 사람이 겨우 다닐 정도의 크기지만 길 양쪽으로 각종 부티크와 서점, 약국, 기념품 가게, 은행, 음반 숍, 카페, 식당이 몰려 있어서 언제나 사람들로 북적거린다. 자다르의 멋쟁이들을 보고 싶으면 칼렐라르가로 가라는 말이 있을 정도. 사실 이곳은 자다르 여성들의 비공식적인 캣워크 장소인 만큼 최신 패션 트렌드를 읽을 수 있는 재밌는 곳이다.

· 바로시 거리 MAP p. 97 C-2

런던의 소호나 도쿄의 하라주쿠, 서울의 삼청동처럼 모든 도시는 특별한 거리나 분위기를 가지고 있다. 자다르의 바로시 거리도 이처럼 특별한 분위기가 있는 곳이다. 좁은 골목길과 벽에 다닥다닥 붙어 있는 가게들, 손님을 끌어 보겠다고 나와 있는 테이블과 의자, 등을 맞대고 앉은 사람들. 활기차게 달마티아 와인을 마시면서 노래를 따라 하다 보면 어느새 바로시 거리에 푹 빠져들 것이다.

바로시의 대표적인 골목길 MAP p. 97 C-2

Stomorica & Kovačka 골목
가장 재미있는 골목길로 식당과 카페가 주를 이룬다. 낮 동안에는 한가롭게 앉아서 커피를 마시며 사람을 볼 수 있으며, 밤이 되면 어디선가 하나둘씩 나온 사람들로 거리는 바Bar로 변신한다. 부쩍 시끌벅적해진 거리가 낮과는 다른 매력을 보여준다.

Špire Brusine 골목
숙소가 많이 몰려 있는 곳으로 한사람이 지나가기도 힘들 만큼 좁은 통로를 지나면 'Sobe', 'Apartment'라는 간판이 이곳저곳에 붙어 있다.

Mihovila Pavlinovića 거리
해변 앞에 있는 거리로 모던하고 고급스러운 식당들이 모여 있다. 주로 잘 차려입은 멋쟁이 손님들을 볼 수 있다.

FOOD
먹는 즐거움

자다르 요리는 달마티아 요리를 기반으로 하고 있다. 달마티아 요리는 세계에서 가장 건강한 요리로 유네스코 무형 문화유산 후보에 올라가 있을 정도. 생선과 와인, 올리브 오일은 달마티아 요리에서 빼놓을 수 없는 목록이다. 유명한 요리는 양고기와 꼬치 생선, 절인 멸치, 조개와 오징어, 낙지 등의 해산물이 있다. 사이드 요리는 구운 감자에 올리브 오일로 버무린 근대Chard가 있다. 식전 음료는 자다르 또는 크로아티아 와인을 추천하는데, 와인은 기후와 토양, 포도 품종, 재배 방식 등에 따라 맛이 천차만별로 달라진다.

프랑스의 보르도 와인이 부드러운 향과 타닌의 강하고 무거운 맛이 조화를 이루는 것처럼 크로아티아 와인 또한 오크통에서 숙성한 보르도 스타일 와인으로, 진하고 농익은 맛은 양고기나 치즈와 궁합이 잘 맞는 편이다.

(F1) 레스토랑
Restaurant

구시가에는 바다가 보이는 분위기 좋은 고급 레스토랑부터 저렴하게 먹을 수 있는 식당까지 선택의 폭이 다양하다. 고급 레스토랑은 보통 해안가에 위치해 있고, 독특하면서 저렴한 분위기의 식당을 찾는다면 바로시 거리로 가보자. 다만, 달마티아 지방은 간을 세게 해서 먹는 경향이 있으니 주문 전에 소금을 적게 넣어 달라고 정중하게 얘기하는 것을 잊지 말자. "소금은 조금만 넣어 주세요Manje Soli, Molim(마니예 솔리, 몰림)."

Foša

MAP p. 97 C-2

18세기에는 성문을 지키는 경비 숙소이자 세관 건물이었지만 지금은 분위기 좋고 맛도 좋은 해산물 레스토랑으로 운영 중이다. 포사 항구로 가는 이유가 포사에 가기 위해서라고 해도 과언이 아닐 정도로 현지인과 여행객 모두에게 인기 있는 곳이다. 특히 일몰쯤 테라스에 앉아 아드리아해를 바라보며 먹는 음식은 분위기에 취해 맛도 안 보고 음식을 넘긴다는 농담을 할 정도다. 자다르에서 가장 로맨틱한 장소로 연인들의 데이트나 프러포즈 장소로 유명하니 저녁에 테라스 좌석을 원한다면 예약은 필수다. 추천할 만한 메뉴는 단연 해산물 요리지만, 음식 가격은 조금 비싸다.

주소 Kralja Dmitra Zvonimira 2 전화 023 314 421
홈페이지 www.fosa.hr 영업 12:00~23:30
예산 먹물 리소토 75kn~
가는 방법 5개의 우물
광장에서 도보 5분 또는
포사 항구에 위치

오징어를 넣은 해산물 샐러드
salata od sipe i plodova mora

Restoran 2Ribara

MAP p. 97 B-2

'두 명의 어부'라는 뜻을 가진 해산물 레스토랑. 어부가 해산물에 싫증이 나서 스테이크와 오븐에 구운 피자를 메뉴에 추가했는데, 오히려 새로운 메뉴가 더 인기를 끌게 되었다고 한다. 식당 내부는 현대적으로 모던하고 깔끔하게 꾸며져 있다. 추천할 만한 메뉴는 신선한 오늘의 메뉴나 달마티아식 스테이크다. 사실 어떤 음식을 시켜도 모두 맛있고, 가격도 비싸지 않으니 인원이 2~3명이라면 여러 개를 시켜서 나눠 먹는 게 무난하다. 단, 소금을 너무 많이 넣지 말라고 말하는 걸 잊지 말자.

주소 Blaža Jurjeva 1 전화 023 213 445 홈페이지 www.restorani-zadar.hr 영업 12:00~23:00 예산 새우 리소토 75kn~ 가는 방법 나로드니 광장에서 도보 5분

Skoblar

MAP p. 97 C-2

5개의 우물 광장 옆의 오래된 식당으로 넓은 테라스와 아늑한 인테리어가 돋보인다. 크로아티아 및 다양한 나라의 와인을 구비하고 있고, 주말에는 라이브 음악을 연주한다. 직원들의 서비스가 매우 훌륭해, 음식을 먹는 내내 기분이 좋다. 전체적으로 신선한 해산물 요리가 맛있고, 추천 요리는 문어 샐러드와 조개 구이, 해산물 오믈렛이다.

주소 Trg Petra Zoranića 3
전화 023 213 236
영업 11:00~24:00 예산
80kn~ 가는 방법 5개의
우물 광장 옆에 위치

녹색 쌀로 만든 리소토
zeleni rizot s koz

Kornat

MAP p. 97 A-1

구시가에 위치한 고급 레스토랑 중 한 곳으로 모던한 인테리어와 바다를 볼 수 있는 큰 창문이 식당의 우아함을 더한다. 여름 성수기 저녁에는 약 20개의 테이블이 예약제로 운영된다. 와인 리스트가 있어 원하는 와인과 함께 신선한 해산물과 생선 요리를 맛볼 수 있다. 미리 얘기한다면 송로버섯 요리도 주문이 가능하다.

주소 Liburnska Obala 6 전화 023 254 501 영업 12:00~15:00, 19:00~24:00 예산 75kn~ 가는 방법 바다 오르간에서 태양의 인사 방향으로 항구를 따라 도보 5분

Bistro Gourmet Kalelarga

MAP p. 97 B-2

아트 호텔 칼렐라르가 1층에 위치한 레스토랑으로 내부 인테리어는 단순하지만 세련됐다. 아스파라거스 및 제철 재료를 사용해 신선한 음식을 만드는데 그중 육류 요리가 제법 훌륭하다. 추천 메뉴는 신선한 샐러드와 함께 나오는 송아지 스테이크나 커틀릿이다. 하우스 와인은 자다르에서 생산한 것으로 스테이크와 잘 어울린다. 디저트인 케이크도 지나치지 말아야 할 메뉴 중 하나. 초콜릿 파스타치오는 절대 실망하지 않는다.

주소 Ul. Majke Margarite 3 전화 023 233 000 홈페이지 www.arthotel-kalelarga.com 영업 07:00~23:00 예산 샐러드 60kn~ 가는 방법 나로드니 광장에서 도보 3분

Stomorica

MAP p. 97 B-2

자다르에서 오래된 식당 중 한 곳으로 폐허가 된 작은 교회에서 배고픈 사람들에게 정어리를 나눠주었던 것이 식당의 시초가 되었다. 달마티아 스타일의 요리가 주메뉴며 해산물 요리가 많다. 뉴욕 타임스에 적당한 가격으로 노래도 듣고 맛있는 음식도 먹을 수 있는 식당으로 소개되기도 했는데, 분위기 좋은 바로시 거리에 위치해 있다.

주소 Stomorica 12 전화 092 727 2024 영업 10:00~24:00 예산 50kn~ 가는 방법 나로드니 광장에서 도보 5분

Pet Bunara

MAP p. 97 C-2

5개의 우물 광장에 있는 레스토랑. 달마티아 음식을 기본으로 지중해 및 퓨전 요리를 제공한다. 신선한 문어 샐러드나 리소토, 생선 요리가 인기 있다. 여름에는 스테이크에 무화과 소스를 뿌리거나 무화과 케이크를 내놓는 등 조금 더 특별한 음식을 맛볼 수 있다.

주소 Stratico Ulica 1 전화 023 224 010 홈페이지 www.petbunara.com 영업 12:00~23:00 예산 리소토 70kn~ 가는 방법 5개의 우물 광장에 위치

무화과 케이크

카페와 바
Cafe & Bar

구시가는 크지 않지만 종종걸음으로 바쁘게 돌아다니다 보면 쉽게 피로를 느끼게 된다. 이럴 때는 잠시 카페에 들러 커피 한잔을 마시며 휴식을 취해 보자. 시원한 바닷바람과 아드리아 해의 멋진 풍경은 덤이다. 바로시 거리는 독특한 분위기의 카페와 바가 많은 곳이다. 포럼이나 나로드니 광장의 카페도 현지인들에게 사랑받는 곳이다.

Caffe Bar Forum

MAP p. 97 B-2

자다르에서 가장 유명한 카페. 이름처럼 포럼 옆에 위치해 있다. 성 도나트 성당과 가깝고 로마 유적을 보면서 커피를 마실 수 있는 야외 테라스는 언제나 인기다. 아침 일찍 문을 열고 저녁 늦게 문을 닫는다.

주소 Široka Ulica 18 영업 월~토 07:00~22:00(일 08:00~) 예산 커피 15kn~ 가는 방법 고고학 박물관 맞은편에 위치

Kavana Danica

MAP p. 97 B-2

현지인이 추천하는, 구시가에서 가장 맛있는 커피집. 하지만 입맛은 주관적이기에 확신할 수는 없다. 이곳이 수많은 카페를 제치고 손가락 치켜들게 만드는 이유는 편안한 분위기 때문이 아닐까?

주소 Široka Ulica 1 전화 023 211 016 영업 08:00~01:00 예산 커피 15kn~ 가는 방법 시로카 대로에 위치

Caffe Bar Brazil

MAP p. 97 A-2

바다 오르간 근처에 있는 작은 카페. 위치가 좋아서 해안가를 산책하며 오고 가는 사람들이 자주 들른다. 낮에는 커피나 아이스크림 등을, 밤에는 맥주나 칵테일 등의 주류를 판매한다. 야자나무 아래 테라스 좌석은 언제나 인기 만점이다.

주소 Obala Kralja Petra Krešimira IV 10 전화 023 251 532 영업 09:00~01:00 예산 아이스크림 15kn~ 가는 방법 바다 오르간에서 도보 3분

Kavana Sv. Lovre

MAP p. 97 C-1

나로드니 광장 한편에 있는 카페. 11세기 로마네 스크 양식으로 지어진 성 로브로 성당의 일부로 내부는 세련된 돌과 유리로 꾸며져 있다. 카페에 앉아 있으면 옛 정취와 역사를 느낄 수 있어 기분 이 새롭다. 매일 밤 멋진 라이브 공연이 열린다.

주소 Narodni Trg 6 영업 07:00~01:00 예산 커피 15kn~ 가는 방법 나로드니 광장에 위치

Arsenal

MAP p. 97 A-1

18세기 해군 서비스 센터로 사용하던 넓은 공간에 갤러리, 레스토랑, 기념품 가게, 와인 숍, 클럽 등이 들어와 상황에 따라 나눠서 사용한다. 다양한 사 회·문화 이벤트 및 전시, 콘서트, 파티 등의 행사 가 열리는 장소로 이용되며 내부에 ①까지 갖추고 있다. 시간이 된다면 저녁 무렵 자다르 와인 한잔 을 마시면서 쉬는 것도 좋겠다. 와인 숍에서 선물 용으로 좋은 마라스키노를 구입할 수 있다.

주소 Trg Tri Bunara 1 전화 023 253 821 홈페이지 www.arsenalzadar.com 영업 콘서트에 따라 유동적 이니 홈페이지 참조 가는 방법 포럼에서 도보 5분

The Garden

MAP p. 97 A-1

영국의 전설적인 그룹 UB40의 드러머 제임스 브 라운과 음악 프로듀서 닉 코루간이 만든 정원이 라는 이름의 은신처. 오후에 와서도 이른 아침 같 은 커피를 마실 수 있고, 편안하게 앉아 칵테일을 즐기며 항구에서 바다를 볼 수도 있다. 국제적인 DJ가 들려주는 재즈, 라틴, 브레이크와 일렉트로 닉 등의 음악을 음료수 한잔으로 즐길 수 있다. 한 여름 밤 엉덩이를 의자에서 떼기 싫어지기에 이 곳보다 더 좋은 장소는 없을 것 같다. 2018년부터 호스텔 운영도 겸하고 있으니 관심 있다면 홈페 이지를 참고하자.

주소 Bedemi Zadarskih Pobuna bb 전화 023 250 631 홈페이지 www.thegarden.hr 영업 10:30~ 01:30 가는 방법 아스날에서 도보 3분

구시가의
이색적인 쇼핑 장소!

① U Galeriji Crkva Sv.Petar Stari I Andrija
성 페트라와 성 안드리야 성당 MAP p. 97 B-1

성 페트라와 성 안드리야 성당은 조금 특별한 곳이다. 5~6세기
에 지어진 것으로 추정되지만 12세기 후반 로마네스크 양식으
로 꾸며진 성당이다. 아주 오랫동안 빈 공간으로 남아 있던 곳
을 수리해 크로아티아 디자이너가 만든 물건을 파는 이색적인
갤러리 공간으로 변신시켰다. 목걸이, 귀걸이 같은 작은 소품
부터 액자에 그린 그림, 작은 선원 인형, 물고기 소품 등 거리에
서 흔하게 볼 수 있는 기념품이 아닌, 딱 하나밖에 없는 수공예
품이라 특별한 선물을 찾고 있는 사람에게는 가장 이상적인 장
소다. 언제나 사람들로 북적이는 곳으로 종종 작가의 전시회도
열린다. 이 귀여운 아트 갤러리는 시간을 내서라도 방문할 가
치가 있다.

주소 Ul. Dalmatinskog Sabora 7 영업 09:00~22:00 가는 방법 포럼
에서 도보 5분

② Tržnica 재래시장 MAP p. 97 B-1

만약 특별하면서 신선한 제품을 찾고 있다면 재래시장으로 가
보자. 입구에 도착하면 신선한 시장 냄새에 기분이 즐거워진다.
시장은 이 지역에서 가장 활기가 넘치는 곳 중 하나다. 해안가
근처 성벽에 위치한 청과 시장 pijaca은 중세 시대부터 무역을 했
던 장소다. 어시장 Ribarnica은 신선한 물고기와 조개, 해산물 등을
판매하며 청과 시장보다 더 안쪽에 있다. 어부에게 직접 생선을
구입하면 조금 더 저렴하다. 신선한 과일과 채소 외에 지역 주
민들이 만든 올리브 오일, 수제 술 라키야 Rakija와 말린 무화과,
아몬드와 치즈 등을 판매한다. 특히 파그 섬의 치즈와 마라스키
노를 봤다면 한 번쯤 맛볼 만하다. 아파트를 빌려서 머물고 있
다면 신선한 재료를 구입해 전통적인 달마티아 요리법을 시도
해 보는 것도 좋은 생각이다.

주소 Pod bedemom 1/A 영업 월~토 07:00~15:00(어시장 ~13:00) 가
는 방법 포럼에서 도보 5분

HOTEL
쉬는 즐거움

유명 관광지 사이에 있는 경유 도시여서 숙박 시설이 빈약한 편이다. 또한 시내 관광이 편리한 구시가 의 숙소는 요금이 비싼데도 시설은 그다지 좋지 않다. 버스 터미널에 내리면 'Sobe' 또는 'Room'이라 고 쓰인 카드를 가지고 민박집 주인들이 나와 호객 행위를 하기도 한다. 먼저 위치와 가격을 물어보고 구시가인 경우 방을 본 후에 흥정해도 된다. 간혹 거리에서 만난 주민들이 즉흥적으로 본인이 사는 집 을 빌려주는 경우도 있는데 문 앞에 정부 인증의 숙소 간판이 없다면 그 안에서 일어난 일에 대해서는 어떤 책임도 물을 수 없다는 사실을 기억해야 한다. 여름 성수기에는 구시가에 숙소 구하기가 어려우니 미리 예약하는 게 좋다. 인터넷 여 행 사이트에서도 예약 가능하고, ⓘ나 현지 여행사에서 민박을 알선 하고 있으니 문의해 보자.

Youth Hostel Zadar

MAP p. 97 B-1

구시가가 아닌 보리크Borik 지구에 있어 구시가 관 광은 불편하지만 호스텔 근처에 해변이 있어 여름 에는 인기 만점이다. 조용한 주택가에 있고, 시설 도 쾌적하다. 여름에는 정원에서 다양한 이벤트와 파티가 열린다.

주소 Obala Kneza Trpimira 76 전화 023 331 145 홈 페이지 www.hfhs.hr 요금 도미토리 €16~ 가는 방법 버스 터미널에서 보리크 지구로 가는 5번(Puntamika 방향) 또는 8번(Diklo 방향) 버스를 타고 Puntamika 하 차 후 도보 3분

Art Hotel Kalelarga

MAP p. 97 B-2

구시가 칼렐라르가 거리에 위치한 부티크 호텔. 1층 에 식당이 있고 주변 건물과 어우러져 있어 입구를 그 냥 지나치기 쉽다. 객실은 총 10개로 화이트와 브라 운, 베이지색의 따뜻하면서 세련된 색을 이용해, 고급 스럽고 차분하며 넓고 쾌적하다. 위치가 좋아서 방을 예약할 수만 있다면 시내 관광이 매우 편리하다.

주소 Ulica Majke Margarite 3 전화 023 233 000 홈 페이지 www.arthotel-kalelarga.com 요금 싱글 1050kn~, 더블 1200kn~ 가는 방법 나로드니 광장에 서 도보 3분

© Art Hotel Kalelarga

Boutique Hostel Forum

MAP p. 97 B-2

© Boutique Hostel Forum

2012년에 오픈한 부티크 호스텔. 바다를 테마로 모던하게 인테리어 돼 있으며 층에 따라 호텔과 호스텔로 분리 운영하고 있다.
방은 스위트룸, 2인실, 4인실 등이 있고 바다 쪽을 향해 있는 객실이 조금 더 비싸다. 구시가의 포럼에 위치해 시내 관광이 매우 편리하지만 엘리베이터가 없다는 단점이 있다. 한글 홈페이지를 통해 예약이 가능하다.

주소 Široka Ulica 20   전화 023 253 031   홈페이지 www.hostelforumzadar.com   요금 4인실 도미토리 120kn~ 가는 방법 성 도나트 성당 우측에 위치

Hotel Bastion

MAP p. 97 A-1

13세기 중세의 요새 카슈텔Kaštel 유적 위에 지어진 호텔. 자다르를 방문한 유명인과 신혼부부에게 인기가 있다. 호텔에 머물렀던 유명인들의 사진과 사인이 엘리베이터 옆 한쪽 벽을 장식하고 있다.
총 28개의 객실을 갖추고 있는데 스위트룸에서는 바다가 보인다. 실내는 원목으로 꾸며져 고풍스러운 느낌이다. 객실에는 에어컨, TV, 전화기, 미니 바가 갖춰져 있고, Wifi를 무료로 이용할 수 있다. 바로 옆에는 자다르에서 가장 핫한 클럽인 아스날 Arsenal이 있다.

주소 Ulica Bedemi Zadarskih Pobuna 13   전화 023 494 950 홈페이지 www.hotel-bastion.hr 요금 더블 900kn~ 가는 방법 포럼에서 도보 5분

© Apartments Donat

Apartments Donat

MAP p. 97 A-2

구시가에서 가까운 곳에 위치한 스튜디오. 스튜디오나 아파트를 빌려 쓰기 때문에 집처럼 편하게 지낼 수 있지만, 호텔과 달리 개인이 숙소 정리 및 청소를 해야 한다.
주방, 헤어드라이어, 청소 도구, 전자레인지, 인터넷, TV, 침대 등의 기본적인 시설이 잘 갖춰져 있다.

주소 Fra Donata Fabijanica 2 전화 095 825 6390 홈페이지 www.apartmentsdonat.com 요금 2인실 스튜디오 430kn~ 가는 방법 구시가의 성 도나타 성당에서 도보 5분

PAG

달에서 본 풍경

파그

파그는 아드리아 해에서 다섯 번째로 큰 섬이다. 신석기 시대부터 사람이 살았고 BC 1200년에 일리리안족의 일파인 리부르니안Liburnians에 의해 점령되었다. 기원전 1세기에 로마 장군 스키피오Scipio에 의해 정복되었고 이후 이곳에 로마인들이 마을을 건설하고 노발야에 요새로 된 항구를 만들었다. 6세기에 슬라브인들이 파그에 정착, 낙농을 시작했고 자다르와 리브 염전의 지배권을 얻기 위해 섬에서 싸움이 일어났다. 결국 주민들은 1192년 베네치아가 요새화시킨 마을 스타리 파그에 새로운 터전을 잡았다.

자다르와 라이벌 관계였던 파그는 결국 자다르인에 의해 파괴되었고 구시가는 폐허가 되었다. 1409년 파그는 베네치아의 지배 아래 들어갔고 1443년 베네치아 귀족의 지원을 받아 건축가 유라이 달마티나츠Juraj Damaltinac가 새롭게 도시를 설계해 수십 년이 걸려 지금의 모습을 갖추게 되었다.

아이를 위한 이상적인 마을 해변도 있고, 스페인 이비사 섬과 비교되며 뜨겁게 떠오르는 즈르체Zrće 해변의 파티가 매일 밤 기다리고 있는 이 섬에는 아마추어도 작가로 만들어줄 만큼 아름다운 장면들이 가득하다. 바다와 마을을 다 내려다볼 수 있는 전망대, 인상적인 절벽과 오래된 올리브 나무, 방목된 부지 등 모든 자연의 조화가 아름다운 피사체가 되어 한 컷의 그림 같은 풍경을 선물한다. 세계적으로 유명한 파그 치즈를 맛보고, 크로아티아의 무형문화재인 레이스도 감상할 수 있는 곳. 무인도에서 낚시를 즐길 수 있고 로빈슨 크루소 체험도 가능한 파그 섬에서의 시간은 느린 것 같지만 아쉬움을 남길 만큼 빨리 지나간다.

이들에게 추천!

· 집 안을 장식하고 싶은 수공예품으로 섬세한 레이스를 사고 싶다면
· 아드리아 해에서 가장 화끈한 해변의 파티를 즐기고 싶다면
· 독특한 맛으로 유명한 파그 치즈를 먹어보고 싶다면
· 크로아티아 섬 중에서 가장 사진이 잘 찍히는 곳을 찾고 있다면
· 자전거 여행을 하고 싶다면

INFORMATION
인포메이션

ACCESS
가는 방법

유용한 홈페이지

파그 관광청 www.tzgpag.hr
노발야 관광청 www.visitnovalja.hr
즈르체 해변 www.zrce.com

관광안내소

중앙 ⓘ MAP p. 122

무료 지도 및 관광 명소의 운영 시간, 자다르로 가는 버스 시간 및 페리 시간 등을 확인할 수 있다.

주소 Vela Ulica 18
전화 023 611 286
운영 5~10월 09:00~20:00,
　　　11~4월 월~금 09:00~17:00

자다르에서 당일치기 여행지로 인기 있다. 파그 타운과 노발야Novalja, 자다르를 연결하는 버스가 매일 5편씩 정기적으로 운행한다. 비수기·성수기에 따라 운행 편수 및 시간도 약간씩 달라지니 돌아오는 버스 시간은 미리 확인해 두자. 파그에 사는 학생들이 자다르로 통학하는 경우가 있으니 등하교의 붐비는 시간은 피하는 게 좋다. 만약 배로 갈 경우 리예카에서 출발한 페리가 라브를 경유해 노발야에 정박한다. 노발야와 파그 타운 사이에는 매일 버스가 운행된다.

파그 타운의 버스 하차 정류소는 작은 선착장 앞이다. 앞에 보이는 선착장 왼쪽 세탈리스테 블라디미라 나조라Šetalište Vladimira Nazora 골목으로 들어간 후 우측의 골리야Golija 길을 따라가면 타운의 중심 광장으로 갈 수 있는 크랄랴 즈보니미라Kralja Zvonimira 길과 만나게 된다. 이 길을 따라가면 크레쉬미르 4세 광장Trg Petra Krešimira IV이 나온다. 도보 5분.

버스 요금

자다르 _____ 52kn 파그 타운
노발야 _____ 22kn 파그 타운

페리 요금

노발야 _____ 160kn 리예카

페리 회사

야드롤리니야 페리 www.jadrolinija.hr

파그 완전 정복

파그 섬은 68㎞의 해안에 평행하는 2개의 산이 있고, 남쪽의 절벽에는 깊은 바다가 있다. 식물이 부족한 파그의 동쪽은 마치 달에서 본 풍경처럼 보이지만 조금 더 깊이 가면 놀랍게도 아름다운 해변과 오래된 올리브 나무와 지중해의 비옥한 초원을 연상시키는 숲이 나타난다.

파그를 나타내는 키워드는 5개다. 레이스, 파그 치즈, 소금, 올리브, 해변이다. 가장 유명한 파그 레이스는 그 옛날 파그 여인들이 생업을 위해 뜬 것으로 2009년 유네스코 무형문화유산으로 등록되었다. 지금도 거리에서 레이스를 뜨는 여인들을 볼 수 있다.

파그에서 태어나고 자란 토착 양이 소금을 머금은 허브와 식물들을 먹고 생산하는, 특별한 맛과 향을 내는 우유로 만든 파그 치즈도 빼놓을 수 없다. 독특한 풍미로 크로아티아 치즈를 대표한다고 해도 과언이 아니다.

또한 파그 섬은 아드리아 해안에서 가장 오래된 염전에서 소금을 만들고 그 소금은 크로아티아의 식탁을 책임진다. 파그의 올리브 오일은 품질과 맛에서 아드리아에서 최고 중 하나다.

이렇게 조용한 파그 섬이 7~8월이면 아드리아 해에서 가장 화끈한 섬으로 변한다. 스페인의 이비사 섬과 견줄 만한 해변의 파티가 열리는 것이다. 유럽 및 세계 각국에서 몰려드는 젊은이들로 파그 섬 해안은 즐거운 비명을 지른다.

이 아름다운 섬을 제대로 체험하고 싶다면 섬의 위치부터 파악해야 한다. 섬은 크게 중심에 있는 파그 타운과 그보다 북쪽에 있는 노발야로 나뉜다. 그 사이에는 버스가 다니며, 길이 좋아 자전거를 빌려 하이킹을 할 수도 있다.

파그 타운에 있는 15세기 르네상스 건축물은 주로 유라이 달마티나츠Juraj Dalmatinac에 의해 디자인되었다. 중앙 광장에 성모 마리아 성당과 렉터 궁전이 위치하고, 다리를 건너면 소금 창고가 있다. 구시가는 워낙 작아 2~3시간이면 충분히 돌아보고도 남는다. 노발야에는 항구가 있으며, 근처에 멋진 해변이 있다. 파그는 짧게는 반나절이면 보고 지나갈 수 있는 곳이지만 제대로 즐기고 싶다면 최소 2박 3일은 머물러야 한다.

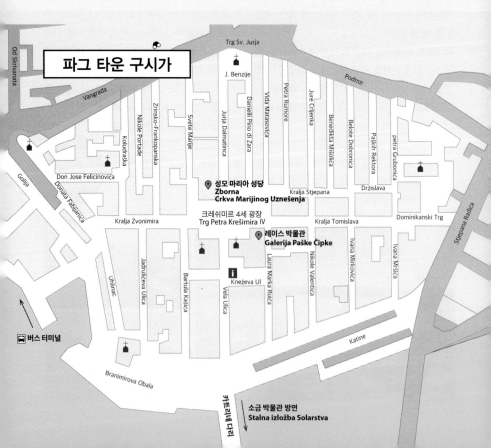

파그 섬

Tovarnele
Lun 룬
Dudići
Jakišnica
Potočnica
Stara Novalja
Caska
Kustići
Zrće
즈르체 해변
Zubovići
Metajna
Novalja
노발야
Gajac
Sirana Gligora
시라나 글리고라
Kolan
콜란
Bošana
Pag Town
파그 타운
Pag 파그
Šimuni
Mandre
Gorica
Vrčići
Stara Vasa
Košljun
Dinjiška
Proboj
Miškovi
Povijana
Vlašići
Smokvica

파그 타운 구시가

Od Skrivanata
Trg Sv. Jurja
J. Benzije
Podmir
Vangrada
Danieli Pino di Zara
Vida Matasovića
Petra Rumore
Jure Crljenka
Benedikta Mišolića
Belote Dobronića
Paških Rektora
petra Grubonića
Zrinsko-Frankopanska
Svete Marije
Jurja Dalmatinca
Nikole Portade
Koludraška
Don Jose Felicinovića
Kralja Stjepana
Držislava
성모 마리아 성당
Zborna
Crkva Marijinog Uznešenja
Dominikanski Trg
Golija
Donata Fabijanića
Kralja Zvonimira
크레쉬미르 4세 광장
Trg Petra Krešimira IV
Kralja Tomislava
Stjepana Badića
레이스 박물관
Galerija Paške Čipke
Ivana Mirkovića
Ivana Mršića
Uhlinac
Jadrulićeva Ulica
Bartula Kašića
Vela Ulica
Kneževa Ul
Laura Marka Ruića
Nikole Valentica
버스 터미널
Katine
Branimirova Obala
소금 박물관 방면
Stalna izložba Solarstva
카트리네 다리

ATTRACTION
보는 즐거움

파그 타운은 파그 섬 최대의 도시로 노발야에서 약 30㎞ 정도 떨어져 있다. 15세기에 만들어진, 중세의 돌로 된 좁은 거리로 이루어져 있고 파그 타운 중심에 있는 구시가는 고딕과 초기 르네상스 스타일이 조화를 이룬다. 옛날에는 6000여 명의 주민이 사는 크고 부유한 도시였지만 현재는 풍부한 유적과 성벽이 남아 있을 뿐이다. 타운에는 아름다운 작은 시내가 흐르고, 만을 따라 이어진 자갈 해변은 더욱 친근하게 빛난다.

Zborna Crkva Marijinog Uznesenja
성모 마리아 성당 MAP p. 122

15세기, 파그 타운의 중앙 광장에 설립된 성당. 외관은 고딕 양식이지만 파그를 상징하는 듯한 레이스 모양의 창문은 로마네스크 양식으로 지어졌다. 정면의 장식은 성모 마리아와 15~16세기 파그 전통 의상을 입은 여인들이다.

내부는 소박하고 꾸밈이 없다. 재단은 1443년 5월 18일, 마을의 성벽과 요새의 기초를 마련한 날에 세워졌으며, 15세기 초 고딕 양식으로 만든 나무 십자가와 조반니 바티스타 피토니Giovanni Battista

Pittoni가 그린 로사리오 성모를 볼 수 있다. 전설에 따르면 파그가 심한 가뭄에 시달릴 때 지역 주민들이 성모 마리아에게 기도를 했고 긴 기도 후, 어느 날 갑자기 비가 내려 마침내 가뭄이 끝났다. 그 후 성당을 더욱 성스럽게 생각하여, 매년 성모 마리아의 날에는 지역 주민들이 성모 마리아의 동상을 들고 약 3주 동안 파그 구시가에서 신시가를 순례하며 감사의 기도를 드리는 행사를 한다. 성당 옆에는 이반 메슈트로비치Ivan Meštrović가 만든 달마티아 기념비가 서 있다.

주소 Trg Kralja Krešimira IV 운영 미사 시간에만 개방(미사 시간 확인 후 방문) 입장 무료

Galerija Paške Čipke
레이스 박물관 MAP p. 122

렉터 궁전Knežev Dvor에 위치한 이 작은 레이스 박물관은 파그 레이스의 역사를 설명하고 최고의 작품들을 선보인다. 파그를 방문한 기념으로 레이스를 사려는 사람들에게 좋은 볼거리를 제공한다. 파그 타운에서 레이스를 뜬다는 것은 교회의 복을 비는 의미로 15세기 후반에 시작되었다. 처음에는 의류나 테이블보, 교회의 의복, 장신구를 장식하는 데 사용되었지만 후에 황제와 귀족 여성들의 장식을 위한 특별한 레이스 세공으로 더 유명해졌다. 이들 작품은 2009년 유네스코 무형문화유산으로 등록되었고 크로아티아 문화에 매우 중요한 부분을 차지한다. 거리에서 레이스를 뜨고 있는 여인들을 보  고 파그 레이스와 그 역사에 관심이 생겼다면 한 번쯤 방문해 볼 가치가 있다.

주소 Trg Kralja Krešimira IV 운영 6~9월 10:00~12:00, 18:00~ 22:00(비수기에는 단체 관람객만 방문 가능) 입장료 10kn

Stalna Izložba Solarstva
소금 박물관 MAP p. 122

소금 창고로 운영하던 곳을 개조해 만든 박물관. 구시가 광장에서 카트리네 다리Most Katine를 건너면 보이는 창고다. 소금의 역사와 염전에 관한 사진, 염전에서 작업할 때 사용하는 문건들과 소금을 만드는 방법, 다큐멘터리, 실제 소금을 전시해 놓았다. 규모는 크지 않아 둘러보는데 오랜 시간이 걸리지 않는다.
광장에서 박물관으로 건너가는 다리가 유독 반짝

거려 오래된 파그 타운과 어울리지 않는데 15세기에 지어진 다리를 대체하기 위해 2010년 새로 만들었다고 한다. 길이는 약 30m이며 흰 돌로 덮여 있고 보행자 전용이다. 파그 타운과 소금 창고를 연결한다.

주소 Stari Grad 운영 6~9월10:00~12:00, 20:00~ 22:00 입장료 일반 10kn

소금 박물관

Gradske Zidine
성벽 MAP p. 122

수세기 동안 파그 타운 탑은 높은 돌담으로 둘러싸여 있었다. 주민들과 인근 염전을 지키기 위함이었다. 스크리바나타 탑Kula Skrivanat은 15세기부터 마을을 보호하기 위해 사용된 유일한 탑으로 철거된 성벽의 기념비가 있다. 마을의 중심 북부에서 성벽의 나머지 부분을 볼 수 있다. 현재 마을의 시청사는 대포 탑을 개조한 것이다. 해안의 붕괴된 벽이 마을의 윤곽을 설명해 주는데, 해안가 인근 건물과 카페 외관에 성벽이 그려져 있는 것을 볼 수 있다.

SPECIAL THEME

파그에서 놓칠 수 없는 BEST 5!

① Paški Sir 파그 치즈

파그 치즈는 단순한 치즈가 아니다. 파그 토착 양의 우유에서 생산되는 치즈로, 이는 유럽연합의 박람회에서 파그와 크로아티아를 대표할 정도다. 파그 토착 양들은 자유롭게 돌아다니며 섬의 저지대에 나 있는, 소금을 머금은 허브와 식물들을 먹고 특별한 맛과 향을 내는 우유를 준다. 파그 치즈를 만들기 위해서는 이런 양젖을 5월에 짠 후 그냥 둔 다음 발효 과정에서 그 맛과 풍미를 더 강하게 만든다. 치즈가 발효되면 바다 소금으로 문지르고 룬의 올리브 나무에서 짠 오일로 코팅한 후 5개월 이상 숙성시킨다. 완성된 치즈는 평균 2kg의 무게로 황금색을 띠고, 특유의 허브 냄새와 쌉쌀

하면서 바삭한 맛이 나고 입안에서 부드럽게 녹는다. 파그 섬에 왔다면 레스토랑에서 파그 치즈를 꼭 맛보자. 지나가다 대문에 'Paški Sir'라고 써 있다면 문을 두드려 가격을 물어보고 구입하는 것도 좋다. 다만 수제품이고 시간이 오래 걸리는 만큼 가격이 저렴하지는 않다. 1kg에 약 250kn 정도가 보통이다.

· 시라나 글리고라 Sirana Gligora MAP p. 122

섬 중심부 콜란Kolan에 있는 치즈 공장. 2013, 2014년 세계 각종 치즈 대회에서 상을 수상했다. 파그 치즈를 만드는 곳으로 치즈를 구입하거나 공장 내부를 견학하며 치즈를 맛볼 수 있다. 투어 예약은 ⓘ 또는 호텔 리셉션에서 가능하다. 이곳의 치즈를 콜란에서 구입하지 못했다면, 노발야, 스플리트, 자다르에서도 구입이 가능하다.

주소 Figurica 20, 23251, Kolan 홈페이지 www.gligora.com
영업 월~토 7:30~16:00 요금 공장 견학+치즈 맛보기 일반 65kn

② Plaža 해변

스페인 이비사 섬의 명성을 무섭게 따라잡고 있는 곳이 바로 파그의 즈르체Zrće 해변(p.122)이다. 블루 플래그 해변(유럽에서 깨끗하고 안전한 해변에 주는 상)으로 레스토랑, 아이스크림 가게, 수영장, 클럽 등이 있어서 인기 만점이다. 크로아티아 섬 중에서 가장 긴 해안선을 가지고 있기 때문에 많은 클럽들이 있지만 사람을 피할 수 있는 장소도 많다.

여름마다 유럽 젊은이들은 너무 유명해진 이비사 섬이 아닌 새로운 곳을 찾아 떠나는데 그 레이더에 딱 걸려서 몇 년 만에 급성장한 곳이 바로 이곳이다. 새로운 파티 해변의 명성에 걸맞게 모든 클럽들은 6~9

월 초까지만 문을 연다. 입장권은 미리 인터넷으로 구입 가능하며 7~8월 피크 시즌에는 가격이 많이 올라간다. 아드리아 해에서 가장 핫한 해변을 지금 만나보자!

홈페이지 www.zrce.com

· 노아 Noa

세계적으로 유명한 클럽. 고급스러운 디자인과 이국적인 장식으로 다른 경쟁자들 사이에 독보적인 위치를 차지하며 1862년부터 해변을 지켜왔다. 바다표범을 콘셉트로 중앙에는 수영장과 다섯 개의 바가 있고, 댄스 플로어를 갖추고 있다. 세계적인 DJ의 믹싱을 시작으로 레이저 쇼가 시작되면 함성이 끊이지 않는다.

홈페이지 www.noa-beach.com

· 아쿠아리우스 Aquarius

비키니 부대를 가장 많이 만날 수 있는 클럽. 1992년 자그레브 물병 클럽에서 시작되어 2002년 즈르체 해변까지 진출하게 되었다. 매일 새로운 음악으로 재미를 주는 곳이다. 수영장 및 레스토랑 시설은 오후부터 즐길 수 있고, 클럽은 밤에 문을 연다.

홈페이지 www.aquarius.hr

· 파파야 PaPaya

그 무엇도 대체할 수 없는 여름휴가를 보내고 싶다면 고민하지 말고 오라고 손짓하는 클럽. 세계 클럽 순위 23위를 차지했으며, 약 4500명을 수용할 수 있을 정도로 거대한 장소로 즈르체 해변의 3대 클럽 중 하나다.

홈페이지 www.papaya.com.hr

③ Paška Čipka 레이스

파그의 대표 상품. 레이스 만들기는 파그 섬 여인들의 오랜 전통이다. 옛날 옛적에 하루 어획량을 채우지 못하고 귀가하는 남편을 보며 파그 여성들은 더 나은 일거리를 찾기 시작했고, 그 결과 레이스를 만들며 아이들을 가르쳤다. 수세기를 지나며 레이스는 크로아티아에서 가장 아끼는 자랑거리 중 하나가 되었다. 이 전통을 유지하기 위해 1906년 파그에 레이스 학교가 설립되었다. 파그 레이스는 설계도가 없어 제조 및 샘플링 방법이 입에서 입으로, 세대에서 세대로 전해지고 있으며 기하학적 모양이 특징이다. 레이스는 작은 조각부터 큰 조각까지 손으로 직접 뜨기에 시간이 오래 걸려서 가격이 싸지는 않다. 그러니 누군가의 땀으로 이뤄진 노동의 대가를 관광객이라는 특권을 이용해 다짜고짜 깎는 실례는 피하도록 하자. 공장에서 찍어서 나오는 레이스가 아니기에 길을 걷다가 마음에 드는 모양을 발견했다면 바로 구입하는 게 가장 좋다.

④ Luniske Masline 올리브 나무

룬의 올리브 나무는 무분별한 개발을 피하고자 하는 유럽연합의 지방 정부 자금 덕분에 보호되고 있다. 정원을 구성하는 24만㎡에 나무들이 흩어져 있다. 1만 5000개의 야생 올리브 나무의 나이는 평균 1200년에 이른다. 룬의 올리브 오일은 아드리아에서 최고라는 평가를 받는다. 올리브 나무로 된 주방용품은 세균이 잘 생기지 않고 튼튼해서 오래 쓸 수 있다는 장점 때문에 엄마들에게 무척 사랑받는다. 올리브 나무로 만든 제품들은 가격대가 비싸다는 단점이 있지만 현지에서는 조금 더 저렴하게 구입할 수 있으니 올리브 나무 주걱이나, 국자 같은 주방용품을 하나쯤 구입해 보자.

⑤ Pašks Sol 소금

수세기 동안 파그 사람들의 가장 중요한 경제 활동을 책임졌던 것은 소금이었다. 화이트 골드라 불리던 소금 때문에 주민들 사이에 종종 싸움이 일어나기도 했다. 파그 염전은 동쪽의 아드리아 해안에서 전통적인 방법으로 소금을 생산하는 가장 오래된 염전에 속한다. 소라나 파그는 200만㎡의 면적에 크로아티아에서 가장 큰 제조공장으로 연간 3만 톤의 소금을 생산한다. 크로아티아 식탁을 책임지는 소금의 많은 양이 이곳, 파그에서 생산된다니 원산지에서 소금을 사가는 것도 좋은 선물이

된다. 슈퍼마켓이나 상점에서 작은 요리용 소금을 구입해 집에 가져와 일반 요리에 사용하면 된다.

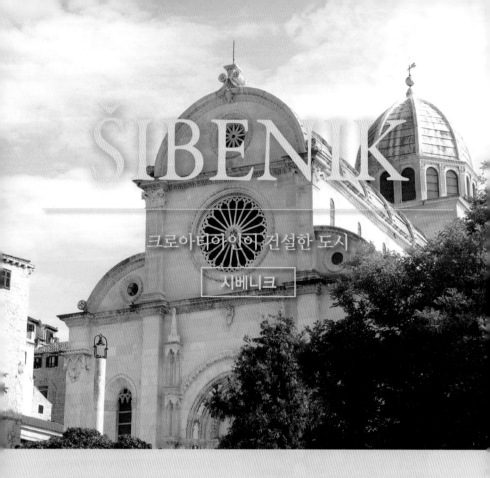

ŠIBENIK

크로아티아인이 건설한 도시

시베니크

인구 4만 명이 살고 있는 시베니크는 우리에게 잘 알려지지 않은 작은 항구도시다. 달마티아의 다른 해안 도시들은 일리리아인이나 로마인이 건설한 반면, 시베니크는 크로아티아인이 건설한 유일한 도시이기 때문에 무척 특별하다. 시베니크는 11세기, 페타르 크레쉬미르 4세Peter Krešimir IV가 성 미호빌 지역에 방어용 요새를 만들기 위해 문서를 발행하면서 처음 문헌에 기록되었다. 1412년부터 200년간 베네치아의 지배를 받는 동안 오스만제국의 침략을 막기 위해 요새를 쌓았다. 이후 합스부르크 제국의 지배를 받았으며, 제 1차 세계대전이 지나서야 독립할 수 있었다. 시베니크의 상징인 성 야코브 성당에는 달마티아 지방 사람들의 희로애락을 표현한 조

각이 새겨져 있다. 그 역사만큼 고단한 삶을 살아온 이곳 사람들의 모습이 생생하게 담겨 있어 2000년 유네스코 세계문화유산에 등록됐다. 아름다운 산과 바다에 둘러싸인 시베니크 구시가는 중세의 모습 그대로를 간직한 아름다운 해변 마을이다.

이들에게 추천!

· 스플리트 근교의 한적하고 작은 마을을 여행하고 싶다면
· 크로아티아를 상징하는 소박한 달마티아인 얼굴 조각이 보고 싶다면
· 달마티아의 레드와인을 맛보고 싶다면

INFORMATION
인포메이션

ACCESS
가는 방법

유용한 홈페이지

시베니크 관광청 www.sibenik-tourism.hr
프리모스텐 관광청 www.tz-primosten.hr

관광안내소

구시가 ⓘ MAP p. 130 B-1

무료 지도와 가이드북을 배포하고 근교 트로기르
나 스플리트로 가는 교통 정보를 알려준다.
주소 Ul. Fausta Vrančića 18
전화 022 212 075
운영 008:00~22:00

중앙 ⓘ MAP p. 130 A-2

주소 Obala Palih Omladinaca 3
전화 022 214 411
운영 7·8월 08:00~22:00, 9월 월~토 09:00~21:00,
일 08:00~14:00, 그 외 08:00~20:00

스플리트에서 당일치기 여행지로 인기가 있다.
스플리트 고속버스 터미널에서 자다르행 버스를
타면 트로기르, 프리모스텐을 경유해 시베니크에
도착한다. 버스는 수시로 운행되며, 직행, 완행버
스에 따라 소요 시간과 요금 등이 달라진다. 스플
리트 대학교의 경제학과가 시베니크에 있어 통학
시간대의 버스는 언제나 학생들로 만원이다. 비
수기·성수기에 따라 운행 편수도 달라지니 돌아
오는 버스 시각은 미리 확인해 두는 게 안전하다.
버스에서 내린 후 왼쪽의 해안가 프라네 투드마
나 거리Obala Dr. Franje Tudmana를 따라 150m 정도 걸
으면 구시가가 시작되는 성 야코브 대성당이 나
온다. 도보 7분 소요.

버스 터미널 짐 보관소
운영 06:00~22:00 **요금** 시간당 4kn

버스 요금

트로기르	35kn~	시베니크
파그 타운	22kn~	시베니크
플리트비체 국립호수공원	108kn~	시베니크
자다르	45kn~	시베니크

주간 이동 가능 도시

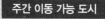

스플리트	버스 1시간 50분	시베니크
자다르	버스 1시간 30분	시베니크
트로기르	직행버스 40분 또는 로컬버스 1시간10분	시베니크
두브로브니크	버스 6시간	시베니크
자그레브	버스 6시간 30분	시베니크

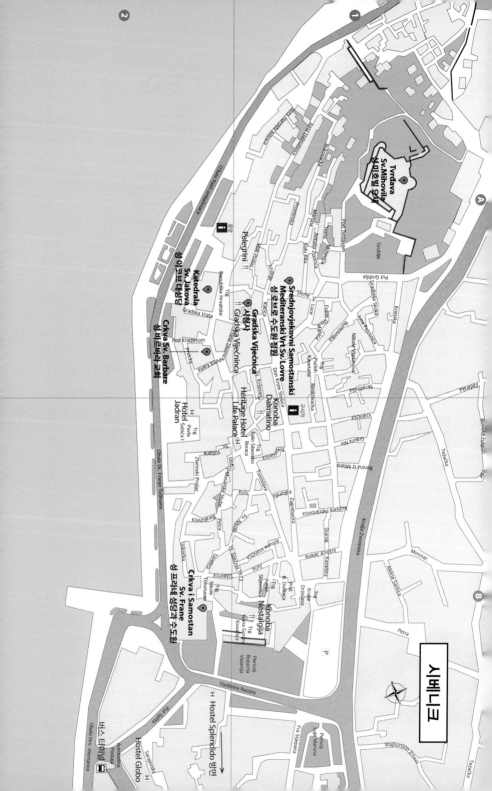

시베니크

Tvrdava
Sv.Mihovila
성미호빌 요새

Srednjovjekovni Samostanski
Mediteranski Vrt Sv. Lovre
성로브르 수도원 정원

Pelegrini

Gradska Vijećnica
시청사
Gradska Vijećnica

Katedrala
Sv. Jakova
성야코브 대성당

Crkva Sv. Barbare
성바르바라 교회

Konoba
Dalmatino

Hotel
Pavla Šubića I
Jadran

Heritage Hotel
Life Palace

Crkva i Samostan
Sv. Frane
성 프라네 성당과 수도원

Konoba
Nostalgija

Hostel Splendido 방면

Hostel Globo

버스 터미널

시베니크 완전 정복

스플리트나 자다르에 비해 여행지로는 덜 유명
하지만 오래된 건물과 골목길이 미로처럼 얽힌
구시가지와 성곽, 바로 앞에 보이는 수많은 섬들
이 그냥 지나치기에는 아쉬움이 많이 남을 정도
로 매력적인 도시다.

스플리트에서 트로기르와 묶어 당일치기 여행지
로 삼으면 좋다. **버스 터미널**에서 나와 왼쪽으로
걸어가면 시베니크 관광의 하이라이트인 **성 야
코브 대성당**이 나온다. 성당은 이곳 관광의 시작
이자 끝나는 지점이다. 먼저 계단과 오르막길을
따라 가장 높은 곳에 있는 **성 미호빌 요새**로 올
라가자. 이곳에서는 시베니크의 아름다운 풍경
과 앞 바다의 섬까지 내려다볼 수 있다. 그리고
성 루체Sveti Luce 대로를 따라 내려오면 돈 크리스
테 스토시차Don Krste Stošica 거리에 있는 성 이반 성
당Crkva Sv. Ivana과 성 두하 성당Crkva Sv. Duha이 나온
다. 다시 포미슬라바Pomislava 거리를 따라 내려오
면서 작은 골목길을 구경하다 보면 어느새 성 야
코브 대성당이 있는 광장에 닿는다. 마지막으로
크로아티아에서는 볼 수 없는 지중해식 정원이
있는 **성 로브로 수도원**을 감상한 후 커피 한잔
마시면서 여행을 마무리하자.

구시가는 워낙 작아 도보로 한나절이면 충분히
돌아볼 수 있다. 시간이 없다면 성 야코브 대성
당만 관광해도 된다. 만약 시베니크에서 하루를
보낸다면 근교의 프리모스텐 또는 크르카 국립
공원을 추천한다.

시내 관광을 위한 KEY POINT

랜드 마크 성 야코브 대성당

베스트 뷰포인트 성 미호빌 요새

성 두하 성당

BEST COURSE 👍

버스 터미널 ▶ 성 야코브 대성당 ▶ 시청사
▶ 성 바르바라 교회 ▶ 성 미호빌 요새 ▶ 성
로브로 수도원과 정원

예상 소요 시간 3~4시간

📷

ATTRACTION
보는 즐거움

정말 작은 해안 도시 시베니크는 꾸밈 없는 매력으로 여행자들의 마음을 사로잡는다. 특히 언덕 위 미로처럼 얽혀 있는 좁은 골목길들은 소박한 서민들의 삶이 묻어나 정겹다. 경험하지 못한 또 다른 이국적인 풍경에 매료돼 며칠이고 머물면서 사색에 빠지고 싶은 곳이다.

Katedrala Sv. Jakova
성 야코브 대성당 MAP p. 130 A-2

시베니크의 혼이자 상징인 건축물. 1432년 착공된 이후 여러 건축가들의 손을 거쳐 120여 년 만에 완공되었다. 건축 초기에는 베네치아 출신의 건축가인 안토니오 달 마세녜Antonio Dalle Masegne가 맡아 고딕 양식으로 짓기 시작했으나, 1444년부터 유라이 달마티나츠가 바통을 이어받아 르네상스 양식으로 완성했다. 달마티나츠는 기존에 있던 성당을 허물고 그 부서진 조각들을 사용해 짓기 시작했지만 나중에는 스플리트 앞 브라츠 섬에서 석회암과 대리석을 가져다 사용했다. 측면의 측랑을 올리고 작은 예배당의 외벽을 만들어 사람의 얼굴 표정을 담은 조각상들로 장식했는데, 이것이 그 유명한 71인의 당시 시베니크 시민 얼굴 조각이다. 얼굴 조각은 평온함, 짜증, 교만함, 공포 등 각기 다른 표정으로 인간의 희로애락을 표현했다.

달마티나츠 사후 후임자 니콜라 피렌티나츠Nikola Firentinac가 측면 측랑을 완성했고 돔 지붕과 돌

로 된 타일로 교회 복도의 긴 천장을 만들었다. 성 야코브 대성당은 건축학적으로 석조 외의 다른 재질을 전혀 사용하지 않은 유일한 건물로 유명하다. 19세기 이전에는 석조 기술로만 세운 건물이 없었는데, 이 건물은 벽과 천장 볼트, 돔 지붕의 모든 부분에 사전에 만들어 놓은 돌조각을 정확히 조립하는 과정을 통해 완성했다. 천장의 돔은 돌이 맞물리는 유일한 구조로, 르네상스 건축의 걸작이다. 안타깝게도 1991년 폭격으로 심각한 손상을 입었고 이후 국제적인 전문가들이 모여 신속하게 복구했다. 고딕 양식의 정문은 아치형처럼 생겼으며 겹겹의 문틈에는 성자들의 모습이 조각되어 있고, 2개의 장미 모양 창문이 장식되어 있다. 내부의 천장과 아치 부분은 르네상스 양식으로 이루어져 있다. 세월의 무게에 빛바랜 돌들은 오히려 성당의 아름다움을 완성시킨다. 세례장은 제단 오른쪽의 무거

운 철문을 열고 들어가면 볼 수 있는데, 한가운데 세례를 위한 작은 분수가 있고 천장에는 달마티나츠의 조각들이 새겨져 있다.

또 다른 입구인 사자의 문은 보니니 다 밀라노 Bonini da Milano가 만들었다. 사자가 양쪽에서 기둥을 지탱하고 그 위에 아담과 이브의 누드상이 있다. 이는 전형적인 르네상스 양식으로, 두 마리의 사자가 받치고 있는 양쪽의 두 기둥은 로마 시대 건축 요소의 재사용을 보여준다. 만약 트로기르를 다녀왔다면 성 로브로 대성당의 문과 많이 닮은 것을 알 수 있다. 항구도시인 만큼 전직 어부 출신 성인 야코브Sv. Jakov(성 야곱Saint Jacob)가 성당의 수호성인으로, 모든 뱃사람들의 안녕을 기원하고 있다.

미사 시간에 맞춰 가면 미사에 참석할 수는 있지만 사진 촬영은 금지돼 있다. 건축의 역사에도 큰 획을 그은 성당은 그 의의를 인정받아 2000년 유네스코 세계문화유산에 등재되었다. 성당 앞에 보이는 동상은 성당의 건축 책임을 맡았던 유라이 달마티나츠다.

주소 Trg Repulike Hrvatske 1 운영 09:30~18:30 입장료 20kn 가는 방법 버스 터미널에서 도보 7분

Gradska Vijećnica
시청사 MAP p. 130 A-1

대성당 맞은편에 있는 르네상스 양식의 건물. 16세기에 지어졌으나 제 2차 세계대전 때 폭격으로 파괴된 것을 지금의 모습으로 복원해 현재 시청사로 사용하고 있다. 2층은 베란다식 복도로 되어 있는데 16세기 베네치아 지배 당시 공개재판소로 이용되었다. 1층은 9개의 큰 아치가 회랑을 이루고 있고, 안쪽에는 귀족풍의 카페가 들어서 있다.

주소 Trg Republike Hrvatske 3 가는 방법 성 야코브 대성당 맞은편

시청사

Crkva Sv. Barbare
성 바르바라 교회 MAP p. 130 A-2

15세기 후기 고딕 양식으로 지어진 교회. 비슷비슷하게 생긴 건물 때문에 찾기가 쉽지 않다면 지붕에 종탑 2개가 있는 건물을 찾아보자. 북쪽 벽에 고딕 양식의 창문 조각이, 서쪽 벽에는 시계가, 지붕에는 바로크 양식의 종탑 2개가 나란히 놓여 있다. 베네치아 선박을 피해 바위 뒤에 숨었던 어부가 무사함에 감사하며 만든 것이라는 얘기가 전해진다. 제 1차 세계대전까지는 교회였지만 지금은 갤러리로 활용되고 있다. 내부에는 14~17세기 종교 회화 및 조각 작품이 전시되어 있다.

주소 Ulica Kralja Tomislava 19 운영 월~금 09:00~13:00 입장료 일반 10kn 가는 방법 성 야코브 대성당에서 도보 3분

성 바르바라 교회

Tvrđava Sv. Mihovila
성 미호빌 요새 MAP p. 130 A-1

중세 시대부터 있던 가장 오래된 요새로, 화약고가 낙뢰를 맞아 파괴된 적이 있다. 그 후 방어를 목적으로 세운 탑을 제외하고 복원되었다. 지금은 공연장 및 전시장으로 사용되고 있다. 이곳에서 내려다보이는 도시 풍경이 아름다워 시베니크 제일의 뷰포인트로 사랑받고 있다. 성 미호빌 요새로 가기 전에 먼저 도착하는 곳은 성 아나 공동묘지Groblje Sv. Ana로 간혹 이곳까지만 보고 가는 경우도 있는데, 이곳에서 조금 더 올라가야 요새가 나온다.

운영 3 · 10월 10:00~18:00, 4 · 5 · 9월 09:00~20:00,

6~8월 09:00~22:00, 11~2월 09:00~16:00 휴무 공휴일 입장료 11~2월 일반 30kn, 학생 20kn, 3~10월 일반 60kn, 학생 40kn 가는 방법 성 야코브 대성당에서 오르막길을 따라 도보 20분

Kaštel Sv. Mihovil
Saint - Michael's Castle

Srednjovjekovni Samostanski Mediteranski Vrt Sv. Lovre
성 로브로 수도원 정원 MAP p. 130 A-1

프란체스코 수도원의 일부분으로 오랫동안 방치되어 왔다가 2000년 일본에서 플로라 밀레님엄 상을 수상한 크로아티아 공원 건축가 드라구틴 키시 Dragutin Kiš에 의해 2007년 재탄생했다. 지중해 풍의 양식이 크로아티아에서도 유일하며, 현재는 시베니크 사립 고등학교의 교정으로 이용되고 있다. 정원에 심어진 식물들은 모두 중세 의학에서 유용하게 사용된 것들이다. 눈에 띄는 건 우리가 주로 연어를 먹을 때 같이 먹는 케이퍼로, 건축가 유라이 달마티나츠가 이를 시베니크로 처음 가져왔기에 그를 기리는 상징성을 담고 있다. 정원 내에는 카페, 식당, 기념품점도 있다.

바로 옆 성 로브르 성당 Crkva Sv. Lovre 북쪽 동굴 안에는 1858년 현지 소녀에게 나타났다고 알려진 루르드의 성모를 모방해 만든 성모상이 모셔져 있다.

주소 Ul. Andrije Kačića Miošića 11 운영 여름 09:00~23:00, 겨울 09:00~16:00 입장료 일반 15kn 가는 방법 성 야코브 대성당에서 도보 10분

Crkva i Samostan Sv. Frane
성 프라네 성당과 수도원
MAP p. 130 B-2

14세기 후반 고딕 양식으로 건설한 성당으로 외관은 별다른 꾸밈없이 단출하다. 15세기 중반 예배당을 추가하며 전면적인 보수공사가 이뤄졌고, 18세기 바로크 양식으로 재건되었다. 나무 천장에 화려한 금박을 입힌 제단이 만들어졌고, 모든 벽은 벽화로 장식되었다. 추가된 예배당 안에는 1762년 만들어진 아름다운 오르간이 있다. 성당 남쪽에 위치한 수도원은 문화적, 역사적 작품을 많이 소장하고 있는데 특히 도서관에 보관 중인 〈시베니크 기도집〉은 크로아티아에서 가장 오래된 언어로 쓰인 것이다. 이 밖에 바로크 양식의 회화도 여러 점 소장하고 있다.

주소 Trg Nikole Tomasea 1 운영 여름 08:00~19:30, 겨울 09:00~14:00 입장료 일반 15kn 가는 방법 성 야코브 대성당에서 도보 10분

FOOD
먹는 즐거움

시베니크는 해안가에 위치한 덕분에 고기보다 생선이 주메뉴다. 아드리아 해에서 잡아온 싱싱한 생선을 사용하며 농어, 도미 등의 흰 살 생선은 일반적으로 뼈를 발라내 구이로 많이 먹는다. 보통 무게로 가격을 책정하는데 1인분에 300~400g이면 적당하다. 파슬리와 마늘, 양파와 월계수 잎을 이용한 향신료로 간단하게 먹을 수 있는 이탈리아 요리도 인기다. 소금과 후추는 최소한의 양만 사용하며 집에서 만든 올리브 오일을 주로 사용한다.

시베니크 만은 달마티아 해안에서 가장 유명한 홍합 양식 지역 중 한 곳이다. 세계 어느 곳의 홍합보다 3~5배 정도 빠르게 성장하고 맛도 좋다. 홍합의 번식을 위한 주요 조건인 소금 바닷물과 달콤한 광수의 혼합이 잘 이뤄져 있기 때문이다. 시베니크에서 꼭 먹어봐야 하는 요리는 홍합, 생선과 레드 와인 '바비치|Babić'다.

Pelegrini

MAP p. 130 A-1

시베니크에서 가장 맛있다고 소문난 레스토랑. 맛있는 만큼 음식 값은 만만치 않다. 지중해식을 기본으로 파스타와 파니니, 생선 필레와 곁들인 삶은 감자 요리 등을 맛볼 수 있다. 모든 요리는 정성스러우며 짜지 않고 깔끔하다. 이곳에서 맛있는 음식과 함께 시베니크의 와인 바비치를 마셔보는 것도 좋은 생각이다. 직원들의 서비스도 좋은 편이므로 기분 좋게 식사를 할 수 있다.

주소 Jurja Dalmatinca 1 전화 022 213 701 홈페이지 www.pelegrini.hr 영업 목~토 12:00~22:00, 일 12:00~18:00 예산 스파게티 115kn~, 생선 요리 135kn~ 가는 방법 성 야코브 대성당 입구에 위치

Gradska Vijećninca

MAP p. 130 A-1

성 야코브 대성당 맞은편 시청사 1층에 위치한 레스토랑 겸 카페. 핑크빛이 사랑스러운 실내는 고풍스러운 인테리어로 우아함을 살렸고, 테라스 좌석에서는 성 야코브 대성당이 보인다. 해산물과 달마티아식이 주요리고, 오늘의 메뉴는 당일의 재료에 따라 바뀐다. 맛은 무난하지만 음식을 시키면 조금 늦게 나오는 게 흠이다. 식사가 부담스럽다면 쉬어갈 겸 테라스에 앉아 커피 한잔하는 것도 나쁘지 않다.

주소 Trg Republike Hrvatske 3 전화 022 213 605 영업 09:00~01:00 예산 커피 20kn~ 가는 방법 성 야코브 대성당 맞은편 시청사 1층

Konoba Nostalgija

MAP p. 130 B-1

대중적이면서 인기 있는 식당. 음식도 맛있고, 직원들도 친절하다. 메뉴판만 봐도 웃음이 나는데, 믹스 샐러드가 'I'm not on diet'라는 이름으로 써

있다. 브런치로 즐길 수 있는 지중해 샌드위치와 리소토와 파스타, 생선 등을 추천한다. 다양한 음식들을 저렴한 가격에 늦은 밤까지 즐길 수 있다. 식사를 기다리는 동안 무료 Wifi 사용도 가능하다.

주소 Ulica Biskupa Fosca 11 전화 022 200 217 홈페이지 www.nostalgija-sibenik.com 영업 18:00~22:00 예산 샐러드 70kn~ 가는 방법 성 야코브 대성당에서 도보 7분

Konoba Dalmatino

MAP p. 130 B-1

가족이 운영하는 식당으로 작은 골목에 위치해 있다. 해산물 전문으로 추천 메뉴는 당연히 해산물 요리다. 시베니크산 홍합으로 만든 스파게티는 바다의 깊은 맛이 배어 있어 이 맛에 반해 식당을 찾는 사람도 많다. 이외에 해물 리소토, 오징어 튀김도 맛있다. 다만 일하는 사람이 많지 않아서 사람이 몰리는 저녁 시간에 방문한다면 음식 냄새만 맡으면서 하염없이 기다리는 경우도 있다.

주소 Ulica fra Nikole Ružića 1
전화 091 542 4808
영업 12:00~23:00
예산 리소토 75kn~
가는 방법 성 야코브
성당에서 도보 7분

오징어 해산물 샐러드

HOTEL
쉬는 즐거움

시베니크는 다른 유명 도시에 비해 숙박 시설이 많이 부족한 편이다. 특히 구시가에는 호텔이 2개뿐이고, 호스텔도 2개뿐이다. 따라서 시베니크에 머물면서 근교 크르카 국립공원 등을 돌아볼 예정이라면 ⓘ나 현지 여행사에서 민박Sobe를 알선하고 있으니 문의하거나 인터넷으로 아파트를 빌리자. 만약 시베니크에서 숙박을 찾지 못했다면 근교 프리모스텐이나 스크라딘에서 숙박하는 것을 추천한다.

Hotel Jadran MAP p. 130 B-2

성 야코브 성당에서 걸어갈 수 있는 호텔. 내부는 원목을 이용해 깔끔하게 정리했지만 오래된 흔적은 지울 수 없다. TV와 미니 바 등 최소한의 시설만 갖추고 있고 에어컨이 없다는 것이 최대 단점이다. 객실은 총 57개지만 여름에는 마감이 빨리 된다. 꼭 구시가를 고집하는 사람이 아니라면 큰 매력이 없다.

주소 Obala dr. Franje Tuđmana 52 전화 022 454 488 홈페이지 www.rivijera.hr 요금 싱글 520kn~, 더블 850kn~ 가는 방법 성 야코브 대성당 도보 3분

Heritage Hotel Life Palace MAP p. 130 B-1

구시가에 위치한 4성급 호텔로 객실 대부분을 르네상스 시대의 모습으로 재구성했다. 총 17개의 호화로운 객실이 있으며, 꼭대기에서는 시베니크만의 아름다운 경치를 감상할 수 있다. 객실에 들어가면 일단 중세 시대에 온 것 같은 모습에 탄성이 절로 난다. 퀸 사이즈의 침대 위에 르네상스 시대의 회화가 걸려 있다.

주소 Trg Šibenskih Palih Boraca 1 전화 022 219 005 홈페이지 www.hotel-lifepalace.hr 요금 더블 1200kn~ 가는 방법 성 야코브 대성당 도보 5분

Hostel Splendido

MAP p. 130 B-2

구시가 근처의 인기 있는 호스텔. 객실은 2, 4, 8인실이 있으며, 각 객실에는 공용 욕실이 있고 리셉션은 24시간 운영된다. 호스텔 전체에 무료 Wifi가 가능하며, 안뜰에는 정원 겸 쉴 수 있는 테이블이 있다. 도미토리 침대는 철제가 아닌 원목이어서 좀 더 편안하다. 주방이 있어 취사도 가능하며, 직원도 친절하다.

주소 Ulica Eugena Kvaternika 11 전화 091 150 3029 홈페이지 www.hostel-splendido.com 요금 8인실 도미토리 120kn~ 가는 방법 버스 터미널에서 도보 5분

Hostel Globo MAP p. 130 B-2

버스 터미널과 해안가에서 가까운 곳에 위치한 호스텔. 객실은 2~10인실로 모든 객실에는 잠금 장치와 책상, 옷장이 있다. 호스텔 전체에 무료 Wifi가 가능하며, 짐은 무료로 보관이 가능하다. 요리가 가능한 주방과 유료 세탁기 사용이 가능하며, 자전거도 대여된다. 타월도 포함된다. 위치가 좋아 여름에는 일찍 예약이 마감된다.

주소 Sarajevska Ulica 2 전화 022 244 817 홈페이지 www.hostel-globo.com 요금 8인실 도미토리 120kn~ 가는 방법 버스 터미널에서 도보 5분

SPECIAL THEME

시베니크에서 구입해야 할 기념품 BEST 3!

① Šibenski Botun 단추

시베니크 단추는 과거에 남성의 민족의상 장식으로 사용됐다. 단추는 중앙에 연결된 2개의 반구 형태로 은을 사용해 만들었고, 얇은 은색 실과 구슬로 장식되어 있었다. 오늘날 특별한 보석으로 인식되어 반지, 귀걸이, 목걸이, 옷 등에 다양하게 활용되고 있다. 2007년 크로아티아 관광청에서 정한 가장 독창적인 크로아티아 기념품으로 뽑혔다. 시베니크의 오리지널 단추를 구경하고 싶다면 가까운 보석 가게를 방문해 보자.

② Šibenska Kapa 모자

도시에서 가장 유명한 상징 중 하나. 인기 있는 전통 기념품으로 가장 큰 특징은 검은 수 장식이다. 붉은색 모자는 시베니크 주민을 위한 독점적인 패션 아이템으로 퍼레이드 등의 행사에 전통의상과 함께 인기를 끌었다. 남성에게 있어서 모자는 존경의 표시로 여겨진다. 성 야코브 대성당에 걸려 있는 그림만 봐도 알 수 있다. 또한 모자는 계급을 나타내기도 했다. 이 지역의 독특한 오렌지색 모자는 풍부한 민족 유산의 일부로 검은 양모와 실크가 모티프로 장식되어 있어 멋스럽다. 모자를 쓴 사람을 보고 싶다면 시베니크에 페스티벌이 있는 날을 골라서 구경하든지 아니면 전통의상을 입은 레스토랑을 가보자.

③ Babić 와인

시베니크 해안가의 언덕을 가로질러 퍼져 있는 포도원에서 시베니크 주요 와인이 생산된다. 수입 포도나무 균주도 번성하지만 가장 일반적인 지방의 와인은 빨간색의 바비치Babić다. 정말 뛰어난 맛의 바비치 와인을 맛보고 싶다면 프리모스텐으로 가보자. 시베니크에서 버스를 타고 30분을 가면 나오는 어촌 마을 프리모스텐에서 크로아티아 최고 품질의 바비치 와인이 생산되고 있다.

· City life

모든 것을 다 살 수 있는 쇼핑센터. 일찍 문을 열고 늦게 닫으니 시베니크 관광을 하고 늦은 시간에 들러도 쇼핑을 할 수 있다는 장점이 있다. 슈퍼마켓도 있으니 들러서 시베니크산 와인을 선물로 사는 것도 좋겠다.

주소 Ante Šupuka 10 운영 월~토 09:00~21:00 홈페이지 www.city-life.com.hr 가는 방법 시베니크 버스 터미널에서 도보 10분

그 섬에 가고 싶다! 프리모스텐

©Bareboat

시베니크에서 스플리트로 달리는 버스를 타고 가다 차창 밖의 바다 위에 떠 있는 신비로운 마을을 발견했다면 그곳이 바로 프리모스텐Primošten이다. 시베니크에서 남동쪽으로 30㎞ 정도 떨어진 이 마을은 인구 1700명이 모여 사는 아주 작은 어촌이다. 수없이 외세의 침략을 받아온 달마티아 지방 사람들이 침략자를 피해 이 섬에 정착하면서 마을이 형성되었고, 살기 위해 바다를 메워 본토와 연결해서 '다리를 놓다'라는 뜻의 '프리모스텐'이 마을 이름이 됐다. 수려한 경관 덕분에 일찍이 관광 산업이 발달하여 달마티아 지방에서 가장 많은 관광객이 찾는 곳이다. 섬에서 가장 높은 언덕에는 15세기에 지어진 성 주라Sv. Juraj 성당이 우뚝 서 있고, 좁은 골목길이 미로처럼 이어진다. 세계적으로 유명한 유적지는 없지만 바다 위에 떠 있는 그림 같은 작은 섬마을 산책은 무척 특별하다. 조약돌이 반짝이는 해변은 여름이면 사람들로 북적인다. 크로아티아 레드 와인의 70%를 차지하는 바비치Babić를 맛보기 위해 와이너리를 찾는 사람들이 늘어나는 추세다. 만약, 프리모스텐을 잠시 들를 계획이라면 이왕이면 다홍치마라고 점심시간에 들러 프리모스텐 전통 랍스타 요리와 레드와인 바비치 한 잔으로 식도락을 만끽해 보자.

가는 방법 시베니크 버스 터미널에서 출발해 트로기르, 스플리트로 가는 대부분의 버스가 프리모스텐을 경유한다. 요금은 25kn, 소요시간 약 30분.

NACIONALNI
PARK KRKA

자연이 만든 수영장

크르카 국립공원

크로아티아에서 플리트비체 국립호수공원과 종
종 비교되는 크르카 국립공원은 아직 우리에게
덜 알려진 곳이다. 플리트비체에서 남쪽으로
200km 떨어져 있으며, 1985년 크로아티아의 7번
째 국립공원으로 지정되었다. 크로아티아를 대
표하는 플리트비체 국립호수공원에 비해 규모
나 크기에서 결코 뒤지지 않으며 그 모습은 비슷
하면서도 사뭇 다르다.
플리트비체가 아름다운 호수와 폭포가 있어 신
비로운 자연을 감상하는 공원이라면, 크르카는
폭포 아래에서 수영이 가능하고, 폭포를 이용한
수력발전소가 만들어지는 등 자연과 인간이 어
우러진 공원이다. 뜨거운 해가 힘을 뽐내는 여
름, 석회화 장벽을 뚫고 하얀 거품을 뿜어내며
폭포가 쏟아져 내린다. 말소리조차 제대로 들리
지 않을 정도로 센 폭포 아래를 솜털처럼 가볍게
날아올라 다이빙을 하고, 몸을 담그면 얼음장 같

은 차가움에 머리털까지 쭈뼛 솟는다. 파란 하늘
과 폭포가 어우러진 풍경은 그야말로 천혜의 절
경絶景. 이곳에 오는 사람이라면 누구라도 몸을
담가보고 싶어 안달이 난다.
국립공원 중 유일하게 수영이 가능하고, 크로아
티아 현지인들이 가장 좋아하는 곳이자 죽기 전
에 꼭 가봐야 하는 풍경에 뽑힌 크르카 국립공
원은 누구나 동심으로 돌아가게 만드는 신비한
마력을 지녔다.

이들에게 추천!

· 자연이 만든 수영장에서 물놀이를 즐기
고 싶은 사람
· 호수에 둘러싸인 신비로운 수도원을 보
고 싶은 사람
· 가벼운 하이킹을 즐기고 싶은 사람

INFORMATION
인포메이션

ACCESS
가는 방법

유용한 홈페이지

크르카 국립공원 관광청 www.np-krka.hr
크르카 국립공원 캠핑장 www.camp-krka.hr
스크라딘 관광청 www.skradin.hr

관광안내소

국립공원 사무소 ⓘ

무료 지도 및 브로슈어, 스크라딘으로 가는 보트
시간 등을 문의할 수 있다.
전화 022 217 720
운영 월~금 09:00~17:00

스크라딘 ⓘ

국립공원으로 가는 보트 시간, 시베니크 버스 시
간 및 숙박 등을 문의할 수 있다.
주소 Trg Male Gospe 3
전화 022 771 329
운영 월~금 08:00~20:00

시베니크와 스플리트, 자다르에서 버스를 이용할
수 있다. 시베니크에서는 국립공원 입구인 스크라
딘까지 가는 버스가 있지만 자다르나 스플리트는
시베니크까지 버스를 타고 간 후 스크라딘행 버
스로 한 번 더 갈아타야 한다. 크르카 국립공원 입
구는 스크라딘Skradin과 로조바츠Lozovac 두 곳에 있
다. 버스를 타기 전에 어느 입구에서 내려 돌아볼
지 미리 생각해 두는 게 좋다. 시베니크에서 출발
한 버스는 로조바츠를 경유해 스크라딘에 정차한
다. 만약 로조바츠에서 들어가면 스크라딘스키 부
크Skradinski Buk까지는 국립공원 버스로 이동할 수
있다. 시베니크에서 버스를 이용해서 스크라딘
Skradin에 하차한 후 스크라딘스키 부크행 배를 타
고 국립공원에서 내린 후 매표소에서 티켓을 사서
들어가는 방법이 가장 일반적이다. 돌아갈 때도
선착장에서 배를 타고 스크라딘으로 가서 시베니
크행 버스를 타면 된다. 국립공원 입장료에 스크
라딘행 배(편도) 요금이 포함되어 있다. 로조바츠
에서 나오는 경우에는 버스를 세워서 타면 된다.

주간 이동 가능 도시

| 시베니크 | 버스 30분, 30kn | 스크라딘 |
| 스플리트 | 버스 1시간 30분, 70kn~ | 스크라딘 |

크르카 국립공원 완전 정복

PJEŠAČKA STAZA
FOOT PATH

일 년 내내 관광객에게 개방된 크르카 국립공원은 시베니크와 스플리트에서 당일치기로 돌아보는 것도 가능하지만 7개의 폭포를 다 돌아본다거나 폭포 아래에서 수영 또는 국립공원 하이킹을 즐기고 싶다면 최소 1박 2일은 잡고 스크라딘 혹은 국립공원에서 머물 것을 추천한다.

공원을 가장 잘 즐길 수 있는 시기는 한여름이다. 가장 일반적인 루트는 스크라딘 입구로 들어간 후 강 하류에서 상류로 올라가는 것이다. 공원의 하이라이트는 스크라딘스키 부크 폭포로, 이곳을 중심으로 산책로와 폭포수들이 있는 작은 다리를 지나 전통 가옥 안에 전시된 물레방아와 물품들을 둘러보는 데 약 1~2시간 소요된다. 산책로는 나무의 뿌리가 드러난 길, 젖은 잎이 쌓여 있는 길, 푹신한 흙길, 돌길, 그리고 나무다리 길로 돼 있다. 걷다 보면 끊임없이 새롭게 펼쳐지는 장면을 만날 수 있는데 구간에 따라 나무의 형태가 다르며, 계절마다 피고 지는 꽃도 다르다. 가끔 어떤 구간은 원시의 상태 그대로가 아닐까? 하는 생각이 들기도 하지만 노인이나 어린아이도 걸을 수 있게 잘 정비되어 있다. 다음에는 비소바츠 호수와 섬, 로슈키 계곡으로 올라가보자. 이곳은 국립공원을 순환하는 배 또는 버스를 타고 갈 수 있는데 배는 유료로 운영된다. 섬 안으로 들어가 수도원을 보는 것도 잊지 말자. 로슈키 계곡으로 다시 배를 타고 이동하면서 27m 아래로 떨어지는 폭포를 감상할 수 있다. 마지막으로 배를 타고 가는 곳은 크르카 수도원이다. 세르비아 정교회 소속이지만 지금은 국립공원의 보호를 받고 있다. 이 세 곳을 하루에 다 보는 것은 조금 무리가 있지만 미리 ⓘ에서 국립공원 내 배와 버스 시간을 확인한 후 아침 일찍 움직인다면 불가능하지는 않다.

국립공원 안은 표지판과 지도가 잘 표시되어 있어 따라가기만 하면 쉽게 돌아볼 수 있지만 자신의 체력과 당일 컨디션을 고려하면서 돌아보는 게 가장 중요하다. 공원 안에서는 지정된 장소 이외의 곳에서 수영이나 다이빙, 낚시, 사냥, 캠핑 등의 행위는 금지되고 있다.

크르카 국립공원

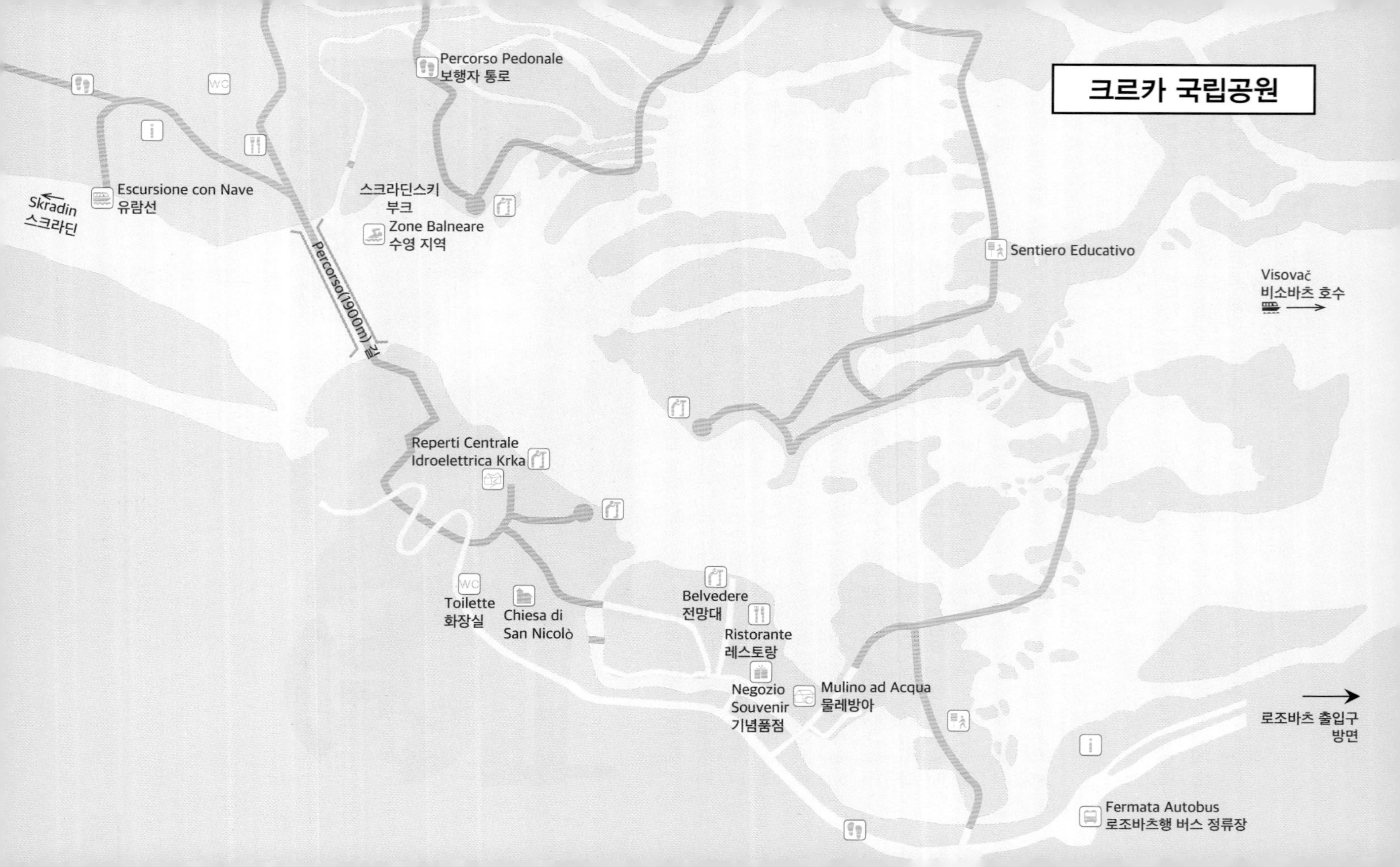

스크라딘
Skradin →

Escursione con Nave
유람선

스크라딘스키 부크
스크라딘스키
부크
Zone Balneare
수영 지역

Percorso Pedonale
보행자 통로

Percorso(1900m)
통로

Reperti Centrale
Idroelettrica Krka

Toilette
화장실

Chiesa di
San Nicolò

Belvedere
전망대

Ristorante
레스토랑

Negozio
Souvenir
기념품점

Mulino ad Acqua
물레방아

Sentiero Educativo

Višovac
비소바츠 호수
비소바츠
방면

Fermata Autobus
로조비츠행 버스 정류장

로조비츠 출입구
방면

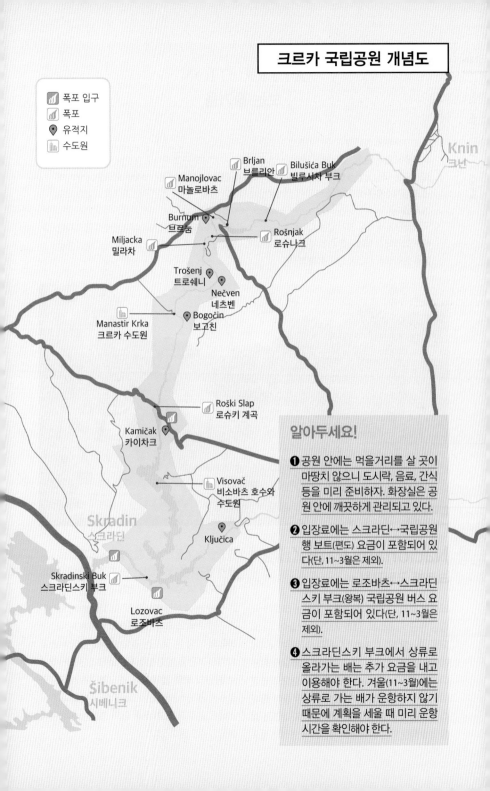

크르카 국립공원 개념도

범례
- 폭포 입구
- 폭포
- 유적지
- 수도원

Knin
크닌

Brljan
브를리안

Bilušića Buk
빌루시차 부크

Manojlovac
마놀로바츠

Burnum
브르눔

Rošnjak
로슈나크

Miljacka
밀라차

Trošenj
트로쉐니

Nečven
네츠벤

Manastir Krka
크르카 수도원

Bogočin
보고친

Roški Slap
로슈키 계곡

Kamičak
카이차크

Visovač
비소바츠 호수와
수도원

Skradin
스크라딘

Ključica

Skradinski Buk
스크라딘스키 부크

Lozovac
로조바츠

Šibenik
시베니크

알아두세요!

❶ 공원 안에는 먹을거리를 살 곳이 마땅치 않으니 도시락, 음료, 간식 등을 미리 준비하자. 화장실은 공원 안에 깨끗하게 관리되고 있다.

❷ 입장료에는 스크라딘↔국립공원 행 보트(편도) 요금이 포함되어 있다(단, 11~3월은 제외).

❸ 입장료에는 로조바츠↔스크라딘스키 부크(왕복) 국립공원 버스 요금이 포함되어 있다(단, 11~3월은 제외).

❹ 스크라딘스키 부크에서 상류로 올라가는 배는 추가 요금을 내고 이용해야 한다. 겨울(11~3월)에는 상류로 가는 배가 운항하지 않기 때문에 계획을 세울 때 미리 운항 시간을 확인해야 한다.

ATTRACTION
보는 즐거움

아드리아 해와 가까워 온난한 기후의 크르카 강 유역에서는 14세기 중세 크로아티아 요새의 많은 유적들이 출토되었다. 디나리츠Dinaric 산에서 시작해 시베니크 근교 바다로 흐르는, 길이 72.5㎞ 크르카 강은 국립공원을 통과하며 많은 호수와 폭포를 만들어 냈다. 이들은 석회암 퇴적물이 쌓여 매년 조금씩 높아지고, 카르스트 강의 신비로움과 자연이 함께 만든 풍경은 유럽 최대의 석회화 폭포가 되었다.

국립공원에서 가장 인기 있는 지역은 스크라딘스키 부크 폭포와 로슈키 계곡이다. 한여름에 갔다면 폭포 아래에서 물놀이를 하면서 동심으로 돌아가 보고, 공원 내에서 배를 타고 여러 개의 작은 폭포들을 돌아보며 자연에 한껏 취해 보자.

Nacionalni Park Krka
크르카 국립공원 MAP p. 144

크르카 강과 그 지역 일대를 포함하는 크르카 국립공원은 카르스트 강과 자연이 만들어 낸 곳으로, 총 면적이 109㎢에 이른다. 석회암 사이에 200m 깊이의 협곡이 있고 강물의 탄화칼슘 성분이 이끼 등 강 식물의 뿌리를 두터운 층으로 겹겹이 감싸 이를 토대로 수없이 많은 나무들이 층마다 뿌리를 내리고 있다. 이 나무들이 자라면서 강물의 흐름을 막는 장애물이 자연스레 형성돼 폭포를 만들었다. 공원에는 총 7개의 폭포가 있는데 크르카 입구가 위치한 크닌knin 지역 상류에서부터 빌루시차 부크Bilušića Buk, 브르리안Brljan, 마놀로바츠Manojlovac, 밀라차Miljacka, 로슈냐크Rošnjak, 로슈키 계곡Roški Slap, 스크라딘스키 부크Skradinski Buk다.

하류의 가장 큰 폭포는 길이 800m, 높이 46m로 17개의 계단을 밟고 떨어지는 스크라딘스키 부크로 공원의 최대 볼거리다. 스크라딘스키 폭포와 로슈키 계곡 사이에는 13㎞ 길이의 아름다운 비소바츠 호수가 있고, 호수 안의 섬에는 1445년에 설립된 수도원이 있다.

공원 안에는 약 860종의 식물과 222여 종의 새들, 그리고 다양한 파충류와 동물들이 서식하고 있다. 크르카 강 지역은 고대 정착지로 수많은 역사적, 문화적 유적지가 있으며 크로아티아와 유럽에서 가장 가치 있는 지역 가운데 한 곳이다. 공원은 자연과 문화, 역사라는 큰 테마와 함께 총 5개의 구역으로 나눌 수 있다.

운영 스크라딘스키 부크 & 로슈키 계곡 1·2·11·12월 09:00~16:00, 3·10/16~31 09:00~17:00, 4·10/1~15 08:00~18:00, 5·9월 08:00~19:00, 6~8월 08:00~20:00, 크르카 수도원 & 브르눔 4~6·9·10/1~15 10:00~18:00, 7·8월 08:00~20:00, 10/16~31 10:00~17:00(11~3월은 휴무) 입장료 1~3·11·12월 일반 30kn, 학생 20kn, 4·5·10월 일반 100kn, 학생 80kn, 6~9월 일반 200kn, 학생 120kn(16시 이후 일반 150kn, 학생 90kn)

국립공원 내 보트 요금

- 스크라딘스키 부크 ↔ 비소바츠 호수 왕복(약 2시간 소요) 일반 100kn, 학생 70kn
- 스크라딘스키 부크 → 비소바츠 호수 → 로슈키 계곡 → 스크라딘스키 부크(약 4시간 소요) 일반 130kn, 학생 90kn
- 로슈키 계곡 → 크르카 수도원 → 부르눔 → 로슈키 계곡(약 2시간 30분 소요) 일반 100kn, 학생 70kn

※ 보트는 4~10월만 운행, 11~3월은 사전 예약 시 또는 날씨가 좋을 경우만 운행.

Manastir Krka
크르카 수도원 MAP p. 145

크르카 강 동쪽 3㎞ 근처 저지대에 대천사 미호빌 Sv. Mihovil(성 미카엘Saint Michael)의 보호를 받는 크르카 수도원이 있다. 크로아티아 세르비아 정교회 중 가장 유명한 수도원으로, 세르비아 황제 두샨 Dušan의 이복동생인 엘레나 네만리치Jelena Nemanjić 공주의 기부로 1402년 비잔틴 양식으로 세워졌다. 19세기 성 사바 성당과 신학교 등의 새로운 건

물이 더해져 지금과 같은 복합적인 양식이 완성되었다. 국립공원 경치를 조망할 수 있는 종탑은 로마네스크 양식으로 지어졌다. 내부의 도서관에는 14~15세기 고서들이 전시되어 있다. 수도원은 세르비아 정교회 소속이지만 지금은 국립공원의 일부로 보호된다.

크르카 수도원

Roški Slap
로슈키 계곡 MAP p. 145

크르카 국립공원에서 두 번째로 인기 있는 관광 명소. 크르카 수도원 아래로 흐르던 강은 점점 좁아진 협곡에 막혔고, 갈 길을 찾던 강은 27m 아래로 낙하하는 폭포가 되었다. 원주민들은 이곳에서 떨어지는 폭포의 형상을 따서 '목걸이'라 불렀다. 계곡 아래 19세기 곡물을 가공할 때 사용한 물레방아가 있다. 이는 농업 유산의 역사적, 문화적 의미를 갖는다. 1910년 계곡 우측에 수력발전소가 건설되었다. 공원에서 운영하는 유람선을 타고 가면서 아름다운 계곡의 경치를 만끽해 보자.

입장료 일반 60kn, 학생 40kn

로슈키 계곡

Visovač Jezero

비소바츠 호수 MAP p. 145

로슈키 계곡에서 내려오면 나타나는 비소바츠 호수는 크르카 강과 치콜라 강이 합쳐져 생겼다. 호수 안에 있는 작은 섬은 크르카 계곡과 경계를 이루는 지점에 만들어졌다. 섬에는 은둔자들이 정착해 1445년 지은 비소바츠 수도원Samostan Visovac이 있다. 오래된 로마네스크 수도원의 또 다른 이름은 흰 절벽을 뜻하는 라피스 알버스다. 17세기 말 성당과 종탑을 세웠다. 내부에는 16~19세기 종교적인 회화와 의복을 전시해 놓았는데, 놓치지 말고 봐야 하는 것은 1487년에 인쇄된 이솝 우화에 삽입된 희귀한 그림 사본이다. 서쪽에는 가시나무 숲, 동쪽에는 떡갈나무 숲이 있으며 평화와 기도의 섬이기도 하다. 미리 허가를 받은 경우 조용하고 고요한 호수에서 카누 및 카약도 즐길 수 있고, 국립공원 내 캠핑장에서 캠핑도 가능하다.

• 비소바츠 수도원

Franjevački samostan Majke od Milosti

주소 Brištane 0 전화 022 775 730 홈페이지 www.visovac.hr

Skradinski Buk

스크라딘스키 부크 MAP p. 145

크로아티아에서 가장 아름다운 폭포 중 하나로 국립공원 최고의 볼거리다. 크르카 강을 따라 형성된 폭포는 폭 400m, 길이 100m로 크르카 강과 치콜라 강의 길이 800m를 따라 17계단을 흐르는데 첫 번째와 마지막 폭포의 높이 차이가 47.7m나 된다.

스크라딘스키 폭포는 유럽에서도 손꼽히는 아름다운 탄산칼슘 폭포 중 하나로 크르카 강의 최대 석회화 장벽이다. 굉음을 내면서 떨어지는 폭포는 국립공원에서 가장 희귀하고 아름다운 경관을 만들어 낸다. 이곳은 공원에서 유일하게 수영을 할 수 있는 장소로, 세상의 그 어떤 곳보다 훌륭한 천연 수영장에서의 물놀이는 잊지 못할 추억을 선물한다. 다만 수초가 많고, 인공 수영장이 아닌 만큼 이끼 때문에 미끄러울 수 있으니 아쿠아 슈즈를 신지 않고 맨발로 들어갈 경우 조심해야 한다. 폭포 주변을 산책하고 구경하는 데 약 2시간 정도 소요되는데, 만약 스크라딘스키 부크에서 여행을 시작했다면 국립공원에서 제공하는 배를 이용해 강 상류로 올라가 관광을 계속 할 수 있다.

크르카 국립공원의 입구 마을, **스크라딘**

무려 2000년이 넘는 역사를 자랑하는 스크라딘Skradin은 크르카 국립공원 입구 중 하나로, 멋진 해변이 있는 작고 아름다운 해안 마을이다. 크로아티아의 터크스 베니스 왕자에 의해 AD 530년에 형성되었고 중요한 해상 무역과 행정의 중심지였을 뿐만 아니라 육상, 해상 루트의 교차로였다. 좁은 도로와 계단, 요트가 있는 낭만적인 중세의 도시로, 마이크로소프트의 빌 게이츠는 이곳을 방문하고는 자신이 가장 좋아하는 여름 휴양지로 엄지손가락을 치켜세우며 추천하였다. 특히, 스크라딘의

아름다운 경치는 유럽의 자동차 루트에서 가장 아름답다는 '황금 꽃 상' 후보로 올랐다. 중세의 거리를 더욱 운치 있게 해주는 것은 아름답게 울려 퍼지는 클라파Klapa의 노래 소리다. 클라파는 크로아티아 전통 아카펠라 그룹으로 거리나 축제에서 다양한 공연을 볼 수 있다. 볼거리는 18세기 성모 마리아 성탄 교회와 중세 후기의 풍부한 컬렉션을 자랑하는 도시 박물관, 예술과 도서관의 작품이 전시되어 있는 교구 하우스 정도지만 기왕에 방문한다면 식사 시간을 맞춰서 전통 음식을 먹어보자.

말린 양고기 다리를 화이트와인에 담가 요리한 코프틀리에Koprtlje나 이곳에서 키운 송아지로 만든 스크라딘스키 리소토Skradinski Rižot 등이 있다. 이 요리는 전통적으로 남성이 만드는데 비법은 비밀이라고 한다. 또한 신혼부부의 첫날밤을 위해 만든다는 케이크, 스

크라딘스카 토르타 Skradinska Torta는 아몬드와 꿀, 호두를 넣은 디저트다. 커플에게는 더없이 달고 솔로에게는 한없이 쓸 것 같은 맛이다. 이렇듯 스크라딘은 크르카 국립공원 입구로만 생각하고 지나치기에는 아쉬움이 많은 곳이다.

스크라딘스키 리소토

스크라딘스카 토르타

• Active Destination Travel Agency
스크라딘에 위치한 여행사. 시간이 촉박한 여행자들을 위해 국립공원 안내를 도와준다. 뿐만 아니라 근교의 코르나티 군도로의 여행이나 와인 투어 등 다양한 상품을 제공한다.

주소 Težačka 2 전화 022 338 543 홈페이지 www.active-destination.com

SPLIT

디오클레티아누스 황제가 사랑한 도시

스플리트

모든 가이드북마다 스플리트가 로마 황제 디오클레티아누스가 지은, 유럽에서 가장 잘 보존된 궁전을 중심으로 구축된 도시임을 얘기하기 바쁘다. 그럼 왜 로마 황제는 로마가 아닌 스플리트에 궁전을 지었을까?

스플리트는 쾌적한 지중해성 기후와 눈부신 바다, 아름다운 아드리아 해 연안에 자리 잡고 있는 휴양도시다. 게다가 이탈리아와 마주하고 있어 황제가 이곳을 자신의 도시로 낙점한 것은 너무나 당연한 일이었는지 모른다. 디오클레티아누스 황제는 달마티아 지방 살로나(현재의 솔린)의 해방 노예 아들로 태어나 고대 로마 황제 자리까지 오른 인물이다. 그는 훗날 스스로 황제의 자리에서 물러나 이곳에서 여생을 보내고자 궁전을 지었고, 이는 세계문화유산으로 지정되어 그 명성이 오늘날에도 이어지고 있다.

그러나 스플리트에는 영광스러운 건축 풍경 외에도 달마티아의 뛰어난 음식이나 영화, 연극, 전시회, 미술관이나 콘서트 등 많은 문화 행사와 다양한 엔터테인먼트 등도 즐길 수 있다. 해마다 7~8월이면 클래식과 팝, 댄스 공연이 펼쳐지는 여름 축제가 열린다. 그중 울트라 유럽 음악제는 최고의 DJ들과 최첨단 사운드 시스템, 화려한 빛의 쇼와 불꽃놀이가 전자음악과 어우러져 일렉트로닉 댄스 뮤직의 모든 거물을 볼 수 있다. 스플리트 시민들이 '이 세상에 스플리트 같은 도시는 없다'라고 단언할 정도로 매력적인 도시, 스플리트로 떠나보자.

이들에게 추천!

· 기적적으로 남아 있는 고대 로마 황제의 궁전에 관심 있다면
· 한여름, 뜨거운 해변 파티를 즐기고 싶다면
· 최고의 DJ와 함께 일렉트로닉 댄스 뮤직에 몸을 맡기고 싶다면
· 크로아티아가 낳은 세계적인 조각가, 메슈트로비치의 작품들을 보고 싶다면
· 블루 플래그를 받은 해변에서 물놀이를 즐기고 싶다면

INFORMATION
인포메이션

유용한 홈페이지

스플리트 홈페이지 www.visitsplit.com
울트라 음악 축제 www.ultraeurope.com
스플리트 필름 페스티벌 www.splitfilmfestival.hr

관광안내소

중앙 ⓘ   MAP p. 161 D-1

무료 지도와 가이드북 제공.
근교로 가는 교통편과 숙박
정보 등을 얻을 수 있다.
주소 Peristil bb (디오클레티아
누스 궁전 내)
전화 021 345 606
운영 여름 월~토 08:00~21:00, 일 08:00~13:00, 겨울 월
~금 09:00~16:00, 토 09:00~14:00

리바 거리 ⓘ   MAP p. 161 C-1

무료 지도와 근교로 가는 교
통편, 숙박 정보, 시티투어,
스플리트 카드, 박물관 휴무
여부 등의 관광 정보를 얻을
수 있다.
주소 Obala Hrvatskog Narodnog Preporoda 9
전화 021 348 600 **운영** 월~금 08:00~16:00

유용한 정보지

무료 가이드북 <Visit:Split>. 시내 지도를 포함해
여행, 레스토랑, 쇼핑 정보와 페리, 버스 시간표 등
이 실려 있어 유용하다. ⓘ 또는 숙소에서 얻을 수
있다.

환전

구시가 곳곳에 환전소와 은행이 있고 ATM도 쉽게
찾을 수 있다. 환율은 환전소마다 다르지만 은행
이 가장 좋은 편이다.

우체국

주소 Kralja Tomislava 9
운영 10~5월 월~금 07:00~20:00, 토 07:00~13:00,
6~9월 월~금 07:00~21:00, 토 07:30~14:00

슈퍼마켓

• 빌라 Billa
주소 Pavla Šubića 5~7(나로드니 광장에서 도보 3분)
전화 021 583 790 **영업** 10~5월 월~금 07:00~20:00,
토 07:00~13:00, 6~9월 월~금 07:00~21:00, 토
07:30~14:00

• 콘줌 Konzum
주소 Pojisanska 3(디오클레티아누스 궁전 동문에서
10분) **영업** 월~금 10:00~20:00

세탁소

• Modrulj Laundrette   MAP p. 160 B-1
해변이 많은 만큼 젖은 옷을 빨고 말려서 입는 일
이 중요하다. 여름이면 셀프 세탁소는 긴 줄로 장
사진을 이룬다.
주소 Šperun 1 **전화** 021 315 888 **영업** 4~10월
08:00~20:00, 11~3월 월~토 09:00~17:00 **요금** 빨
래 25kn, 건조 20kn

ACCESS
가는 방법

동유럽과 발칸, 아드리아 해를 잇는 교통의 중심
지여서 비행기, 열차, 버스, 페리 등 모든 교통편이
발달했다. 그 가운데 버스가 가장 경제적이고 편
리하다. 열차는 운행 편수가 적고 경유지가 많아
인기가 없다. 출발지와 계절 등을 고려해 교통수
단을 선택하면 된다.

비행기

스플리트 국제공항Zračna Luka Split은 스플리트 시내
에서 20㎞ 거리에 있으며, 트로기르Trogir에서 6㎞
떨어진 곳에 위치하고 있다. 런던, 파리, 뮌헨, 빈
등의 유럽 주요 도시와 크로아티아 국내선을 운항
한다. 공항 내에는 면세점, 레스토랑, 은행, 편의점,
관광안내소의 시설을 갖추고 있다. 공항 환전소에
서는 교통비 정도만 환전하자. 올리브 나무로 둘
러싸인 공항 밖으로 나오면 식물원을 연상시키는
푸른 녹음이 펼쳐져 비행에 지친 여행객들에게 맑
은 공기를 선물한다. 공항에서 시내까지는 공항버
스나 시내버스 또는 택시를 이용한다.
스플리트 공항 홈페이지 www.split-airport.hr

공항버스

공항에서 운행하는 셔틀버스Pleso Prijevoz. 공항과 스
플리트 시외버스 5번 터미널을 왕복한다. 티켓은
운전사에게 구입하면 되고, 사전에 홈페이지에서
도 구입 가능하다.
홈페이지 www.plesoprijevoz.hr
운행 05:30~18:10 **요금** 30kn
소요 시간 30분

시내버스

37번 버스가 공항과 시내를 운행한다. 시내버스의
종착지는 구시가 옆에 있는 버스 터미널이 아니라
수코이산Sukoišan 터미널로 9, 10번 버스로 다시 갈
아타고 버스 터미널에서 내려야 하는 번거로움이
있다. 시내버스인 만큼 정류장마다 서기 때문에 시
간도 오래 걸린다.

운행 04:00~24:15 **요금** 17kn
소요 시간 50분

택시

버스가 끊기거나 짐이 많을 경우 이용하면 된다.
기본요금은 18kn, 1㎞당 8~10kn씩 올라간다. 시
내까지 미터를 사용하거나 출발 전에 흥정을 할
수 있다. 짐을 트렁크에 실으면 개당 3~5kn로 추
가 요금이 발생한다.

전화 021 895 237 **요금** 약 250~280kn

철도

스플리트 기차역은 버스 터미널 옆에 위치하고 있다. 자그레브, 시베니크, 자다르를 운행한다. 스플리트-자그레브를 운행하는 노선은 직행이지만 2량짜리 꼬마열차다. 버스보다 시간이 오래 걸리지만 아슬아슬한 절벽을 지나 아드리아 해를 비켜가는 멋진 풍경을 볼 수 있어 시간 여유가 있다. 유레일패스를 소지한 여행자에게 추천한다. 시베니크 및 자다르는 모두 환승해서 가기 때문에 유레일패스 소지자가 경비를 절약하려는 경우가 아니라면 추천 루트는 아니다. 역사는 규모가 작아서 매표소와 대기실, 코인 라커, ATM이 전부.

버스

크로아티아 전역에서 출발한 버스가 이곳에 도착한다. 국제선은 보스니아, 슬로베니아, 헝가리, 독일을, 국내선은 자그레브, 두브로브니크, 자다르, 플리트비체, 리예카 등을 운행한다. 스플리트 버스 터미널Autobusni Kolodvor은 규모가 작아서 매표소와 대기실이 전부다. 하지만 항구에 자리 잡고 있어 주위 경관이 아름답고 버스 터미널 오른쪽은 역, 맞은편에는 항구가 있어 편리하다. 공항버스도 이곳에서 출발한다. 버스 터미널 정문을 등지고 오른쪽을 바라보면 디오클레티아누스 궁전이 있는 구시가가 보인다. 도보로 약 7분.

스플리트 고속버스 홈페이지 www.ak-split.hr
• 버스 터미널 유인 짐 보관소
운영 06:00~22:00 **요금** 가방 1개당 20kn
• 터미널 내 코인 라커
운영 24시간 **요금** 15kn

페리

페리는 스플리트로 가는 가장 로맨틱하고 이색적인 교통수단이다. 특히 이탈리아의 앙코나Ancona와 스플리트를 잇는 노선이 가장 인기다. 성수기에는 매일, 비수기에도 주 3~4회 정도 운항한다. 10시간 정도 걸리기 때문에 밤에 출발해서 아침에 도착하는 야간 스케줄이 대부분이다. 그 밖에 바리, 리예카, 두브로브니크를 오가는 페리가 스플리트와 자다르에 기착한다. 스플리트에서 쉽게 갈 수 있는 아름다운 흐바르 섬과 코르출라 섬으로 운항하는 페리도 매일 있다. 항구는 버스 터미널과 기차역 맞은편에 있고 매표소는 페리 터미널 외에 항구에도 노천 매표소가 있어 티켓 구입이 편리하다. 항구에서 구시가까지는 도보로 약 7분.
* 국제선 페리는 배 요금 외에 항만세와 유류할증료가 추가로 발생한다.

페리 요금

이탈리아 앙코나	€34(데크, 비수기)	스플리트
두브로브니크	€20~(데크, 비수기)	스플리트
흐바르 섬	40kn	스플리트
코르출라 섬	60kn	스플리트

페리 회사

야드롤리니야 Jadrolinija www.jadrolinija.hr
블루라인 Blueline www.blueline-ferries.com

TRAVEL PLUS

스플리트 카드

스플리트에서 3박 이상 머무를 경우 스플리트 카드 Split Card(72시간권)를 무료로 받을 수 있다. 다만 타지역의 유료 카드에 비해 기능이 떨어지는데다 올해는 무료입장할 수 있는 박물관도 사라져서 사실 큰 매력은 없다. 여행 전 스플리트 카드 인터넷 사이트에서 신청 후 확약 메일을 받으면, 도착해서 리바 거리에 있는 카드 사무실에 해당 메일을 보여주면 된다. 시티 투어, 푸른 동굴 투어 10% 할인, 상점과 레스토랑 할인을 받을 수 있다.

홈페이지 www.splitcitycard.com

주간 이동 가능 도시

두브로브니크	버스 4시간 30분 또는 페리 8시간	스플리트
자다르	버스 3시간	스플리트
시베니크	버스 1시간 30분	스플리트
모스타르	버스 4시간	스플리트
트로기르	버스 40분	스플리트
흐바르 섬	페리 1시간 30분	스플리트
솔린	버스 25분	스플리트
크르카 국립공원	버스 2시간 정도	스플리트

야간 이동 가능 도시

자그레브	버스 5~9시간 또는 열차 6~8시간	스플리트
슬로베니아 류블랴나	버스 11시간 또는 열차 9시간~11시간	스플리트
이탈리아 앙코나	페리 10시간	스플리트

* 현지 사정에 따라 열차 및 버스, 페리 운항 시간이 변동되니 반드시 그때그때 확인할 것.

스플리트 완전 정복

스플리트는 입지 조건이 열악한 자그레브를 대신하는 크로아티아의 관광수도다. 해마다 수많은 관광객이 이곳을 찾는 이유는 크로아티아 관광의 하이라이트인 달마티아 지방을 여행하기 위해서인데, 스플리트를 제대로 보기 위해서는 적어도 사흘을 계획해야 한다.

디오클레티아누스 궁전과 그 주변은 한나절이면 충분하다. 로마의 콜로세움이 상상 외로 작은 것처럼 궁전 역시 생각보다 작다. 궁전에 들러 내부를 꼼꼼히 살펴본 다음 사대문에 있는 시장과 광장을 돌아보자. 이 주변은 스플리트의 최대 번화가이자 쇼핑가여서 늘 사람들로 북적인다. 구시가 관광을 마쳤다면 항구를 따라 산책하듯 걸어서 **마르얀 언덕**으로 올라가보자.

이것만은 놓치지 말자!

❶ 베스트 뷰포인트에서 감상하는 스플리트 전경

❷ 아무도 없는 새벽, 사람들로 붐비는 한낮, 가로등이 켜진 밤 에 따라 다른 분위기를 가진 리바 거리

❸ 아드리아 해에서 즐기는 해수욕. 특히 구시가 근처 바치비치 해변은 블루 플래그를 받았다.

또 다른 시내 광경도 볼 수 있다. 여름이면 언덕을 산책하다 만나는 해변에서 물놀이도 즐길 수 있다. 내려오는 길에 크로아티아 조각의 아버지 이반 메슈트로비치의 갤러리와 크로아티아 고대 유적 박물관에 들러보자. **마르몬토바 거리**는 구시가와 달리 새롭게 조성된 거리로 이 길을 따라가면 크로아티아에서 제일 오래된 고고학 박물관에 도착한다. 모든 관광을 마치고 난 후 해변에 조성된 산책로를 거닐거나 벤치에 앉아 아름다운 아드리아 해를 감상해 보자.

시내 관광을 위한
KEY POINT

랜드 마크 디오클레티아누스 궁전

쇼핑가 디오클레티아누스 궁전과 그 주변, 마르몬토바 거리

베스트 뷰포인트

❶ 구시가와 아드리아 해를 모두 조망할 수 있는 마르얀 언덕

❷ 구시가를 잘 볼 수 있는 대성당 종탑

❸ 끝없이 펼쳐지는 아드리아 해를 감상할 수 있는 수스티판 반도

리바

마르얀 언덕에서 본 풍경

열주 광장

수스티판 반도

대성당 종탑

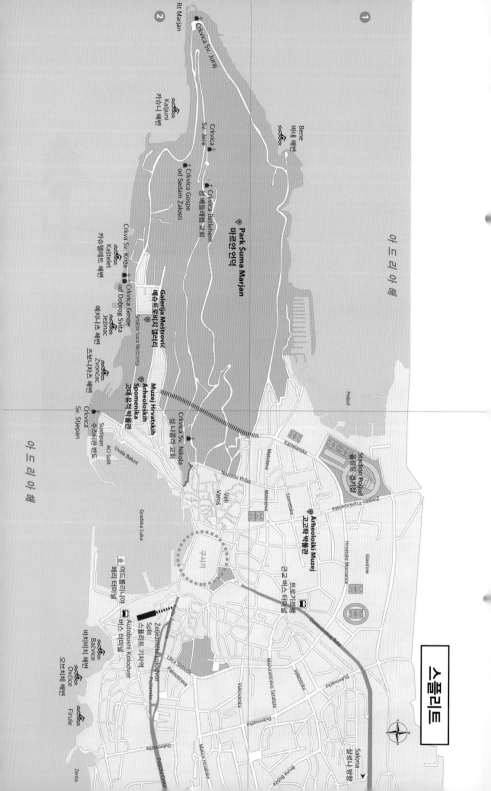

스플리트

① ② Rt Marjan

Crkvica Sv. Jurai

Bene
바네 해변

Kašjun
카슈나 해변

Crkvica
Sv. Jere

Crkvica Betlehem
성 베들레헴 교회

Crkvica Gospe
od Sedam Žalosti

Park Šuma Marjan
마르얀 언덕

Crkva Sv. Križa

Kaštelet
카슈텔레트 해변

Crkvica Gospe
od Dobrog Svita

Ježinac
예지나츠 해변

Zvončac
즈본차츠 해변

Galerija Meštrović
메슈트로비치 갤러리

Crkvica Sv. Nikola
성 니콜라 교회

Muzej Hrvatskih
Arheoloških
Spomenika
고대 유적 박물관

Crkvica
Sv. Stjepan

Sustipan
수스티판 반도

ACI Split

Uvala Baluni

Nazorov Prilaz

Veli
Varoš

구시가

Gradska Luka

Arheološki Muzej
고고학 박물관

Kaštelanska

Matoševa

Lovretska

Matoševa

Stadion Poljud
폴류드 경기장

Zrinsko-Frankopanska

Gliavine

Hrvatske Mornarice

Poljud

Domovinskog rata

Zeljeznički Kolodvor
Split
스플리트 기차역

Autobusni Kolodvor
버스 터미널

Bačvice
바치비체 해변

Ovčice
오브치체 해변

Firule

트로기르행
트로기르 버스 터미널

아드롤리니야
페리 터미널

Lika/Slobode

Domovinskog rata

Marka Marulića

Mažuranićevo Šetalište

Velebitska

Vukovarska

Dubrovačka

Dubrovačka

Matice Hrvatske

Bruna Bušića

Poljička Cesta

Palmotićeva

Pojišanska

Zenta

Salona
살로나 방향
솔로나 방향

아드리아 해

아드리아 해

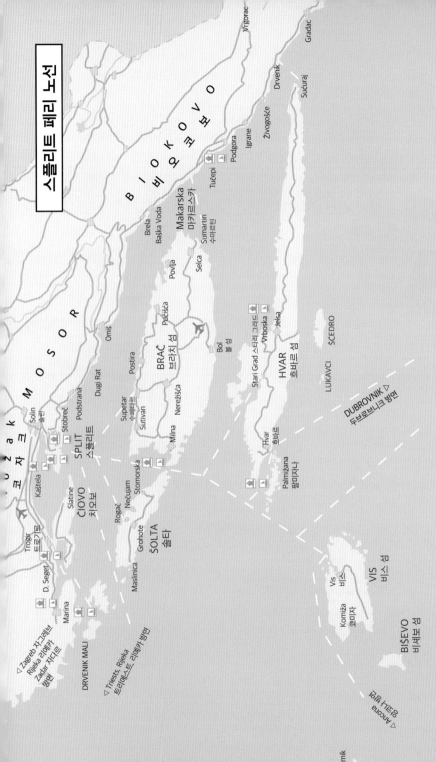

스플리트 페리 노선

Vrgorac
Gradac
Drvenik
Sućuraj
Živogošće
Drvenik
Igrane
Podgora
Tučepi
B I O K O V O 비오코보
Makarska 마카르스카
Sumartin 수마르틴
Baška Voda
Brela
Selca
Povlja
Pučišća
Vrboska
Jelsa
Stari Grad 스타리 그라드
HVAR 흐바르 섬
ŠĆEDRO
LUKAVCI
DUBROVNIK ▷
두브로브니크 방면
Bol 볼 섬
BRAČ 브라치 섬
Omiš
Postira
Dugi Rat
Podstrana
Stobreč
Solin 솔린
Nerežišća
Supetar 수페타르
Sutivan
Milna
SPLIT 스플리트
Split
Kaštela
Slatine
ČIOVO 치오보
Rogač
Nečujam
Stomorska
Hvar 흐바르
Palmižana 팔미자나
M O S O R
U Z A k 코자크
Trogir 트로기르
D. Seget
Marina
Maslinica
Grohote
ŠOLTA 솔타
▷ Zagreb 자그레브
Rijeka 리예카
Zadar 자다르
방면
DRVENIK MALI
▷ Triests, Rijeka
트리에스트 리예카 방면
Vis 비스
Komiža 코미자
VIS 비스 섬
BIŠEVO 비셰보 섬
▷ Ancona
앙코나 방면
Kamik
▷ DUBROVNIK
두브로브니크 방면

Plinarska

Kragiča

Vljugasta

Topička

Radmilovića

Gospe od Soca

Kamenita

Pozovčeva

Veli Varoš
뻴리 바로시 지구

Krševa

Križeva

Sinovčića

Bana Jedačica

Borožčeva

Petrića

Konoba
Varoš

Bistro
Samurai

Betra

Congova

Ban Mladenova

Hotel
Bellevue

H

Kružić

Reuča

세탁소 ●

Palača
Dešković

Park Šuma Marjan
마르안 공원

Šperun

Trg Dr.
Franje Tuđmana
투즈마나 광장

Senjska

Senjska

Tomića Stine

Konoba
Matejuška

Sveti Frane

Siriščevića

Palmina

Botićevo Šetalište

Barbuna

Solurat

Buffet
Fife

Matejuška

Marasovića

Trumbićeva Obala

마르안 공원
입구

Dražanac

Brajevića Prilaz

서해안
West Coast

아 드 리 아 해

Ⓐ

Ⓑ

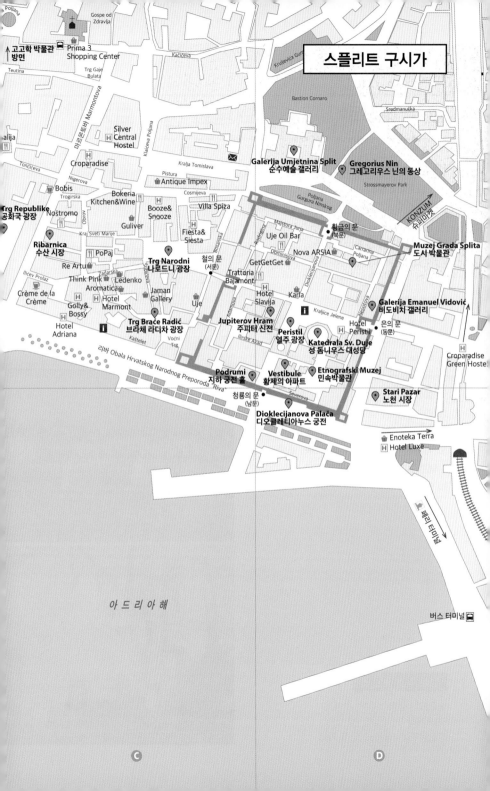

FRIENDLY SPLIT

하루만에 스플리트와 친구 되기

바다와 마주하고 있는 스플리트는 도시에 있는 외딴 오아시스 같다.

이곳의 상징 디오클레티아누스 궁전은 1000년이 넘는 시간 동안 멀리서 보기만 하는 유적지나 유리 안에 들어 있는 박물관의 소장품이 아닌, 도시의 일부분으로 스플리트 시민과 같은 하늘 아래 함께 숨 쉬고 생활했다.

꼬깃꼬깃한 지도는 잠깐 가방에 넣어보자. 여기저기에 흩어져 있는 식당과 카페, 상점들을 찾지 못해 한번 왔던 길을 다시 되돌아가도 모든 길은 로마로 통한다고 했듯이 결국은 궁전으로 가게 되어 있으니 길을 잃을까 하는 염려와 걱정도 잠시 접어두자.

궁전을 조금 더 잘 보고 싶다면 스플리트의 공기청정기라 불리는 마르얀 언덕에 올라 내려다보자. 구시가 풍경을 감상하다 보면 스플리트를 선택한 황제의 선견지명에 저절로 박수가 나오니 말이다.

알아두세요!

❶ 출발 전 ⓘ에 들러 지도를 얻자.

❷ 모든 곳이 도보로 이동 가능하다. 마르얀 언덕, 메슈트로비치 갤러리도 바닷가를 따라 산책하듯 걸어가 보자. 가는 길에 해변도 만날 수 있다.

점심 먹기 좋은 곳

나로드니 광장
리바 거리
마르몬토바 거리의 식당 및 카페

Mission
전망대 비딜리차 카페Vidilica Café에 앉아 가족에게 엽서 쓰기.

은의 문(동문)으로 들어가 화려했던 궁전을 상상하며 돌아다녀보자

① 종탑

뷰포인트 장소. 대성당 옆에 있는 높이 60m의 종탑으로 시내 전경을 한눈에 감상할 수 있다. 올라가는 내내 아찔한 풍경에 다리가 후들거리지만 이쯤은 참을 수 있다.

② 디오클레티아누스 궁전

우리가 상상한 동화책 속의 궁전과는 다른 모습에 조금은 실망하겠지만 1700년이 지난 지금까지 사람들과 조화를 이루며 살아가는 모습이 대단하게 느껴진다.

구시가 뒷골목

철의 문으로 나오면 나로드니 광장과 연결된다. 이곳을 통과해 구시가의 미로처럼 얽힌 골목길을 돌아다니자. 수산 시장도 있고, 수공예품점도 있고, 맛있는 사탕 가게도 있다.
마르몬토바 거리는 바닥부터 구시가와 다른 대리석으로 돼 있어 완전 신세계다.

③ 마르얀 언덕

전망대에서 구시가를 한눈에 조망할 수 있는 뷰포인트. 산책로와 해변이 있어 시민들의 휴식처로 사랑받는 공원이다.

④ 메슈트로비치 갤러리

바다가 보이는 경치 좋은 곳에 위치한 이반 메슈트로비치의 갤러리. 정원에는 그의 조각품들이 무료로 전시되어 있다.

⑤ 벨리 바로시 지구의 KONOBA VAROŠ 식당

100년이 넘는 전통을 자랑하는 식당에서 먹는 전통 달마티아식 저녁 식사. 입에서 살살 녹는 구운 생선이 오늘의 메뉴다.

⑥ 리바 거리

하루에도 몇 번이나 지나는 거리. 하얀 대리석 바닥 양쪽으로 길게 늘어선 야자수와 바다는 이곳이 지중해임을 상기시킨다. 가로등 켜진 환상적인 저녁 모습을 놓치지 말자.

ATTRACTION
보는 즐거움

디오클레티아누스 궁전은 유럽에서 가장 독특한 건축물로, 그 역사적, 문화적 중요성은 지역을 초월한다. 궁전은 역사적인 건물일 뿐만 아니라 어떻게 보면 가장 성공한 기업으로 그 안에 위치한 상점, 카페 등이 어우러져 개성 넘치는 모습을 만들어 낸다. 고대에는 황제의 궁의 장엄함을 보여주고, 중세에는 외적의 침략을 막는 든든한 성벽이었고 지금은 사람들이 북적거리는 서민들의 주거지이자 여행자들이 가장 많은 최대의 관광 명소가 되었다. 스플리트 관광의 시작과 끝은 바로 디오클레티아누스 궁전이다.

Dioklecijanova Palača
디오클레티아누스 궁전 MAP p. 161 D-2

디오클레티아누스 황제는 황제 자리에서 물러나 이곳 스플리트에서 여생을 보내기 위해 295년부터 궁전을 짓기 시작하여 퇴위한 305년에 완성했다. 하지만 안타깝게도 그는 311년에 생을 마감했고 퇴위 후 이 궁전에서 보낸 날은 거의 없었다고 한다.

스플리트 항을 마주하고 있는 궁전은 1979년 유네스코 세계문화유산으로 등록되었다. 궁전의 규모는 동서 215m, 남북 181m이며, 궁전을 둘러싼 성벽의 높이는 25m, 총면적은 3만㎡다. 궁전의 대부분은 스플리트 앞 바다에 있는 브라치 섬Brač에서 가져온 석회암과 이탈리아, 그리스에서 수입한 대리석, 화강암을 사용했다. 거기에 이집트에서 스핑크스를 가져와 장식했다. 궁전의 3면은 육지를, 한 면은 바다를 향해 있고 동서남북에 궁전으로 통하는 출구가 있다. 각 출구는 은의 문(동), 철

의 문(서), 청동의 문(남), 황금의 문(북)으로 불린다. 궁전 내부는 일직선으로 나 있는 동문과 서문을 중심으로, 바다를 향해 전망이 좋은 남쪽은 황제와 황실 가족의 아파트와 신전이, 북쪽은 시종과 군인들이 기거한 공간으로 돼 있다. 디오클레티아누스 황제 사후에는 쫓겨난 로마의 황제들이 기거했고 로마 제국의 붕괴와 함께 황폐화되고 말았다. 그 후 전쟁을 피해 온 살로나 이주민들의 피신처로 사용되었으며, 그들에 의해 비잔틴, 베네치아, 헝가리 양식 등이 가미된 새로운 성벽이 건설되어 오늘에 이르고 있다. 현재는 일반인들의 주거지로 사용되고 있으며 열주 광장, 주피터 신전, 황제의 아파트와 지하 궁전 홀, 성 돔니우스 대성당 등이 유적지로 남아 있다. 궁전 안의 미로 같은 골목에는 아기자기한 레스토랑과 카페, 기념품점이 즐비하고, 시선을 돌려 건물 위를 쳐다보면 집집마다 널어놓은 빨래들이 펄럭인다. 그러나 눈앞의 광경은 잠시 접어 두고 유럽과 아시아, 아프리카를 지배한 위대한 로마 황제의 호화

로운 궁전을 머릿속으로 상상하며 궁전을 돌아보자. 고대 로마의 저력이 느껴질 것이다.

가는 방법 버스 터미널에서 도보 7분

• **열주 광장 Peristil** MAP p. 161 D-1

스플리트에서 가장 규모가 큰 노천 시장이 있는 은의 문(동)을 들어서면 나타나는, 궁전 안에서 제일 큰 광장이다. 황제가 회의나 행사 등을 주재한 장소로 궁전의 중심이기도 하다. 광장은 길이 27m, 너비 13.5m의 사각형 뜰에 웅장한 16개의 대리석 열주로 둘러싸여 있다. 그중 12개의 붉은 화강암 기둥은 이집트에서 가져왔다.
광장의 남쪽은 황제의 주거 구역으로 황제의 아파트가 있는 곳이고, 동쪽은 성 돔니우스 대성당과 이집트에서 가져온 스핑크스가 있다. 광장을 중심으로 동서남북에 유적지들이 흩어져 있어 이정표 구실을 한다. 6~8월의 12시 정각에는 로마 병사 6명이 나와 큰 소리로 인사를 한다. 광장 주변에는 레스토랑과 노천카페, ①가 있어 언제나 사람들로 북적인다.

하나! 디오클레티아누스 황제는 궁전을 지을 때 이집트에서 12마리의 스핑크스를 가지고 와 궁전을 장식하는 데 사용했습니다. 그러나 안타깝게도 현재는 2마리만 온전하게 남아 있습니다. 10마리는 이교도적이라는 이유로 살로나에서 이주해 온 기독교 난민들에 의해 몽땅 머리가 잘렸다고 합니다. 궁전을 돌아다니면서 머리가 잘린 10마리의 스핑크스를 찾아보세요. 주피터 신전 앞에서 한 마리는 찾았나요? 참고로, 스핑크스는 테베의 암산峀山 부근에 살면서 지나가는 사람에게 수수께끼를 내서 대답하지 못하면 잡아먹었다는 고대 전설에 나오는 괴물이랍니다.

둘! 마르코 마루리치Marko Marulic(1450~1524)는 15~16세기 스플리트에서 인기 있던 작가입니다. 르네상스 시대 그의 책 중 하나가 일본에 소개되어 베스트셀러에 올랐는데, 그가 살아 있던 시절이라니 놀라울 뿐입니다. 당시 우리나라에는 어떤 일이 있었을까요? 1446년에 세종대왕이 훈민정음을 발표했고, 1592년 임진왜란이 일어났습니다.

셋! 1968년 1월 11일, 열주 광장이 온통 빨간색 페인트로 물들어졌습니다. 이들은 붉은 그룹이라 불리는 예술가 파브 둘치치Pave Dulčić와 토모 찰레타Tomo Ćaleta였습니다. 일부는 공산주의에 대한 항의라 여겼고, 일부는 파괴적이지만 예술이라고 인정했습니다. 어쨌든 그들은 공공재산에 피해를 입힌 혐의로 당국에 기소되었는데, 이들은 법정에 나가는 대신 자살이라는 극단적인 방법을 선택했답니다.

• 성 돔니우스 대성당 Katedrala Sv. Duje
MAP p. 161 D-1

7세기에 디오클레티아누스 황제에게 죽임을 당한 성 돔니우스Saint Domnius(성 두에Sv. Duje)를 위해 지은 성당. 재미있는 사실은 170년간 디오클레티아누스의 영묘였던 자리에 로마네스크 양식의 성당을 세웠다는 점이다. 갑자기 사라진 황제의 시신은 지금까지도 발견되지 않고 미스터리로 남아 있다. 황제와 성 돔니우스의 관계, 성당 자리 등을 생각하면 예상은 되지만 밝혀진 것은 없다.

대성당은 팔각형의 건물로, 화려하고 아름다운 장식과 24개의 원주 기둥이 둘러싸고 있다. 자칫 그냥 지나치기 쉬운 성당 입구의 문은 동부 아드리아 해 중세의 목각 중 가장 잘 보존된 것으로, 13세기 스플리트에서 일하던 화가 안드리야 부비나Andrija Buvina의 작품이다. 1214년 로마네스크 양식으로 예수의 인생을 조각했고 한쪽 문에 14개씩 총 28개 장면으로 나눠져 있다. 내부는 로마네스크, 고딕 양식이며 천장의 돔은 코린트식 기둥이 받치고 있다. 성 돔니우스의 관이 안치되어 있고 기둥 사이에는 황제와 그의 아내의 얼굴을 조각해 놓았다. 채찍질 당하는 예수의 고난을 사실적으로 묘사한 성 아나스타시우스Staint Anastasius의 제단은 15세기 유라이 달마티나츠의 작품으로 달마티아 지방에서 가장 뛰어난 예술 작품이라 찬

사 받는다. 2층 보물관에는 성서와 십자가, 성모상, 성 돔니우스 동상 등이 전시되어 있다.

성당 입구에는 14~16세기에 추가 건설된 높이 57m의 종탑이 있는데 종탑에 오르면 궁전과 아름다운 시내 전경을 한눈에 감상할 수 있다. 대성당 입구에는 여전히 로마 황제의 영묘임을 나타내는 두 마리의 로마 사자상이 있다.

운영 월~토 08:00~20:00, 일 12:30~18:30(시즌별로 상이함) 입장료 대성당+지하실+세례장 일반 25kn, 대성당+지하실+세례장+종탑+보물관 일반 45kn, 종탑 일반 30kn

• 주피터 신전 Jupiterov Hram
MAP p. 161 D-1

대성당 맞은편의 작은 골목길을 들어서면 주피터 신전이 나온다. 자신을 주피터의 아들로 신격화한 황제는 이곳에 신전을 세워 주피터를 숭배하였다. 기독교인들이 디오클레티아누스 영묘를 성당으로 바꾸면서 지금은 성당의 세례실로 사용하고 있다. 가운데 있는 세례반의 조각은 크로아티아 왕을 표현한 것으로, 아드리아 해에 거의 남아 있지 않은 전기 로마네스크 작품 가운데 하나다. 뒤에 서 있는 세례자 요한은 이반 메슈트로비치의 작품이다. 신전 입구 오른쪽에 보이는 석관은 디오클레티아누스 궁전 건물들을 기독교 건물로 바꾼 요하네스 성인이다.

입장료 일반 10kn, 학생 5kn

• 황제의 아파트 Vestibule MAP p. 161 D-1

광장에서 바다 쪽을 향해 있는 청동의 문(남)과 연결된 계단을 올라가면 황제의 아파트 입구가 나온다. 신하가 황제를 알현하기 위해 대기하던 장소로 커다랗고 둥근 돔이 특징이다. 현재 돔은 천장이 붕괴돼 뻥 뚫려 있다. 이곳 안쪽에는 황제의 식사를 준비하던 부엌과 식당이 있다. 울림이 좋아서 현재 크로아티아 전통 아카펠라 합창 클라파Klapa의 공연장으로 사용 중이다. 황제의 아파트를 지나 더 들어가면 왼편에 민속박물관Etnografski Muzej이 있다.

황제의 아파트

• 민속박물관 Etnografski Muzej

MAP p. 161 D-1

스플리트의 역사를 보여주는 사진, 크로아티아 전통 복장, 흐바르와 파그의 레이스 등이 전시되어 있다.

홈페이지 www. etnografski-muzej-split. hr 운영 10~5월 월~금 10:00~15:00, 토 10:00~14:00, 6~8월 월~토 09:30~19:00, 9월 월~토 09:30~18:00, 일·공휴일 10:00~14:00 입장료 일반 20kn, 학생 10kn

• 지하 궁전 홀 Podrumi

MAP p. 161 C-1

열주 광장에서 청동의 문(남)으로 계단을 내려가면 지하에 기념품을 파는 상점가가 있다. 상점가에서 조금 더 안쪽으로 들어가면 1960년에 발굴된 지하 궁전 홀이 나온다. 계단을 내려가기 때문에 지하처럼 보이지만 사실 궁전의 1층에 해당한다. 바다였던 궁전 앞에 새로운 도시가 건설되면서 지반이 침하되어 지금의 모습이 된 것이다.

이곳은 황제의 아파트 지하 부분으로, 지상이 사라진 것과 달리 거의 완벽하게 보존되어 로마 시대 주거 문화를 상상하며 살펴볼 수 있는 장소다. 미드 왕좌의 게임 촬영지가 되기도 했는데 극중 용이 가둬진 공간으로 등장했다. 내부는 굵은 기둥과 아치형의 천장이 특징이다. 올리브를 짰던 기계 등에서 식량 창고로 사용한 흔적이 발견되었으며, 로마 시대의 돌로 만든 테이블을 봤을 때 식당으로 사용되었음을 유추할 수 있다. 이 중 가장 넓은 방은 궁전의 도서실을 지탱하기 위해 만든, 8개의 굵은 기둥이 있는 곳으로 지금은 전시를 위한 공간으로 사용되고 있다. 이집트 알렉산드리아에서 가져온 스핑크스가 놓여 있는데 귀한 유물이 설명 없이 전시되어 있는 것이 아쉽기만 하다. 바다를 향해 있는 청동의 문(남)은 원래 바다와 맞닿아 있어서 지금의 모습으로 개발되기 전에는 배를 타고 왕래했다고 한다.

운영 월~금 08:00~20:00, 토 08:00~14:00, 일 08:00~12:00 입장료 일반 42kn, 학생 22kn

• 도시 박물관 Muzej Grada Splita
MAP p. 161 D-1

원래 디오클레티아누스 궁전 북동부에 살던 귀족 파팔리츠의 저택Palača Papalić이었다. 현재는 내부만 수리해 박물관으로 사용하고 있다. 내부에는 17세기 가구와 마차, 회화, 의복, 생활용품 등이 전시되어 있어 당시의 생활상을 엿볼 수 있다. 내부도 흥미롭지만 도시 박물관의 진짜 볼거리는 저택 자체다. 14세기 유라이 달마티나츠가 건축한 저택으로 출입문의 장식과 안뜰에 있는 네 개의 아치 창문은 로마네스크, 고딕, 르네상스의 일부 건축에서만 볼 수 있던 양식으로 이곳의 하이라이트다.

주소 Papalićeva 1 전화 021 360 171 홈페이지 www.mgst.net 운영 4~6 · 9월 08:30~21:00, 7 · 8월 08:30~22:00, 10월 월~토 08:30~21:00, 일 09:00~17:00, 11~3월 화~토 09:00~17:00, 일 09:00~14:00 입장료 일반 25kn, 학생 15kn

• 비도비치 갤러리 Galerija Emanuel Vidović
MAP p. 161 D-1

은의 문(동) 모퉁이에 있는 로마네스크 양식의 집은 1986년 아름답게 복원되어 문을 연, 스플리트 지역 화가 엠마누엘 비도비치Emanuel Vidović(1872~1953)의 갤러리다. 크로아티아의 후기 인상주의 미술을 선도하는 화가로 스플리트와 트로기르, 이탈리아와 아드리아의 거리가 그의 그림 대부분을 차지한다. 내부는 총 3층으로 되어 있는데, 아래층부터 관람한 후 3층에서 그의 삶에 대한 단편 다큐멘터리를 보는 것으로 관람을 마치면 된다. 갤러리의 영구 컬렉션에는 회화, 풍경화가 전시되어 있고, 골동품이나 조각 등 그의 수집품도 전시되어 있다. 전시실의 벽면도 빨강, 파랑, 초록, 오렌지 등의 색으로 감각 있게 꾸몄다. 그의 작품은 자그레브의 현대미술 갤러리에서도 볼 수 있다.

주소 Polijana Kralijice Jelene b.b 전화 021 360 155 홈페이지 www.galerija-vidovic.com 운영 4월 08:30~20:00, 5~9월 08:30~21:00, 10월 화~토 08:30~20:00, 일 09:00~17:00, 11~3월 화~토 09:00~17:00, 일 09:00~14:00 입장료 일반 25kn, 학생 15kn

고대 로마의 황제,
디오클레티아누스!

디오클레티아누스Gaius Aurelius Valerius Diocletianus(245~311)는 스플리트 근교의 살로나(지금의 솔린)에서 태어난 것으로 추정되지만, 정확하지는 않다. 본래 그는 고대 로마를 통치한 비운의 황제 누메리아누스Numerianus의 경호 대장이었다. 294년 페르시아를 토벌하고 돌아오던 중 황제가 새아버지에게 암살당하자, 디오클레티아누스 부하들은 그를 황제로 추대했다. 그 후 누메리아누스의 동생도 사망하자 '디오클레스'라는 본래의 이름에서 '디오클레티아누스'로 개명하고 황제의 자리에 오른다. 그는 3세기 동안 20명 이상 황제가 바뀔 만큼 불안한 로마의 정세를 수습하고 통치권을 강화했는데, 먼저 나라를 동서로 나눈 후 2명의 황제와 2명의 부황제를 뽑아 분할 통치하는 사두 정치 체제를 확립했다. 그렇지만 자신은 호칭으로 다른 황제들과 차별화를 했고 중요한 결정은 혼자 했다. 또한 군제, 세제, 화폐 제도의 개혁을 단행하면서 국사를 돌보았지만 무엇보다도 기독교를 박해한 황제로도 유명하다. 303년 기독교 탄압을 위한 칙령을 발표한 후 교회와 성전을 파괴했으며, 저항하는 사제와 주교들을 가차 없이 탄압했다. 기독교인이라는 소리가 들리면 무조건 찾아내 고문할 수 있는 칙령을 발표했고 로마 신의 제의를 수행하지 않고 어길 시 사형이라는 극형도 서슴지 않았다. 자료에 따르면 2년 동안 약 3000~4000명의 신자들이 순교했다고 한다. 그 후 305년에 은퇴를 선언하고 스플리트에서 남은 생을 보내려고 했다. 디오클레티아누스 황제는 스스로 제위를 물려 준 유일한 로마의 황제다.

Trg Narodni
나로드니 광장 MAP p. 161 C-1

철의 문(서)과 연결된 광장으로 베네치아, 바로크, 르네상스 양식의 건물이 즐비한 중세의 모습을 간직하고 있다. 1443년 베네치아, 고딕 양식으로 지어진 구시청사는 1층의 아케이드가 눈에 띄는 건물이다. 바로 옆 건물은 스플리트에서 가장 오래된 저택 중 하나인 카레피츠Karepic 저택으로 1564년 재건축 덕분에 르네상스 양식의 건물이 되었다. 동쪽의 시계탑 맞은편 치프리아니Ciprianis 저택의 2층을 올려다 보면 아름답게 꾸며진 열주 회랑의 창문을 볼 수 있다. 이 아래 기도하는 성 안토니우스Saint Antonius 조각에는 저택의 주인 치프리아니 공작의 얼굴을 새겨 넣었다고 한다. 르네

상스 양식 시계탑의 시곗바늘은 1~12까지 하루에 두 번 도는 게 아니라, 1~24의 로마 숫자를 따라 하루에 한 바퀴 돌아간다. 광장을 둘러싸고 레스토랑, 카페, 상점 등이 모여 있어 낮보다 밤이 더 활기가 넘친다. 종탑과 치프리아니 저택 사이의 좁은 골목을 들여다보면 철의 문을 볼 수 있다.

가는 방법 철의 문에서 도보 3분

Grgur Ninski
그레고리우스 닌의 동상 MAP p. 161 D-1

황금의 문(북)을 나가면 바로 보이는 높이 4.5m의 거대한 동상. 10세기에 대주교였던 그레고리우스 닌은 크로아티아인이 모국어로 예배를 볼 수 있도록 투쟁한 인물로, 크로아티아에서 존경받는 종교 지도자 가운데 한 사람이다. 1929년 이반 메슈트로비치가 청동으로 만든 동상은 카리스마 넘치는 분위기와 크기로 인해 보는 이를 압도한다.

동상은 원래 열주 광장에 있었지만 크기와 무게 때문에 1954년 지금의 장소로 옮겼다고 한다. 만지면 행운이 온다는 그의 엄지발가락은 소원을 비는 수많은 사람들의 손을 타 늘 반짝반짝 빛난다. 간절히 바라는 소원이 있다면 카리스마 대왕 그레고리우스 닌 대주교님께 빌어보자.

가는 방법 황금의 문에서 도보 1분

Trg Republike
공화국 광장 MAP p. 161 C-1

3면이 네오르네상스 양식의 건물에 둘러싸여 있는 공화국 광장은 현지어로 프로쿠라티브Prokurative라 부른다. 19세기 후반에 베네치아 건축에 영향을 받은 프랑스의 마르몽 장군이 만들었는데, 베네치아의 산 마르코 광장Piazza San Marco과 매우 닮았다. 광장을 둘러싼 건물은 호텔과 식당으로 사용되며, 여름에는 광장에서 콘서트 등의 문화 행사가 열린다. 광장을 가로질러 왼쪽으로 가면 마르몽 장군을 기념해 만든 현대식 쇼핑 거리인 '마르몬토바Marmontova'가 나온다.

가는 방법 청동의 문에서 도보 5분

Trg Braće Radića
브라체 라디차 광장 MAP p. 161 C-1

1904년 크로아티아 국민당을 창단한 스테판Stjepan과 안툰Antun 라디치 형제에게 헌정된 광장. 청동의 문(남문)과 항구 사이에 위치한 작은 광장으로 들어서면 중앙에 책을 들고 서 있는 동상이 보인다. 처음으로 크로아티아어를 사용해 <유디트Judita>라는 책을 쓴 국민시인 마르코 마루리치의 동상이다. 이 또한 이반 메슈트로비치의 작품.

동상 뒤의 건물은 18세기에 지어진 밀레시 궁전 Palača Milesid으로 1층 5개의 아치형 개구부는 스플리트 및 달마티아에서만 볼 수 있는 바로크 건축 양식이다. 지금은 크로아티아 예술과학 아카데미로 사용되고 있다. 맞은편의 흐르보예 탑Hrvojeva Kula은 15세기 베네치아가 오스만제국의 공격에 대비해 세운 성벽의 일부분이다.

가는 방법 청동의 문에서 도보 3분

Galerija Umjetnina Split
순수예술 갤러리 MAP p. 161 D-1

아드리아 해에서 가장 훌륭한 갤러리 중 한 곳으로, 병원이었던 곳을 미술관으로 리모델링해 2009년 개관했다. 2층은 회화, 1층은 현대 크로아티아 화가, 조각가, 그래픽 아티스트의 작품들이 기획전 형식으로 전시된다. 현대 작가들의 작품은 이해하기 어려운 작품들이 많으니 우리에게 익숙한 2층 회화에 먼저 집중하는 게 좋다.

2층에서는 1990년부터 제 1차 세계대전 당시 활동한 저명한 현대 크로아티아 예술가들의 작품을 볼 수 있는데, 19~20세기 달마티아 예술가들의 작품 중 블라호 부코바치와 엠마누엘 비도비치, 조각가 이반 메슈트로비치는 눈여겨볼 만하다. 회화 중에는 에곤 쉴레Egon Schiele와 알브레히트 뒤러Albrecht Dürer의 작품도 깜짝 선물처럼 숨어 있으니 잘 찾아보자.

주소 Ulica Kralja Tomislava 15 홈페이지 www.galum.hr 운영 화~금 10:00~18:00, 토ㆍ일 10:00~14:00 휴무 월ㆍ공휴일 입장료 14~21세기 회화 일반 20kn, 학생 10kn, 특별 전시회 일반 20kn, 학생 10kn, 콤보 티켓 일반 40kn, 학생 10kn 가는 방법 황금의 문에서 도보 3분

Arheološki Muzej
고고학 박물관 MAP p. 161 C-1

구시가 북쪽에 세워진 고고학 박물관은 크로아티아 및 유럽에서 가장 오래된 박물관 중 하나다. 1818년 새롭게 합병된 달마티아를 방문한 오스트리아 황제 프란츠 요제프 1세의 주도로 1820년에 설립되었다. 로마와 초기 가톨릭, 선사시대부터 중세 시대까지의 다양한 유물들이 실내외에 전시되어 있다. 내부는 그리 크지 않지만 유물의 상태가 좋고 수준도 높아, 보는 데 시간이 많이 소요된다. 그리스ㆍ로마 시대의 조각 및 중앙 달마티아에서 가져온 작품들, 특히 살로나(지금의 솔린) 유적이 많다. 수천 년 전에 돌에 새긴 비문들과 초기 기독교에서 발견된 선한 목자의 석관, 그중에서 살로나에서 가져온 모자이크가 매우 흥미롭다. 이 밖에 인물 부조들, 보석, 도자기, 유리, 동전 등 놓치지 말고 봐야 할 것들이 많다.

주소 Zrinsko-Frankopanska 25 전화 021 329 340 홈페이지 www.mdc.hr 운영 6~9월 월~토 09:00~14:00, 16:00~20:00, 10~5월 월~금 09:00~14:00, 16:00~20:00, 토 09:00~14:00 휴무 일요일 입장료 일반 40kn, 학생 20kn 가는 방법 마르몬토바 거리 끝에서 Trg Gaje Bulata 광장을 지나 Zrinsko-Frankopanska 거리로 직진. 도보 15분

Muzej Hrvatskih Arheoloških Spomenika

고대 유적 박물관 MAP p. 158 A-2

크로아티아에서 가장 오래된 박물관 중 하나로 7~15세기의, 특히 중세 크로아티아의 유형, 무형의 문화 유적을 연구하기 위해 설립된 유일한 박물관이다. 고고학 박물관과 이름이 비슷해서 간혹 헷갈리는데, 유적 박물관은 제 2차 세계 대전 중 크닌Knin에 세웠다가 다른 도시를 거쳐 스플리트로 옮겼고 1976년 현재 위치에서 문을 열었다. 내부는 2층으로 되어 있고 박물관이 소유한 품목의 약 25% 정도만 돌아가며 전시하기에 전시품이 많지 않아 보는 데 시간이 오래 걸리지 않는다. 중세에 중점을 두고 여러 기간에 걸친 보석과 조각, 도구, 무기 등을 전시 중인데, 유물의 출토 지점과 당시에 어떤 용도로 사용되었는지 그림으로 알기 쉽게 설명해 사람들의 흥미를 유발시킨다. 대강당에는 크로아티아 왕자의 이름이 새겨진 오래된 크로아티아 사전, 로마네스크 양식의 교회 가구, 왕자가 세례 받은 세례함 등이 전시되어 있다. 이 중 흥미로운 볼거리는 크로아티아 왕과 성직자의 이름을 새긴 12세기의 비문과 살로나에서 가져온 여왕 엘레나Jelena의 석관이다.

주소 Šetalište Ivana Meštrovića 18 홈페이지 www.mhas-split.hr 운영 6/15~9/15 월~금 09:00~13:00, 17:00~20:00, 토 09:00~14:00, 9/16~6/14 월~금 09:00~16:00, 토 09:00~14:00 휴무 일·공휴일 입장료 무료 가는 방법 리바에서 항구를 따라 걷다가 주차장이 나오면 우측의 Šetalište Ivana Meštrovića 길을 따라 가면 된다. 리바에서 도보 15분

Galerija Meštrović&Kaštelet

메슈트로비치 갤러리&카슈텔레트

MAP p. 158 A-2

크로아티아가 낳은 세계적인 조각가 이반 메슈트로비치의 갤러리. 은퇴 후 남은 여생을 보낼 계획으로 메슈트로비치가 설계한 대리석 빌라로, 바다가 보이는 이상적인 풍경을 자랑한다. 메슈트로비치는 이곳에서 1931~39년까지 지냈지만 제2차 세계대전 발발 후 미국으로 이주했다. 메슈트로비치 사망 후 그의 작품들을 기증받고 1952년에 메슈트로비치 갤러리로 개관하였다. 내부에는 대리석, 나무, 청동, 석고로 만든 조각, 스케치, 건축 평면도 등 약 1000점 이상의 작품들이 돌아가며 전시된다. 그의 독특한 청동 조각품들을 무료로 볼 수 있게 정원에 전시해서 스플리트에서 인기 있는 박물관 중 하나다. 특히 2층 카페는 전망으로도 유명하니 잠시 쉬어가도 좋다.

메슈트로비치 갤러리

카슈텔레트

갤러리에서 서쪽으로 도보 5분 정도 걸어가다가 올리브 나무 정원을 가로지르면 바닷가가 보이는 해안가 언덕에 카슈텔레트가 있다. 16세기에 지은 여름 별장으로 1939년 예배당이 되었다. 내부 벽에는 메슈트로비치가 그리스도의 생애에 따라 28개로 구성한 나무 부조가 걸려 있다. 중세의 영적인 감성을 현대 예술 조각으로 표현하기 위해 약 35년이 넘는 시간이 걸렸다고 한다. 이 중 최고의 작품은 제 1차 세계대전 중에 새겨진 십자가에 못 박힌 그리스도로 제단에 걸려 있다. 끔찍한 전쟁과 사람들의 고통을 표현한 이 작품은 유사한 작품이 없을 정도로 특별한 표현력에 극찬을 받았다. 두 곳 모두 경치 좋은 곳에 있으며, 가는 길도 예쁘고 험하지 않으니 시간이 촉박하지 않으면 주위 풍경도 감상할 겸 산책하는 기분으로 걸어가는 것도 좋겠다.

주소 메슈트로비치 갤러리 Šetalište Ivana Meštrovića 46, 카슈텔레트 Šetalište Ivana Meštrovića 39 전화 021 340 800 홈페이지 www.mestrovic.hr 운영 5~9월 화~토 09:00~19:00, 일 09:00~17:00, 10~4월 화~토 09:00~16:00, 일 10:00~15:00 휴무 월·공휴일 입장료 일반 50kn, 학생 25kn(갤러리&카슈텔레트 공통, 티켓은 두 곳 모두 구입 가능) 가는 방법 구시가 공화국 광장 맞은편 Sv. Frane 성당 옆 버스 정류장에서 12번 버스를 타고 Galerija Meštrović 하차 후 도보 3분 또는 리바에서 항구를 따라 걷다가 주차장이 나오면 우측의 Šetalište Ivana Meštrovića 길을 따라 가면 된다. 리바에서 도보 15분

Park Šuma Marjan
마르얀 공원 MAP p. 160 A-1·2

구시가 전체를 조망할 수 있는 뷰포인트. 178m의 마르얀 언덕은 향기로운 숲과 해변이 있는 공원으로 시민들이 즐겨 찾는 휴식처다. 산책로를 따라 걷거나 해변에서의 서핑이나 수영이 가능해 4세기 로마 시대부터 공원 역할을 했다. 항구를 따라 걷다가 마르얀으로 가는 표지판을 따라 올라가면 구시가를 한눈에 조망할 수 있는 전망대와 비딜리차 카페Vidilica Café가 나온다. 한눈에 들어오는 구시가 풍경에 엄지손가락이 절로 올라간다. 카페 바로 옆 잠겨 있는 문 안에는 유럽에서도 오래된 유대인 묘지가 있다. 보고 싶다면 카페 직원에게 열쇠를 달라고 얘기하면 된다.

카페를 뒤로하고 조금 더 올라가면 13세기 로마네스크 양식으로 지어진 작고 아담한 성 니콜라 교회Crkva Sv. Nikole가 나온다. 마르얀 언덕에는 이 외에 매우 오래된 교회가 몇 개 더 있는데, 정상에 올라가면 15세기에 지은 성 예롬 교회Saint Jerome와 14세기에 지은 성 베들레헴 교회Saint Betlehem를 볼 수 있다. 이 옆으로 1924년에 조성된 스플리트 동물원Zoološki Vrt Split이 있다. 초입의 전망대에서도 구시가 전체를 감상할 수 있다.

가는 방법 ① 리바 거리 끝에서 해안을 따라 걷다가 주택가 계단 앞 마르얀으로 올라가는 표지판을 따라 가기
② Trg Dr. Franje Tuđmana 광장에서 Sv. Frane 뒤의 슈페룬 Šperun에서 Senjska 길을 따라 걷기

SPECIAL THEME

이곳을 보지 않고
스플리트를 다 보았다고 말하지 말자!

스플리트에서 만난 이들은 이구동성으로 시장을 꼭 봐야 한다고 말한다. 바닷가에서 막 잡아 올린 팔뚝만 한 물고기들이 팔딱대는 수산 시장에서는 신선한 해산물을 볼 수 있고, 싸고 싱싱한 과일로 배를 채울 수 있는 재래시장에서는 수제 치즈, 수제 소시지, 직접 기른 토마토와 껍질까지 예쁜 완두콩, 말린 무화과와 꿀 등 각종 채소와 과일, 건과류 등을 판매하는데 구경하다 보면 시간 가는 줄 모른다.

크로아티아 제 2의 도시이며, 유명 관광지이지만 시장에서만큼은 영어가 잘 통하지 않으니 사고 싶은 것이 있다면 손짓 발짓은 필수! 어디나 마찬가지이지만 시장에서는 뜻만 통해도 덤은 기본! 지금부터 박물관보다 더 재밌고, 사람 냄새 물씬 풍기는 시장으로 구경을 떠나보자.

① Ribarnica 수산 시장 MAP p. 161 C-1

구시가에서 가장 활기 넘치는 수산 시장은 지역 경제에 매우 강한 영향력을 가지고 있으며, 스플리트의 역사와 전통 요리에서 실질적인 역할을 담당하고 있다. 수산 시장에 가면 어부들이 어떻게 생선을 잡고 어떻게 파는지 얘기를 나눌 수 있고, 요리해서 먹는지도 들을 수 있으며 좋은 가격에 신선한 생선을 구입할 수 있다. 달마티아에서 제일 신선한 해산물을 찾을 수 있는 수산 시장은 음식과 지역 문화를 즐길 수 있는 멋진 장소다.

주소 Obrov 5 가는 방법 마르몬토바 거리에서 도보 3분

수산 시장 구경할 때 유용한 팁!

❶ 매일 6시 30분에서 14시까지 열고 일요일은 쉰다.

❷ 약 12시를 기점으로 50% 세일에 들어간다. 파장 시간에 가까워질수록 세일 폭이 더 크다.

❸ 가장 인기 있는 생선은 도미, 청어, 고등어, 정어리와 멸치.

❹ 10kn를 내면 시장에서 산 물고기를 용도에 맞게 손질해 주는 사람을 찾을 수 있다. 숙소에서 요리가 가능하다면 생선을 사서 요리해 먹는 것도 좋겠다.

② Stari Pazar 노천 시장 MAP p. 161 D-2

스플리트의 노천 시장은 마을의 명소 중 한 곳으로
수산 시장은 서쪽에, 노천 시장은 성벽의 동쪽에
있다. 노천 시장은 스플리트의 신선한 과일과 채
소, 수제 치즈, 소금에 절인 고기, 꽃, 저렴한 기념품
들, 해변에서 입을 수 있는 옷과 모자에 이르기까
지 다양한 물건을 판매하는 떠들썩한 장소다. 딱히
살 것이 없더라도 구경하는 재미가 있다. 이곳은
현지인과 소통하기에 가장 좋은 장소이기도 하다.

주소 Stari Pazar 가는 방법 은의문에서 도보 1분

노천 시장 구경할 때 유용한 팁!

❶ 매일 6시에서 16시까지 열고 일요일
은 쉰다.

❷ 파장 시간에 가까워질수록 과일 및
채소가 저렴해진다.

❸ 이른 새벽에는 주민들이 장을 보는
시간이다. 사지도 않을 관광객이 이
른 새벽부터 장사하는 곳에 가서 사
진만 찍고 물을 흐려 놓는 건 실례다.

❹ 시장인 만큼 유로와 카드는 받지 않
고 큰돈도 실례다. 살 물건이 있다면
잔돈을 넉넉하게 준비하자.

❺ 영어가 잘 통하지 않으니 손짓발짓
출동 준비! 웃는 사람에게 덤은 기본
이다.

추천 품목 : 과일, 물놀이 용품,
말린 무화과, 꿀, 수제치즈

SPECIAL THEME

관광안내소에서 추천한
스플리트에서 산책하기 좋은 곳

'어느 날 눈을 떠보니 유명해졌다'라는 말이 맞았다. TV프로그램 한편으로 크로아티아는 유명 스타 못지않게 한국 관광객에게 인기를 얻었다. 스플리트에는 한국사람 반, 다른 나라 관광객 반일 정도. 그러나 한국 관광객은 스플리트를 제대로 느끼기 전에 너무 빨리 떠난다고 안내소 직원들이 아쉬워했다. 그래서 시간 여유가 있다면 이곳은 꼭 가보기를 바라며, 리바의 ①가 추천한 곳을 소개한다.

관광안내소 직원들

① Riva 리바 MAP p. 161 C-1

디오클레티아누스 궁전 청동의 문(남문)과 바다 사이에 있는 산책로. 반짝이는 하얀 대리석 거리를 따라 늘어선 야자수가 인상적인 리바는 역사적인 궁전의 벽과 바다, 현대건축과 도시를 연결하는 위치에 있어 엽서, 관광 사진에서 자주 볼 수 있는 스플리트의 상징이다. 원래 이름은 'Obala Hrvatskoga Narodnog Preporoda'지만 현지인들은 간편하게 '리바'라고 부른다. 19세기 스플리트가 나폴레옹의 지배를 받았던 당시 지금과 같은 모습의 산책로를 만들었다. 리바는 이른 아침, 낮, 밤, 시간에 따라 느낌이 다르니 꼭 시간을 내서 걸어보자.

리바

가는 방법 철의 문에서 도보 1분

② Veli Varoš 벨리 바로시 MAP p. 160 A·B-1

마르얀 언덕 동쪽 경사면에 위치한 벨리 바로시는 오래된 동네로 달마티아의 특징이 잘 나타나는 곳이다. 달마티아 전통 주택과 구불구불한 길이 멋스러운 동네로 주민들의 삶을 살짝 들여다보고 싶다면 벨리 바로시로 걸음을 옮겨보자.

벨리 바로시

가는 방법 공화국 광장에서 왼쪽으로 도보 3분

③ Marmontova 마르몬토바 MAP p. 161 C-1

구시가 서쪽의 현대적인 쇼핑가. 나폴레옹 군대의 육군 대장 마르몽의 이름을 빌려 지은 거리로 양옆에 레스토랑, 카페, 상점이 들어서 있다. 정복자임에도 불구하고 달마티아에 도시화 과정을 시작했기 때문에 스플리트에서 가장 아름다운 거리에 그의 이름을 붙였다. 오래된 구시가와 어울리지 않을 정도로 새롭게 단장한 거리로 구경 삼아 산책하면 좋다. 거리 끝 왼편에 있는 노란색 건물은 1891~93년에 건설한 국립극장이다. 건축가 베치에티Vecchietti와 베지치Bezic의 설계를 따라 네오르네상스 스타일로 지었다. 거리 끝 맞은편에 있는 건물은 건강의 성모 교회와 수도원Gospe Od Zdravlja으로 17세기부터 있던 교회를 허물고 1936년에 새롭게 지었다. 내부에 유명한 크로아티아 화가 이보 둘치치Ivo Dulcic가 그리스도에 대해 그린 거대한 벽화가 있으니, 운영 시간을 확인하고 들어가서 감상해 보자.

가는 방법 공화국 광장 뒤에 위치

④ West Coast 서해안 MAP p. 160 A-2

리바의 서쪽에 해당하는 산책로로 관광객보다 현지인들이 자주 찾는다. 원래 길 이름은 브라니미로바 거리Branimirova Obala지만 현지인들은 간단하게 서해안이라고 부른다. 리바보다 훨씬 덜 북적이며 2013년 리모델링을 마치고 시민들에게 오픈했다. 바닥에는 올림픽에서 메달을 딴 선수들의 이름과 어떤 종목에 출전했었는지가 새겨져 있다. 중간에 있는 카페는 바다를 보며 쉬기에 좋다. 바다 위에 떠 있는 것 같은 주유소는 요트를 위한 것으로 신기한 풍경을 연출한다. 버겐스탁 회장이 호텔을 인수해 리모델링 중이며, 2018년 초에 문을 연다.

가는 방법 리바에서 버스 터미널 반대 방향으로 도보 10분

⑤ Sustipan 수스티판 반도 MAP p. 158 B-2

높이 치솟은 절벽과 그 아래로 펼쳐진 아드리아 해의 푸른 해안선. 파노라마 같은 전경을 선물하는 이곳은 스플리트 항구 서쪽에 있는 폐쇄된 작은 반도, 수스티판이다. 곳곳에 소나무가 있는 이 작은 공원은 아드리아 해의 절벽 끝에 맞닿아 시민들의 산책로가 되어 준다. 1068년 소나무 아래 지은 중세의 성 스테판 베네딕트 수도원 Crkvica Sv. Stjepan이 있는데, 11세기 고립되었던 크로아티아의 마지막 왕이 살았던 것으로 유명하다. 제 2차 세계대전으로 파괴될 때까지 수스티판에는 지중해에서 가장 아름다운 공동묘지가 있었다. 묘지는 1958~62년 로브리예나츠 지역Lovrijenac으로 옮겨졌고 지금과 같은 산책로가 조성되었다. 낮에만 개방하는 수스티판은 조용한 휴식을 위한 최적의 장소다.

가는 방법 리바에서 항구를 따라 걷다가 나오는 사거리 주차장에서 주차장을 통과해 철문을 지나면 나온다. 리바에서 도보 10분

SPECIAL THEME

우리는 아드리아 해변으로 간다

여름에 만나는 바다는 일 년의 피로를 풀어 주고 신선한 기운을 불어 넣어 준다. 스플리트는 구시가에서 멀지 않은 곳에 해변이 많다. 물이 맑고 깨끗해서 수영하기 좋은 곳, 쉬기 좋은 곳, 클럽이 많아서 밤까지 놀기 좋은 곳 등 다양한 해변이 있어 상황에 맞게 고를 수도 있다. 복잡한 구시가를 탈출해 아드리아 해의 끝에 앉아 진정한 휴가를 즐겨보자.

스플리트 해변 페스티벌 www.splitbeachfestival.com

해변으로 가기 전 준비하세요!

❶ 스플리트 해변은 대부분 자갈 해변이라 맨발은 금물입니다. 아쿠아 슈즈나 샌들이 없다면 운동화라도 신고 물에 들어가야 합니다.

❷ 선크림은 필수! 챙 넓은 모자는 선택!

❸ 해변으로 가기 전에 간단한 도시락과 간식을 준비하세요. 레스토랑이 있는 해변도 있지만 부대시설이 아무것도 없는 곳도 있답니다.

❹ 요가매트처럼 푹신한 깔 것이 있다면 금상첨화! 돗자리도 좋아요. 비치 의자를 빌리지 못했을 경우를 대비해 깔고 앉을 만한 것을 준비하세요.

❺ 스플리트에서 가장 뜨거운 해변 페스티벌을 꼭 구경해 보세요.

① **Plaža Bačvice 바치비치 해변** MAP p. 158 B-2

스플리트에서 가장 유명하고 인기 있는 해변. 깨끗하고 안전한 해변에 주는 상인 '블루 플래그'를 받았다. 디오클레티아누스 궁전에서 도보로 10~15분 거리에 위치하고 있어 여름이면 지역 주민과 관광객으로 인산인해를 이룬다. 해안가는 얕아서 수영을 하려면 50m 이상 걸어 들어가야 한다. 해변 양쪽으로 샤워시설 및 탈의실이 있고, 비치 의자와 파라솔은 유료. 해변에서 가장 인기 있는 오락거리는 달마티아 전통 스포츠인 피치긴 Picigin이다. 바다에 들어가 작은 공을 떨어뜨리지 않고 쳐서 다른 사람에게 건네면 된다. 간단해 보이지만 물속에서 움직이는 것이 쉽지는 않다. 매년 6월 이곳에서 피치긴 세계 챔피언 대회가 열리고 매년 8월 초 스플리트에서 가장 뜨거운 해변 축제가 열린다. 유명 DJ들과 함께 신나는 파티를 즐길 수 있다. 날짜 등 자세한 사항은 ①에 문의하자.

가는 방법 디오클레티아 궁전에서 버스 터미널 방향으로 도보 10분

② Plaža Ovčice 오브치체 해변 MAP p. 158 B-2

어린아이가 있는 가족들이 놀기 적당한 해변으로 바치비치보다 훨씬 작은 조약돌 해변이다. 샤워실, 비치 의자, 식당과 아이들을 위한 작은 놀이터가 있어 가족 단위의 지역 주민들이 즐겨 찾는다. 아이들은 얕은 가장자리에서 놀고, 노신사는 시원한 바닷바람을 맞으며 파라솔 그늘 아래서 체스를 두는 풍경이 정겹다. 수영을 못한다면 투명한 바닷물에 발이라도 담가 보자. 해변에서 좋은 장소를 잡으려면 아침 일찍 움직여야 한다.

가는 방법 디오클레티아 궁전에서 버스 터미널 방향으로 도보 15분

③ Plaža Ježinac 예치나츠 해변 MAP p. 158 A-2

스플리트 서쪽 메예Meje 지구의 교외에 위치한 해변으로 매우 평화로운 곳이다. 마르얀 언덕 소나무 사이에 있는 해변은 자갈과 파도를 막아주는 제방 덕분에 바다가 잔잔해서 수영하기 안성맞춤이다. 소나무 그늘 아래 자리를 잡고 수영하다 지치면 일광욕을 하거나, 보드게임을 하고 도시락을 먹으며 조용한 휴가를 보내기에 가장 이상적인 곳이다.

가는 방법 구시가 공화국 광장 맞은편 Sv. Frane 성당 옆 버스 정류장에서 12번 버스를 타고 Galerija Meštrović 하차 후 해안가로 내려가면 된다. 도보 3분. 또는 리바에서 항구를 따라 걷다가 주차장이 나오면 우측의 Šetalište Ivana Meštrovića 길을 따라 가면 된다. 리바에서 도보 15분

④ Plaža Kaštelet 카슈텔레트 해변 MAP p. 158 A-2

카슈텔레트 예배당 아래 있는 멋진 자갈 해변으로 젊은이들이 많이 찾는다. 사실 이곳은 수영보다 외출을 위한 곳이다. 카슈텔레트 해변은 현지인들에게 'Obojena Svjetlost', 즉 '색깔 있는 밤'이라고 불리는데, 밤마다 해안가 꼭대기에 있는 멋진 바에서 빛의 쇼가 펼쳐지기 때문이다. 멋진 옷을 차려입고 빛의 향연 속으로 빠져보자.

가는 방법 구시가 공화국 광장 맞은편 Sv. Frane 성당 옆 버스 정류장에서 12번 버스를 타고 Galerija Meštrović 하차 후 카슈텔레트를 따라 서쪽으로 도보 5분 정도 더 가다가 해안가로 내려가면 된다. 또는 리바에서 항구를 따라 걷다가 주차장이 나오면 우측의 Šetalište Ivana Meštrovića 길을 따라 간다. 리바에서 도보 20분

⑤ Plaža Kašjuni 카슈니 해변 MAP p. 158 A-2

물놀이를 즐기고 싶은 사람들에게 추천하는 해변. 카슈니 해변은 스플리트 서해안에서 가장 크고 자갈과 모래, 바위가 적당히 혼재되어 있어 수영을 즐기기에 가장 적합하다. 다른 곳보다 구시가에서 조금 멀리 떨어져 있어 관광객보다는 지역 주민들이 자주 찾는다. 한낮에는 그늘이 될 만한 것이 거의 없고 비치 의자를 빌려주는 곳도 없으니 알아서 준비해야 한다. 샤워, 탈의실, 커피숍은 갖추고 있다.

가는 방법 구시가 공화국 광장 맞은편 Sv. Frane 성당 옆 버스 정류장에서 12번 버스를 타고 Kašjuni 하차 후 도보 3분 또는 리바에서 도보 20분

청동을 만지는 마법의 손, 이반 메슈트로비치

Ivan Meštrović

자그레브에서 시작된 여행 초기에 국립극장 앞에서 인상 깊은 조각품을 보았다. 사람들이 얽혀서 서로 어깨동무를 하고 있는 듯한 조각으로 바로 이반 메슈트로비치의 작품 <생명의 우물>이었다. 그리고 공원에서 본 고뇌하는 스트로스마예르 주교 역시 그의 작품이라고 한다. 스플리트에 왔더니 사람들이 그레고리우스 닌의 발을 만지며 소원을 빈다. 이 거대한 동상 역시 그의 작품이었다. 밀가루 반죽 하나도 내 마음대로 안 되는 마당에 청동을 어쩜 이렇게 부드럽게 만들 수 있을까? 가는 도시 곳곳에서 그의 작품을 만나다 보니 그가 궁금해진다.

이반 메슈트로비치(1883~1962)는 크로아티아가 낳은 20세기 가장 중요한 조각가 중 한 사람이다. 어려서부터 나무로 조각을 만들곤 했던 그의 재능을 알아본 시장 덕분에 17세에 스플리트로 공부를 하러 갈 수 있었다. 그 후 빈으로 건너가 예술 아카데미를 다니면서 클림트를 만났고 오토 바그너와 친구가 되었다. 그는 프랑스 조각가 로댕을 만난 후 파리로 거주지를 옮겨 첫 번째 전시회를 열었는데 당시의 작품들은 로댕의 영향을 받아서 인지 비슷한 점이 많았다. 1906년 오스트리아 황제의 크로아티아 방문을 기념해 건설 중이던 자그레브 국립극장 앞의 조각을 맡아 달라는 의뢰

를 받고 커플, 노인, 어린아이들이 벌거벗고 서로 얽혀 있는 <생명의 우물Zdenac Života>을 만들었다. 이는 상호 의존성에 대한 인간의 열정을 표현한 작품으로 대중의 큰 호응을 받았다. 이후 그의 작품들은 인물들이 주위와 어우러져 자연스럽게 몸을 비틀면서 감정에 호소하는 표정을 짓기 시작했고, 풍부한 감정 표현은 그의 작품의 가장 큰 특징으로 손꼽는다.

1911년 로마 예술 국제 전시회의 조각 부문에서 수상하며 그의 예술 인생은 활짝 피기 시작했다. 그러나 기쁨도 잠시. 제 2차 세계대전이 터지고 나치 정권에 의해 투옥되었다가 바티칸의 개입으로 겨우 풀려났다. 1947년 미국으로 이주해 대학에서 조각을 가르치며 살았다.

대표적인 건축 작품

1. 차브타트의 라치츠 가족 무덤 Mauzolej Obitelji Račić
2. 스플리트의 그레고리우스 닌의 동상 Gregorius Nin
3. 오타비체의 가족 무덤 Crkva Presvetog Otkupitelja

그 밖의 조각들은 자그레브의 아틀리에, 스플리트의 박물관 및 크로아티아 성당이나 광장의 동상 등과 로마 바티칸 박물관 및 미국 시카고 그랜트 공원 입구에서 볼 수 있다.

라치츠 가족 무덤

그레고리우스 닌의 동상

오타비체의 가족 무덤

스플리트에서는
여행사를 이용하자!

크로아티아의 유명 관광 도시에는 볼거리 주변에 여행
사가 모여 있다. 대부분 페리, 버스 티켓 등을 취급하고,
민박을 알선해 준다. 뿐만 아니라 근교 투어를 개발해 시간이 없는 여행자들에게 편
리함을 제공한다. 무인도로 떠나는 크루즈나 해양 스포츠 프로그램은 혼자보다 여
럿이 즐겨야 재밌고, 전문인과 안전요원이 필요해 여행사 이용은 필수다. 같은 프로
그램인데 요금이 다를 경우 배의 크기나 안전도, 식사 포함 여부 등을 꼼꼼하게 비
교해봐야 한다.

• **Split Walking Tours**
가이드와 함께하는 시내 워킹 투어와 근교 투어를 진행한다. 20시 30분에 출발
하는 스플리트 왕좌의 게임 투어Game of Thrones tour Split(1~3명 €40)와 플리트비체
국립호수공원 투어(400kn), 디오클레티아누스 궁전 워킹 투어(100kn)와 스플리
트 워킹 투어(160kn) 등 다양한 투어 프로그램을 진행하고 있다. 그중 가장 인기
가 많은 것은 디오클레티아누스 궁전 워킹 투어와 스플리트 워킹 투어이며, 투
어 시간 10분 전에 디오클레티아누스 궁전의 북문(황금의 문)에서 파란 우산을
들고 있는 그룹을 찾으면 된다. 4~5월에는 10시30분, 12시, 13시, 18시, 6~10
월에는 10시30분, 12시, 13시, 18시, 19시, 11~3월에는 10시30분, 13시에 영어
가이드 투어가 있다.
주소 Dioklecjanova 3 전화 099 821 5383 홈페이지 www.splitwalkingtour.com

• **Split Excursions**
스플리트 가이드 투어 외에 근교의 흐바르 섬 투어나 플리트비체 국립호수공
원 투어도 진행한다. 한여름에는 래프팅이나 카약 등 해양 스포츠 및 레포츠도
운영한다.
주소 Trg Republike 1 전화 021 360 061 홈페이지 www.split-excursions.com

• **Totosplit**
자전거 대여, 근교 브라치 섬 또는 푸른 동굴 투어 및 플리트비체 국립호수공원
투어 등을 진행한다. 맞춤 여행도 알선해준다.
주소 Trumbićeva obala 2 전화 021 887 055 홈페이지 www.excursion-split.com

FOOD
먹는 즐거움

바다를 끼고 있는 항구도시답게 해산물이 풍부하다. 또한 이탈리아와 마주 보고 있는 만큼 간단하게 먹을 수 있는 이탈리아 음식이 발달해 파스타 전문점과 피자집을 쉽게 찾을 수 있다. 가장 저렴하게 한 끼 식사를 해결하고 싶다면 조각 피자를 먹어보자. 생각보다 맛, 가격, 크기 모두 만족스럽다.

F1
레스토랑
Restaurant

Bokeria Kitchen&Wine

MAP p. 161 C-1

보케리아는 바로셀로나의 보케리아 시장에서 영감을 얻어 문을 연 레스토랑이다. 입구에 들어서면 맞은편 선반에 올린 와인병과 술병이 눈에 띄며 바 위치에 모자이크 타일을 사용해 스페인에 온 것 같다. 메뉴는 계절에 따라 사용 가능한 채소와 재료로 결정된다. 항상 신선한 재료를 사용한다는 것을 증명하기 위해 스플리트 시장 근처에 자리를 잡았다.

주소 Domaldova 8 전화 021 355 577 영업 08:00~01:00 예산 파스타 100kn~ 가는 방법 구시가에 위치

Konoba Varoš

MAP p. 160 B-1

100년 이상의 전통을 자랑하는 식당. 전통 달마티아 음식이 주메뉴로 그날그날 잡힌 신선한 생선에 따라 오늘의 메뉴가 달라진다.

가장 인기 있는 메뉴로는 영양 만점의 오징어 먹물 리소토와 새콤한 문어를 넣은 샐러드, 구운 농어 등이 있다.

오징어 먹물 리소토

주소 Ulica Ban Mladenova 9
전화 021 396 138 홈페이지 www.konobavaros.com 영업 09:00~24:00 예산 오징어 먹물 리소토 70kn~ 가는 방법 서문에서 도보 5분

Konoba Matejuška

MAP p. 160 B-1

전통 달마티아 음식점. 19세기에 지어진 건물에 위치한 이 식당은 선실을 옮겨 놓은 것처럼 아기자기하지만 내부는 크지 않다. 매일 아침 신선한 생선을 직

접 공수하는 덕분에 주방장이 그때그때 만드는 오늘의 메뉴가 가장 인기 있다. 생선을 주문하면 직접 가지고 나와 신선도와 크기를 보여주고, 어떤 식으로 요리할지도 알려준다. 생선은 보통 한 마리나 kg으로 팔기 때문에 2명 이상이 함께 주문하는 게 좋다. 문어와 병아리콩으로 버무린 샐러드나 참치를 이용한 음식으로 입맛을 돋운 후 리소토나 파스타를 먹으면 우리 입맛에 딱 맞다.

주소 Tomića Stine 3 전화 021 814 099 홈페이지 www.konobamatejuska.hr 영업 화~토 12:00~23:00, 일 12:00~17:00 예산 먹물 리소토 70kn~ 가는 방법 공화국 광장에서 도보 5분

Bistro Samurai

MAP p. 160 B-1

조금은 우스운 이름의 일식집으로 공화국 광장 바로 옆에 있다. 스시와 된장국, 롤과 가쓰돈 등의 메뉴가 있다. 면이나 우동은 없다. 입안에 쌀알을 넣고 씹어야 기운이 나는 사람들이 가볼 만하다. 식당 내에서 무료로 Wifi를 사용할 수 있다.

주소 Bana Josipa Jelačića 1 전화 021 786 640 홈페이지 www.sushibarsplit.com 영업 월~토 12:00~23:00, 일 17:00~23:00 예산 치킨 에그볼 50kn~ 가는 방법 공화국 광장에서 도보 1분

Villa Spiza

MAP p. 161 C-1

달마티아식 가정 요리를 맛볼 수 있는 식당. 저렴한 예산으로 맛있는 현지식 참치 요리나 블랙 리소토 같은 달마티아식 요리를 먹을 수 있다. 대신 멋진 테이블이나 깨끗한 접시, 우아한 서비스는 기대하지 않는 게 좋다. 실내가 좁아서 자리가 없을 경우 서서 먹을 수도 있다. 가끔 저녁 시간에 기타와 드럼을 연주하기도 한다.

주소 Petra Kružića 3 전화 091 152 1249 영업 월~토 12:00~24:00 예산 30kn~ 가는 방법 황금의 문에서 도보 3분

해산물 리소토

Buffet Fife

MAP p. 160 B-2

저렴한 가격과 편안한 분위기로 배고픈 언론인, 작가, 배우들에게 오랫동안 인기 있던 만남의 장소. 다만 호불호가 강해 저렴한 가격이 우선인 여행객에게 추천한다. 생선 요리 및 해산물 요리가 인기 메뉴. 많은 사람들이 찾는 곳인 만큼 음식을 미리 만들어 놓기 때문에 바쁜 식사 시간에는 주문과 동시에 음식이 도착하는 웃지 못할 일도 종종 겪게 된다. 따라서 종업원들의 친절함은 기대하지 않는 게 좋다.

주소 Trumbićeva obala 11 전화 021 345 223 영업 06:00~24:00 예산 생선 요리 100kn~ 가는 방법 리바에서 도보 5분

Uje Oil Bar

MAP p. 161 D-1

건강한 크로아티아산 오일을 만드는 우예에서 운영하는 식당. 음식 양이 많지 않으니 2~3개 시켜놓고 나눠 먹는 게 좋다. 실내에 들어가면 각종 올리브 오일과 올리브 나무로 만든 제품들이 눈길을 끈다. 식전 빵에 찍어먹는 오일은 보통 2종류(크로아티아산과 스페인산)를 주는데 맛을 비교해볼 수 있다. 추천 메뉴는 문어 샐러드와 스테이크, 구운 양꼬치다. 음식이 다 맛있어서 한 번만 가기에는 아쉬울 정도다.

주소 Dominisova 3 전화 095 2008 009 영업 12:00~24:00 예산 문어 샐러드 70kn~ 가는 방법 열주 광장에서 도보 5분

Galija

MAP p.161 C-1

맛있는 이탈리아 음식을 기분 좋게 먹을 수 있는 식당. 피자 위에 올라가는 재료는 신선하고, 바삭바삭한 도우가 제대로 씹는 맛을 느끼게 해준다. 식사시간에 딱 맞춰 간다면 대기할 수 있다.

주소 Kamila Tončića 12 전화 021 347 932 영업 월~토 10:00~24:00, 일 12:00~24:00 예산 피자 43kn~ 가는 방법 마르몬토바 거리에서 도보 3분

Trattoria Bajamonti

MAP p. 161 C-1

공화국 광장에 위치한 레스토랑. 아름다운 지중해 바다가 보이는 테라스석이 단연 인기다. 상큼한 문어 샐러드와 짭조름한 해산물 스튜나 파스타 등 달마티아 특산물 요리는 지중해의 맛을 느끼게 한다. 제철 생선을 이용해 요리하기 때문에 시즌마다 다른 종류의 메뉴를 선보인다. 맛있는 식사 외에도, 와인 시음회와 전시회, 콘서트 등 다채로운 이벤트가 열린다.

주소 Trg Republike 1 전화 021 341 033 영업 월~목 07:30~24:00, 금 · 토 07:30~01:00, 일 09:00~24:00 예산 해산물 스튜 80kn~ 가는 방법 공화국 광장에서 도보 1분

Noštromo

MAP p. 161 C-1

수산 시장 맞은편에 위치한 레스토랑. 클래식한 곳으로 유명 인사들도 많이 찾는다. 그날그날 시장에서 사온 신선한 생선을 재료로 셰프가 만드는 창의적인 요리가 특징이다. 생선 구이, 생선 스튜, 해산물 스파게티 등 어떤 메뉴를 주문해도 실패할 확률이 적다. 친절한 종업원들에게 추천을 받는 것도 좋다.

주소 Kraj Sv. Marije 10 전화 091 405 6666 홈페이지 www.restoran-nostromo.hr 영업 10:00~24:00 예산 달마티아 문어 샐러드 80kn~ 가는 방법 마르몬토바 거리에서 도보 3분

PoPaj

MAP p. 161 C-1

18년 전통의 패스트푸드점. 케밥, 새우 버거, 조각 피자 등 빠르게 먹을 수 있는 다양한 메뉴들이 있다. 수년 간의 경험에서 우러나오는 맛과 푸짐한 양으로 학생들의 입맛을 사로잡았다. 가족이 운영하는 식당으로 지금은 스플리트 내에만 3개 지점을 갖고 있다. 디오클레티아누스 궁전에서 가장 가까운 곳은 수산 시장 뒤. 저녁 시간이면 배고픈 학생들로 인해 언제나 긴 줄이 생긴다.

주소 Obrov 2 전화 098 362 280 홈페이지 www.popaj.com.hr 영업 월~목 08:00~24:00, 금·토 08:00~01:00, 일 15:00~24:00 예산 햄버거 27kn~ 가는 방법 수산 시장 옆 도보 3분

(F2)

카페
Cafe

Bobis

MAP p. 161 C-1

현지인과 관광객 모두의 입맛을 만족시키는 아담한 카페. 맛있는 빵과 케이크, 커피를 즐기면서 관광에 지친 다리를 풀 수 있다. 파이Školjkice 안에 달콤한 크림이 들어 있지만 느끼하지 않고, 입안에서 살살 녹는 맛이 일품이다.

주소 Marmontova 5 전화 021 344 631 홈페이지 www.bobis-svagusa.hr 영업 06:00~22:00 예산 크림파이 3.50kn~ 가는 방법 서문에서 도보 5분

Crème de la Crème

MAP p. 161 C-1

케이크와 쿠키, 마카롱과 커피를 파는 디저트 카페다. 화려한 샹들리에와 화이트 톤의 테이블로 우아하게 장식해서 앉아만 있어도 기분이 좋아진다. 달콤한 케이크와 차를 마시면서 피로를 풀기에 안성맞춤이다. 어디서나 맛볼 수 있는 티라미수나 치즈케이크보다 달마티아 과일과 견과류를 가득 넣은 스플리트 케이크를 먹어보는 게 어떨까?

주소 Ilićev Prolaz 1, Primoštenska 16 전화 021 355 123 홈페이지 www.cremedelacreme.hr 영업 월~토 09:00~21:00 예산 케이크 30kn~ 가는 방법 마르몬토바 거리에서 도보 3분

SHOPPING
사는 즐거움

스플리트는 크로아티아의 두 번째 도시답게 멋쟁이들이 많다. 스플리트에서의 쇼핑은 노천 시장과 쇼핑센터, 구시가의 개인 숍으로 나눠진다. 궁전 밖에는 진짜 시장을 경험하고 싶어 하는 여행객들을 위한 노천 시장이 있고, 마르몬토바 거리에는 우리가 아는 스파 브랜드 숍들이 모여 있다. 디오클레티아누스 궁전의 지하 궁전에서는 회화, 판화, 도자기, 열쇠고리 등 지역 기념품을 판매한다. 구시가에서는 모든 물건을 판매하는 작은 상점을 많이 볼 수 있다. 특히 가죽으로 만든 신발과 가방 가게가 많고, 하나밖에 없는 희귀 아이템을 찾는 여행객들을 위해 지역에서 만든 기념품 상점과 아트 갤러리, 보석 상점 등이 있다.

Jaman Gallery

MAP p. 161 C-1

새로운 팝아트 예술을 표현하는 젊은 아티스트 다니엘 자만Danijel Jaman의 갤러리. 1975년에 스플리트에서 태어나 미술 아카데미를 졸업한 자만은 회화에 실제 요소를 조합해 생생한 색깔을 창조한다. 그의 그림은 많은 사람에게 영감을 주곤 했는데, 단순한 형태의 그림에 강렬한 색을 입혀 강한 감정과 긍정적인 에너지를 자극하기 때문이다. 지중해의 범선 및 세계 여러 도시의 랜드 마크 등 활기차고 다채로운 그림을 볼 수 있고 눈길을 끄는 작품도 많다. 더 많은 작품들은 브라체 라디차 광장 근처의 아트센터에서 볼 수 있다.

주소 Šubićeva 3(아트센터 Dobric 14) 전화 021 342 791 홈페이지 www.jaman-art.com 영업 여름 09:00~23:00, 겨울 월~금 09:00~20:00, 토 09:00~14:00 예산 휴대폰 케이스 100kn~ 가는 방법 나로드니 광장에서 도보 3분

Uje

MAP p. 161 C-1

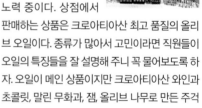

우예는 처음으로 크로아티아 시장에 최고의 크로아티아산 올리브 오일과 요리를 소개한 곳이다. 프로모션을 통해 올리브 오일 소비를 늘리는 것을 목적으로 스플리트에서 매년 개최되고 있는 올리브 오일 프로젝트 주간을 지원하고 있으며, 올리브 나무의 오염을 막기 위해 노력 중이다. 상점에서 판매하는 상품은 크로아티아산 최고 품질의 올리브 오일이다. 종류가 많아서 고민이라면 직원들이 오일의 특징들을 잘 설명해 주니 꼭 물어보도록 하자. 오일이 메인 상품이지만 크로아티아산 와인과 초콜릿, 말린 무화과, 잼, 올리브 나무로 만든 주걱 등도 판매한다. 자그레브나 트로기르 등에도 분점이 있다.

주소 Marulićeva 1, Šubićeva 6 전화 021 342 719 홈페이지 www.uje.hr 영업 09:00~21:00 예산 올리브 오일 60kn~ 가는 방법 철의 문에서 도보 5분

Think Pink

MAP p. 161 C-1

현지 디자이너의 옷을 입는 것이 세계적인 유행인 요즘, 싱크 핑크는 크로아티아 디자이너가 만든 여성 패션 멀티 숍이다. 2004년에 오픈한 이래 2개의 점포를 운영 중이며, 옷, 신발, 보석 등을 판매하고 있다. 보헤미안 디자인의 옷이 특히 인기다. 패션에 관심 있다면 들러볼 만하다.

주소 Zadarska 8 전화 021 317 126 영업 09:00~21:00 예산 옷 100kn~ 가는 방법 마르몬토바 거리에서 도보 5분

Prima 3 Shopping Center

MAP p. 161 C-1

구시가에 위치한 쇼핑센터로 총 4층으로 되어 있다. 유명 브랜드가 모여 있고, 에어컨이 시원하게 나온다. 카페, 식당, 쇼핑, 화장실이 한꺼번에 해결된다. 이곳저곳 가기 귀찮다면 한 번에 해결할 수 있는 이곳으로 가자.

주소 Ulica Ruđera Boškovića 18a 전화 021 470 528 홈페이지 www.prima3.hr 영업 월~토 08:30~20:30 가는 방법 마르몬토바 거리 끝 길 건너편에 위치

Havana Cigar Shop

MAP p. 161 C-1

서부 영화 '석양의 무법자'를 즐겨 보시던 아버지의 추억을 소환할 수 있는 시가 매장이다. 영화에서는 늘 시가를 입에 문 채 화면을 가득 채우던 남자 주인공 블론디가 있었다. 이 매장에서는 케네디 대통령도 즐겨 피웠던 쿠바산 시가와 도미니카 공화국의 여러 종류 시가, 그리고 담배 파이프도 볼 수 있다. 꼭 피우지 않더라도 장식용이나 선물용으로 구매해도 좋으니 편하게 구경삼아 들러보자.

주소 Zadarska 3 전화 021 341 097 홈페이지 www.havana-cigar-shop.com 영업 월~토 09:00~21:00 예산 시가 64kn~ .가는 방법 나로드니 광장 도보 3분

Antique Impex

MAP p. 161 C-1

구시가에 위치한 작은 골동품 가게다. 미로 같은 골목을 따라 걷다 보면 어렵지 않게 찾을 수 있다. 어느 귀족부인이 꼈을법한 반지나 미니어처 스핑크스, 세월이 고스란히 느껴지는 각종 소품 등을 보고 있노라면 마치 과거로 시간 여행을 떠나온 듯한 기분이 든다. 보물찾기를 하듯 매장을 찬찬히 둘러보는 재미가 쏠쏠하다.

주소 Cosmijeva ul 1 전화 021 362 315 영업 11:00~19:00 예산 반지 80kn~ 가는 방법 나로드니 광장에서 도보 5분

Nova ARSIA

MAP p. 161 D-1

크로아티아에서 가장 유명한 여성 화가인 엘라ELLA의 그림과 소품을 파는 가게. 그녀는 불우한 어린 소녀들을 돕기 위해 터너증후군, 고아, 학대 아동, 실종된 아이들과 당뇨병, 백혈병, 자폐증 등을 겪는 전국의 소녀들에게 '벨라'라는 천사를 만들어 선물했다. 붉은 머리카락과 등에 날개를 단 벨라는 못생겼지만 마음까지 따뜻해지는 웃음을 짓고 있어 누구라도 한번 보면 반하게 된다. 이런 의미가 담긴 천사 벨라가 그려진 그림과 브로치 등은 무척 의미 있는 선물이 될 것이다.

주소 Dominisova ul 13 전화 021 360 059 홈페이지 www.angels-by-ella.com 영업 월~금 08:00~20:30, 토 09:00~13:30 예산 20kn~ 가는 방법 열주 광장에서 황금의 문으로 가는 좁은 골목 안

Aromatica

MAP p. 161 C-1

1991년 시장에 발을 내민 아로마티카는 화장품과 세면 용품을 주로 판매한다. 아드리아 해안과 섬에서 나오는 식물을 기초로 하는 전통적인 생약 제품으로, 자연 친화적이다. 로즈메리, 라벤더, 세이지 등 로컬 허브에서 추출한 에센셜 오일을 사용하고 친환경 비누, 샴푸와 보디 크림을 판매한다. 선물을 구입하는 경우 재활용 갈색 종이에 예쁘게 포장해 준다.

주소 Šubićeva 6 전화 021 345 070 홈페이지 www.aromatica.hr 영업 10:00~19:00 예산 에센셜 오일 60kn~ 가는 방법 나로드니 광장에서 도보 3분

Enoteka Terra

MAP p. 161 D-2

식당과 와인 숍을 같이 운영해 구입한 와인을 식당에서 바로 마실 수 있는 곳. 아치형 석조 천장과 거대한 나무 장식장에 전 세계 와인들이 진열되어 있다. 이곳에서 가장 인기 있는 와인은 포시프Pošip나 플라바치 말리Plavac Mali 같은 크로아티아산 와인이다. 포시프는 코르출라 섬 남부에서 키운 포도 품종으로 만든 크로아티아 첫 번째 와인인데 매운 치즈와 같은 강한 맛의 음식이나 생선 구이와 잘 어울린다.

주소 Prilaz Braće Kaliterna 6 전화 021 341 802 홈페이지 www.vinoteka.hr 영업 월~금 08:00~20:30, 토 09:00~13:30 예산 와인 90kn~ 가는 방법 버스 터미널에서 도보 10분

Art Market

MAP p. 161 C-1

매주 토요일 공화국 광장에서 미술 시장이 열린다. 스플리트에서 일하는 문화 단체 및 개인이 참여할 수 있고 회화, 조각, 보석 등 모든 분야의 예술가들이 자신의 작품을 판매할 수 있다. 미술 시장은 새로운 문화 관광을 홍보하는 장이기도 하다.

영업 토 09:00~15:00 가는 방법 공화국 광장

HOTEL
쉬는 즐거움

휴양지로 유명한 만큼 숙소가 많은 편이지만 호텔은 비싸고, 도미토리는 적은 편이다. 대신 현지인들이 운영하는 민박집이 많다. 민박은 인터넷이나 ⓘ, 현지 여행사 등을 통해 예약할 수 있고 버스 터미널과 항구에 항상 호객꾼이 나와 있다. 3박 이상이면 아파트도 빌릴 수 있다. 숙소는 버스 터미널과 항구가 있는 구시가 주변이 편리하다.

• 스플리트 민박 홈페이지 www.croatiasplitapartments.com

Booze&Snooze

MAP p. 161 C-1

구시가에 위치한 친절한 호스텔. 이곳의 최대 장점은 접근성이 좋은 점, 단점은 방이 매우 작다는 점이다. 도미토리에는 2층 침대와 화장실, 락커가 있다. 매일 밤 호스텔 손님들과 함께 식사를 하거나 맥주를 마시는 등 다양한 이벤트를 진행한다. 나로드니 광장 라코스테 매장 옆 티사크 가판대 뒷골목 끝에 있다.

주소 Trg Narodni 8 전화 021 342 787 홈페이지 www.splithostel.com 요금 도미토리 200kn~ 가는 방법 나로드니 광장에서 도보 3분

Golly&Bossy

MAP p. 161 C-1

오래된 백화점을 리모델링해서 오픈한 디자인 호스텔. 이곳의 가장 큰 특징은 복도와 계단 등 공동 공간은 노란색으로, 개인 공간은 흰색으로 재미있게 구분지어 놓았다는 것. 무엇보다 엘리베이터가 있어 무거운 짐을 들고 계단을 올라가지 않아도 된다. 바닷가 마을답게 침대는 선실을 모티프로 꾸며 놓았다. 1층에는 카페 및 레스토랑이 있고, 구시가에 위치해 관광이 편리하다. 한 가지 단점은 방이 작고 호스텔 간판을 찾지 못해 눈앞에 두고도 헤맨다는 것.

주소 Morpurgova Poljana 2 전화 021 510 999 홈페이지 www.gollybossy.com 요금 도미토리 150kn~ 가는 방법 서문에서 도보 5분

Fiesta&Siesta

MAP p. 161 C-1

부즈&스누즈의 성공 이후, 2010년 구시가에 문을 연 호스텔. 객실은 2~8인용으로 침대는 원목이며 인테리어는 단순하다. 남녀 공용이며, 20시 이후에 도착하는 경우 반드시 24시간 전에 연락해야 한다. 리셉션은 바로 옆의 바Bar다. 호스텔이 세계문화유산 지구에 있으므로 사용에 주의를 해야 한다.

주소 Kružićeva 5 전화 021 355 156 홈페이지 www.splithostel.com 요금 도미토리 200kn~ 가는 방법 나로드니 광장에서 도보 5분

Croparadise Green Hostel

MAP p. 161 D-1

크로아티아와 파라다이스를 조합해 이름을 지은 호스텔. 방마다 다른 색깔을 칠해 아기자기하게 꾸며 놓았다. 구시가와 버스 터미널 모두 가까워 시내 관광이나 근교로 이동하는 데 매우 편리하다. 주변에 블루와 핑크 호스텔과 아파트도 있다.

주소 Čulića Dvori 29　전화 091 444 4194　홈페이지 www.croparadise.com 요금 4인실 도미토리 500kn~ 가는 방법 버스 터미널에서 도보 8분

Silver Central Hostel

MAP p. 161 C-1

새롭게 리모델링된 깨끗한 호스텔. 방마다 에어컨이 설치되어 있어 여름에도 쾌적하게 머물 수 있다. 개인 라커와 인터넷 사용이 가능하다. 최근 형제격인 실버 게이트 호텔Silver Gate Hotel(주소 Hrvojeva 6)을 오픈했다. 버스 터미널에서 도보 5분 거리에 위치한다.

주소 Ulica Kralja Tomislava 1　전화 021 490 805 홈페이지 www.silvercentralhostel.com 요금 8인실 도미토리 145kn~ 가는 방법 버스 터미널에서 도보 10분

Hotel Luxe

MAP p. 161 D-2

비즈니스 여행객이나 신혼부부들에게 인기 만점의 부티크 호텔. 1980년 화재로 사라진 공장터에 새롭게 지은 호텔로 2008년에 문을 열었다. 깔끔한 화이트 톤의 인테리어에 보라색과 파란색을 적절하게 섞고, 거울이나 화려한 전등을 활용해 상

큼한 분위기를 살렸다. 로비와 객실의 가구 또한 세련된 스타일이다. 조식은 룸서비스가 가능하며, Wifi와 주차가 무료로 가능하다. 디오클레티아누스 궁전과 가까운 곳에 위치해 구시가 관광에 편리하다.

주소 Ulica Kralja Zvonimira 6　전화 021 314 444 홈페이지 www.hotelluxesplit.com 요금 더블룸 1680kn~ 가는 방법 버스 터미널에서 도보 5분

Hotel Marmont

MAP p. 161 C-1

19세기, 달마티아의 첫 번째 도로 건설에 공헌한 나폴레옹 군대의 육군대장 마르몽의 이름을 따서 만든 호텔. 마르몽은 달마티아에 큰 변화와 발전을 주었는데 마르몽 호텔도 관광객에게 도움이 되길 바라는 마음에서 이렇게 이름을 지었다고 한다. 객실은 어두운 색의 호두나무 가구로 우아하게 꾸몄고 침대는 천연소재로 만든 시트로 덮여 있다. 에어컨과 TV, 미니 바, 욕실, 헤어드라이어를 갖추고 있다. 객실에서 Wifi를 무료로 사용할 수 있다. 15세기에 지어진 벽으로 둘러싸인 식당에서는 달마티아 특산 요리를 맛볼 수 있다. 호텔 라운지 바는 야외 테라스가 있어 구시가의 풍경을 감상할 수 있다. 구시가 중심에 위치해 있어 관광에 안성맞춤이며 2013년 우수 호텔로 뽑히기도 했다.

주소 Zadarska 13　전화 021 308 060 홈페이지 www.marmonthotel.com 요금 더블룸 1800kn~ 가는 방법 리바에서 도보 3분

Hotel Slavija

MAP p. 161 D-1

구시가 철의 문 근처에 위치한 호텔. 호텔 이름인 슬라비아 Slavija는 슬라브족의 토지와 국가를 의미한다. 르네상스식 계단을 올라가면 로비가 나온다. 호텔은 디오클레티아누스 궁전의 목욕탕이 있던 자리에 세워져 지금은 국가의 보호를 받고 있다. 한때 황제의 목욕탕에서 가장 중요한 방을 조식당으로 사용한다. 그 잔해가 호텔에 남아 있어 호텔의 자부심을 한껏 높여준다. 객실에는 카펫이 깔려 있고, 에어컨, 전화, TV와 욕실에는 드라이어가 갖춰져 있다. Wifi는 무료로 이용할 수 있다. 제일 꼭대기층 방의 테라스에는 테이블과 의자가 구비되어 있어 차를 마시면서 느긋하게 구시가의 풍경을 감상할 수 있다.

주소 Ulica Andrije Buvine 2 전화 021 323 840 홈페이지 www.hotelslavija.hr 요금 더블룸 950kn~ 가는 방법 철의 문에서 도보 3분

Hotel Bellevue

MAP p. 161 B-1

120년 전통의 호텔. 19세기 후반에 지어졌는데, 전형적인 궁전의 외관이 인상적이며 공화국 광장에 위치해 있다. 넓은 테라스가 딸린 레스토랑에서 시원한 바닷바람을 맞으며 먹는 조식은 더욱 맛있다. 심플하게 꾸민 객실 내부에는 에어컨, 침대, 책상, 욕실, TV가 단조롭게 배치되어 있고 Wifi는 무료로 사용할 수 있다. 일부 객실에서는 바다가 보이기도 한다. 프랑스 전 대통령, 예술가와 스포츠 선수들 등 유명인들이 많이 머물렀다.

주소 Ulica Bana Josipa Jelačića 2 전화 021 345 644 홈페이지 www.hotel-bellevue-split.com 요금 700kn~ 가는 방법 공화국 광장에 위치

Hotel Peristil

MAP p. 161 D-1

구시가 은의 문 바로 옆에 위치한 작은 호텔. 12개의 객실은 언제나 빨리 마감된다. 객실에는 에어컨, TV, 미니 바, 샤워부스를 갖추고 있고, 무료 Wifi가 가능하다. 일부 객실에는 1700년 된 궁전의 벽이 그대로 남아 있어 인테리어 소품처럼 사용된다. 또 어떤 객실은 열주 광장과 대성당이 보이기도 한다. 호텔에서 3박 이상 머물 경우 무료로 저녁 식사를 1회 제공하기도 한다.

주소 Poljana Kraljice Jelene 5 전화 021 329 070 홈페이지 www.hotelperistil.com 요금 더블룸 1100kn~ 가는 방법 은의 문 옆에 위치

Hotel Adriana

MAP p. 161 C-1

리바에 위치한 3성급 호텔. 구시가와 가까워 디오클레티아누스 궁전은 물론 해변과 마르얀 언덕으로의 관광이 편리하다. 객실에는 TV, 미니 바, 샤워부스, 에어컨이 설치되어 있고 무료 Wifi를 사용할 수 있다. 해안가에 있는, 테라스가 딸린 레스토랑에서 조식을 먹을 수 있다. 일부 객실에서 바다와 리바의 풍경을 감상할 수 있다.

주소 Obala Hrvatskog Narodnog Preporoda 8 전화 021 340 000 홈페이지 www.hotel-adriana.com 요금 더블룸 850kn~ 가는 방법 리바에 위치

스플리트에서는 **신발을 사야 한다**

"네가 주위 사람들을 사랑하는 것보다 너의 신발을 더 사랑해도 괜찮아." 미국에서 굉장한 히트를 하고 우리나라에서도 많은 여성들에게 공감을 샀던 드라마 <섹스 앤 더 시티>에서 나왔던 대사.

스플리트는 '신발의 도시'라 불릴 만큼 다양한 신발이 모여 있다. 질 좋은 가죽으로 만든 수제 신발, 이름 있는 브랜드의 신발을 판매하는데 가격이 매우 합리적이며 무게도 가벼워 스플리트에 온다면 여행 가방 가득 신발을 채워갈지도 모른다.

Ledenko MAP p. 161 C-1

1967년부터 수공예로 신발을 만들어온 스플리트 장인의 신발 가게. 지금은 딸이 물려받아서 운영 중이다. 여성 신발만 판매하며 독특한 디자인과 최고 품질로 편안함을 추구한다. 명품 브랜드에서 사용하는 이탈리아 공장의 최고급 품질의 가죽으로 신발을 만든다. 수제화이기 때문에 가격대는 만만치 않지만 질 좋은 제품을 생각하면 아깝지 않다.

주소 Zadarska 7 전화 095 852 1129 홈페이지 www.ledenkoshoes.com 영업 월~금 09:00~14:00, 17:00~20:00, 토 09:00~13:00 예산 구두 1200kn~ 가는 방법 마르몬토바 거리에서 도보 5분

Karla MAP p. 161 D-1

옛날이야기는 항상 같은 방식으로 시작된다. "어느 멋진 날, 아름다운 공주가 어쩌고저쩌고 왕자를 만나 살았습니다"라고. 그러나 이야기를 하기 전에 여자에 대해 몇 마디 진실한 조언을 해줬다면 공주는 스스로 아름다운 여자가 될 수 있지

않았을까, 라는 생각에서 시작된 가게다. 이곳은 아름다운 여성을 상상력과 환상이 아닌 현실에서 더 아름다워질 수 있게 도와주는 여성 전용 브랜드다. 1990년에 설립해 처음에는 신발과 핸드백을 판매했지만 지금은 7개의 분점에서 신발, 핸드백, 가죽 지갑 등 다양한 제품을 판매하고 있다. 이곳에 들어오는 모든 여성이 특별할 수 있다니 장사꾼의 상술일지 모르고 어쩌면 뻔한 가게일지 모르지만 속는 셈치고 한번 들러보자.

주소 Dioklecijanova 1 전화 091 466 7406 홈페이지 karla.hr 영업 월~금 08:00~20:00, 토 08:00~17:00 가는 방법 디오클레티아누스 궁전 내 위치

Guliver MAP p. 161 C-1

1980년에 가죽으로 액세서리와 신발을 만들기 시작했으나 지금은 거대 중소기업으로 성장해 크로아티아 전역에서 체인점을 만날 수 있다. 모든 제품을 크로아티아에서 자체 생산하며, 세련된 디자인과 튼튼한 품질, 합리적인 가격으로 여성 소비자들의 마음을 훔쳤다. 인기 있는 상품은 가방, 벨트, 지갑, 신발 등이다. 발이 편한 플랫 슈즈는 250kn부터.

주소 Domaldova Ulica 1 전화 021 347-209 홈페이지 www.guliver.hr 영업 월~금 08:00~20:00, 토 08:00~17:00 예산 플랫 슈즈 250kn~ 가는 방법 나로드니 광장에서 도보 3분

Re Artu MAP p. 161 C-1

2000년 자그레브에서 설립된 회사로 신발, 가방 및 기타 가죽 액세서리를 판매하는 고급 브랜드다. 마치 발레리나의 수줍은 미소를 연상시키는 핑크빛 슈즈나 푸른 아드리아 해를 닮은 청록색 하이힐, 아찔한 금발 미녀의 뒷모습과 같은 금색의 하이힐까지. 한번 보면 다 갖고 싶어지는 마법의 가게다.

주소 Obrov 2 전화 091 4575 006 홈페이지 www.reartu.hr 가는 방법 마르몬토바 거리에서 도보 3분

SOLIN

부서진 고대 로마 유적의 도시

솔린

스플리트에서 5km 정도 떨어진 곳에 위치한 솔린은 로마 시대의 유적으로 유명한 고대 도시다. 원래 일리리아인들이 거주했지만 후에 그리스인들이 머물렀고 그 다음에는 로마인들이 마을을 지었다. 아우구스투스의 통치 기간 동안 로마의 식민지이자, 달마티아 지방의 수도였다. 1세기 로마인들이 원형경기장, 극장, 사원, 목욕탕, 포럼, 도시 벽 등을 세웠고, 중앙 아드리아 해에서 가장 부유하고 인구가 많은 도시가 되었다. 하지만 614년 아바르족Avar과 슬라브족Slavs에 의해 도시가 파괴됐다. 이를 피해 주민들이 스플리트로 이동하면서 쇠퇴하기 시작했다. 유적 대부분은 기둥만 앙상하게 남았지만 전성기 때 로마의 번영을 짐작하게 한다.

미국 드라마 〈왕좌의 게임〉의 배경이 되었으며, 크로아티아 신부들이 뽑는 인기 있는 웨딩 촬영 장소이기도 하다. 검투사와 순교자가 잠들어 있는 언덕이 있는 곳, 죽은 자와 산자가 함께 공존하는 곳이 솔린이다. 가로수길 너머에 있는 진짜 솔린의 모습을 보러 떠나보자.

이들에게 추천!

· 터만 남아 있는 로마의 콜로세움이 보고 싶다면
· 고대 로마 유적지를 보고 싶다면
· 한가롭게 산책을 즐기고 싶은 사람이라면

INFORMATION
인포메이션

ACCESS
가는 방법

유용한 홈페이지

솔린 관광청 www.solin-info.com

관광안내소

중앙 ⓘ

무료 브로슈어를 제공하고, 스플리트 및 트로기르로 가는 버스 시간을 안내한다. 솔린에서 하는 이벤트 등에 대한 자세한 안내도 해준다.
주소 Kralja Zvonimira 69(폭포 맞은편)
전화 021 210 048
운영 월~금 08:00~20:00

투스쿨룸 박물관 ⓘ　　MAP p. 198 B-1

무료 지도 및 솔린 안내 책자를 판매한다. 스플리트로 가는 버스 시간을 안내한다. 박물관 입장료는 20kn.
주소 Don Frane Bulić bb(유적지 내)
전화 021 212 900
운영 4~9월 월~토 09:00~19:00, 일 09:00~13:00, 10~3월 월~토 09:00~15:00
입장료 일반 20kn, 학생 10kn

스플리트 버스 정류장

솔린 버스 정류장

스플리트 및 트로기르에서의 당일치기 여행지로 인기 있다. 스플리트에서 갈 경우 마르몬토바 거리 끝 가예 불라타 광장Trg Gaje Bulata 정류장에서 로컬 1번 버스를 타고 솔린(살로나)에서 하차. 트로기르에서 갈 경우 10, 16, 37번 버스를 타고 솔린에서 하차. 정류장에서 내린 후 길을 건너면 맞은편에 넓은 주차장이 보인다. 주차장으로 걸어가면 솔린 입구가 나온다. 돌아갈 때는 주차장 쪽 정류장에서 버스를 타면 된다. 도보 5분.

버스 요금

스플리트	14kn~	솔린
트로기르	17kn~	솔린

솔린 완전 정복

로마 시대의 이름인 '살로나Salona'라고도 불리는 솔린은 로마 시대 유적지가 있는 작은 마을이다. 솔린은 2000년 전에 아드리아 해안에서 가장 아름다운 한 곳에 세워졌다. 일리리아 부족의 이 작은 항구는 풍부한 문화를 가진 그리스인과 무역을 했고, 그로 인해 로마 시민 다수를 끌어들였다. 솔린이 로마의 영향을 직접적으로 받기 시작한 것은 BC 78년 로마에 정복당한 후였다. 솔린은 문화뿐만 아니라 공식적으로 로마 도시로 성장했다. 마을은 기관, 행정, 법 규범, 종교, 포럼, 바실리카, 사원, 원형경기장 등 로마의 수준에 맞게 새로이 건설되었다. 특히 3세기 로마 황제 디오클레티아누스는 솔린 출신으로, 이곳을 너무 좋아해 솔린과 가까운 스플리트에 궁전을 짓기까지 했다. 로마가 멸망한 뒤 614년 아바르족과 슬라브족에 의해 솔린이 파괴되자 주민들은 이웃 스플리트의 디오클레티아누스 궁전에 자신들의 주거지를 마련했고 주민들이 떠난 솔린은 점점 쇠퇴의 길로 접어들었다.

BEST COURSE 👍

투스쿨룸 ▶ 성공회 센터 ▶ 대중목욕탕 ▶ 성벽 ▶ 황제의 문 ▶ 카플류치 ▶ 원형경기장 ▶ 마나스트리네

예상 소요 시간 3~4시간

여기저기 흩어져 있는 유적들은 투스쿨룸에서 티켓을 구입하고 지도를 얻어 순서대로 돌아보면 된다. 유적은 대부분 무너져 있기 때문에 주로 밖에서 보게 되는데, 규모가 크고 돌아다니며 찾아야 해서 시간이 꽤 걸린다. 가로수 나무가 늘어선 길을 지나서 만나는 언덕 아래의 풍경은 '이곳이 부서지지 않고 남아 있었다면 얼마나 대단했을까?'라는 생각을 갖게 한다. 지금은 부서진 그대로 마을의 공원처럼 되어버렸다. 역사적인 유적지가 제대로 보호를 받지 못하고 방치되어 있는 듯해 조금은 안타까운 마음이 든다.

시내 관광을 위한
KEY POINT

랜드 마크 성공회 센터

베스트 뷰포인트 성공회 센터 앞 언덕에서 바라보는 유적

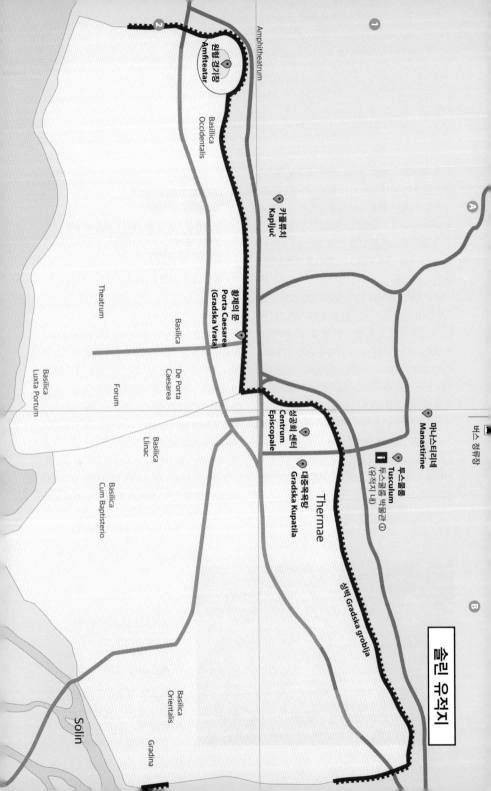

솔린 유적지

Amphitheatrum

원형 경기장
Amfiteatar

Basilica
Occidentalis

카톨묘지
Kapljuč

황제의 문
Porta Caesarea
(Gradska Vrata)

Theatrum

Basilica
De Porta
Caesarea

Basilica
Luxta Portum

Forum

Basilica
Llinac

성공회 센타
Centrum
Episcopale

Basilica
Cum Baptisterio

대중목욕탕
Gradska Kupatila

Thermae

Basilica
Orientalis

Solin

Gradina

성벽 Gradska grobija

마나스티리네
Manastirine

Tusculum
투스쿨룸 박물관 ①
(유적지 내)

투스쿨룸
Tusculum

버스 정류장

A

B

ATTRACTION
보는 즐거움

집과 포도밭 사이에 흩어져 있는 솔린의 유적지는 규모가 꽤 크지만 유럽의 여느 유적지와 달리 아주 조용하고 한적하다. 부서져 남아 있는 모습만 보기에는 시간이 아까울 것 같지만, 스플리트와도 인연이 깊은 도시이기에 역사적 배경을 알고 가면 원래의 멋진 모습을 상상할 수 있을 것이다.

• 솔린 유적지 입장료 일반 30kn 운영 투스쿨룸 박물관 ① 운영시간과 같다(p.196 참조).

Amfiteatar
원형경기장 MAP p. 198 A-2

2세기 후반에 지어진 원형경기장은 솔린 북서부에 있다. 사진에서라도 로마의 콜로세움을 본 사람이라면 멀리서도 이곳이 원형경기장임을 짐작할 수 있다. 마을의 요새 같은 원형경기장은 크로아티아 남서부의 도시 풀라보다는 못하지만 덴마크의 고고학자 디그베Ejnar Dyggve에 의해 잘 보존되었다. 1840년대 말에 최초의 발굴 조사가 시작되었고, 솔린의 지형과 발굴에 대한 책이 출판되어 지금까지 귀중한 자료로 이용되고 있다.
경기장은 1만 7000여 명을 수용할 수 있었으며, 상위 계층의 좌석에 베란다가 있었다. 남쪽에는 검투사 네메시스와 운명의 여신을 숭배하는 아치형 방이 있었고 강당은 입구와 피난을 위해 이중 시스템으로 디자인했다. 원형경기장 남쪽에 살해된 검투사를 위한 묘지가 있다. 비문에는 그들의 이름과 기원, 고향과 싸움의 기술이 적혀 있다. 원형경기장이 이렇게 부서진 것은 17세기 베네치아와 터키의 전쟁 당시 이곳을 은신처로 사용하지 못하도록 터키인들이 부쉈기 때문이라고.

Centrum Episcopale
성공회 센터 MAP p. 198 B-1

사이프러스 나무가 늘어선 길을 따라 내려오면 언덕 아래 보이는 거대한 유적이다. 옛날 솔린 교구의 주교관과 성당이 있던 자리로, 솔린에서 가장 오래된 성당이었다는 것이 디그베의 생각이다. 313년 밀라노 칙령 이후 솔린은 기독교 독려를 위해 두 개의 쌍둥이 대성당Bazilika Urbana, 세례당Biskupska Krstionica, 주교의 방 등 종교 행사를 위한 시설을 갖추었다. 공사는 몇 세기가 걸렸으나 지금은 터만 남아 그 우아함만 상상할 수 있을 뿐이다. 십자형으로 만들어진 세례당만이 불규칙한 벽돌로 재건되었다.

Gradska Kupatila
대중목욕탕 MAP p. 198 B-1

황제의 문

목욕탕은 로마의 도시 문화에서 무척 중요한 부분으로 그들의 사회적, 문화적 삶의 터전이었다. 솔린의 목욕탕은 프라네 뷔리츠Frane Bulić가 발견했고, 가버Gerber에 의해 발굴되었다. 2~3세기 초에 지어진 대도시형 목욕탕으로 건물은 3대칭의 직사각형이다. 왼쪽에는 옷을 갈아입는 두 개의 탈의실이, 서쪽에는 마사지실로 사용한 흔적이 있다. 오른쪽에는 사우나 및 증기욕탕이 있었고 다시 정원을 지나면 체력 단련실이 나온다. 솔린의 목욕탕 벽과 바닥은 모자이크 조각으로 장식됐다. 사실 아무것도 없는 터만 남은 모습을 보고 그때의 모습을 상상하는 게 쉽지 않지만 설명을 열심히 읽고 머릿속으로 그림을 그리면서 둘러보면 그때의 화려함을 떠올릴 수 있을 것이다.

대중목욕탕

Porta Caesarea
(Gradska vrata)
황제의 문 MAP p. 198 B-2

1906년 프라네 뷔리츠에 의해 발굴되었다. 황제 아우구스투스의 통치를 기념해 AD 1년에 동부 도심의 문, 포르타 카이사레아Porta Caesarea, 즉 황제의 문이 만들어졌다. 요새를 목적으로 설계된 문이지만 남쪽의 달마티아 오지로 이어지는 도로의 시작이기도 했다. 문은 이층 구조로, 2층은 주로 경비원이 사용했다. 당시는 장식에 너무 치중한 나머

지 문을 여닫기도 힘들었다고 한다. 도시가 점차 확대되자 황제의 문은 문으로서의 기능을 잃고 마치 파리의 개선문처럼 되어버렸다. 잡초만 무성하게 자란 지금의 모습만 보면 도무지 위풍당당했던 황제의 문이라는 생각이 들지 않는다.

Gradska Groblja
성벽 MAP p. 198 A-2, B-1

로마 시대부터 남아 있는 성벽은 사다리꼴 모양으로 생긴 도시 때문에 건설에만 몇 세기가 걸렸다고 한다. 118~119년 일리리아가 이곳에서 싸우고 있는 동안 집정관 세실리우스 메텔Cecilius Metel이 마을을 보호하기 위해 건설을 명령했고 2세기에 이르러 성벽이 정리되었다. 성벽에 새겨진 비문에 의하면 5세기 초 황제 테오도시우스 2세Theodosius II의 재위 기간 동안 모든 탑이 재건설되었고 6세기 비잔틴 전쟁 때 벽을 복구했다. 3~4세기에는 위험이 없었기에 별다른 증축은 없었다고 한다.

Kapljuč
카플류치 MAP p. 198 A-1

가장 오래된 바실리카Basilica로 다섯 순교자의 묘지가 있다. 디오클레티아누스 황제의 기독교 박해 당시 304년 4월 솔린 원형경기장에서 처형된 사제 아스테리오Aste-rius와 제국 근위 경비 안티오시아누스Antio-chianus, 가이누스Gainus, 파우리니아누스Paulinianus, 텔리우스Telius의 묘지다. 프라네 뷔리츠가 현재 보이는 바실리카와 북쪽 성벽 근처에서 작은 묘지를 발견했고 1871년 조사가 시작되었다. 16개의 이교도와 기독교 석관 유적을 발견했고 그중 절반에 비문이 새겨져 있다. 그러나 모든 석관은 전쟁 시 약탈로 인해 손상되었다. 지금은 한 줄로 늘어선 석관과 성당의 터만 남아 있다. 원형경기장 가는 길에 있어서 앞만 보고 가다가는 지나칠 수 있다.

Tusculum
투스쿨룸 MAP p. 198 B-1

1898년에 초기 기독교 바실리카 유적 근처에 지었다. 외관은 스플리트 성당의 로마네스크 종루에서 가져온 중세 장식 조각, 비문 등으로 장식되어 있다. 내부는 크로아티아의 신부이자 고고학자인 프라네 뷔리츠를 기념해 만들어진 작은 박물관으로, 그의 소원에 따라 스플리트의 화가이면서 수도사였던 신부의 그림으로 채워져 있다. 1층은 방문자를 위한 안내의 방. 2008년 프라네 뷔리츠 사망 50주년을 기념해 만든 방은 그가 소유하던 물건들로, 벽은 유적지를 발굴하는 사진들로 장식해 놓았다. 박물관이라고 하기에는 볼거리가 적으니 안에서 많은 시간을 소비할 필요는 없다.

Manastirine
마나스티리네 MAP p. 198 B-1

초기 기독교 야외 묘지. 버스 정류장에 내려서 입구에 들어서면 처음으로 만나게 되는 유적이다. 기둥부터 제법 그럴싸하게 남아 있어 부서지기 전의 용도를 상상할 수 있다. 솔린 첫 기독교 묘지이지만 가톨릭이 합법화되기 전이기 때문에 현지에서 부르는 이름을 붙였다. 디오클레티아누스 황제의 박해를 받은 주교와 순교자의 무덤으로 가톨릭 역사에서 특히 중요한 곳이다. 디오클레티아누스 황제의 박해로 사망한 성 돈니우스와 살로니탄 주교의 무덤도 이곳에 있었다.
이곳에 남아 있는 석관은 브라치 섬의 채석장에서 가져왔는데 이는 예술적으로도 매우 중요한 발견이다. 솔린에서 발굴된 많은 유적들은 스플리트 고고학 박물관에 전시되어 있다. 이곳에서 유적을 본 후 스플리트로 돌아가 고고학 박물관을 방문한다면 새로운 느낌을 받을 수 있을 것이다.

TROGIR

시대를 아우르는 작은 건축 박물관

트로기르

트로기르는 크로아티아 본토와 치오보Ciovo 섬 사이에 있는 작은 섬으로 본토와는 돌다리로 연결되어 있고, 치오보 섬과는 개폐형 다리가 연결된 천혜의 요새 도시. 공중에서 찍은 트로기르의 사진을 보면 두 섬 사이에 있는 모습이 무척 신비롭다. 도시는 기원전 3세기 그리스인이 정착하면서 형성되었고 11세기에는 대주교관구로 승격되어 자치권을 인정받았다. 그 후 수많은 외세의 침략과 견제를 받아 왔는데, 1406년에 베네치아공화국이 이곳을 사들여 1797년까지 지배했다. 헬레니즘 시대에 건축된 다양한 양식의 건물들을 비롯해, 중세 거리의 모습과 문화가 오늘날까지 잘 보존되어 있어 작은 건축 박물관으로도 불린다. 1997년 세계문화유산으로 지정되었다.

이들에게 추천!

· 스플리트 근교의 당일치기 여행지를 찾는다면
· 중세 거리의 모습이 남아 있는 바다 위 은둔의 도시에 관심 있다면
· 로마네스크와 고딕, 르네상스, 바로크 양식의 건축물을 한곳에서 모두 보고 싶다면

INFORMATION
인포메이션

ACCESS
가는 방법

유용한 홈페이지

트로기르 관광청 www.visittrogir.hr

관광안내소

중앙 ① MAP p. 205 B-1

무료 지도와 간단한 브로슈어 제공. 스플리트와 자다르행 버스 시간표를 얻어두면 유용하다.
주소 Trg Ivana Pavla II/1
전화 021 885 628
운영 09:00~19:00

우체국 MAP p. 205 B-1

주소 Ulica Blaža Jurjeva Trogiranina 5
전화 021 881 452
운영 월~금 09:00~18:00

트로기르는 스플리트에서 당일치기 여행지로 가장 인기 있으며 고속버스와 37번 시내버스가 운행한다. 스플리트 버스 터미널에서 자다르행 고속버스가 수시로 출발하며 트로기르에 정차한다. 소요 시간은 약 40분. 37번 시내버스는 스플리트 구시가에서 북동쪽으로 1㎞ 떨어진 도모빈스코그Domo-Vinscog 거리의 수코이산Sukoišan 터미널에서 출발한다. 정류장마다 서기 때문에 1시간 정도 걸린다. 스플리트에서 트로기르로 갈 때는 고속버스를 이용하는 게 편리하고 돌아올 때는 고속버스와 37번 시내버스 중 먼저 오는 것을 이용하면 된다. 버스는 모두 트로기르 버스 터미널에 도착한다. 버스에서 내린 후 돌다리를 건너면 구시가의 입구인 북문(육지의 문)이 나온다. 북문으로 들어서면 오른쪽에 ①가 있다.

버스 요금

스플리트	고속버스 30kn	트로기르
스플리트	시내버스 21kn	트로기르

알아두세요!

스플리트에서 자다르행 버스를 타면 트로기르, 프리모스텐, 시베니크를 경유한다. 트로기르가 워낙 작아 시베니크, 트로기르 또는 프리모스텐, 트로기르 등 두 도시를 묶어 돌아볼 것을 추천한다.

트로기르 완전 정복

트로기르의 역사 지구는 본토와 다리로 연결된 작은 섬이다. 점처럼 작지만 매력 있는 섬이라 '달마티아의 작은 눈물'이라고 부르기도 한다.

마을의 수호성인 이반 오르시니Saint Ivan Orsini의 조각상이 있는 북문으로 들어서면 골목길이 미로처럼 얽혀 있는 구시가가 나온다. 어느 골목길로 들어서든 구시가의 중심 **이바나 파블라 광장**Trg Ivana Pavla으로 통한다.

광장 주변에 성 로브로 대성당과 종탑, 시청사, 치피코 궁전 등 주요 명소들이 모여 있고 레스토랑, 카페, 기념품점도 많다. 우선 트로기르를 대표하는 성 로브로 대성당을 둘러본 후 종탑에 올라가 보자. 구시가와 바다 위에 떠 있는 멋진 섬을 감상할 수 있다. **성 로브로 대성당** 맞은편에는 시계탑을 중심으로 오른쪽에는 15세기에 지은 아름다운 회랑 모양의 트로기르 시 복도가 있고, 왼쪽에는 **시청사**가 있다. 시청사와 시계탑 사이를 걸어가면 14~17세기의 회화, 조각, 문서 등을 전시한 세례 요한 성당이 나온다. 성당은 13세기 로마네스크 양식의 건물이다.

해안가 산책로로 나오면 멋진 요트들이 정박해

이것만은 놓치지 말자!

❶ 성 로브로 대성당 종탑에 올라 아름다운 트로기르 구시가 감상하기

❷ 해안가를 따라 산책하듯 걷다 분위기 좋은 레스토랑에서 맛있는 식사하기

❸ 중세로 돌아간 듯한 이국적인 풍경의 골목 거닐기

시내 관광을 위한 KEY POINT

랜드 마크 이바나 파블라 광장

BEST COURSE 👍

성 로브로 대성당 ▶ 시청사 ▶ 성 니콜라 수도원 ▶ 성 도미니크 수도원과 성당 ▶ 카메를렌고 요새 ▶ 도시 박물관

예상 소요 시간 3~4시간

있고 그 맞은편으로 치오보 섬이 보인다. 해안선을 따라 오른쪽으로 걸어가면 남쪽 성벽의 일부가 남아 있는 루치 궁전이, 궁전 옆에는 11세기의 **성 니콜라 성당**과 14세기에 지은 **성 도미니크 성당**이 있다. 해안선을 따라 더 걸어가면 13~15세기 베네치아의 해군기지로 사용된 **카메를렌고 요새**가 나온다. 현재는 각종 공연을 펼치는 이벤트홀로 사용하고 있다. 해안선을 따라 산책하듯 유적지를 돌아본 후에는 다리를 건너 치오보 섬으로 가보자. 특별한 유적지는 없지만 트로기르 섬을 감상하는 데 더없이 좋은 곳이다.

트로기르는 워낙 작아서 섬 전체를 돌아보는 데 2~3시간이면 충분하다. 지도 없이 마음 가는 대로, 발길 닿는 대로 미로 같은 골목길을 거닐어 보자. 분위기가 다른 좁은 골목이 계속 나타나 무척 흥미롭다. 기념품점을 기웃거리거나 아름다운 건물을 살펴보면서 돌아다니는 것이 트로기르 관광의 포인트다. 해산물 요리가 유명하니 점심은 해안가에 있는 해산물 레스토랑에서 즐겨보자.

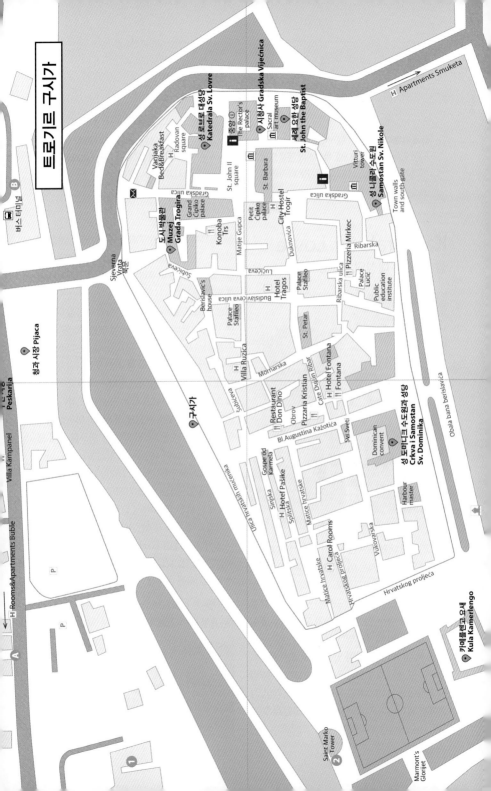

트로기르 구시가

버스 터미널 B
H Apartments Smuketa

Vanjaka Bed&Breakfast
Radovan square
성 로브로 대성당 ● Katedrala Sv. Lovre
중앙 ⓘ The Rector's palace
시청사 Gradska Vijecnica
시청사 art museum
세례 요한 성당 St. John the Baptist
성 니콜라 수도원 ● Samostan Sv. Nikole
Vitturi tower
St. John II square
St. Barbara
Gradska ulica
Town walls and south gate

Sjeverna Vrata 북문
도시 박물관 ● Muzej Grada Trogira
Grand Cipiko palace
Petit Cipiko palace
City Hostel Trogir
Konoba Trs
Matije Gupca
Dukonovića
Pizzeria Mirkec
Ribarska

Subiceva
Berislavić's house
Palace Stafileo
Hotel Tragos
Budislavljeva ulica
Palace Stafileo
Palace Lucić
Public education institute
Ribarska ulica
Lucićeva
St. Petar

청과 시장 Pijaca

Villa Kampanel
Peskarija
H Rooms&Apartments Buble
H Rooms&Apartments Buble

구시가

Villa Ružica
Mornarska
Subiceva
Restaurant Don Dino
Pizzaria Kristian
Cate Dujan Ribar
H Hotel Fontana
Fontana
Obrov
Bl.Augustina Kažotića
Svi Sveti
성 도미니크 수도원과 성당 Crkva i Samostan Sv. Dominika
Dominican convent
Harbour master
Obala bana berislavića

Ulica Hrvatskih mucenika
Gospe od Karmela
H Hotel Pašike
Sinjska
Splitska
Matice Hrvatske
H Carol Rooms
Matice Hrvatske
Hrvatskog proljeća
Vukovarska
Hrvatskog proljeća

P
P

Saint Marko Tower
카메를렌고 요새 ● Kula Kamerlengo
Marmont's Glorijet

📷

ATTRACTION
보는 즐거움

트로기르의 구시가는 헬레니즘 시대부터 시대의 흐름에 따라 건축된 다양한 양식의 건물이 잘 보존되어 있어 1997년 세계문화유산에 등록되었다. 바다 위에 떠 있는 성 안에 들어서는 순간 과거로의 여행이 시작된다. 그리고 해안가로 나가면 그림 같은 풍경에 감탄사가 절로 나온다.

Katedrala Sv. Lovre
성 로브로 대성당 MAP p. 205 B-1

라도반의 문

성 로브로 대성당 종탑

트로기르를 대표하는 건축물. 13~15세기에 로마네스크 양식으로 지은 이 성당은 크로아티아에서도 걸작으로 꼽히는 건물로, 조각 하나하나가 정교하기 그지없다. 특히 라도반Radovan이 조각한 성당 정문에는 예수 탄생과 경배의 모습, 예수의 십자가 고행 등이 새겨져 있다. 맨 위에는 주교 성 이반 오르시니의 조각상이 있는데, 주교는 온몸의 가죽이 벗겨진 채 화형을 당하며 순교했다. 문 양쪽 기둥에는 베네치아의 상징인 사자 조각이, 그 위에는 달마티아 지방에서 가장 오래된 누드 조각인 아담과 이브가 새겨져 있다. 기둥에는 성인

상 부조가, 가운데 기둥에는 계절의 달이, 가장 안쪽에는 사냥하는 모습과 꽃이 정교하게 새겨져 있다. 모든 부조는 독특함과 정교함의 극치로 찬사를 받고 있다.

성당 안으로 들어서면 달마티아에서 가장 아름다운 15세기 르네상스 유물인 성 이반 예배당을 볼 수 있다. 1468~87년에 니콜라스 플로렌스Nicholas Florence가 만든 작품으로 성 이반 오르시니 주교에게 바쳐진 성당이다. 이반 오르시니 주교의 석관을 예수가 내려다보고 있는 모습의 조각이 있고 위쪽의 반원형 부조는 성모 마리아의 대관식 장면이다. 격자무늬 천장 중앙에서는 지구를 손에 들고 있는 하느님이 세상을 내려다보고 있다. 좌우 벽에는 12~13명의 성인들 조각상이 새겨져 있다. 47m의 종탑은 15세기 초기 고딕 양식이었으나 그 후 2세기 동안 베네치아, 고딕, 르네상스 양식이 추가되었다. 꼭대기에는 4대 복음서 저자들인 마태오, 루가, 요한, 마르코 성인상이 장식되어 있다. 아찔한 계단을 오르면 커다란 종이 있는데 이곳에서 트로기르를 한눈에 내려다볼 수 있다.

운영 월~토 08:00~18:00, 일 12:00~18:00 입장료 성당 + 종탑 25kn 가는 방법 북문에서 도보 5분

종탑에서 본 구시가 풍경

Gradska Vijećnica
시청사 MAP p. 205 B-2

광장 남쪽의 시계탑 옆에 있는 시청사는 소박한 모습이다. 15세기에 성당의 예배당을 설계한 니콜라스 플로렌스가 로마네스크 양식으로 지었는데, 복도를 따라 들어가면 아름다운 안마당과 계단이 펼쳐진다. 당시 중세 베네치아의 유행을 따라 만들었으며, 계단 아래에서 조각가 마테예 고예코비체의 머리 조각상을 찾을 수 있다. 시청사 옆 시계탑은 원래 뱃사람들의 수호성인인 성 세바스티안을 위해 세운 교회였다고 한다. 시계탑 문 위에는 예수와 성 세바스티안의 조각이 있는데, 성 세바스티안의 머리에는 비둘기가 앉아 있고 왼손에는 성서를, 오른손에는 장미와 포도 덩굴을 들고 있다. 내부에는 독립 운동가들의 작은 묘비가 있다. 시계탑 옆에 있는 건물은 재판소(법원)로 사용되던 코린트식 주랑의 건물로 외부의 벽이 없다. 안으로 들어가면 왼쪽 벽 중앙에 저울을 들고 있는 여인의 조각상이 있다. 법원 중앙 벽에는 성인 반열에 오른 주교 페트루 베리슬라비추Petru Berislavicu의 부조가 있는데, 이는 이반 메슈트로비치Ivan Meštrović의 작품이다.

가는 방법 성 로브로 대성당 맞은편

Samostan Sv. Nikole
성 니콜라 수도원 MAP p. 205 B-2

트로기르에서 유일하게 보존된 베네딕트회 수도원. 수도원은 1066년에 작고 오래된 교회의 부지에 지어졌다. 16세기에 종탑이 추가되었고 1700년대 바로크 양식으로 재건되었다. 이곳을 방문해야 하는 이유는 트로기르의 상징인 카이로스Kairos의 대리석 부조가 있기 때문이다. 이는 그리스 신화에 나오는 기회의 신으로 1928년에 발견되어 학자들 사이에서 센세이션을 일으켰다. 작가 미상의 작품으로 다른 곳과 달리 이곳의 작품은 독특한 오렌지색이다.

카이로스는 그리스 신화의 제우스의 아들이며 덥수룩한 앞머리와 짧은 뒷머리, 발에 날개를 달고 손에는 저울과 칼을 들고 있다. 그는 앞머리로 자신의 모습을 가려 사람들이 알아보지 못하게 하고, 뒷머리도 짧게 해 누구도 붙잡지 못하게 했다고 한다. 발에 달린 날개를 이용해 최대한 빨리 날았고, 기회만 생기면 저울을 꺼내 정확히 판단하고, 끊을 때는 칼같이 잘랐다고 한다. 안타깝게도 트로기르의 카이로스는 날개와 저울, 칼은 훼손되어 그 형태만으로 미루어 짐작할 뿐이다. 놓치지 말아야 할 또 다른 작품은 안토니오 잔시Antonio Zanch, 파울로 베네치아Paolo Veneziano, 니콜로 그라시Nicollo Grassi의 합작품으로 여러 가지 빛깔이 나는 나무에 그린 13세기의 작품 '성모자상'이다.

운영 6~9월 월~토 08:00~12:00, 16:00~19:00(그 외에는 예약자만 방문 가능) 휴무 일요일 요금 일반 20kn 가는 방법 북문에서 도보 4분

Crkva I Samostan Sv. Dominika
성 도미니크 수도원과 성당 MAP p. 205 A-2

지금은 사라진 성벽의 일부인 루치 궁전 옆에 지은 성 도미니크 수도원과 성당은 14세기 로마네스크, 고딕 양식 건물이다. 브라치 섬의 돌로 만들었으며 1469년에 니콜라 피렌티닉이 르네상스 스타일로 재건축해 지금의 모습을 갖추었다. 수도원 회랑을 지나면 만나는 성당은 14세기에 만들었으며 한 손에 묵주를 들고 예수를 안고 있는 신비한 성모 마리아상이 눈길을 끈다. 이는 1571년 레판토 전투에서 터키에 승리한 후 감사의 마음으로 만들었다고 한다.

놓치지 말고 봐야 할 것은 남쪽 벽면에 세워진 평범해 보이는 소보타Sobota 가문의 무덤이다. 내려오는 이야기에 따르면 아름다웠던 선장의 아내 로라는 소보타의 아들 사이몬을 남몰래 좋아했다. 그러나 사이몬이 다른 여자들과 염문을 뿌리고 다니자 짝사랑에 지친 로라는 그를 미워하고 복수하기로 마음을 먹었다. 로라는 남편에게 말도 안 되는 얘기를 지어내 두 부자를 모함했고 그녀의 남편은 자객을 파견해 두칼레 궁전 옆에서 사이몬과 그의 아버지 이반을 죽인 후 태연하게 베네치아로 떠났다. 이 불행한 사건으로 카타리나 소보타는 한꺼번에 아들과 남편을 잃은 불행한 여인의 대명사가 되었고, 그녀는 라틴어로 비문을 쓰고 이 무덤을 지어 마음을 달랬다고 한다.

운영 08:00~12:00, 16:00~19:00 가는 방법 이바나 파블라 광장에서 도보 10분

Kula Kamerlengo
카메를렌고 요새 MAP p. 205 A-2

트로기르 섬 서남쪽, 야자수 길이 끝나는 곳에 위치한 요새로 한때는 도시를 둘러싼 성벽의 일부였다. 13, 15세기에 베네치아인들이 축성해 군사기지로 사용했다. 당시 사령관이던 카메를리우스의 이름을 붙인 것이 이름의 유래라고 한다. 지금은 야외극장, 이벤트 장소로 이용되고 있다. 요새 바로 옆에 홀로 서 있는 건물은 마르코 탑이다. 15세기 터키와의 전쟁 때 방어 목적으로 지은 것으로 당시에는 요새와 연결되어 있었다고 한다.

운영 09:00~21:00 입장료 25kn 가는 방법 이바나 파블라 광장에서 도보 10분

Muzej Grada Trogira
도시 박물관 MAP p. 205 B-1

1966년 마을의 진주라 불리는 가라그닌 판포그나 궁전Palača Garagnin-Fan-fogna에 문을 열었다. 총 5개의 전시관으로 책, 문건, 그림, 의상 등이 전시되어 있으며 20세기까지의 도시의 정치와 문화, 예술의 발전을 순차적으로 보여준다. 그리스·로마 시대의 유적과 달마티아와 트로기르 귀족 문장이 찍힌 베네치아공화국의 화폐, 레판토 전투에서 받은 트로피와 트로기르 귀족의 갑옷과 초상화 등을 볼 수 있다. 유명한 고딕 양식의 화가 블라즈 유레프 트로기라닌Blaz Jurjev Trogiranin의 완벽한 컬렉션도 전시되어 있다.

운영 10~5월 월~금 09:00~14:00, 6·9월 월~토 10:00~12:00, 17:00~20:00, 7·8월 09:00~12:00, 18:00~21:00 요금 일반 20kn, 학생 15kn 가는 방법 북문에서 도보 3분

FOOD
먹는 즐거움

해안가에 위치한 만큼 해산물 요리와 달마티아 요리가 식당의 주메뉴지만 이탈리아 요리인 피자와 파스타 가게도 심심찮게 찾아볼 수 있다. 메인 부두를 따라 분위기 좋은 레스토랑과 카페가 자리를 잡고 있고, 이바나 파블라 광장에서 카메를렌고 요새 방향으로 걸으면 만나는 루치체바 거리Lučićeva 와 부디슬라비체바 거리Budislavićeva Ulica, 블라제노그 아우구스티나 카조티차 거리 Ulica Blaženog Augustina Kažotića 사이에 식당이 들어서 있는 편이다. 음식은 대체로 짜기 때문에 주문할 때 꼭 소금을 적게 넣어 달라는 말을 빼놓지 말자.

Fontana

MAP p. 205 A-2

크로아티아의 맛집으로 여러 번 상을 받은 유명한 집. 부두를 따라 카메를렌고 요새 가는 길에 위치하고 있다. 초록색으로 인테리어를 한 내부는 깔끔하면서도 편안한 분위기다. 여름에는 테라스 좌석이 인기 있다. 종업원 모두 영어가 능숙하며 친절하다. 주방이 오픈되어 있어서 더욱 청결하게 느껴진다. 이 집의 주메뉴는 달마티아 요리와 신선한 생선 요리다. 생선 요리는 보통 kg으로 판매하기 때문에 2명 이상이 와야 덜 부담스럽다.

주소 Obrov Ulica 1 영업 11:00~24:00 예산 꼬치그릴 구이 50kn~, 맥주 15kn~, 리소토 40kn~ 가는 방법 해안가 산책로에 위치

Konoba Trs

MAP p. 205 B-1

포도 덩굴이 늘어진 테라스가 멋진, 13세기에 지어진 작은 식당. 시내 중심에 위치해 있지만 분위

기도 좋고 직원들도 친절하다. 혼잡한 식사를 피하고 싶다면 조금 이른 점심이나 저녁 시간을 추천한다. 가볍게 먹을 수 있는 추천 요리는 오징어 파스타와 블랙 리소토. 쌀알이 탱글탱글해서 씹는 맛이 일품이다. 저녁에 먹을 만한 메인 요리는 참치 스테이크. 함께 나오는 양파 소스가 참치와 잘 어우러져 훌륭한 맛을 낸다. 이 밖에 올리브 오일에 절인 양고기와 염소 치즈, 수제 햄과 곁들여 나오는 콩과 브로콜리 등의 채소에 바비치Babić를 곁들여 마시면 최고의 만찬이 된다. 해산물이 잡히는 시기에 따라 메뉴는 약간씩 달라진다. 음식이 늦게 나오는 단점이 있지만 분위기를 즐기며 느긋하게 기다려보자.

주소 Matije Gupca 14 전화 021 796 956 홈페이지 www.konoba-trs.com 운영 11:00~23:00 예산 리소토 75kn~, 하우스 와인 15kn~ 가는 방법 성 로브로 대성당에서 도보 5분

Pizzaria Kristian

MAP p. 205 A-2

골목에 위치한 피자집. 피자와 파스타뿐만 아니라 달마티아 요리와 지중해 요리를 내놓는데 골목에 위치한 것치고는 맛도 있고, 종업원들이 친절해 사람들이 알아서 찾아온다. 실내에 시원한 자리가 있고, 해를 받으며 먹을 수 있는 테라스 석도 있다. 요리를 시키면 식전 빵을 주는데, 토핑을 올리지 않고 구운 피자 같은 빵에 올리브 오일을 살짝 뿌렸는데 꽤 고소해 입맛을 자극한다. 달마티아식 양고기는 냄새를 잡기 위해 올리브 오일과 마늘로 버무렸다. 살짝 질길 수 있기 때문에 미디엄보다는 웰던으로 속까지 익혀 먹는 게 좋다.

주소 Ulica Blaženog Augustina Kažotića 9 운영 11:00~23:00 예산 피자 70kn~ 가는 방법 성 도미니크 수도원에서 Ulica Blaženog Augustina Kažotića 골목으로 도보 3분

달미티아식 양고기

Restaurant Don Dino

MAP p. 205 A-2

구시가에 위치한 오랜 전통의 패밀리 레스토랑. 2013년 유수의 잡지에서 최고의 요리사 10명 중 한 명으로 뽑힐 만큼 훌륭한 셰프가 요리를 선보인다. 돈 디노의 셰프는 지역의 유기농 농산물과 신선한 해산물, 고기를 사용해 최고의 달마티아,

지중해, 이탈리아 요리를 만든다. 씹을수록 입안에서 부드럽게 녹아내리는 송아지 스테이크와 국물 없이 잔잔하게 졸인 홍합 볶음, 매콤한 오징어 스튜와 크게 한입 베어 물면 좋을 문어 다리 샐러드, 참치 스테이크 등이 이 집의 대표 메뉴다. 메인 메뉴의 가격이 조금 부담스럽다면 12~16시까지 조금 저렴하게 선보이는 점심 메뉴를 만나보자. 3가지 다른 메뉴를 준비하는데 2명이라면 각기 다른 메뉴를 시켜 나눠 먹어보자.

주소 Ulica Blaženog Augustina Kažotića 8 전화 021 882 656 홈페이지 www.dondino.hr 운영 09:00~24:00 예산 런치 메뉴 145kn~ 가는 방법 해안 산책로의 성 도미니크 수도원 골목으로 직진, 골목이 끝나는 오른쪽에 위치

Pizzeria Mirkec

MAP p. 205 B-2

© Pizzeria Mirkec

구시가 항구에 위치한 피자집. 테라스에 앉아서 바다를 바라보며 화덕에서 갓 구운 피자를 먹으면 평소에 먹는 피자도 더 맛있게 느껴진다. 신선한 생 햄이 가득 올라간 햄 피자나 보기만 해도 건강해지는 시금치 피자를 한입 베어 물면 입안 가득 그윽한 맛이 퍼진다. 홍합 리소토나 오징어 샐러드 등의 다른 음식도 맛있어서 항상 사람이 많다.

주소 Budislavićeva 15 전화 021 883 042 홈페이지 www.pizzeria-mirkec.hr 운영 10:00~24:00 예산 시금치 피자 70kn~ 가는 방법 구시가 항구에 위치

HOTEL
쉬는 즐거움

스플리트에 비해 소박하고 한적해서 1박 2일 머물며 차분한 시간을 보내기에 좋다. 요금에 비해 숙박 시설이 훌륭하다는 게 가장 큰 매력이다. 단, 시설이 많지 않아 미리 예약을 하는 게 좋다.

Rooms&Apartments Buble MAP p. 205 A-1

© Apartments Buble

구시가와 300m 떨어진 곳에 있는 집으로 최근에 지어졌다. 멀리서도 보이는 하얀색 외관과 작은 정원이 인상적인 곳이다. 실내는 파스텔 톤으로 꾸며져 있어 편안함을 준다.

주소 Ulica Kardinala Alojzija Stepinca 118 전화 091 250 6800 홈페이지 www.apartments-buble.com 요금 2인실 150kn~ 가는 방법 구시가에서 도보 5분

Vanjaka Bed&Breakfast

MAP p. 205 B-1

© Vanjaka

대성당 옆에 있는 B&B. 방마다 에어컨, 인터넷, TV, 샤워 시설과 헤어드라이어를 갖춘 최적의 시설을 자랑한다. 요금에 아침 식사도 포함되어 있다. 조용한 2인실을 찾는 여행자에게 추천한다.

주소 Radovanov Trg 9 전화 021 884 061 홈페이지 www.vanjaka.hr 요금 2인실 비성수기 530kn~ 가는 방법 이바나 파블라 광장, 대성당 옆으로 도보 3분

City Hostel Trogir

MAP p. 205 B-2

성 로브로 대성당이 있는 광장에 위치한 호스텔. 실내는 그리 넓지 않지만 자주색과 연두색을 적절히 사용해 깔끔하면서 세련되게 꾸몄고, 공간 활용을 잘해서 좁다는 느낌이 들지 않는다. 리셉션은 24시간 문을 열고, 머무는 동안 모닝콜 서비스도 가능하다. 객실은 혼성 도미토리만 있고, 에어컨과 Wifi가 가능하다. 담요와 수건을 무료로 제공 받을 수 있고, 구시가의 광장에 위치해 있어서 모든 관광이 도보로 가능하다.

주소 Gradska Ulica 27 전화 092 305 2005 요금 6인실 도미토리 160kn~ 가는 방법 성 로브로 대성당에서 도보 3분

© City Hostel Trogir

Apartments Smuketa

MAP p. 205 B-2

치오보 섬에 있는 숙박 시설로 원목과 파스텔 톤 가구로 꾸며서 아늑하고 화사한 느낌이 난다. 2인 실과 가족을 위한 4~5인실이 있고, 방마다 TV, 헤어드라이어, 에어컨 등의 시설을 갖추고 있으며 부엌도 있다. 꽃으로 만발한 정원도 아름답다. 구시가에서 500m 정도 떨어져 있다.

주소 Gospe Kraj Mora 28 전화 091 592 1950 홈페이지 www.apartmentsintrogir.com 요금 2인실 350kn~ 가는 방법 치오보 섬에 위치. 구시가에서 도보 15분

© Smuketa

Villa Ruzica

MAP p. 205 B-1

구시가에 위치한 빌라. 주변과 어우러진 멋스러운 건물 안으로 들어가 깨끗한 방문을 열면 침대와 옷장, TV가 깔끔하게 정리된, 쉬고 싶은 방을 만날 수 있다. 빌라 전체는 무료 Wifi가 가능하다. 방 창문을 열면 아드리아 해가 보이는 멋진 풍경이 펼쳐진다. 엘리베이터가 없어서 가방이 무거운 여행자가 높은 층의 방을 배정받을 경우 힘겹게 올라가야 하는 아주 작은 단점이 있을 뿐이다.

주소 Šubićeva Ulica 15 전화 091 796 6433 홈페이지 www.villaruzica.com 요금 2인실 370kn~ 가는 방법 구시가에 위치

Villa Kampanel MAP p.205A-1

구시가지에서 약 200m 거리에 위치한 빌라. 2013 년 리노베이션된 넓은 객실은 빨간색 소파와 보라색 커튼 등 원색을 이용한 감각적인 인테리어로 손님을 맞이한다. 몇 개의 객실은 주방 시설이 되어있어 음식을 해먹을 수도 있다. 모든 객실엔 에어컨과 무료 Wifi가 가능하다. 옥상 테라스에서 석양을 보는 낭만은 덤이다.

주소 A.Stepinca 16 전화 021 796 524 홈페이지 www.villakampanel.com 요금 더블 룸 230kn~ 가는 방법 버스 터미널에서 청과시장 방향으로 도보 5분

Carol Rooms

MAP p. 205 A-2

구시가에 있는 민박집. 친절한 주인장과 깨끗한 시설로 여행자들에게 제법 입소문이 난 곳. 애완동물도 환영받는 곳이다. 근처에 슈퍼마켓이 있어 장보기도 편하다. 요금은 시즌에 따라 다르다.

주소 Matice Hrvatske 43 전화 092 238 9959 홈페이지 www.trogirhostel.com 요금 3인실 도미토리 150kn~, 2인실 330kn~(비수기 요금) 가는 방법 버스 터미널에서 300m

Hotel Fontana

MAP p. 205 A-2

구시가에 위치한 가족 호텔. 그림처럼 아름다운 호텔로 1997년 마드리드에서 열린 제 22회 관광, 호텔, 외식 산업부문에서 국제상을 수상하기도 했다. 3성급 호텔이고 15개의 방이 있다. 실내는 세월의 냄새가 배어나는 원목을 이용해 심플하게 꾸몄다. 슈피리어와 일반 객실로 나눠지는데, 슈피리어에는 자쿠지와 넓은 더블 침대, LCD TV와 거실로 이뤄져 있고, 일반 객실은 욕조 대신 샤워 룸이 있다. 250석 규모의 레스토랑 '폰타나'의 달마티아 음식들은 언제나 인기 만점이다. 구시가에 위치해 도보 여행이 가능하며 적은 예산으로 편하게 쉬고 싶은 여행자에게 좋은 선택이 된다.

주소 Obrov Ulica 1   전화 021 885 744   홈페이지 www.fontana-trogir.com 요금 더블룸 670kn~ 가는 방법 구시가에서 도보 5분

Hotel Tragos

MAP p. 205 B-2

18세기 바로크 양식의 궁전 내부를 복원해 운영 중인 호텔. 궁전이라는 설렘을 안고 동화 속의 공주님 방을 상상하며 객실 문을 열었다면 약간 실망할 수도 있지만 넓어서 짐을 풀고 쉬기 좋다. 오크 가구를 심플하게 배치했지만 오렌지, 화이트, 하늘색을 이용해 포인트를 주어 단조롭지 않다. 에어컨, 전

화, 헤어드라이어, TV, 금고가 있으며, Wifi를 이용할 수 있다. 1층의 식당은 나무 천장과 돌 타일 및 덩굴을 이용해 장식했다. 지역에서 나는 유기농 재료를 이용한 지중해 요리가 유명하다. 여름에는 분위기 있는 식사를 즐길 수 있는 야외 정원이 인기있다.

주소 Budislavićeva Ulica 3   전화 021 884 729   홈페이지 www.tragos.hr 요금 더블룸 820kn~ 가는 방법 북문에서 도보 7분

Hotel Pašike

MAP p. 205 A-2

가족이 대를 이어 운영하는 유서 깊은 호텔. 입구에 도착하면 트로기르 민족의상을 입은 친절한 직원이 환영해 준다. 객실은 총 13개의 일반실과 1개의 스위트가 있는데, 객실에 있는 19세기의 오래된 앤티크 가구 덕분에 여성 손님들에게 인기가 많다. 모든 객실에는 욕실과 수압 마사지가 가능한 샤워, 에어컨, 미니 바, 전화, TV, 금고, 헤어드라이어, Wifi가 제공된다. 호텔에 도착하면 환영 음료가 무료로 제공된다. 구시가에 위치해 관광에도 안성맞춤이다.

주소 Splitska 4   전화 021 885 185   요금 더블룸 700kn~ 가는 방법 북문에서 도보 10분

© Hotel Pašike

HVAR

라벤더 향기 가득한 섬
흐바르

흐바르는 유명 여행 잡지들에서 앞다퉈 다룬 세상에서 가장 아름다운 섬으로 손꼽는 곳이다. 일찍이 베네치아공화국의 지배를 받아서 당시에 지은 화려한 건물들이 시내 곳곳에 남아 있으며, 해안선이 잘 발달되어 있어 해수욕을 즐기기도 좋다. 특히 라벤더 최대 산지로 이름나 있어 사시사철 온 섬을 뒤덮고 있는 싱그러운 라벤더 향기를 바다 내음에 실어내고 있다.

또한 흐바르 섬은 아드리아 해에서 일조량이 가장 풍부해서 크로아티아의 2대 와인 생산지로도 유명하고 크로아티아에서 가장 사랑받는 여름 휴양지 중 하나다.

팝스타 비욘세와 영국의 해리 왕자, 영화배우 톰 크루즈가 방문해 크로아티아의 주간지 1면을 장식하는 등 흐바르의 인기는 식지 않을 전망이다. 아드리아 해를 유람 중이라면 라벤더 향기 가득한 낭만의 섬, 흐바르에 꼭 들러보자. 온화한 기후, 멋진 해변과 향기 좋은 라벤더 언덕이 있는 흐바르 섬은 아드리아 해의 보물 중 하나니까!

이들에게 추천!

· 라벤더 꽃이 만발한 언덕을 보고 싶다면
· 낭만이 가득한 섬에서 쉬고 싶은 사람이라면
· 와인 생산지에서 와인을 직접 시음해 보고 싶다면

INFORMATION
인포메이션

ACCESS
가는 방법

유용한 홈페이지

흐바르 관광청 www.visithvar.hr
스타리 그라드 관광청 www.stari-grad-faros.hr

관광안내소

무료 지도와 안내 책자를 배포하고 숙소 예약이
가능하다. 근교로 가는 배 또는 버스 등의 교통 정
보를 얻을 수 있다.
주소 Trg Sv. Stjepana 42
전화 021 741 059
운영 6~9월 월~토 08:00~13:00, 15:00~21:00, 일
09:00~12:00, 10~5월 월~토 08:00~14:00

슈퍼마켓

구시가 입구 버스 터
미널 옆에 대형 슈퍼
마켓 콘줌Konzum이
있다.

스플리트에서 당일치기 여행지로 인기가 높다. 스
플리트 항구에서 매일 3회 운항하며, 흐바르 섬(스
타리 그라드)까지 약 1시간 30분 소요된다. 섬은 항
구가 있는 스타리 그라드Stari Grad와 관광 명소가 모
여 있는 흐바르 타운Hvar Town으로 나뉜다. 페리를
타고 스타리 그라드 항구에 도착하면 도착 시간에
맞춰 시내버스가 대기하고 있다. 버스를 타고 섬을
돌아 10분 정도 가면 종점인 흐바르 타운에 닿는
다. 흐바르 타운 버스 터미널에서 내린 후 오른쪽
으로 돌아 50m 걸어가면 나오는 광장이 구시가의
초입이다. 항구에서 버스를 놓칠 경우 택시를 이용
해야 한다. 한여름에는 리예카와 두브로브니크 간
을 오가는 페리가 흐바르 섬에도 정박하므로 섬을
관광한 후 다음 편 페리를 이용할 수도 있다.

페리 요금
스플리트 _____100kn~ 흐바르 섬(스타리 그라드)

시내버스 요금
스타리 그라드 ___27kn~ 흐바르 타운

택시 요금
스타리 그라드 ___300kn~ 흐바르 타운

흐바르 완전 정복

크로아티아에서 가장 아름다운 옥색의 해변이 있고, 험한 해안선이 양쪽에 흩어져 있는 아름다운 섬 흐바르. 섬에는 항구가 있는 스타리 그라드와 최대 번화가인 흐바르 타운이 있다. 스타리 그라드 항구에 도착해 마을버스를 타면 굽이굽이 섬을 돌아 흐바르 타운에 내려준다. 흐바르 타운은 베네치아를 닮은 중세 마을로 성 마르코 성당, 무기고, 르네상스 극장, 성 스테판 광장, 요새 등이 있다.

흐바르 타운의 이상적인 여행 방법은 정처없이 방황하는 것이다. 아드리아 해와 붉은 지붕이 조화를 이루는 풍경을 한눈에 감상하고 싶다면 요새로 올라가 보자. 한가로이 해변을 산책해도 좋고, 여름이라면 온화한 지중해성 기후를 느끼며 멋진 해변에서 해수욕도 즐겨도 좋다. 골목에 늘어서 있는 예쁜 상점들도 구경해 보고 해산물 전문점에 들러 싱싱한 해산물을 먹어보는 것도 잊지 말자. 시내 관광은 한나절이면 충분하지만 한여름에 휴양을 목적으로 이 섬에 왔다면 원하는 만큼 머물면서 여름휴가를 즐겨보자. 매년 6~8월은 클래식 및 각종 음악 공연, 연극, 전시회, 와인 페스티벌 같은 예술 축제가 열려 흥을 더해준다.

이것만은 놓치지 말자!

❶ 스페인 요새에서 내려다 본 아드리아 해와 흐바르 타운 감상하기

❷ 라벤더 제품 사기

❸ 흐바르에서 만든 와인 마셔보기

시내 관광을 위한
KEY POINT

랜드 마크 성 스테판 광장

예상 소요 시간 3~4시간

Sućuraj

Selca
Zaglav

Bogomolje

Gdinj

Pokrvenik

Vela Stiniva

Zatražišče

Vela Prapatna

Gromin dolac

Šćedrovski Kanal

Šćedro

Vrboska
Jelsa 옐사
Vrbanj
Svirce
Vrisnik

Zavala
Ivan Dolac
Bojanić Bad

Stari Grad 스타리 그라드

V. Rudine
M. Rudine

Jagodna

Sveta Nedjelja

Hvar-Korčula 흐바르-코르출라

Starogradski Zaljev.

Brusje

Velo grablje

Malo Grablje
Milna
Zarace
Hvar 흐바르

Pokonji dol

Duga

Pelegrin

Rt Pelegrin

Sveti Klement

Pakleni Otoci 파클레니 열도

Hvar-Vis 흐바르-비스

Stari Grad-Split
스타리 그라드-스플리트

Stari Grad-Korčula-Dubrovnik
스타리 그라드-코르출라-두브로브니크

Stari Grad-Ancona
스타리 그라드-앙코나

Hvar-Split
흐바르-스플리트

흐바르 타운

Tvrđava Španjola
스페인 요새

Ex Crkva Sv. Marka
i Samostan
Dominikanaca
도미니칸 수도원

Hotel Palace

Sv. Marak

Hotel Park

Hostel Marinero

Dalmatino
Hvar

Atlas Hvar

Hotel Adriana

Matije Ivanića

Marina Čarića

Duha Novaka

Vicka Prcorovića

Skaline od

P. Semtecola

Gojave

P. Dominkovića

Kroz Grodu

Samostan
Benediktinki
베네딕트회 수도원

Konoba Menego

Grande Luna

Petra Hektorovića

Primija

Marije Mančić

Nika svetoga

Duha

Crkva
Sv. Duha
성령의
교회

Marka Miličića

Vlade Stošića

Ive Miličića

Trg
Marka
Miličića

버스 터미널

Alviž

Obala Fabrika

Restaurant Dva
Ribara Hvar

Hotel Delfin

Obala Riva

Matijevića

Jurja

Arsenal 무기고
Hvarsko Pučko Kazalište 시민극장

Trg Sv. Stjepana
성 스테판 광장

Katedrala Sv. Stjepana
성 스테판 대성당

J. Novaka

Ivana Frane Biundovića

Vicka Butorovića

Jurja Novaka

Konoba Luviji

Ljetnikovac Pjesnika
Hanibala Lucića
하니발 루치치의
여름 별장

Hanibala Lucića

Dojadia

S. Petarove

Svetoga Križića

Novaka

Hvar Out Hostel

Vina Carić

Grge

Put Svetog Mikule

Grge Novaka

Vicka Butorovića

Pelegrini
Tours

Martina Benetovića

Hvarski

Bratovština

Pučko Prevate

Šime Buzolić Tome

Kroz Burak

Bracon Vukovói

Jakše Bučić

Split, Vis
스플리트 비스 방향

Korčula
코르출라 방향

Hotel Riva

Kroz Burak

Šetalište Put Križa

Franjevački Samostan
프란체스코 수도원과 박물관

Fulgencija Carevi

Šetalište Put Križa

ATTRACTION
보는 즐거움

에메랄드 보석처럼 빛나는 한여름의 흐바르 섬은 여름휴가를 즐기는 사람들로 언제나 붐비지만 특별하지 않게 그저 산책하듯 돌아보아도 추억에 남을 만한 풍경이 연달아 눈앞을 스쳐간다. 또한 비수기의 흐바르 섬은 예술사진을 찍기에 최고의 풍경을 자랑한다.

Tvrđava Španjola
스페인 요새 MAP p. 218 A-1

오스만제국의 공격에 대비해 구축된 요새로 1538년 이곳에 입성한 스페인 원정대에 의해 스페인 요새라 불리게 되었다. 1571년 흐바르를 침공한 오스만제국 함대에 의해 화약이 폭발해 요새의 대부분이 무너졌고, 1971년 지금의 형태로 복원되었다. 요새 안에는 작은 카페가 있어 쉬어가기에 안성맞춤이다. 여름에는 요새 안의 작은 무대에서 콘서트가 열리고 내부 벽에는 종종 그림도 전시한다.

포탑에서 흐바르 타운의 풍경을 조망할 수 있으며, 맑은 날에는 멀리 비스 섬까지 보인다. 성 스테판 광장 오른쪽의 좁은 계단을 따라 20분쯤 올라가면 나온다. 요새로 가는 길가에는 알로에 나무와 선인장 외에 이름 모를 야생식물들이 자라고, 소나무가 많아서 진한 향기가 코끝에 머문다. 올라가는 수고가 필요하지만 전경을 보면 그만큼의 가치가 느껴진다.

운영 6~9월 08:00~24:00, 10~5월 08:00~21:00 입장료 50kn 가는 방법 성 스테판 광장에서 도보 20분

Trg Sv. Stjepana
성 스테판 광장 MAP p. 218 B-1

달마티아 지방에서 가장 크고 오래된 광장. 'ㄷ'자 모양으로 항구를 둘러싸고 있다. 13세기에는 북쪽만 개발되었다가 15세기에 남쪽까지 확장되어 지금의 모습이 되었다. 광장 중앙에 있는 우물은 1520년에 만들어져 식수로 사용하였지만 지금은 그 형태만 남아 있다.

광장 북쪽의 클로버 문양이 있는 건축물은 16~17세기 르네상스 양식으로 지어진 성 스테판 대성당Katedrala Sv. Stjepana이다. 성당은 오스만제국에 의해 파괴된 기존의 성당 위에 세워졌는데, 재건된 내부에서 베네치아 예술가가 만든 바로크 제단 위의 13세기 성모자상을 꼭 찾아보자. 대성당 바로 옆에는 17세기에 완성된 종루가 서 있다.

가는 방법 스타리 그라드 항구에서 시내버스로 10분

Arsenal
무기고 MAP p. 218 A-1

성 스테판 광장 동쪽의 창고처럼 보이는 커다란 아치형 건물은 흐바르 섬에서 가장 중요한 건물이다. 원래 베네치아의 명령에 따라 1331년에 완성된 조선소였다. 첫 번째 건물은 시간이 지남에 따라 노후화되었고, 1571년 터키인에 의해 소실되었다. 1611년 왕자 피에트로 세미테콜로Pietro Semitecolo의 통치 기간 동안 현재의 모습으로 복원되었다. 당시에는 곡물이나 소금을 저장하는 장소로 사용됐고 현재는 1층에 ①, 쇼핑센터가 있고, 2층에는 복원 당시 추가된 시민극장이 있다.

무기고

Hvarsko Pučko Kazalište
시민극장 MAP p. 218 A-1

유럽에서 가장 오래된 시민극장으로 1612년에 지어졌고 무기고 2층에 있다. 모든 사회 계층이 평등하게 문화를 누릴 수 있는 공간을 제공하는 곳이며 잘 보존된 인테리어와 강당은 물론 극장 자체가 그 시대의 시민 의식을 보여준다. 지금도

여름에는 연극, 콘서트 장소로 사용되는 이 극장은 이 도시의 가장 위대한 문화적 산물이다.

운영 09:00~13:00, 15:00~21:00 입장료 15kn 가는 방법 성 스테판 광장에서 도보 3분

시민극장

Franjevački Samostan
프란체스코 수도원과 박물관
MAP p. 218 B-2

해안을 따라 항구 남쪽으로 내려가면 1465년에 지어진 프란체스코 수도원을 만날 수 있다. 입구의 회랑이 아름다운 이곳에서는 여름마다 작은 연주회가 열린다. 박물관은 흐바르 귀족들의 자금으로 설립되었고, 예술적 가치가 높은 소장품들을 전시하고 있다. 그 가운데 마테오 이그놀리Matteo Ignoli의 <최후의 만찬>을 놓치지 말자. 흐바르 섬에서 가장 유명한 인물 하니발 루치치Hanibal Lucić(1485~1553)의 무덤도 이곳에 있다. 수도원은 바다를 감상하기 위한 최고의 장소이기도 하다.

운영 월~토 10:00~12:00, 17:00~19:00(비수기에는 오전만 개방) 입장료 25kn 가는 방법 성 스테판 광장에서 도보 15분

Samostan Benediktinki
베네딕트회 수도원 MAP p. 218 A-1

크로아티아의 시인 하니발 루치치는 자신이 태어난 집을 한 수녀에게 기증했고, 1664년 그곳에 베네딕트 수도원이 설립되었다. 베네딕트 수도원은 1826~66년까지 흐바르에서 최초로 학교를 운영하고 교육을 시작했다. 또한 알로에 잎에서 짠 실로 만든 레이스는 130년 동안 어떤 설명도 없이 오로지 수도원 내에서 입으로만 전해져 내려왔다. 그래서 흐바르의 레이스는 알로에 레이스라고도 불린다. 흐바르 레이스 또한 파그 레이스와 함께 유네스코 무형문화재에 등재되었는데, 수도원에 가면 전시된 흐바르 레이스를 감상할 수 있다.

운영 10:00~12:00, 17:00~19:00
가는 방법 성 스테판 광장에서 도보 7분

Ljetnikovac Pjesnika Hanibala Lucića
하니발 루치치의 여름 별장

MAP p. 218 B-1

16세기 유명한 시인이자 영향력 있는 귀족 하니발 루치치의 여름 별장. 성 스테판 대성당 뒤 작은 골목길을 걸어가면 성벽으로 둘러싸인 저택을 만날 수 있다. 이 저택은 16세기 중반에 지어진 2개의 저택과 르네상스식 정원을 갖추고 있다. 하니발 루치치는 흐바르 섬의 변호사로 활동하면서 틈틈이 시를 썼고, 그 와중에 프란체스코 수도원 건설 감독까지 맡아 매우 바빴다. 어느 날 휴식이 필요하다고 느낀 그는 이곳에 여름 별장을 만들기로 했다. 신변보호를 위해 주변을 벽으로 둘러쌌고 하인들은 서쪽, 그는 동쪽에서 지냈다고 한다. 지금은 흐바르 섬 문학 박물관으로 사용 중이며, 아직도 이곳저곳 보수 중이다. 한여름, 섬에 넘쳐나는 관광객을 피해 잠시 더위를 식히기에는 이곳이 제격이다.

운영 6~9월 09:00~13:00, 17:00~23:00, 그 외 10:00~12:00(예약제)

Plaža
해변

흐바르 섬의 해변은 주로 자갈 해변이며, 푸른 소나무에 둘러싸여 있다. 잔잔하고 놀기 좋은 곳을 찾는다면 배를 타고 가야 하는 파클레니Pakleni 열도를 추천한다. 걸어서 갈 만한 해변은 성 스테판 광장에서 약 2㎞ 떨어진 포코니Pokonji 해변으로 흐바르에서 가장 큰 자갈 해변이다. 해변 의자, 파라솔 등의 기본적인 시설을 제공하며 근처에 레스토랑이 있어서 굳이 도시락을 챙기지 않아도 된다. 다른 한 곳은 광장에서 약 2.5㎞ 떨어진 메키세비카Mekicevica 해변으로 역시 자갈 해변이다. 지중해 식물의 향기가 흠뻑 나는 곳으로 사색하면서 쉬기 좋은 곳이다. 수영하다 지치면 올리브 나무로 둘러싸인 레스토랑에서 맛있는 식사로 기운을 보충할 수 있다. 다만 해변에서 나체로 걸어 다니는 사람들을 봐도 너무 놀라지는 말자. 이곳은 누드 해변이기도 하니까!

가는 방법 성 스테판 광장에서 도보 20분

스타리 그라드를 탐험하다

섬의 북쪽은 기원전 4세기쯤 그리스인에 의해 설립되었으며, 2008년부터 유네스
코의 보호를 받는 스타리 그라드는 유럽에서 가장 오래된 마을 중 하나다. 잘 보존
된 구시가의 뒷골목이나 교회, 카페와 레스토랑, 아트 갤러리가 있는 광장 덕분에
2004년 외국인들에게 크로아티아의 부동산 붐을 일으켰을 정도다. 노르웨이 대사
가 당시 구시가지에 집을 한 채 마련했다는 소문도 있다. 8월이 되면 관광객들로 몸
살을 앓는 흐바르 타운과 달리 스타리 그라드는 조용하고 한적해서 쉬기에 더없이
좋다. 올리브 나무와 포도밭을 지나 소나무 언덕을 넘어 북쪽으로 가면 16세기 귀
족 시인 페타르 헤크토로비치Petar Hektorović의 여름 별궁 트브르달리Tvrdalj 성이 나
온다. 틴토레토Tintoretto의 <피에타>를 본 후 시인을 추모하고 도미니코 수도원으로
가보자. 시인과 그의 어머니의 무덤과 수많은 예술 작품을 만날 수 있다. 크로아티
아에서 발견된 가장 오래된 비문도 있다. 스타리 그라드는 아무리 구석구석 돌아다
녀도 반나절이면 모두 볼 수 있다. 만약 유네스코에 지정되기도 한 고대 그리스인의
평야를 보고 싶다면 대중교통이 없으니 여행사 투어를 이용하는 게 좋다.

• **Atlas Hvar**
흐바르 및 주변 섬과 스타리 그라드의 투어를 진행한다. 단체 및 개인으로도 진행
가능하니 문의해 보자. 숙박 예약도 가능하다.
주소 Fabrika 27 전화 021 741 911 홈페이지 www.atlas-croatia.com

© Princeza-jadrana

FOOD
먹는 즐거움

이 지역의 요리는 달마티아 및 해산물 요리를 기반으로 한다. 잘 알려진 요리로는 양고기와 생선 스튜, 조개와 오징어, 굴 등의 해산물이 있다. 사이드 요리는 구운 감자에 올리브 오일로 버무린 근대가 있다. 흐바르에서 만든 하우스 와인과 말린 무화과는 꼭 먹어보자.

Restaurant Dva Ribara Hvar

MAP p. 218 A-1

45년 된 전통 레스토랑. 1970년 할머니와 할아버지가 시작한 작은 가족 식당이 지금의 규모로 성장했다. 어부였던 할아버지가 잡아오는 신선한 바다 요리가 레스토랑의 전통으로, 식당 문을 연 이래 모든 가족이 식당에서 사용하기 위한 포도밭과 올리브, 어업을 병행하고 있다. 레스토랑의 가장 큰 자랑거리는 가족이 키운 친환경 재료. 올리브 오일, 레드와 화이트 와인, 식초, 케이퍼, 오레가노와 근대 나물 등 흐바르에서 생산된 것을 사용한다.

달마티아식 요리가 주메뉴로 신선한 해산물 요리를 추천한다. 문어 샐러드와 검은 오징어 리소토, 신선한 굴 요리는 무난하게 먹을 만하다. 도전해 볼 만한 음식 '그레가다 디 흐바르Gregada di Hvar'는 생선 스튜에 감자와 와인, 올리브 오일을 넣고 끓인 것으로 빵과 함께 간단하게 점심에 먹기 좋다. 브로데트Brodet는 그날 잡은 생선 스튜에 걸쭉한 토마토소스가 뿌려져 나온다. 비위가 약한 사람은 생선 스튜가 비릴 수 있다. 종업원이 권하는 디저트는 오렌지 마멀레이드 팬케이크다. 과수원에서 직접 딴 오렌지를 어떤 인공 첨가물도 넣지 않고 오래된 조리법에 따라 만든 특별한 맛이다.

주소 Fabrika 31 전화 021 741 109 홈페이지 www.dvaribara.com 운영 12:00~24:00 예산 생선 스튜 140kn~ 가는 방법 항구에 위치

Dalmatino Hvar

MAP p. 218 A-1

흐바르 타운에 위치한 인기 레스토랑. 달마티아 요리가 주메뉴이며 오징어를 통째로 그릴에 구워 채소를 곁들여 먹는 그릴 오징어 요리, 문어를 살짝 익혀 먹는 샐러드와 스테이크 등이 인기 메뉴다. 디저트로 수제 케이크가 유명하다.

주소 Sveti Marak 1 전화 091 529 3121 홈페이지 www.dalmatino-hvar.com 운영 월~토 11:00~24:00 예산 70kn~ 가는 방법 성 스테판 광장에서 도보 3분

Konoba Menego

MAP p. 218 A-1

© Konoba Menego

이 레스토랑은 성 스테판 광장과 베네치아 요새를 잇는 메인 계단에 위치하고 있다. 1999년 여름에 오픈한 이래 지금까지 쉬지 않고 식당을 운영하고 있다. 입구에 들어서면 흐바르 전통 복장을 입은 종업원들이 손님들을 환영해 준다. 달마티아 요리가 주메뉴고 해산물 요리도 맛있다. 메뉴 중 어부의 접시는 하우스 샐러드와 2종류의 생선이 나오는데 2인이 먹기에 적당하다.

주소 Ulica Kroz Grodu 26 전화 021 717 411 홈페이지 www.menego.hr 운영 11:30~14:00, 18:00~22:30 예산 크로아티안 접시 130kn~, 생선 구이 90kn~ 가는 방법 성 스테판 광장에서 도보 5분

Konoba Luviji

MAP p. 218 B-1

가족이 경영하는 작은 식당. 뉴욕 타임스 기자도 추천한 맛집으로 여행지가 아닌 현지 분위기를 느낄 수 있다. 옥상 테라스에 앉으면 스페인 요새와 바다를 볼 수 있어서 해 질 무렵 로맨틱한 분위기를 원하는 커플들이 많이 찾는다. 생선을 이용한 스튜나 구이, 폭신폭신한 찐 감자를 함께 먹으면 맛있다. 생각보다 음식의 양이 많지 않아서 성인 남성은 메뉴를 2~3개를 시켜야 배가 좀 찬다 싶다.

주소 Jurja Novaka 6 전화 091 577 9885 운영 18:00~24:00 예산 리소토 80kn~ 가는 방법 성 스테판 광장 동쪽 끝에 위치

Alviž

MAP p.218 B-1

합리적인 가격과 뛰어난 맛으로 여행자들을 사로잡는 식당. 다만, 모험심을 발휘해 평소에 먹지 않던 생선이 들어가는 피자를 시키는 실수는 하지 말고, 평소에 먹던 무난한 메뉴로 주문하자. 이밖에 싱싱한 해산물을 듬뿍 넣어 요리하는 스파게티나 생선구이도 추천 할만하다. 아쉬운 점은 저녁에만 운영한다는 것이다.

주소 Dolac 2 전화 021 742 797 홈페이지 www.hvar-alviz.com 영업 월~금 18:00~24:00, 토 · 일 18:00~01:00 예산 마르게리타 피자 40kn~ 가는 방법 버스 터미널에서 도보 5분

Grande Luna

MAP p.218 B-1

파란색으로 칠해진 식당 입구가 멀리서도 눈에 띈다. 인근 바다에서 갓 잡아 올린 홍합, 조개, 오징어 등 신선한 해산물을 사용하기 때문에 특별한 양념 없이 소금으로만 간을 해 요리해도 맛있다. 씹는 소리부터 바삭하고 고소한 맛이 일품인 새우튀김은 이곳의 인기 메뉴다. 다만 간이 조금 세다고 느낄 수 있으니 주문할 때 소금은 적게 넣어달라고 얘기해야 한다.

주소 P. Hektorovića 1 전화 021 741 400 영업 12:00~22:00 예산 해산물 리소토 80kn~ 가는 방법 스테판 광장에서 도보 5분

흐바르, 와인을 만나다

크로아티아의 포도 재배 및 포도주 생산의 기원은 흐바르 섬이 위치한 중앙 달마티아 지방이다. 언제 포도 덩굴이 중앙 달마티아에 심어졌는지는 밝혀지지 않았지만 흐바르와 비스Vis 섬에서 고대 그리스인의 마을과, 포도 및 포도주 잔의 이미지뿐만 아니라 와인 소비와 관련된 수많은 고고학적 증거가 발견되었다. 19세기 프랑스 포도밭에 생긴 진드기 필록세라 때문에 프랑스 와인 생산이 큰 타격을 받았을 때 그 빈자리를 채운 것이 달마티아의 와인이었다. 하지만 달마티아까지 번진 필록세라 때문에 결국 농가들은 문을 닫아야 했다. 지금의 흐바르 와인은 끈질기게 살아남은 후손들의 노력의 산물이다.

섬 동쪽에서 서쪽으로 약 70㎞나 펼쳐진 아름다운 포도밭에 대부분의 와이너리가 위치하고 있는데, 열정적인 와인 생산자들이 자신의 인생을 바쳐 흐바르만의 와인을 만들었다. 가장 눈에 띄는 품종은 플라바치 말리Plavac Mali다. 일명 '하느님의 선물'로 불리는데, 적당한 신맛 뒤에 강한 단맛이 따라오는 매우 독특한 맛이다. 보다누치Bogdan-uša는 화이트와인으로 약간 드라이한 맛이다. 포스트업Postup은 어두운 붉은색의 레드와인으로 맛은 드라이한 편이며, 다른 와인에 비해 조금 비싸다. 개인적으로 와이너리를 방문하려면 홈페이지나 ⓘ에서 미리 예약하는 게 좋지만 교통편이 불편한 경우가 대부분이기에 하루나 반나절 정도 여행사에서 하는 투어에 참여하는 게 낫다.

· 즐라탄 오토크 와이너리 Zlatan Otok

1986년 가족 농장을 설립한 후 1989년부터 와인 판매를 시작, 1991년 정식으로 회사를 설립해 지금은 1년에 약 90만 병을 생산하며 크로아티아 최대 와인 생산량을 자랑한다. 우수한 달마티아 품종만을 생산해 상도 여러 번 받았다.

즐라탄 오토크의 와인은 스테인리스에서 숙성되는 와인과 오크에서 숙성되는 와인 두 종류다. 만약 투어를 할 시간이 없다면 이곳에서 운영하는 레스토랑 빌로 이드로Bilo Idro에서의 식사를 추천한다. 어부가 직접 잡은 신선한 해산물을 사용하는 레스토랑으로 바닷가재나 생선 요리가 별미다. 레스토랑 건물 지하 한쪽 벽이 유리로 되어 있어 바다를 볼 수 있는데 마치 수족관에 온 것 같은 색다른 경험을 할 수 있다. 지하에는 11~12℃의 와인 셀러가 있어 와인 일부를 보관하고 있다. 와이너리는 옐사에 위치해 있으며, 방문은 전화 또는 홈페이지에서 신청 가능하다.

주소 Put Stjepana Radića 3, Sveta Nedjelja, HR-21465 Jelsa 전화 021 745 709 홈페이지 www.zlatanotok.hr

· 안드로 토미츠 와이너리 Andro Tomić

흐바르에서 태어나 와인과 양조에 자신의 전 인생을 헌신하고 있는 진정한 장인 안드로 토미츠. 덥수룩한 수염과 은발 머리를 휘날리는 그는 20년 동안 프랑스에서 기술을 배운 후 자신의 와인을 생산하기 위해 다시 섬으로 돌아왔다. 토미츠는 좋은 기후와 좋은 포도밭에서 키우는 품종으로 만드는 와인이라면 잃어버렸던 명성을 되찾으리라 믿었다. 1991년 그가 만든 플라바치 말리는 향기와 맛이 과하지 않고 알코올 도수도 13%로 적당해 지역 최고 와인의 길을 열었다. 1997년 드디어 최고 품질의 와인을 생산한 그는 와인 문화를 촉진하기 위해 바스티야나 Bastijana라는 회사를 설립했다. 그의 와이너리는 옐사Jelsa 마을의 작은 해안에 있고 1년에 보통 13만~15만 병을 생산한다.

지금도 토미츠는 토착 포도 품종을 항상 연구하며 레드, 화이트, 로즈와인의 생산량을 높이고 더 좋은 와인을 만들기 위해 늘 노력한다. 요즘 주력하는 와인은 프로세크 Prošek다. 건조시킨 포도로 만든, 기존의 달마티안 사막 와인으로 최고의 품종을 선택해 만들고 있다. 안드로 토미츠 와이너리에서는 강렬한 색과 향기를 가진 흐바르 와인을 만드는 생산 공장을 견학할 수 있다. 고대 로마 식당을 모델로 만든 와인 시음회 장소는 회사가 자랑하는 공간이다. 이곳은 황제 디오클레티아누스 지하실에서 사용된 건설 방법으로 만들어졌으며 스플리트의 지하 궁전과 비슷하다. 이곳에서 만들어지는 모든 제품을 시음할 수 있으며 영어, 독일어, 크로아티아어로 진행된다. 예약은 홈페이지 또는 전화로 가능하다.

주소 Jelsa 874a, 21465 Jelsa 전화 021 762 015 홈페이지 www.bastijana.hr 예약 bastijana@gmail.com 요금 기본 3~4종류 시음, 약 30분 소요(자세한 요금은 전화 및 메일로 확인할 것)

· 드보루 두보코비츠 레스토랑 Dvor Duboković

두보코비츠 가족은 몇 세기에 걸쳐 와인을 만들었다. 할아버지와 아버지는 최고의 맛을 내기 위해서 유기농 원료를 사용해 자연적인 과정을 거쳐야 한다고 생각했다. 그것을 아들인 이보 두보코비츠Ivo Duboković 교수가 물려받아 크로아티아 외부에는 잘 알려지지 않은, 자신의 작은 레스토랑에서 소량 생산하는 최고의 레드와인 메드비드Medvid를 만들어 냈다. 와인 레스토랑 드보루 두보코비츠는 아름다운 언덕 마을 중심의 오래된 19세기 건물에 위치하고 있다. 생선과 고기 요리는 할머니 때부터 전해지는 전통적인 방식을 이어가 지중해 향신료와 올리브 오일을 사용한다. 식사를 하고 싶다면 반드시 18시 전에는 전화를 해야 한다.

주소 Pitve 66, 21465 Jelsa 전화 098 1721 726 예약 dvor.dubokovic@mail.inet.hr 영업 5~9월 18:00~01:00(그 외는 휴무) 요금 전화로 확인 할 것

· 코노바 피냐타 브르보스카 Konoba Pinjata Vrboska

수제 크로아티아 와인을 맛볼 수 있는 식당. 마리아 교회 뒤 오래된 석조 농가에 있는 이 작은 식당이 특별한 이유는 와이너리를 함께 운영하기 때문이다. 전문가의 지도를 받아 화이트와 레드로 가벨리치Gabelić 와인을 생산한다. 주로 지역 주민들에게 유명했지만 어느새 입소문을 타고 여행자들도 찾아오는 곳이 되었다. 저녁 식사로는 입에 착착 달라붙어 자꾸만 손이 가는 새우 튀김과 구운 농어, 화이트와인 한 잔을 추천한다.

주소 Vrboska 456   전화 021 774 262   예약 konobapinjata@gmail.com   운영 11:00~22:00 휴무 일요일 예산 리소토 70kn~ 가는 방법 Vrboska에 위치

· 비아 카리츠 Vina Carić   MAP p. 218 A-1

원래 포도밭을 가지고 있던 가족이 직접 와인 생산 및 판매에 뛰어들어 2011년부터 3년 연속으로 각종 상을 휩쓸었다. 와인 시음 및 와이너리 투어가 가능하며, 숍에서는 직접 생산한 와인 외에도 각종 인기 와인을 판매한다. 본고장에서 마시는 와인 맛이 궁금하다면 지금 바로 숍으로 가보자.

주소 Vrboska 211   전화 098 160 6276   홈페이지 www.vinohvar.hr   예약 caric@vinohvar.hr 영업 월~토 11:00~23:00, 일 17:00~23:00

흐바르 섬 와인 투어 Hvar Wine Tours

흐바르 섬의 와인 투어는 스피드 보트와 지프를 타고 와이너리를 방문하는 투어로 진행된다. 가이드를 따라 코스를 돌고 와인을 맛보며 와인 이야기도 들을 수 있다.

주소 Trg Sveti Stjepana 7   전화 021 741 824   홈페이지 www.hvarwinetours.com
요금 반나절 투어 60€~

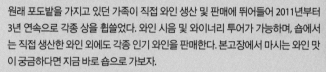

SHOPPING
사는 즐거움

흐바르 섬에서 가장 고전적인 선물은 라벤더다. 크로아티아는 유럽 최대의 라벤더 생산국가 중 한 곳이며 흐바르는 크로아티아 최대 라벤더 산지다. 성 스테판 광장 한쪽 포장마차에서 판매되는 제품들은 모두 이곳에서 만든 것이다. 유기농 라벤더를 건조시켜 만든 포푸리와 라벤더 오일, 비누 등은 가격도 부담 없고 부피도 많이 차지하지 않아서 여행 기간이 많이 남았어도 부담스럽지 않다. 무엇보다 가방에 넣고 다니면 깨끗이 빨아도 지워지지 않는 여행자의 꼽꼽한 냄새를 상쾌하게 바꿔준다. 흐바르에서 생산되는 와인이나 레이스, 올리브 오일도 이곳만의 특산품이자 받는 사람에게 더없이 큰 기쁨을 선물하지만 병이라 조금 무겁고 깨질 수 있어 여행 내내 조심해야 한다.

HOTEL
쉬는 즐거움

떠오르는 인기 휴양지로 호텔, 펜션, 민박 등이 번성하고 있다. 하지만 최고 성수기인 5~9월은 방을 구하기가 쉽지 않다. 스플리트에서 당일치기 여행이 보통이지만, 만약 숙박할 계획이라면 스플리트 내의 여행사나 흐바르 관광청 사이트를 통해 미리 예약해야 안심이 된다. 볼거리가 모여 있는 흐바르 타운에 숙소를 정하는 게 가장 좋지만 예약이 모두 찼다면 항구 지구인 스타리 그라드도 고려해 보자. 스타리 그라드와 흐바르 타운을 오갈 때는 버스를 이용해야 하고 편수도 많지 않지만 여행객이 몰리는 성수기에는 오히려 조용하고 요금도 더 저렴하다는 장점이 있다. 인원이 2명 이상이라면 작은 아파트를 렌트하는 것도 좋은 방법이다.

Hotel Palace

MAP p. 218 A-1

흐바르 타운의 중심인 성 스테판 광장에 위치한 오래된 호텔. 1869년 오스트리아의 황후 엘리자베트가 지금 조달과 설계에 기여한 호텔로, 그녀의 영향 때문인지, 역사적인 건물과 아드리아 해의 분위기 덕분인지 유럽 각지에서 온 유명인들이 머물렀다. 석양의 로맨틱한 경치를 볼 수 있는 방과 항구가 내려다보이는 아름다운 테라스가 있는 식당이 멋진 호텔이다. 객실은 베이지 톤으로 깔끔하게 꾸몄으며, 내부에는 에어컨, 미니 바, 냉장고, TV, 헤어드라이어 등의 시설이 갖춰져 멋진 전망을 조망하며 편안하게 쉴 수 있다. 스노클링, 하이킹, 스쿠버다이빙 등 여러 액티비티를 예약할 수 있는 투어 데스크가 있다. 관광하기에는 최고의 위치다.

주소 Trg Sveti Stjepana 5 전화 021 750 400 홈페이지 www.suncanihvar.com 요금 1박 더블룸 1080kn~ 가는 방법 성 스테판 광장에 위치

Hostel Marinero

MAP p. 218 A-1

해안가에 위치한 인기 호스텔. 1층은 가족이 운영하는 식당으로, 가족 농장에서 직접 재배한 유기농 채소와 직접 잡은 물고기로 신선한 음식을 만든다. 호스텔 내에는 부엌 시설이 없지만 투숙객은 식당이 10% 할인된다. 객실은 도미토리만 있지만 인기가 좋아 예약은 필수다. 무료 Wifi와 수건, 개인 사물함을 사용할 수 있고, 체크아웃 후에 무료로 짐을 맡길 수 있다. 구시가에서 가까워 관광이 편리하고, 직원도 친절하지만 바로 옆에 바가 있어 조금 시끄러운 게 단점이다.

주소 Put Sv. Marak 9 전화 091 410 2751 요금 6인실 도미토리 200kn~ 가는 방법 성 스테판 광장에서 도보 5분

© Hostel Marinero

Hvar Out Hostel

MAP p. 218 A-1

흐바르 타운에서 인기 있는 호스텔. 구시가에서 가까워 관광에 이상적이다. 6인실, 12인실, 트윈룸이 있으며, 도미토리는 마음을 편안하게 해주는 초록색으로 꾸며져 있다. 무료 Wifi, 에어컨, 개인금고와 자물쇠, 침구와 이불, 요리를 해먹을 수 있는 주방을 제공한다. 석양을 보면서 맥주를 마시거나 옥상 테라스에서 쉴 수도 있다. 친절한 직원에게 관광정보를 얻을 수 있고, 스쿠터를 대여할 수도 있다. 또한 낚시 여행 문의도 가능하다.

주소 Burak 23 전화 021 717 375 요금 1박 6인실 도미토리 200kn~ 가는 방법 성 스테판 광장에서 도보 5분

Hotel Adriana

MAP p. 218 A-1

흐바르 타운에서 가장 세련된 부티크 스파 호텔. 입구부터 라벤더 향기 가득한 보랏빛으로 꾸며 여심을 자극한다. 50개의 디럭스, 9개의 스위트 객실은 완벽하게 휴식과 낭만만을 위해 설계되었다. 옥상에는 수영장이 있고, 정원에는 멋진 테라스가 있

다. 수영장 물은 해수라서 마치 바다에서 수영하는 듯하고, 의자에 앉아 있으면 아드리아 해의 태양을 흠뻑 흡수하는 느낌이다. 시간대별로 온수와 냉수가 달라지니 프런트에 문의하자. 객실은 에어컨, TV, 헤어드라이어, Wifi 등의 시설을 갖추었다.

주소 Obala Fabrika 28 전화 021 750 200 홈페이지 www.suncanihvar.com 요금 1박 더블룸 1730kn~ 가는 방법 성 스테판 광장에서 도보 5분

Hotel Delfin

MAP p. 218 A-1

심플하지만 편안한 2성급 호텔. 항구와 구시가의 멋진 경치를 볼 수 있으며 고전적인 아드리아 해의 분위기가 이 호텔의 자랑이다. 다 함께 스포츠를 즐길 수 있는 커다란 TV가 있는 공간 및 당구와 다트, 환전, 무료 Wifi, 바비큐를 즐길 수 있는 그릴을 제공한다. 배낭여행자에게도 적합하며, 호텔에서 한가롭게 산책하듯 걸어가면 구시가에 도착한다.

주소 Obala Fabrika 36 전화 021 750 700 홈페이지 www.suncanihvar.com 요금 1박 더블룸 400kn~ 가는 방법 성 스테판 광장에서 도보 5분

Hotel Park

MAP p. 218 A-1

흐바르 타운에서 가장 오래된 화려한 바로크 양식의 궁전으로 몇몇의 가문을 거쳐 제 1차 세계대전 당시 밀란 차나크Milan Čanak가 인수했다. 1999년 대대적인 보수공수를 거쳐 재설계한 후 2006년 흐바르 타운에서 가장 아름다운 호텔로 재탄생했다. 궁전을 리모델링한 호텔답게 우아함이 엿보이지만 객실 대부분은 현대적이고 세련됐다. 내부는 모던하며, 에어컨과 히터, TV, 인터넷이 가능하다.

주소 Bankete 전화 021 718 337 홈페이지 www.hotelparkhvar.com 요금 1박 더블룸 450kn~ 가는 방법 성 스테판 광장에서 도보 5분

MODRA ŠPILJA

푸른빛의 신비로움

모드라 스필랴

아드리아 해 코미자Komiža에서 약 5㎞ 떨어진 중앙 달마티아 만에 위치한 작은 섬 비셰보Biševo. 인구 15명이 포도를 재배하고, 낚시를 주업으로 살아간다. 섬의 북쪽은 소나무 숲으로 덮여 있고 나머지 부분은 관목과 바위로 덮여 있다. 이곳에 가면 푸른빛의 아드리아 해보다 더 아름다운 자연 명소로 인기 있는 모드라 스필랴Modra Špilja, 즉 푸른 동굴을 만날 수 있다.

ACCESS
가는 방법

흐바르 섬(스타리 그라드) 항구에서 페리를 타고 비스 섬Vis으로 가자. 항구에 내리면 페리 시간에 맞춰 대기하고 있는 버스를 타고 코미자로 이동하면 된다. 다만 당일에는 저녁이 되기 때문에 비스섬 또는 코미자에서 숙박을 한 후 다음 날 오전 비셰보 섬으로 배를 타고 이동해 푸른 동굴을 보러가야 한다. 푸른 동굴만 보기 위해 찾아가기에는 교통편이 번거롭고 하루 이상의 시간이 걸리기 때문에 여행사 투어를 이용해 주변의 섬 몇 개를 같이 둘러보는 게 가장 합리적이고 효율적이다.

페리 요금

흐바르 _____ 40kn 비스 섬

버스 요금

비스 섬 _____ 편도 20kn 코미자

비셰보 섬 보트 요금

코미자 _____ 편도 25kn 비셰보

현지 어부들 사이에서 전해져온 신비한 **푸른 동굴**

푸른 동굴은 바론 유진 본 란소네트Baron Eugen von Ransonet 남작의 소개로 세상에 알려졌다. 동굴이 처음 발견되었을 때는 입구가 낮아 오직 다이빙으로만 들어갈 수 있었는데, 1884년 란소네트 남작의 제안으로 소형 보트가 들어갈 수 있는 인공 입구가 만들어졌다. 비셰보 섬을 구성하고 있는 석회암 바위가 오랜 기간 동안 파도에 의해 침식하면서 동굴이 생겼으며 동굴의 전체 길이는 약 24m, 해수면 깊이는 10~12m지만 가장 깊은 곳은 15m 정도 된다. 입구의 높이는 1.5m, 폭은 2.5m 정도다.

동굴 안에 펼쳐지는 푸른빛의 바다는 말로 표현할 수 없이 신비롭다. 동굴은 11시에서 정오 사이에 방문하면 가장 좋다. 이 시간에는 햇빛이 동굴 수면 아래로 들어왔다가 천장에 반사되면서 바닷물이 푸르게 빛난다. 수중 물체가 은색처럼 보이는가 하면 아쿠아마린 색을 띠기도 한다. 이탈리아 카프리 섬도 같은 현상으로 유명세를 탔다. 근처에 있는 녹색 동굴이 에메랄드처럼 보이는 것도 같은 효과에 의해서다.

이런 현상은 비셰보 섬의 해안에 흩어져 있는 약 10개의 동굴 중 푸른 동굴에서 가장 잘 나타난다. 동굴은 보통 7~8월에 볼 수 있는데 다른 때에는 해수면이 높아서 입구가 잠겨 보트가 들어갈 수 없기 때문이다. 이 두 달 동안 약 1만 명 이상의 관광객이 푸른 동굴을 방문한다. 푸른 동굴은 1951년부터 크로아티아의 자연보호구역으로 지정되어 보호받고 있다.

푸른 동굴 투어

대부분의 여행사에서 진행하는 푸른 동굴 투어는 **녹색 동굴**과 **푸른 동굴**을 둘러보고 돌아오는 길에 **비스 섬의 코미자**에 들러 점심 식사 및 자유 시간을 즐기고 **파클레니 열도**Pakleni Otoci**의 해변**을 둘러보고 흐바르로 돌아오는 일정이다. 약 5~6시간 소요된다.

푸른 동굴 투어는 근교의 스플리트 등에서도 진행된다. 여행사마다 가격이 약간씩 다른 것은 배의 종류와 점심 식사의 포함 여부 때문이다. 배는 선실이 있는 배와 사람들이 다닥다닥 붙어서 앉아야 하는 바나나 보트 같은 배의 차이다. 여행사에서 '특별한 금액 또는 내일만 할인'이라고 가격을 붙여놨다면 바다 위를 참치처럼 날아다녀야 하는 바나나 보트를 탈 확률이 높다. 섬에서 섬으로 배를 타고 이동하기 때문에 선실이 없다면 조금 힘든 여정이 예상되니 예약 전에 반드시 배를 확인하자.

투어 설명

❶ 스피드 보트를 타고 아드리아 해의 섬을 날아가 처음 도착하는 곳은 **라브니크** Ravnik **섬의 녹색 동굴**Zelena Špilja이다. 여름철에는 동굴 위 절벽에 올라가 다이빙을 즐길 수 있는 이곳은 공식적으로 바다 수영이 허가된 장소다. 동굴 밖에서는 녹색 동굴이라는 말에 동의할 만큼 옥빛의 바다이지만 정작 동굴 안으로 들어가면 '이곳이 푸른 동굴인가?'싶을 만큼 푸른빛이다. 처음에는 빛이 들어오지 않아 어두웠다가 동굴 천장으로 빛이 들어오면서 바닷물에 해가 닿으면 주변 바닷물이 에메랄드빛 녹색으로 물들어 드디어 녹색 동굴이 된다.

❷ 다음으로 가는 곳은 **비셰보 섬**. 가는 길에 제 2차 세계대전 때 티토가 이끌던 빨치산 부대의 군사기지였던 섬도 볼 수 있다. 곳곳에 뚫린 구멍에서 대포가 놓여 있던 자리를 짐작할 수 있다. 푸른 동굴로 가기 전에 간이 화장실에도 들르며 스피드 보트가 아닌 작은 배로 갈아탄다. 도착한 **푸른 동굴**은 어떤 형용사도 필요 없을 만큼 신비롭다. 동굴에서 머무는 시간은 대략 5~10분.

❸ 다음은 비스 섬에 있는 작은 항구도시 **코미자**. 비셰보 섬에서 약 5㎞ 떨어진 항구도시다. 13세기 베네딕트 수도회에서 이곳에 수도원을 지었는데, 항구 한쪽에 보이는 시계탑은 옛 성채 카슈텔Kaštel로 1830년 오스트리아에서 지은 건물이다. 최근 약간의 구조 변경을 통해 어업 박물관Ribarski Muzej으로 사용하고 있다. 다 둘러봐도 2시간이면 충분한, 아주 작고 소박한 도시다.

❹ 마지막으로 들르는 곳은 파클레니 열도에서 가장 큰 섬인 성 클레멘트Sv. Klement 섬의 'ㄷ'자 해변 팔미자나Palmižana다. 간혹 코미자가 아닌 이곳에서 점심을 먹는 투어도 있으니 확인해 보자. 약 2시간 정도 자유시간이 주어지는데 이때 해변에서 수영이나 선탠을 하면서 쉴 수 있다. 이국적인 식물이 풍경을 채우고 예술적인 공간이 상상력을 자극하며 지역의 향과 맛이 오감을 즐겁게 하는 곳이다. 섬 안에는 레스토랑과 근사한 빌라가 있어서 숙박도 가능하다. 섬을 마지막으로 투어가 끝나면 흐바르 섬으로 돌아온다.

팔미자나 해변

· Atlas Hvar

푸른 동굴 및 파클레니 열도 투어, 하이킹, 와이너리 투어를 진행한다. 숙소 및 렌터카 예약도 가능하다. 여행사마다 투어 옵션에 따라 가격이 달라지니 몇 군데 비교해 보고 예약하는 게 좋다.

주소 Fabrika 27 전화 021 741 911 홈페이지 www.atlas-hvar.com

· Pelegrini Tours

푸른 동굴과 와인 투어, 렌터카 예약, 흐바르 섬에서의 숙박 및 근교 페리 및 버스 예약도 가능하다.

주소 Riva bb 전화 021 742 250 홈페이지 www.pelegrini-hvar.hr

BOL

고깔모자를 쓴 천국의 섬

볼

달마티아 지방에서 가장 큰 브라치 섬Brač은 솔타 섬Šolta과 흐바르 섬Hvar 사이에 있다. 면적 약 395 ㎢, 가장 높은 봉우리 비도바 고라Vidova Gora는 약 778m로 아드리아 해 섬 최고봉이다. 섬의 상징은 채석장이다. 이곳의 돌을 사용한 대표적인 건축물은 스플리트의 디오클레티아누스 궁전, 시베니크의 성 야코브 대성당, 미국의 백악관 등인데 그 이름만으로도 품질을 보증할 수 있다. 이

곳에는 석공을 배출하는 학교가 있는데, 유럽에서 유일한 곳이다. 섬의 경제는 주로 관광산업과 농업(올리브와 와인 생산)에 기반을 두고 있다. 브라치 섬은 수페타르Supetar와 볼Bol, 두 개의 도시로 나뉘며 수페타르는 페리가 드나드는 거점 도시다. 자연의 아름다움을 그대로 느낄 수 있는 곳, 볼이 우리의 목적지다.

INFORMATION
인포메이션

가는 방법

브라치는 스플리트와 마카르스카^{Makarska}에서 페리로 갈 수 있다. 스플리트에서 수페타르를 운항하는 페리는 평상시는 평일 약 9회, 공휴일 7회 운항하지만, 6~9월 여름 성수기에는 하루 약 14회 운항되니 시간을 잘 맞춰 아침 일찍 움직이면 당일 여행이 가능하다. 단, 겨울에는 운항 편수가 현저히 떨어진다.

페리는 브라치 섬의 수페타르 항구에 정박한다. 페리에서 내려 볼행 버스를 타면 된다. 정류장에서 내리면 빨간 지붕이 옹기종기 모여 있는 마을을 볼 수 있다. 마을 옆 소나무 길을 따라 바닷가 쪽으로 약 2㎞ 정도 걷다 보면 즐라트니 라트 해변이 나온다. 버스는 섬을 한 바퀴 돌기 때문에 시간이 오래 걸린다. 만약 짧은 시간에 섬을 돌아봐야 한다면 요금은 조금 비싸지만 일행과 함께 합승 택시를 이용하는 것도 나쁘지 않다. 비수기에는 가격 흥정도 가능하다. 정류장에서 도보 20분.

* 수페타르에서 약 32㎞, 볼에서 약 14㎞ 떨어진 곳에 있는 브라치 공항^{Zračna Luka Brač-Bol}은 여름 시즌에만 운영된다. 공항에서 수페타르나 볼로 가는 대중교통편이 없기 때문에 택시를 이용해야 하고 볼까지 요금은 약 150~200kn다.

브라치 공항 홈페이지 www.airport-brac.hr

페리 요금

스플리트　약 50분~1시간 소요, 편도 33kn　수페타르

버스 요금

수페타르　약 1시간 소요, 편도 45kn　볼

합승 택시

수페타르　약 25분 소요, 왕복 100kn~　볼

페리 회사 홈페이지

야드롤리니야^{Jadrolinija} www.jadrolinija.hr

볼 ⓘ

무료 지도를 배포하고 볼에서 하는 행사를 안내한다. 스플리트 및 흐바르로 가는 페리 시간을 알려준다.

주소 Porat Bolskih Pomoraca bb
전화 021 635 638
운영 7·8월 08:30~22:00, 5·6·9월 08:30~14:00, 16:00~21:00
홈페이지 www.bol.hr

수페타르 ⓘ

볼로 가는 버스 시간표 및 요금, 무료 지도 등을 배포하고 스플리트 페리 시간표 등을 알려준다. 항구에서 내리면 동쪽에 위치.

주소 Porat 1 **전화** 021 630 551
운영 2~4·10/16~12월 월~금 08:00~15:30, 5월 08:00~15:30, 6~9월 08:00~22:00, 10/1~15 08:00~15:30
홈페이지 www.supetar.hr

세계에서 가장 아름다운 해변, **황금 곶 즐라트니 라트**

크로아티아 시인 틴 우예비츠Tin Ujevic가 말했다. 볼은 미완성의 시와 같다고. 또 다른 아드리아 해의 진주라 불리는 볼은 브라치 섬의 남쪽에 위치한, 해안에서 가장 오래된 도시다.

이 작은 마을은 20세기 초부터 여행지로 개발되기 시작했다. 15세기에 만들어진 은혜의 성당, 11세기 고대 로마 시대 성당, 세련된 스타일의 여름 궁전, 현대 크로아티아 예술 갤러리가 있으며 박물관에서는 베네치아 화가 틴토레토의 그림을 감상할 수 있다.

여름이면 이 작은 마을은 전 세계에서 오는 방문객들로 정신없이 바빠진다. 세계에서 가장 아름다운 해변 중 한 곳으로 손꼽히는 황금 곶 즐라트니 라트Zlatni Rat를 만나기 위해서다.

즐라트니 라트는 크로아티아의 해안선에서 가장 아름답다고 소문난 파노라마 해변이다. 온화한 지중해성 기후 덕분에 기분 좋은 햇살이 가득하고 소나무가 줄지어 있는 긴 해안선 덕분에 경치까지 완벽하다. 해변의 또 다른 이름인 황금 곶은 투명한 푸른 바다 위로 500m 정도 뻗어 나온 황금색 고깔을 닮은 해변 때문에 생긴 별명이다. 이 고깔은 암초 위에 금색의 자갈이 모여 형성된 것이라 조수 간만의 차와 풍향에 따라 변화무쌍하게 바뀐다. 이 특이한 모양 덕분에 크로아티아를 소개하는 여행 책자나 엽서에 단골 사진으로 등장하기도 한다.

©크로아티아 관광청

볼은 세계 최고의 서핑 장소이기도 하다. 해류에 따라 방향을 전환하는 독특한 자연현상 덕분에 한쪽에서는 잔잔한 물에서 수영을 하고 다른 한쪽에서는 바람을 가르며 윈드서핑을 즐길 수 있다. 해변은 그다지 크지는 않다.

한여름에 도착했는데 사람이 너무 많다면 고깔 모양만 감상하고 옆으로 조금 걸어서 다른 해변을 찾아보는 융통성도 발휘해 보자. 볼에서 약 7㎞ 떨어진 무르비차Murvica 마을에는 용의 동굴 Zmajeva Spilja이 있다. 동굴 안에 용의 조각이 있어서 용의 동굴이라 부른다. 개인으로는 볼 수 없고 가이드 투어로만 돌아볼 수 있는데, 시간이 있어서 들러보고 싶다면 ①에 문의해 보자.

알아두세요!

❶ 해변을 바라보고 오른쪽은 오전에, 왼쪽은 오후에 수영하기 좋다. 오른쪽이 소나무 숲과 더 가까워 비치 의자를 빌리지 않아도 놀 수 있다.

❷ 자갈 해변이니 아쿠아 슈즈나 슬리퍼는 필수. 한국에서 가져가지 못했다면, 스플리트 시장이나 항구 앞에서도 저렴하게 구입 가능.

❸ 챙이 큰 모자나 선크림은 필수!

❹ 해안가 주변에 포장마차가 있어서 오징어 튀김, 크레이프, 옥수수 등의 간식거리를 사먹을 수 있다. 혹시 도시락을 싸가지 못했어도 짧게 구경만 한다면 간단한 차림으로 출발하자.

❺ 비치 의자(50kn) 및 화장실(5kn)은 유료다.

환상적인 자연의 조화로움, 마카르스카

마카르스카Makarska는 아름다운 모래사장,
소나무, 평화로운 만으로 인해 아름답기로
유명하다. 해안을 내려다보는 인상적인
비오코보 산은 해발 1762m로 크로아티아
에서 두 번째로 높고, 아드리아 해 연안에
서는 가장 높다. 산 정상에서는 한여름의
멋진 일출을 맞이할 수 있고, 아득한 아드리아 해의 섬을 조
망할 수 있다. 희고 둥근 자갈 해변이 약 58㎞에 걸쳐 펼쳐진 풍경 덕분에 '마카
르스카 리비에라'라고 부른다.

원래 일리리아인들이 거주했지만 곧 로마인들이, 7세기에는 슬라브족이 정착
했다. 1452년 베네치아공화국의 지배 후 마카르스카는 오스만제국의 지배를
받게 되었는데 이때 오스만제국은 마카르스카를 개발하고 베네치아공화국의
위협에서 보호하기 위해 요새를 설립했다. 그러나 도시는 1646년 다시 베네치
아공화국의 통치 아래 들어가 1797년 베네치아공화국의 멸망까지 지배를 받
았다. 이후 프랑스의 지배를 받으며 성장했다. 20세기 초 관광지 개발이 시작되
었는데, 유고슬라비아 시절 도시 최초의 호텔이 지어지면서 본격적으로 관광
붐이 불었다.

예쁜 산책길과 인기 있는 가족 리조트, 해변, 하이킹이 가능한 산까지 환상적인
조합을 이루고 있어 모든 것을 한자리에서 즐기고 싶은 사람들을 위한 휴가지
로 추천한다.

마카르스카의 볼거리는 구시가에 위치한 프란체스코 수도원Franjevački Samostan
이다. 1614년에 지어진 수도원에는 세계에서 가장 큰 달팽이와 조개를 전시하
는 박물관이 있으니 시간이 있다면 한번 방문해 보자.

가는 방법 7~8월 여름 성수기에는 페리가 마카르스카와 브라치 섬의 수마르틴
Sumartin을 1일 5회 운항한다. 약 1시간 소요. 두브로브니크와 스플리트, 모스타르로
버스가 운행한다. 두브로브니크 약 3시간, 스플리트 약 1시간 15분, 모스타르 약 2
시간 15분 소요.

마카르스카 ⓘ

구시가 지도, 안내책자를 배포하고, 근교로 가는 페리 시간을 알려준다.
주소 Franjevački put 2 **전화** 021 612 002 **홈페이지** www.makarska-info.hr
운영 5~9월 월~토 08:00~21:00, 그 외 월~토 08:00~14:00

DUBROVNIK

죽기 전에 꼭 가봐야 하는 곳

두브로브니크

"지상에서 천국을 보고 싶은 사람은 두브로브니크로 가라."
영국의 극작가 버나드 쇼의 말이다. 이름만 들어도 설레는
여행지가 있다면 그곳이 바로 두브로브니크가 아닐까? 유
럽인과 일본인이 가장 가고 싶은 여행지 1순위, 죽기 전에
꼭 가봐야 하는 여행지 1순위로 선정된 바로 그곳, 두브로
브니크!

'아드리아 해의 진주'로 불리는 두브로브니크는 7세기에 도
시가 형성되었고 베네치아공화국과 경쟁한 유일한 해상무역
도시국가였다. 지리적인 이점 덕분에 발칸과 이탈리아를 잇
는 중계무역을 통해 부를 축적했고, 11~13세기에는 금·은
수출항으로 황금기를 맞이했다. 그러나 두 번의 대지진과 오
랜 외세의 침략, 내전 등이 계속되면서 도시의 상당 부분이
파괴되고 말았다. 하지만 시민들의 자발적인 복원사업에 힘
을 얻어 구시가 대부분의 유적들이 현재 세계문화유산으로
등록되어 있다. 미국 드라마 〈왕좌의 게임〉과 미야자키 하야
오의 〈붉은 돼지〉의 배경이기도 하다.

한없이 푸르른 아드리아 해에 신기루처럼 떠 있는 성채도시,
그곳은 15세기에 세계 최초로 노예 매매를 폐지할 만큼 수준
높은 의식을 지닌 사람들이 살던 지상 천국이었다.

지명 이야기

두브로브니크의 이름은 이곳에서 흔하게 볼 수 있었던 두
브라바Dubrava라는 떡갈나무에서 유래했다. 15세기 이전에는
'바위'라는 뜻의 라우사Rausa(라틴어로 라구사Ragusa)로 불렸다.

이들에게 추천!

· 세계인이 칭송하는 아드리아 해의 진주를 감상하
  고 싶다면
· 왕좌의 게임 속 가상수도 킹스 랜딩을 보고 싶다면
· 전 세계적으로 유례가 없는 '자유도시국가'가 궁금
  하다면
· 역사, 유산, 자연 등 천혜의 관광지를 여행하고 싶
  다면

INFORMATION
인포메이션

유용한 홈페이지

두브로브니크 관광청 www.tzdubrovnik.hr
버스 시간표 www.buscroatia.com
두브로브니크 여름 축제 www.dubrovnik-festival.hr

관광안내소

필레Pile ⓘ MAP p. 247 A-1

무료 지도, 시내 정보, 근교행 버스 시간표를 제공
한다. 각종 투어와 숙소에 대한 정보도 알려주며,
예약까지 해준다. 인터넷 카페도 함께 운영한다
(1시간 25kn).
주소 Brsalje 5(구시가 필레
문 앞 힐튼 호텔 맞은 편)
전화 020 312 011
운영 월~토 08:00~19:00,
일 09:00~19:00

그루즈Gruž ⓘ MAP p.246 A-1

주소 Obala Ivana Pavla II, br.1 **전화** 020 417 983
운영 월~금 08:00~15:00, 토 08:00~13:00
휴무 일·공휴일

여행사

• Perla Adriatica
플로체 문(동문) 앞에 위치. 크루즈, 몬테네그로, 모
스타르 등 근교행 투어, 항공, 열차 티켓, 숙소 예
약이 가능하다.
주소 Frana Supila 2 **전화** 20 422 766
운영 09:00~20:00

유용한 정보지

영문으로 제공되는 월간지 <VODIČ GUIDE
STADT-FUHRER>은 유용한 무료 가이드북이다.
여행 정보뿐만 아니라 지도, 레스토랑, 호텔 정보,
근교행 버스 시간표 등이 실려 있어 매우 유용하
다. ⓘ에서 얻을 수 있다.

환전

환전소보다 시중 은행의 환율이 더 좋고 안전하
다. ATM은 시내 어디서나 쉽게 찾을 수 있다. 구시
가와 가까운 은행은 필레 문 앞 힐튼 호텔과 버스
정류장 사이에 있다.

우체국 MAP p. 247 A-2

주소 Široka 8
운영 월~금 08:00~19:00,
토 08:00~12:00 **휴무** 일요일

슈퍼마켓

플로체 문(동문) 앞에 콘줌Konzum이 있고, 구시가
내 군둘리체바 광장에 조로 트레이드Zoro Trade가
있다.
• **콘줌**Konzum MAP p. 247 B-1
   주소 Frana Supila 6
• **조로 트레이드**Zoro Trade MAP p. 247 B-1
   주소 Ulica od Puča 4

ACCESS
가는 방법

비행기, 버스, 페리를 타는 게 일반적이다. 출발 도시, 계절 등에 따라 이용하는 교통수단이 달라진다.

비행기

대한항공이 자그레브에 신규 취항해 직항노선이 생겼지만, 두브로브니크로 갈 경우엔 여전히 다른 비행기로 한 번 갈아타야 한다. 그래서 두브로브니크로 가는 편리한 스케줄은 매일 취항하는 독일항공, 에어프랑스, 오스트리아 항공 등의 유럽계 항공사다. 이때, 스톱오버를 이용해 경유지에서 며칠 여행을 한 후 두브로브니크로 가는 것도 좋은 방법이다. 워낙 인기 있는 여행지여서 유럽 전역에서 비행기가 취항한다. 단, 성수기와 비수기에 따라 운항 편수가 크게 달라진다. 두브로브니크 공항 Zračna Luka Dubrovnik은 시내에서 남쪽으로 20km 정도 떨어져 있으며 규모가 작고 시설도 간소하다. 공항에서 시내까지는 공항버스와 택시가 운행하며 약 30~40분 소요된다. 어느 공항이나 환율이 높으니 공항에서는 교통비 정도만 환전하자.

두브로브니크 공항
홈페이지 www.airport-dubrovnik.hr

공항버스

아틀라스Atlas시에서 운영하며, 시내로 가는 가장 경제적인 교통수단이다. 버스는 시내버스 터미널을 거쳐 구시가의 필레 문 버스 터미널에 도착한다. 티켓은 출국장으로 나와 오른편에 있는 아틀라스 여행사 카운터에서 구입하며, 늦은 항공편 때문에 카운터가 문을 닫았을 때는 운전사에게 직접 구입하면 된다.
요금 편도 45kn

택시

요금 200~250kn(20~30분 소요)

버스   MAP p. 247 A-1

비수기·성수기에 상관없이 매일 운행한다. 기암절벽이 이어지는 해안선을 따라가면서 아름다운 창밖 풍경을 감상할 수 있어 여행자들에게 가장 인기 있는 교통수단이다. 국제선으로는 보스니아, 슬로베니아, 독일, 스위스행의 유로라인 버스가, 국내선으로는 자그레브, 스플리트, 자다르, 플리트비체, 리예카 등을 연결한다.
두브로브니크 버스 터미널Autobusni Kolodvor은 규모가 작아서 매표소와 작은 편의점, 대합실이 전부다. 대합실에는 화장실, ATM, 유인 짐 보관소가 있다. 버스 터미널에서 구시가까지는 도보로 약 30분 거리이고 터미널 앞에서 1a, 1b, 3, 8번 버스를 이용하면 편리하다. 티켓은 신문가판대나 키오스크, 또는 운전사에게 직접 구입할 수 있다.

요금 1회권 12kn, 1일권 30kn

유인 짐 보관소
운영 06:00~21:00 **요금** 15kn

버스 요금

자그레브	219kn~(1일 7회)	두브로브니크
스플리트	120kn~(1일 10회)	두브로브니크
모스타르	115kn~(1일 3회)	두브로브니크

택시 요금
필레 문(서문)까지 75kn
페리 터미널까지 75kn

페리   MAP p. 246 A-1

두브로브니크로 가는 가장 로맨틱하고 이색적인 교통수단이다. 국제선은 이탈리아의 바리Bari, 앙코나Ancona에서 출항한다. 대부분 야간 페리를 운항하기 때문에 밤에 출발해 다음 날 아침에 도착하는 스케줄이다. 국내선은 스플리트와 리예카Rijeka에서 출항한다. 스플리트와 두브로브니크 구간 페리가 가장 인기 있으며, 성수기에는 환상의 섬으로 알려진 흐바르 섬과 코르출라 섬을 경유한다. 데크를 이용하는 경우 일주일에 한해 스톱오버가 가능하다. 그 밖에 두브로브니크에서 가장 인기 있는 근교 여행지인 믈레트Mljet 섬까지도 페리를 이용할 수 있다. 국제선과 국내선 모두 크로아티아의 야드롤리니야Jadrolinija 사에서 운영한다. 페리는 비수기 · 성수기, 날씨에 따라 운항 편수와 경유지 등 변수가 많으니 반드시 스케줄을 미리 확인해야 한다.

두브로브니크에 도착한 페리는 라파드Lapad 지역에 있는 그루즈 항구Luka Gruz에 도착한다. 구시가에서 2㎞ 정도 떨어져 있으며 버스 터미널에서 출발하는 1a, 1b, 3, 8번 버스를 이용하면 구시가의 필레 문 앞까지 갈 수 있다. 버스 터미널과 항구 사이에는 대형 슈퍼마켓 콘줌이 있다.

야드롤리니야 페리

주소 Obala Stjepana Radića 40
전화 020 418 0000
홈페이지 www.jadrolinija.com

스플리트 _____ 두브로브니크
쾌속정 데크 €36.50, 4인 캐빈 €55
일반 페리 데크 €29, 4인 캐빈 €46

이탈리아 바리 _____ 두브로브니크
야간 페리 데크 €40~48, 4인 캐빈 €75~96

주간 이동 가능 도시

		두브로브니크
스플리트	버스 4시간 30분 또는 **페리** 9시간	두브로브니크
보스니아-헤르체고비나 모스타르	**버스** 3시간	두브로브니크
보스니아-헤르체고비나 사라예보	**버스** 5시간	두브로브니크
몬테네그로 코토르	**버스** 2시간	두브로브니크

야간 이동 가능 도시

자다르	**버스** 12시간	두브로브니크
자그레브	**버스** 12~13시간	두브로브니크
슬로베니아 류블랴나	**버스** 12시간 30분	두브로브니크
이탈리아 바리	**페리** 11시간	두브로브니크

* 현지 사정에 따라 열차 및 버스, 페리 운항 시간이 변동이 크니 반드시 그때그때 확인할 것

THE CITY TRAFFIC
시내 교통

두브로브니크의 성벽 안 구시가는 끝에서 끝까지 걷는 데 10분도 채 걸리지 않을 만큼 작다. 시내는 크게 버스 터미널과 항구가 있는 그루즈Gruz 지구, 호텔과 리조트 등이 모여 있는 라파드Lapad 지구와 바빈 쿠크Babin Kuk 지구, 구시가 성문 밖 필레Pile 지구와 플로체Ploče 지구로 나뉜다. 구시가에서 필레·플로체 지구는 도보로도 오갈 수 있지만 그 밖의 지구는 시내버스를 이용해야 한다. 구시가로 들어오는 모든 버스는 구시가 교통의 중심이자 주차장인 필레 문 앞에 정차한 다음 플로체 지구로 운행한다. 티켓은 신문가판대나 버스 안에서 직접 구입할 수 있다. 단, 운전사한테서 구입하는 경우 요금이 더 비싸다. 승차 후에는 티켓을 펀칭기에 넣고 직접 개시해야 한다.

대중교통 1회권 12kn | 운전사에게서 구입 시 15kn | 60분 유효

두브로브니크 카드

가장 큰 혜택은 성벽 투어(일반 200kn)가 무료라는 점. 그 외 7개 박물관, 숙소, 카페, 식당, 상점 등의 할인과 시내 교통이 포함되어 있다. 하루에 성벽 투어 및 모든 박물관을 다 볼 수 없으니 두브로브니크에 2~3일 정도 머문다면 3일권을 추천한다. 필요한 경우 ⓘ 및 호텔, 여행사에서 구입 가능하다. 구입 후 카드 뒷면에 볼펜으로 날짜와 이름, 개시 시간을 적고 사용하면 된다. 홈페이지 구입 시 10% 할인된다.

1일권 250kn | 24시간 교통 포함
3일권 300kn | 교통 10회권 포함
7일권 350kn | 교통 20회권 포함
홈페이지 www.dubrovnikcard.com

본토와 단절된 두브로브니크

크로아티아의 어느 도시에서 출발하든, 버스를 타고 두브로브니크로 가려면 여권 검사를 두 번이나 거쳐야 합니다. 두브로브니크 바로 위에 있는 네움Neum이라는 해안 도시가 보스니아-헤르체고비나 연방의 땅이기 때문입니다. 21㎞의 해안 도시 네움 덕분에 보스니아-헤르체고비나는 내륙국을 면했지만 두브로브니크는 본토와 단절된 고아 신세가 되었답니다. 세상에 이런 일이! 첫 번째 여권 검사를 마쳤다면 이미 버스는 보스니아-헤르체고비나 영토를 달리는 중입니다. 이런 불편을 해소하기 위해 크로아티아 정부는 보스니아-헤르체고비나의 승인을 받아 두브로브니크와 본토를 연결하는 2.4㎞의 다리를 만든다고 합니다. 이 다리가 완공되면 이 이색적인 여행도 안녕이겠지요. 짧지만 색다른 경험이니 다리가 완공되기 전에 네움 터미널에 도착하면 버스에서 잠시 내려 기념촬영이라도 해보세요.

MASTER OF DUBROVNIK

두브로브니크 완전 정복

오랫동안 수많은 외세의 침략을 받아온, 풍파의 역사를 간직하고 있는 도시. 비잔틴제국과 이슬람 계통의 사라센제국, 베네치아공화국의 침략을 당했지만 자치권을 지닌 소규모 왕국으로의 독자적 역사도 지니고 있다. 이후 헝가리-크로아티아 왕국과 신성로마제국 및 오스만제국의 침략을 거쳐 오스트리아의 합스부르크 제국과 나폴레옹의 침략까지 받게 된다. 여러 차례의 역사적 갈림길에도 불구하고 작은 도시 두브로브니크의 귀족들은 정치적 책략을 통해 완벽한 수준의 독자적인 정부를 탄생시켰다. 이렇게 탄생한 두브로브니크공화국은 수세기 동안 주권국가로 인정받았고 정치가, 외교관, 시인들이 강조한 종교적인 자유도 얻었다. 사람과 자연이 완벽한 조화를 이루는 곳, 천국과 비교되는 곳이 바로 두브로브니크다.

구시가는 워낙 작아 천천히 아껴 봐야 한다는 말이 잘 어울린다. 지도가 없어도 걷다 보면 모든 볼거리들이 저절로 눈에 들어온다. 우선, 오랜 세월 두브로브니크를 지키고 있는 **성벽**에 올라 짙푸른 아드리아 해와 붉은 지붕이 어우러지는 두브로브니크의 아름다움에 빠져보자. 시내 관광에서 가장 많은 시간을 보내게 되는 곳이니 대략 2~3시간 여유를 갖고 돌아보자. 다음은 **필레 문**에서 **플라차 대로**를 따라 주요 명소를 돌아본 다음 **구 항구**에 있는 카페에서 잠시 휴식을 취한 뒤 플로체 문으로 나오면 된다. 플로체 문을 지나 곧장 걸어가다 뒤를 돌아보면 구시가의 풍경이 조금 다른 느낌으로 다가온다.

다시 플로체 문으로 걸어가다 주차장 쪽으로 올라가면 부자 문이 나온다. 부자 문으로 들어가면 플라차 대로까지 가파른 계단이 이어진다. 골목마다 서민들의 삶이 묻어나는 빨래들이 넘실거린다. 여기서 내려가면 다시 구시가. 구시가 관광은 하루면 충분하지만 몇 번을 보아도 질리지 않는 것이 매력이다. 유럽의 땅 끝에 가까운 이곳까지 왔다면 평생 잊지 못할 추억을 남길 수 있도록 충분히 시간을 할애하자. 하루는 시내를 관광하고, 하루는 새벽과 석양 무렵에 **스르지 산**에 올라 구시가의 일출과 일몰을 감상해 보자. 낮에는 근교에 있는 섬으로 투어를 다녀오고 해수욕과 해양 스포츠를 즐겨보는 것도 좋다. 근교에 있는 몬테네그로의 아름다운 해안 마을과 기독교와 이슬람 간 화해의 장소인 모스타르도 놓치지 말자.

이것만은 놓치지 말자!

❶ 성벽을 따라 걸으면서 보는 두브로브니
크의 풍경

❷ 아기자기하다 못해 앙증맞은 구시가 도
보 관광

❸ 아드리아 해를 만끽할 수 있는 근교 섬
으로 떠나는 보트 투어

필레 문

플라차 대로

시내 관광을 위한
KEY POINT

랜드 마크 플라차 대로

쇼핑가 플라차 대로는 구시가의 최대 쇼핑
가이자 번화가다. 레스토랑 역시 이 주변에
많다.

베스트 뷰포인트

❶ 성벽

❷ 스르지산

❸ 부자 카페

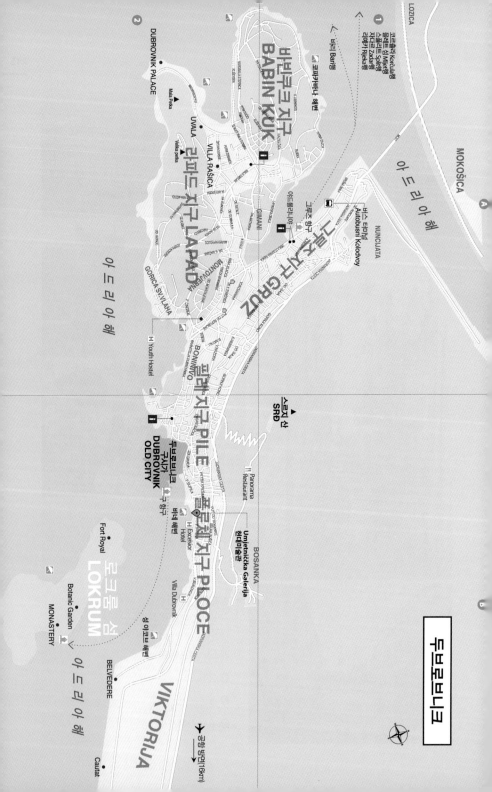

두브로브니크

LOZICA

MOKOŠICA

① 코르출라Korčula행
  믈레트 섬 Mljet행
  스플리트 Split행
  자다르 Zadar행
  리예카 Rijeka행

바리 Bari행

코파카바나 해변

아 드 리 아 해

A

비빈쿠크 지구
BABIN KUK

리예카 Rijeka행

코파카바나 해변

UVALA
Velika peka

Mala Peka

VILLA RAŠICA

라파드 지구 LAPAD

GIHANI

②
DUBROVNIK PALACE

버스 터미널
Autobusni Kolodvoy

아드리아이

NUNCIJATA

그루즈 항구

그루즈 지구 GRUZ

i

GORICA SV.VLAHA

BONINOVO

아 드 리 아 해

H Youth Hostel

스르지 산
SRĐ

필레 지구 PILE

Panorama
Restaurant

BOSANKA

두브로브니크
구시가
DUBROVNIK
OLD CITY

구 항구

Umjetnička Galerija
현대미술관

플로체 지구 PLOCE

i

Fort Royal

Hotel

바녜 해변

H Excelsior
Hotel

Villa Dubrovnik

H

로크룸 섬
LOKRUM

Botanic Garden

MONASTERY

성 야코브 해변

BELVEDERE

VIKTORIJA

아 드 리 아 해

공항 방면(16㎞)

Cautat

B

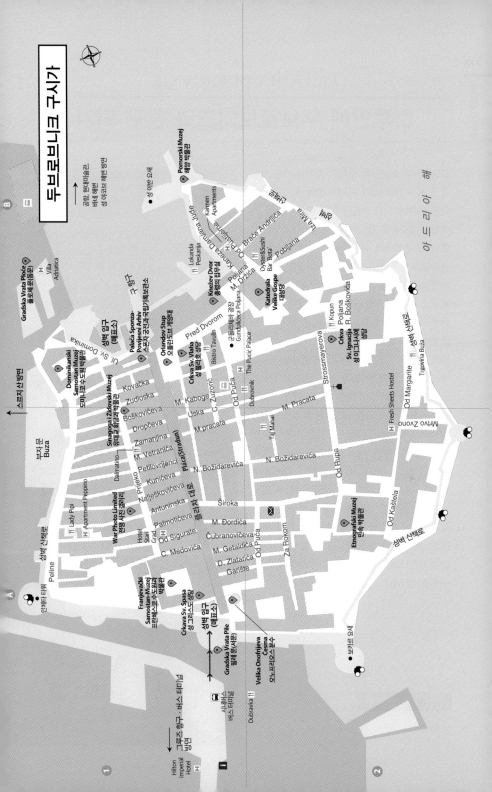

FRIENDLY DUBROVNIK

하루만에 두브로브니크와 친구 되기

크로아티아 최남단에 위치한, 자유를 가장 사랑한 도시는 산과 바다 사이에 성곽 요새로 둘러싸인 모습이다. 그 모습은 보는 이로 하여금 완벽한 아름다움을 찬미하게 만든다. 최고의 솜씨를 가진 건축가와 예술가들이 수세기 동안 정성들여 가꾼 문화유산에 둘러싸여 있는 구시가는 전체 길이 1940m의 성벽에 의해 굳건히 보호되고 있다. 누구의 침략도 허락하지 않는 모습이 마치 가족을 보호하는 듬직한 아빠의 모습 같다고 할까?

몇백 년 동안 사람들이 지나다닌 플라차 대로의 대리석 바닥은 자연스럽게 매끄러워져서 조명을 받으면 어떤 보석보다 반짝거린다. 온난한 지중해성 기온 속에서 자란 식물들은 르네상스 양식의 공원과 중세의 석조 저택, 혹은 조용한 수도원의 정원에 한가득 피어 향기를 뿜어낸다. 성벽 위에 올라서면 두브로브니크의 붉은 지붕과 푸른 아드리아 해가 넘실대는 풍경을 볼 수 있고 여름이면 이 모든 매력이 한층 더 빛을 발해 구시가 전체를 매혹의 무대로 바꾸어 놓는다. 로브리예나츠 요새 위에 올라가면 "머물 것인가, 떠날 것인가. 그것이 문제로다"라고 고뇌하며 외치는 목소리가 들리는 듯하다.

알아두세요!

❶ 지도가 없어도 워낙 작아서 돌아다니며 다 볼 수 있지만 제대로 찾아보고 싶다면 ①에 들러 지도를 챙기자.

❷ 한낮에 성벽에 오른다면 그늘 한 곳 없는 땡볕을 걸어야 하므로 오전 또는 오후에 오르는 게 좋다.

점심 먹기 좋은 곳

구 항구
구시가 골목

⑦
스르지 산방면

Peline ● 성벽 산책로 부자 문

Ul. Sv. Dominika Ul ② 성벽 입구

⑧ 구 항구

Kovačka
Žudioska
Boškovićeva
Dropčeva
Zamanjina
M. Vetranića
Prijeko   M. Kličeva
Nalješkovićeva Palmotićeva
Kunićeva
C. Medovića Od Sigurate Antuninska
프란체스코 수도원과 Petilovrijenci
박물관 ③

성 블라호 성당
⑤

M. Kaboge
M. pracata
N. Božidarevića
Plàca (Stradun) Uska
② 성벽 입구 ④ 플라차 대로
C. Žuzorić

Pred Dvorom
총령의 집무실
⑥

① 필레 문(서문)
D. Zlatarića M. Getaldića M. Đorđića Široka
Garište Cubranovićeva Od Puča M. Džica
Od Puča Poljana

① 필레 문

구시가의 입구. 들어가자마
자 시원하게 뻗은 플라차 대
로를 볼 수 있다.

② 성벽

필레 문에서 가장 가까운 입
구를 통해 두브로브니크를
제일 잘 볼 수 있는 이곳을 먼
저 오르면 두브로브니크가
한층 가까워진다.

③ 프란체스코 수도원

15세기에 만든 입구의 피에타
장식이 돋보인다. 아름다운
회랑을 지나면 유럽에서 세
번째로 오래된 약국이 있다.

④ 플라차 대로

구시가의 중심이자 가장 넓고
활기찬 거리. 1667년 대지진
후에 지금의 모습을 갖게 되
었다. 오고 가는 사람들을 구
경하는 것만으로도 재밌다!

⑤ 성 블라호 성당

바로크 양식으로 건설된, 도
시의 수호성인 성 블라호 성
당. 아름다운 정문 장식과 계
단이 인상적이다.

⑥ 총령의 집무실

15세기에 건축된, 고딕과 르
네상스 양식이 조화를 이루
는 궁전. 고대 두브로브니크
행정의 중심이자 지도자의
거처였다. 멋진 르네상스식
기둥이 눈에 띈다.

⑦ 스르지 산

구시가를 조망할 수 있는 뷰
포인트. 케이블카를 타고 올
라가서 산책하듯 걸어 내려
오는 것도 좋다.

⑧ 구 항구

두브로브니크 공화국의 선
박이 전 세계로 나아가는 출
발점이자 종점이었다. 선박
의 수리, 보수를 했던 장소.
오늘은 구 항구의 맛있는 레
스토랑에서 일정을 마무리
하자.

ATTRACTION
보는 즐거움

두브로브니크는 지중해의 작은 해상국가였다. 80여 개의 도시에 영사를 두었고 베네치아에 필적하는 700척의 상선을 보유하고 있었다. 이들은 세계 여러 곳을 항해하며 유럽의 중요한 국가들과 동맹 관계를 구축해 나갔다. 그래서일까? 두브로브니크는 1000년의 역사 속에서도 한 번의 난폭한 전쟁도 일으킨 일이 없으며, 훌륭한 외교술로 자치권을 지켜왔다. 공화국의 평화와 번영은 무역, 조선뿐만 아니라 과학, 문학, 예술, 수공예 등에도 많은 영향을 미쳐 뛰어난 예술가를 배출할 수 있었다. 구시가 관광의 기점은 필레 문이다. 문으로 들어서면 번화가이자 중심지인 플라차 대로가 나온다. 수 세기에 걸쳐 도시국가로 번창한 두브로브니크 역사를 보는 여행이 이곳에서 시작된다.

왜 두브로브니크를 **지상천국이라 불렀을까?**

구 항구에 있는 성 이반 요새 입구에는 '세상의 돈을 모두 준다 해도 자유를 팔 수 없다'라는 의미심장한 문구가 있습니다. 두브로브니크에는 유럽 어느 나라에나 있는 왕이 없습니다. 이곳에 사는 사람들은 귀족, 시민, 기술자 세 신분으로 구성되었고 귀족이 국가를 통치했습니다.

두브로브니크 사람들은 막강한 경제력만이 그들을 지킬 수 있다는 철학을 지니고 해상무역을 통해 부를 축적했습니다. 지금과 같은 민주정치는 아니었지만 대·소 평의회, 의원(원로원)을 구성하여 대내외적인 정치를 펼쳤답니다. 14세기부터 총령을 선출했는데, 독재를 막기 위해 재임기간을 1개월로 제한했고 보수도 없는 명예직이었습니다. 뿐만 아니라 재임 기간 중에는 궁 밖으로의 출입도 제한해 오직 국가의 독립과 자치를 수호하는 데 힘썼답니다. 총령의 집무실에는 '사적인 일은 잊고 오직 공사에 철저하자'라는 문구가 있어 깨끗한 정치인의 이미지를 보여줍니다. 또 국가는 시민들을 위한 사회복지에도 힘써 14세기에는 상상도 할 수 없는 복지국가를 이루었습니다.

이렇게 번영의 길을 걸어오던 두브로브니크도 자연의 재앙은 피할 수 없었나 봅니다. 두 번의 대지진을 겪게 되는데요. 첫 번째 대지진 후 재력과 시민들의 자발적인 복구 사업으로 어느 정도 재건에 성공하지만, 다시 두 번째 지진을 겪으면서 도시가 쇠락해 말로 형언할 수 없이 화려했다는 두브로브니크의 모습은 상상만 할 뿐입니다.

수세기에 걸쳐 전 세계에서도 유례가 없는 자유도시국가로 번창할 수 있었던 이유는 자유와 자치를 수호하기 위해 사회 구성원 모두가 자발적으로 노력한 결과랍니다. 아름다운 아드리아 해가 바라보이는 성채도시 두브로브니크, 그곳에는 자유를 사랑한 지혜로운 사람이 살고 있었습니다. 두브로브니크는 분명 지상천국이었습니다.

두브로브니크 여름 축제

가장 아름다운 장소에서 환상적인 야외 공연이 펼쳐지며 국제적인 예술가들이 모이는 두브로브니크 여름 축제는 60년 전통을 자랑하는, 크로아티아에서 가장 유명한 축제입니다. 오를란도브 게양대에 국기가 꼽히면 1950년에 루자 광장에서 시작된 여름 축제의 마법과 같은 서막이 열립니다. 프로그램은 연극, 오페라, 발레, 음악으로 구성되어 있는데, 축제가 시작되는 날 필레 문 위에는 'Libertas자유' 깃발이 펄럭입니다. 개막식 행사가 끝나면 화려한 불꽃이 밤하늘을 수놓고 밤새도록 춤과 노래가 이어집니다. 이 소리를 들으면 '아, 축제가 시작됐구나, 하게 되죠. 매년 7월 10일에 시작되며 약 50일 동안 계속됩니다. 티켓은 플라차 대로에 있는 축제 사무소에서 구입하거나 공연 시작 전에 현장 구입도 가능합니다. 가장 좋은 것은 미리 인터넷으로 구매하는 방법이겠죠?

두브로브니크 여름 축제 www.dubrovnik-festival.hr

Gradska Vrata Pile
필레 문(서문) MAP p. 247 A-1

견고한 요새도시로 들어갈 수 있는 3개의 문 가운데 하나. 16세기에 지은 이중문으로, 다리를 들어올려 외부의 침입을 완전히 차단하는 첫 번째 문을 통과하면 구시가의 플라차 대로로 들어서는 두 번째 문이 나온다. 두 번째 문 위에는 도시의 수호성인 성 블라호Sv. Vlaho(성 블라이세|Saint Blaise)가 두브로브니크의 지진 전 모습을 들고 있는 조각상이 있다. 조각은 크로아티아 최고 조각가 이반 메슈트로비치의 작품이다. 필레 문 반대쪽에는 구조가 비슷한 플로체 문Gradska Vrata Ploče(동문)이, 필레 문과 플로체 문 사이 북쪽 언덕에는 부자Buža 문이 있다. 성벽으로 통하는 문은 총령이 엄격하게 관리했다고 한다.

필레 문

Gradska Vrata Ploča
플로체 문(동문) MAP p. 247 B-1

구시가의 동쪽 출입문. 필레 문과 마찬가지로 바깥쪽 다리를 올려 문을 닫는 이중 구조로 되어 있다. 문 안으로 들어오면 두브로브니크의 수호성인 성 블라호 조각이 있다. 성곽 밖에 있는 건물은 16~18세기에 지어진 검역소로, 두브로브니크 공화국을 드나들던 상인과 선원들을 검역하며 전염병을 막던 곳이다. 비잔틴제국의 콘스탄티노플을 향해 항해하던 사람들이나 여행자들은 나쁜 날씨가 계속되면 두브로브니크에서 날씨가 갤 때까지 안전하게 정박하고 기다려야 했다. 많은 사람들이 찾았던 도시이니만큼 검역소는 꼭 필요한 곳이었다. 플로체 문으로 나가면 현지인들이 운영하는 민박Sobe을 많이 찾을 수 있다.

플로체 문

Crkava Sv. Spasa
성 그리스도 성당 MAP p. 247 A-1

필레 문을 들어서자마자 왼쪽에 있는 첫 번째 성당. 1520년 첫 번째 지진 당시 사람들이 무사히 살아남은 후 감사의 기도를 드리기 위해 지었다고 한다. 1667년 두 번째 지진이 발생했을 때도 교회는 아무런 피해를 입지 않아 더욱 성스럽게 여겨졌다. 르네상스 양식의 간결한 외관은 소박하고 단출한 내부를 짐작하게 한다. 평소에는 성당 문이 닫혀 있어서 유리창 너머로 들여다볼 수밖에 없지만 콘서트가 열리는 날에는 내부를 구경할 수 있다.

가는 방법 필레 문에서 도보 1분

Velika Onofrijeva Česma

오노프리오스 분수 MAP p. 247 A-1

성 그리스도 성당 앞에 있는 분수. 척박한 땅에 자리 잡은 두브로브니크는 늘 식량과 물 부족으로 고민했다. 오노프리오스 분수는 1438년에 20㎞ 떨어진 스르지 산에서 물을 끌어들여 만든 수도 시설이다. 설계를 담당한 나폴리 건축가의 이름을 붙였다. 돔 모양의 지붕 아래 16개의 수도꼭지가 있는데, 각기 다른 사람의 얼굴 모양과 여러 동물의 형상이 조각되어 있다. 건축 당시에는 화려한 조각이 있었으나 지진과 오랜 세월로 훼손된 상태다. 여전히 수도꼭지에서는 맑은 물이 나오고 시민들과 여행자들의 쉼터로 사랑받고 있다. 일직선으로 난 플라차 대로 반대편에는 대지진에도 끄떡하지 않은 오노프리오스 소분수Mala Onofrijeva Česma 가 있으니 놓치지 말자.

가는 방법 필레 문에서 도보 1분

오노프리오스 소분수

오노프리오스 분수

Franjevački Samostan-Muzej

프란체스코 수도원과 박물관

MAP p. 247 A-1

성 그리스도 성당 바로 옆에 있다. 14세기에 지은 프란체스코 수도원은 17세기의 대지진으로 많은 피해를 입어 화려한 조각이나 장식을 거의 찾아볼 수 없다. 다행히 입구에 성모 마리아가 죽은 그리스도를 안고 슬픔에 잠겨 있는 모습을 조각한 <피에타(1498년 작)>가 남아 있어 감동을 준다. 피에타 조각은 지진으로 수도원의 일부가 파괴되어 그 슬픔을 표현한 작품이라는 이야기도 전해진다.

수도원 안으로 들어가면 14세기 후기 로마네스크 양식으로 만든 회랑이 나온다. 사람과 동물의 얼굴, 꽃이 조각되어 있고 회랑 한쪽에는 유럽에서 세 번째로 오래된 약국이 있다. 당시 수도원에서 약국을 운영하는 것은 당연한 일이었으나 1391년 세계 최초로 일반인들에게도 개방해서 그 의미가 크다. 14세기에 이미 시민들을 위한 의료 서비스를 실시한 것으로 보아 시대를 앞선 그들의 복지 행정에 놀라지 않을 수 없다. 약국은 지금도 운영되고 있고, 내부 한쪽에 중세 시대의 약 제조과정, 약품, 처방전 등을 전시하는 제약 박물관이 있다. 회랑 안쪽에는 종교 박물관과 수도사들이 기거하는 방이 있다.

운영 11~3월 09:00~14:00, 4~10월 09:00~18:00 입장료 수도원 박물관 일반 30kn, 학생 15kn 가는 방법 성 그리스도 성당 바로 옆

Ulaz u Gradske Zidine
성벽 MAP p. 247 A-1

두브로브니크 여행의 하이라이트. 수많은 외세의 침략을 막고 자유와 독립을 수호하기 위해 지은 성벽은 유일무이한 모습으로 오늘날 두브로브니크를 대표하는 아름다움의 상징이자 가장 인기 있는 관광 명소 중 한 곳이다. 2014년 약 90만 명 이상이 성벽을 다녀갔는데, 매년 방문객이 3%씩 늘어나는 추세다. 10세기에 축성한 성벽은 13, 14세기에 보완됐고 15세기 오스만제국의 위협이 있자 방어를 위해 더욱 두껍게 증축해 지금의 모습이 되었다. 견고한 성벽엔 4개의 요새 외에도 두 개의 원형 탑과 14개의 사각 탑, 5개의 보루와 첨탑이 존재한다. 육지 쪽의 성벽은 더 깊은 해자가 박혀있고, 두브로브니크가 외부의 침략을 받을 시에는 현지에서 제작된 120개의 기관포가 도시를 지켜냈다.

구시가를 둘러싸고 있는 성벽의 총 길이는 약 2km이며 최고 높이는 25m, 내륙 쪽의 높이는 6m, 두께는 1.5m, 3m나 된다. 성벽으로 오르는 출입구는 모두 3개로 필레 문, 플로체 문, 구 항구에 있는 성 이반 요새 쪽 문이 있다.

북쪽은 1464년에 완공되어 성벽에서 가장 높은 곳에 위치해 환상적인 뷰를 선사하는 민체타 타워 Minčeta, 서쪽은 1461년 이탈리아 건축가가 세워 총기가 발사되는 구조물로는 유럽에서 가장 오래된 보카르 Bokar, 동쪽은 터키의 침략을 대비해 1462년에 지어진 레베린 Revelin, 남동쪽은 성 이반 Sv. Ivan(세례요한)의 4개 요새가 도시를 굳건히 지키고 있다.

두브로브니크의 역사를 한눈에 보여주는 성벽에 올라 구시가와 아드리아 해의 풍경을 감상하면 이곳을 천국이라 칭송한 호사가들의 말을 실감하게 된다. 성벽 전체를 천천히 산책하듯 돌아보는 데 걸리는 시간은 약 2시간으로 오전이나 해질 무렵에 간단한 음료나 간식 등을 챙겨 가면 좋다. 무료 화장실은 성벽 중간쯤에 있고, 해양 박물관과 카페, 갤러리도 있다. 필레 문에서 시작한다면 붉은 지붕의 구시가 풍경을, 플로체 문에서 시작한다면 바다 쪽 풍경을 먼저 감상할 수 있다. 성벽을 돌아보는 중간 게이트에서 입장권을 다시 검사하니 절대 버리면 안 된다.

홈페이지 www.wallsofdubrovnik.com 운영 4·5·9/1~14 08:00~18:30, 6·7월 08:00~19:30, 8월 08:00~19:00, 9/15~30 08:00~18:00, 10월 08:00~17:30, 11~3월 09:00~15:00 휴무 12/25 입장료 일반 200kn, 학생 50kn(두브로브니크 카드 소지 시 무료) 가는 방법 필레 문에서 도보 2분

민체타 타워

성벽 카페

• 해양 박물관 Pomorski Muzej

두브로브니크 해양 박물관은 도시 역사에서 가장 중요한 활동을 소개한다. 1949년에 설립된 해양 박물관은 성 이반 요새의 1, 2층에 위치하고 있다. 내부에서 5000여 점의 전시품을 볼 수 있는데, 지도와 그림, 항해 장비와 선박이 전시되어 있다. 두브로브니크가 베네치아와 다른 유럽의 해상 능력에 필적하는 부유한 상인 공화국이 되었다는 흥미로운 얘기를 전시 하나하나에서 얻을 수 있다. 두브로브니크의 조선소에서 만들어진 가장 큰 배는 물에 뜨면 배의 무게로 인해 배의 이물 부분까지 물속에 잠길 정도로 거대했는데 이런 배의 독특한 제작법은 오늘날에도 쉽게 적용하지 못하는 어려운 기술이라고. 연인들을 위해 사람이 직접 노를 젓는 배도 두브로브니크에서 처음 선보였다는 흥미로운 사실도 알 수 있다. 성벽 위에 있어서 성벽을 걷다가 들어가서 관람이 가능하다.

홈페이지 www.dumus.hr 운영 3/22~6/14 · 9/16~ 11/2 화~일 09:00~18:00, 6/15~9/15 화~일 09:00~ 20:00, 11/3~3/21 화~일 09:00~16:00 휴무 월요일, 12/25, 1/1, 2/3 입장료 일반 130kn, 학생 50kn(총령의 집무실 내 박물관, 해양 박물관, 민속박물관, 고고학 전시회, 현대미술관, 자연사 박물관, 풀리카 갤러리, 풀리카 스튜디오, 마린 드르지크의 집까지 총 9곳 입장 가능, 두브로브니크 카드 소지 시 무료)

Placa-Stradun
플라차 대로 MAP p. 247 A-1, B-1

필레 문에서 루자 광장Trg Luza까지 뻗어 있는 300m 길이의 대로. 이탈리아어로 스트라둔Stradun 이라 불리기도 한다. 우리 기준에 대로라고 하기에는 어색하지만 성벽 안에서 가장 넓은 중앙로다. 성채를 쌓기 전에는 바닷물이 흐르는 운하였으나 성채도시가 된 후 바다를 메워 길을 만들었다. 17세기 두 번째 지진이 발생하기 전까지 플라차 대로 주변은 아름답고 화려한 건물이 즐비했다고 한다. 지금의 건물들은 두 번째 지진 후 복원사업을 거쳐 새로 지은 것들이다. 두 번의 지진을 겪은 두브로브니크는 화재를 막기 위해 건축물을 모두 석재와 대리석으로 지었다고 한다.

플라차 대로는 두브로브니크 구시가를 가로질러 서문과 동문을 잇는 역할을 하는데, ⓘ, 기념품점, 카페, 서점, 상점 등이 모여 있는 구시가 최고의 번화가다. 두브로브니크 시민들에게 가장 사랑받는 산책로이자 만남의 장소며, 축제 때는 행진 장소로도 이용된다. 두브로브니크에 있는 동안 하루에도 몇 번씩 오가게 되는 곳이니 점원들과 눈인사라도 나누자. 번잡한 분위기가 싫다면 대로 뒷골목에 나만의 루트를 개발하는 것도 좋다.

가는 방법 필레 문에서 도보 3분

Palača Sponza-Povijesni Arhiv
스폰자 궁전과 국립기록보관소

MAP p. 247 B-1

스폰자 궁전은 두브로브니크 경제의 중심지로 무역을 통해 엄청난 부를 쌓은 국가경제의 중추 구실을 했다. 건축 당시에는 전 세계 상인들이 드나들면서 물건을 거래하는 무역센터 기능과 도시 상인들의 모임 장소로 사용되었고, 조폐국도 운영되었다. 16세기에는 지식인들이 과학, 문학, 예술을 논하는 문화센터로 이용되었다. 1516년에 건축가 파스코예 밀리체비치Paskoje Miličević와 안드리치Andrijić 형제가 착공해 1520년에 르네상스 양식과 후기 고딕 양식으로 완성했다. 17세기 두 번째 지진의 피해를 모면한 건물 가운데 하나다. 현재 내부는 고문서와 역사를 기록한 문서들을 보관하는 장소로 사용된다. 1층에는 크로아티아 내전의 참상을 보여주는 영상실이 있으며, 희생자들에 대한 사진과 유물 등을 전시하고 있다. 두브로브니크의 고유 양식이 가미된 아름다운 건축과 조각 등을 꼼꼼히 살펴보면서 전성기 시절의 화려했던 궁전을 상상해 보고 내부 전시물을 통해 두브로브니크의 과거와 현재를 음미해 보자. 궁전 바로 옆에 있는 루자의 종은 의회 소집을 알리거나 두브로브니크의 소식과 위험을 알리는 역할을 했다.

• 국립기록보관소

운영 5~10월 09:00~21:00, 11~4월 10:00~15:00 입장료 일반 25kn 가는 방법 필레 문에서 플라차 대로 끝 왼쪽에 위치

Orlandov Stup
오를란도브 게양대 MAP p. 247 B-1

성 블라호 성당 앞, 루자 광장에 세운 국기 게양대. 게양대에는 프랑스 서사시에 나오는 중세의 영웅 기사 롤랑이 조각되어 있다. 롤랑(오를란도브)은 요정들이 만들었다는 명검 듀란달 Durendal을 들고 있다. 프랑크왕국 샤를마뉴 대제의 조카 롤랑은 이베리아 반도를 침략한 북아프리카의 이슬람 세력과 맞선 당대 최고의 기사로, 이슬람교도로부터 기독교 세계를 지켜낸 그의 공로는 유럽 각지에서 크게 칭송을 받았다. 발칸 지역 이슬람 국가에 둘러싸여 있던 유일한 가톨릭 국가인 두브로브니크에서 기독교인의 자유와 독립을 위해 싸운 롤랑을 상징적 인물로 추대한 것은 당연한 일인지도 모른다. 두브로브니크의 팔꿈치로 불리는 롤랑의 오른 팔꿈치는 51.1cm로 공화국 시절의 길이 단위인 1엘(ell)에 해당한다. 오를란도브 게양대는 새로운 법령을 시민들에게 알리는 게시판으로 사용되었고 현재는 여름 축제 때 공화국 시절의 국기를 게양하고 내리는 의식을 통해 축제의 시작과 끝을 알린다.

가는 방법 플라차 대로에 위치

Crkva Sv. Vlaha

성 블라호 성당 MAP p. 247 B-1

두브로브니크의 수호성인 성 블라호^{Sveti Vlaho}를 모시는 성당. 루자 광장의 오를란도브 게양대 뒤에 있다. 1368년 로마네스크 양식으로 지어졌으나 1369년 화재와 1667년 지진으로 완전히 파괴되었다. 그 후 1717년, 약 11년에 걸친 공사를 끝내고 지금의 바로크 양식 건물로 완성되었다. 성당의 보물은 입구 위에 있는, 두브로브니크 시가의 모형을 들고 있는 성 블라호 조각상이다. 화재와 지진에서 기적적으로 피해를 입지 않은 유일한 유물이어서 두브로브니크의 귀중한 보물이기도 하다.

성 블라호는 아르메니아에서 온 순교자이자 성인이다. 10세기, 밤에 위장 침투를 하려는 계획을 세운 베네치아의 선박이 물 공급을 핑계 삼아 항구에 정박했고, 이 사실을 알게 된 성 블라호가 도시의 지도자에게 이를 알려 두브로브니크를 구했다고 한다. 이때부터 도시의 수호성인이 되었는데, 조각의 모습은 지도자의 목격담을 토대로 만든 것이다. 공화국 시절의 국기에는 그의 영문 이니셜 SB와 그의 모습을 화폐에도 새겨 넣었다. 뿐만 아니라 매년 2월 3일을 성 블라호 축일로 정해 성인을 기리고 있다. 성 블라호는 치유의 성인으로도 잘 알려져 있으니 아픈 곳이 있거나 건강에 대한 간절한 소원이 있다면 한번 빌어보자.

운영 08:00~12:00, 16:30~19:00 가는 방법 오를란도브 게양대에서 도보 1분

Katedrala Velike Gospe

대성당 MAP p. 247 B-2

총령의 집무실에서 바라보이는 대성당은 7세기 비잔틴 양식의 건축물이다. 12세기에는 로마네스크 양식 건물이었으나, 17세기에 두 번째 지진이 일어난 뒤 1672~1713년에 이탈리아 건축가가 로마 바로크 양식으로 재건축했다. 전설에 따르면 12세기 십자군 원정에서 돌아가던 영국의 사자왕 리처드가 풍랑을 만나 난파되었는데 두브로브니크 근처의 섬에서 구사일생으로 살아남았고 신께 감사하는 마음으로 헌금을 해 대성당을 짓게 됐다고 한다. 이를 듣고 셰익스피어는 <십이야>에 일리리아^{Illyria}라는 곳을 언급했다. 그 배경이 아마도 두브로브니크가 아닐까 싶다. 내전 당시 상당 부분이 파괴되었고 1986년에 복원됐다. 성당 안은 단아하고 소박한데 보물실에는 11~12세기 성 블라호의 머리와 다리가 금으로 된 유물함에 모셔져 있다. 비잔틴제국의 왕관 형태로 만들어졌으며 각종 보석으로 장식되어 있다. 또한 두브로브니크의 금 세공사가 만든 138개의 귀중한 금 세공품이 보관되어 있다. 그 밖에 라파엘로의 <마돈나>와 제단 앞에 그려진 티치아노의 <성모승천> 그림도 이곳에서 볼 수 있다. 대성당 서쪽에는 자유시인 이반 군돌리치의 동상이 굽어보는 군돌리체바 광장^{Gundulićeva Poljana}이 있다. 구시가 내에서도 꽤 넓은 장소로 낮 동안에는 활기찬 시장으로 변신한다.

운영 수~월 09:00~16:00 휴무 화요일 입장료 무료 가는 방법 총령의 집무실 뒤

Knežev Dvor
총령의 집무실 MAP p. 247 B-1

스폰자 궁전이 두브로브니크의 경제 중심지였다면 총령의 집무실은 정치 중심지였다. 도시에 총령과 행정기관이 생긴 1238년, 50세 이상의 귀족 중에서 한 명을 선출해 1개월간 총령직을 맡겼는데 재임 기간 중에는 집무실을 떠날 수 없었다고 한다. 총령 아래에는 지금의 국회와 같은 대 평의회와 소 평의회가 있었고 평의회 고문 구실을 하는 의회가 있었다. 이 행정기관의 탁월한 외교술은 강대국의 침략과 위협에도 꿋꿋하게 독립과 자치를 수호할 수 있었고, 당시에는 상상할 수 없는 선진적인 행정, 복지 서비스를 시민들에게 제공했다. 부와 이상적인 정치는 도시민의 긍지와 자부심을 불러일으켰고 수세기 동안 국가를 지켜온 원동력이 되지 않았을까.

1441년에 지은 집무실은 두 번의 화약고 폭발이 일어난 뒤 후기 고딕 양식과 르네상스 양식으로 복원되었다. 외관은 이탈리아 르네상스의 특징인 7개의 기둥과 아치로 이루어져 있으며, 건물 안과 밖은 15세기의 정교한 조각들로 장식되어 있다. 두브로브니크의 엽서 사진에도 자주 등장하는 청동 문

을 통해 안으로 들어가면 사후 엄청난 유산을 국가에 기증해 존경을 받은 선박왕 미호 프라카트Miho Pracat의 흉상이 보인다. 1638년 그를 기리기 위해 세워졌다. 그는 두브로브니크 공화국 내에 존재하는 유일한 평민 출신의 유명인이라고 한다.

2층에는 총령의 집무실, 침실, 평의회실 등이 있고 현재 내부는 당시 귀족들의 생활상을 엿볼 수 있는 문화 · 역사 박물관Kulturno-Povijesni Muzej으로 사용되고 있다. 박물관 내부에는 17~19세기 시계, 로코코, 바로크 등의 고전 스타일 가구와 16~18세기 두브로브니크에서 잘 알려진 이탈리아 화가들의 그림 및 다양한 유물이 전시되어 있다. 여름 축제 때는 안뜰에서 클래식 공연이 열린다.

운영 3/22~11/2 09:00~18:00,
11/3~3/21 09:00~16:00
입장료 일반 100kn, 학생 50kn
가는 방법 성 블라호 성당 옆

Crkva Sv. Ignacija
성 이그나시에 성당 MAP p. 247 B-2

군돌리체바 광장을 지나 두브로브니크에서 가장 대표적인 바로크 계단을 올라가면 화려한 바로크 외관의 성 이그나시에 성당을 만날 수 있다. 1953년 두브로브니크에서 가장 오래된 지역에 예수회 총장이 예수회 교회와 대학을 만들 예정으로 터를 잡고 공사 중이었는데, 1667년 대지진으로 공사가 중단되었다. 1703년 공사가 다시 시작되었고, 1725년 완공되었다.

실내로 들어서면 구시가의 다른 성당과는 달리 조용하다. 성 이그나시에Sv. Ignacije(성 이그나티우스 Ignatius)의 일생을 그린 바로크 양식의 프레스코화를 놓치지 말자. 성당 바로 앞의 환상적인 바로크 계단은 1738년 로마의 건축가 피에트로 파살라쿠아Pietro Passalacqua가 만들었다. 우아한 계단에 복잡

한 시각 효과를 추가해 스페인 광장에 있는 로마의 계단 느낌이 난다. 계단과 교회 앞 보슈코비차 광장Poljana Ruđera Boškovića은 두브로브니크 여름 축제 장소로 사용된다.

운영 07:00~20:00 가는 방법 군돌리체바 광장에서 도보 3분

성 이그나시에 성당

민속 박물관

Etnografski Muzej
민속 박물관 MAP p. 247 A-2

16세기부터 있었던 곡물 저장고 지트니카 루프Žitnica Rupe에 자리 잡은 민속 박물관이다.

지트니카 루프는 150개의 마차에 가득 실을 수 있는 쌀을 저장할 수 있었으며, 15개의 물탱크가 있었다고 한다. 재난과 재해에 대비해 항상 양식을 저장해 놓았던 공화국의 지혜를 엿볼 수 있는 곳이다. 지금은 전통의상, 농기계와 농사와 관련된 물품을 전시하고 있다. 두브로브니크 카드로 무료 관람이 가능하기에 카드가 있다면 한 번쯤 가서 볼 만하지만 일부러 돈을 내고 들어가서 볼 필요는 없다.

운영 9/16~6/14 수~월 09:00~16:00, 6/15~9/15 수~월 09:00~20:00 휴무 화요일 입장료 일반 130kn, 학생 50kn 가는 방법 성 이그나시에 성당에서 도보 5분

War Photo Limited
전쟁 사진 갤러리 MAP p. 247 A-1

전쟁의 중독을 알리는 것에 초점을 맞춘 갤러리다. 전쟁의 실상을 보여주고, 전쟁은 무고한 사람을 희생시킨다는 것을 알려주기 위해 문을 연 곳이다. 세계적으로 유명한 사진기자의 작품을 전시함으로써 현대의 전쟁과 갈등을 잘 드러냈는데, 사진은 학교뿐만 아니라 교육기관에서 사용할 수 있도록 했다. 일부 불편한 사진도 있다. 전시는 총 2층으로 내부는 작은 편이라 금방 둘러볼 수 있다. 2층에는 비디오도 상영되고 있으니 천천히 둘러보면서 아직도 내전으로 힘들어하는 나라들을 생각하는 시간을 가져보자.

운영 3/15~4/30 · 10~11/15 수~월 10:00~16:00, 5~9월 10:00~22:00 휴무 11~3월 입장료 일반 50kn

Sinagoga i Židovski Muzej
유대교 회당과 박물관 MAP p. 247 A-1

두브로브니크에 유대인이 처음 확인된 것은 1326년이다. 1407년 두브로브니크 상원의원들은 유대인들이 두브로브니크에 정착할 수 있게 했는데 알람브라 법령에 의해 스페인에서 추방된 유대인들이 두브로브니크로 이주했다. 1496년 유대인들이 포르투갈에서 추방되었고, 더 많은 유대인들이 두브로브니크나 발칸반도에서 자신의 새로운 삶을 찾았다. 유대인들은 주로 플로체의 교외에 살았으며 1538년부터 성벽 안에 살 수 있도록 허용되었다.

유대교 회당은 주디오스카 거리Žudioska Ulica라 불리는 유대인 거리에 있는데, 이는 프라하에 있는 회당에 이어 유럽에서 두 번째로 오래된 회당이다. 남성은 북쪽과 남쪽 벽을 따라 벤치에 앉고, 여성은 뒤쪽에 앉게 되어 있다. 계단을 오르는 벽에서 1667년 지진 피해자들의 이름과 예루살렘 통곡의 벽과 두브로브니크 유대인 역사에 대한 사진과 문서를 볼 수 있다. 세련된 흰색 새틴 커튼은 아름다운 바로크식 방주로 이는 스페인에서 유래한 수의 모양 중 하나다. 회당에서 가장 중요한 것은 13세기 스페인에서 가져온 무어 카펫이다.

주소 Žudioska 5 전화 20 321 028 운영 5~10월 월~금 10:00~20:00, 11~4월 월~금 10:00~15:00 입장료 일반 50kn

Dominikanski Samostan I Muzej
도미니코 수도원 박물관 MAP p. 247 B-1

두브로브니크에서 가장 뛰어난 문화, 예술품을 소장하고 있는 박물관. 14세기에 지어진 도미니코 수도원은 1419년 조각가 보니노 디 밀라노Donino di Milano의 작품이다. 수도원 남쪽에 위치한 고딕 양식의 웅장한 정문으로 유명하지만 사실 수도원 같지 않은 외관 때문에 그냥 지나치기 쉽다. 안으로 들어가면 고딕 르네상스 양식의 회랑과 천장 장식의 아름다움이 눈에 띈다. 회랑의 뜰에는 섬세하게 장식된 호화로운 돌우물이 있다.

박물관에는 수많은 예술품이 전시되어 있는데 두브로브니크 금 세공인들의 금, 은 세공 작품들과 보석, 15~16세기 두브로브니크 예술학교 출신 예술가인 니콜라 보지다레비치Nikola Božidarević의 <성수태고지>, 도브릭 도브리체비치Dobrić Dobričević의 <예수의 세례>, 미할로 함지치Mihajlo Hamzić 등의 예술작품을 눈여겨보자. 14세기 파울로 베니친Paulo Benicin의 작품 <십자가에 못 박힌 예수>와 1550년 티치아노의 <성 막달레나>는 놓치면 안 되는 훌륭한 작품이다. 수도원 제단에 그려진 <도미니크의 기적>은 블라호 부코바치의 작품이다.

운영 6~9월 09:00~18:00, 10~5월 09:00~17:00 입장료 30kn 가는 방법 플로체 문에서 도보 3분

SRĐ
스르지 산 MAP p. 246 B-1

해발 413m의 스르지 산은 의심할 여지없이 두브로브니크 최고의 전망을 자랑한다. 1806년 나폴레옹 병사가 구축을 시작한 산꼭대기의 임페리얼 요새는 1812년 8월 15일 나폴레옹 생일에 완공되었다. 당시 두브로브니크공화국은 산 위에 군사 요새를 구축하지 않았지만 나폴레옹은 산꼭대기가 매우 중요하다 생각하고 요새를 건설했고, 이후 로크룸 섬에도 비슷한 요새를 구축했다. 나폴레옹 다음에는 오스트리아·헝가리제국이 사용했고 1991~95년에는 독립을 위해 싸운 크로아티아의 주요 방어 역할을 했다. 오늘날 이곳에는 두브로브니크 포위 공격 중 사용된 무기와 포탄을 전시하고 최근 사건에 대한 정보들을 제공하는 전쟁 박물관이 있다. 요새 바로 옆에 있는 큰 십자가는 나폴레옹이 정복 후 세운 것이지만 1993년 전쟁 중에 파괴되어 새로 만든 복제품이다. 스르지 산은 관광객과 사진작가들이 꼭 찾는 장소로 특히

일몰과 일출은 잊을 수 없는 추억을 선물한다. 아름다운 두브로브니크의 전경을 감상하기 위해 이용하는 케이블카는 1969년에 다시 지어져 지금까지 250만 명 이상의 방문자를 맞이했다.

케이블카 요금 일반 왕복 170kn, 편도 90kn 케이블카 홈페이지 www.dubrovnikcablecar.com 운영 1·12월 09:00~16:00, 3·11월 09:00~17:00, 4·10월 09:00~20:00, 5월 09:00~21:00, 6~8월 09:00~24:00, 9월 09:00~22:00 휴무 2월 가는 방법 1 필레 문 입구 2 플로체 문 입구 3 플라차 대로에서 바로 가는 길

• 애국 전쟁 박물관 Muzej Domovinskog Rata

크로아티아 독립에 관한 박물관으로 2008년 문을 열었다. 크로아티아에서 '조국의 전쟁'이라 부르는 1990년 내전을 기억하기 위해 만든 곳으로, 만약 당시의 전쟁에 관심 있는 사람이라면 아름다운 스르지 산의 전경을 지키기 위해 어떤 희생이 치러졌는지를 생생히 보여주는 박물관을 찾아보자. 총 4개의 테마로 요새의 역사, 1991년 세르비아-몬테네그로 침략의 시작, 크로아티아 육군의 국경 확보, 난민 반환과 1995년 전쟁 때 점령했던 지역으로 인구를 추방하고 일반인들이 전쟁으로부터 문화 유적을 지키는 모습으로 구성되어 있다. 전시 문서, 사진, 무기, 광산 폭발 장치, 전쟁 지도, 군사 장비 등을 볼 수 있고 당시의 모습을 녹화한 비디오 감상도 가능하다. 임페리얼 요새 1층에 있다.

운영 08:00~22:00 요금 일반 30kn 가는 방법 스르지 산 내의 임페리얼 요새에 위치

Umjetnička Galerija
현대미술관 MAP p. 246 B-2

1945년에 설립된 현대미술관은 고딕과 르네상스 양식으로 지어진 저택으로, 두브로브니크 선박 소유자인 바나츠Banac 가족의 저택이다. 현대미술을 이어가야 한다는 목적으로 설립되어 기증 및 구매를 통해 3000여 작품을 소유하고 있다. 총 3층에 걸쳐 전시된 작품은 19세기 말에서 20세기 초까지의 예술작품이다. 블라호 부코바치의 그림도 있다. 테라스에서 보는 바깥 풍경이 아름다운 조각과 잘 어우러져 꼭 현대 미술에 관심이 없어도 한번쯤 가볼 만하다.

주소 Put Frana Supila 23 전화 20 426 590 홈페이지 www.ugdubrovnik.hr 운영 화~일 09:00~20:00 휴무 월요일 요금 일반 130kn, 학생 50kn 가는 방법 플로체 문으로 나와 오른쪽 콘줌 방향으로 도보 10분

TRAVEL PLUS

두브로브니크 근교 섬으로 가는 **크루즈**

시내에서 운영하는 모든 여행사에서 근교 섬으로 떠나는 일일 투어를 진행한다. 투어 요금에는 교통비, 입장료, 점심 식사가 포함되어 있고, 한여름에는 해수욕이 가능하니 수영복을 준비하면 좋다. 국립공원으로 유명한 믈레트 섬Mljet과 두브로브니크 앞 바다에 있는 콜로체프Koločep, 로푸드Lopud, 시판Šipan 세 개의 섬을 돌아보는 엘라피티Elafiti 크루즈가 가장 인기 있다. 가장 먼저 도착하는 콜로체프는 주민이 200명도 안 되는 작은 섬으로 자갈 해변과 가파른 절벽이 매력적인 곳이다. 로푸드는 바다를 프레임 삼아 만들어진 것 같은 오래된 공원이 멋있다. 로푸드에서는 슌Šunj 해변이 가장 유명한데, 이곳에서 목욕을 하면 사랑이 이뤄진다는 전설이 있다. 시판은 3개 섬 중 가장 큰 곳으로 포도, 올리브, 무화과를 키우고 있다. 크루즈 배가 정박하는 시판스카 루카Šipanska Luka에는 15세기의 매혹적인 궁전과 훌륭한 레스토랑들이 있다.

Plaža Banje

바네 해변 MAP p. 246 B-2

구시가에서 가장 가까운 해변으로 구시가를 돌아다니다 본 사진과 직접 가서 보는 것이 사뭇 다르다. 조약돌과 백사장으로 이루어진 해변으로 아드리아 해의 진주를 우아하게 감상할 수 있다. 특히 일몰 시간이 무척 아름답다. 몸의 긴장을 풀고 두브로브니크의 수정처럼 맑은 바다에 뛰어드는 상상만으로도 즐거워진다. 뜨거운 태양이 이글거리는 시간에는 파라솔 아래에서 시원한 음료를 마시면서 경치를 즐기면 좋다. 샤워 시설과 비치 의자, 레스토랑과 카페가 있다. 제트 스키, 패러글라이딩, 바나나 보트 등의 수상 스포츠도 즐길 수 있기 때문에 모험가나 젊은 사람들이라면 바네 해변을 추천한다.

가는 방법 플로체 문에서 구시가 반대 방향으로 약 100m에 위치

Plaža Sv. Jakov

성 야코브 해변 MAP p. 246 B-2

두브로브니크에서 매력적인 해변 중 한 곳으로 구시가에서 약 1.5㎞ 떨어져 있어 버스나 차를 이용해야 하기에 관광객보다는 현지인들이 많이 찾는다. 그만큼 조용하고 평화롭고 여유롭다. 성 야코브 교회 뒤편에 위치해 있고 두브로브니크와 로크룸 섬과 가깝다. 크리스털처럼 맑고 푸른 바다에서 지칠 때까지 수영과 다이빙을 즐기거나 또는

해변 한쪽에 준비되어 있는 배구 코트에서 신나게 공놀이를 할 수도 있다. 아니면 카누나 제트 스키 등의 수상 스포츠를 즐길 수도 있다.

가는 방법 걸어서 가거나, 케이블카 앞 정류장에서 5, 8번 버스를 타고 가다가 성 야코브 교회에서 내린다. 교회 뒤편 길로 따라가 오른쪽 해변으로 이어진 계단을 내려가면 된다

성 야코브 해변

Plaža Copacabana

코파카바나 해변 MAP p. 246 A-1

바빈쿠크 지구Babin Kuk에 위치해 있으며 두브로브니크에서 가장 큰 자갈 해변 중 한 곳이다. 다른 곳에 비해 물이 얕고 어린이용 미끄럼틀이 있어 어린아이를 동반한 가족 단위 휴양객이 주로 이용한다. 수영 외에 다양한 해양 스포츠도 즐길 수 있으며, 아쿠아 슈즈와 비치 타월을 챙겨야 한다.

가는 방법 구시가에서 버스 6번을 타고 가다 해변 정류장에서 하차

SPECIAL THEME

두브로브니크에서 찾은 왕좌의 게임

미국 극작가 조지 R. R. 마틴 George R. R. Martin의 소설 <얼음과 불의 노래>를 기반으로 만든
미국 HBO사의 판타지 서사시 <왕좌의 게임Game of Thrones>. 2011년부터 2019년까지 시즌
8로 대장정의 막을 내렸다. <왕좌의 게임> 덕분에 크로아티아 관광산업이 호황을 맞고,
극중 가상 수도였던 킹스 랜딩을 보기 위해 두브로브니크를 찾는 관광객 수가 2배로 늘었
다니 놀라울 따름이다.
드라마 속 명장면과 촬영 명소를 직접 찾아보는 재미를 더한다면 두브로브니크 여행이 더
욱 풍성해질 것이다.

① 두브로브니크를 만나는 투어

실제 드라마의 한 장면을 사진을 통해 보게 된다. 그리
고 어떤 시즌, 어떤 에피소드에 배경으로 나왔는지 설명
을 들은 후 기념사진을 찍고 둘러볼 수 있다.

왕좌의 게임 촬영지 로브리예나츠 요새

· 두브로브니크 워킹 투어 Dubrovnik Walking Tour

요금 90kn(1시간 소요) 시간 1~4월 12:00, 5~10월 10:00,
11:30, 12:00, 13:00, 16:30, 18:30(온라인 예약 시 10% 할
인) 홈페이지 www.dubrovnik-walking-tours.com

· 왕좌의 게임 투어 Game of Hrones Dubrovnik Tour

요금 €55 시간 14:30 투어인원 최소 9명 전화 098 175 1775
홈페이지 www.game-of-thrones-dubrovnik-tour.com

② 시티 숍 Game of Thrones City Shop

두브로브니크에 있는 왕좌의 게임 상점 중 유일하게 철
왕좌가 있어서 대부분의 투어 회사가 마지막 일정으로
이곳에 들른다. 피규어, 티셔츠, 컵 등 다양한 굿즈 상품
을 판매하며 왕좌에 앉아 기념사진을 찍을 수 있다.
주소 Boškovićeva 7 전화 098 360 141 홈페이지
www.facebook.com/GameofThronesDubrovnik
영업 여름 09:00~22:00, 겨울 10:00~17:00 예산 피규어
250kn~ 가는 방법 북문으로 들어와 직진하면 오른쪽
에 위치

SPECIAL THEME

두브로브니크에서 가장 사진 찍기 좋은 곳 BEST 5!

(1) 성벽
높게, 멀리 나는 새의 눈으로 구시가 전체를 조망할 수 있다.

(2) 플라차 대로
구시가를 통하는 주요 동맥과 같다.

(4) 총령의 집무실
아름다운 회랑이 돋보이는 15세기 최고 통치자의 집무실.

(3) 로크룸 섬
녹색의 오아시스. 소음에서 떨어져 휴식을 취할 수 있는 조용한 섬.

(5) 대성당
도시의 상징 중 하나로 교구의 자리에 위치하고 있다.

SPECIAL THEME

두브로브니크에서 꼭 해야 하는 일 BEST 5!

①성벽 걷기 성벽을 걷지 않았다면 두브로브니크를 보지 못한 것과 같다. 성벽은 두브로브니크의 상징이기 때문이다. 성벽을 걷기에 가장 이상적인 시간은 이른 아침 또는 오후다. 한낮에는 그늘 한 점 없는 성벽 위 태양이 너무 뜨겁다. 직접 성벽을 걸어 본다면 입장료가 하나도 아깝지 않다는 것을 느끼게 될 것이다. 카메라를 챙기는 것도 잊지 말자.

②현지인처럼 먹기 만약 두브로브니크에 왔다면 패스트푸드는 잊어버리자! 현지인들이 자주 찾는 장소를 찾아서 관광객이 아닌, 현지인이 되어보자. 앉아 있는 장소가 어디건 모두 아드리아 해 옆일 것이니 해산물을 주문 목록 가장 위에 올리자. 올리브 오일, 굴, 문어가 들어가는 음식은 언제나 사랑받으며, 코르출라에서 만든 와인을 곁들이면 최고의 만찬이 된다는 사실을 기억하자!

③박물관 관람하기 두브로브니크는 도시 자체가 살아 있는 박물관과 같다. 총령의 집무실, 스폰자 궁전, 루페 박물관, 해양 박물관 등에는 대영 박물관이나 루브르 박물관처럼 대단한 작품은 없지만 두브로브니크를 이해하는 데 많은 도움이 된다. 몇 개의 박물관을 묶어서 볼 수 있는 티켓도 있으니 시간 여유가 된다면 구입해 내부도 둘러보자.

④로크룸 섬 가기 아직 조용한 녹색의 섬 로크룸을 모른다면 구시가를 둘러본 후 꼭 가보자. 로크룸 섬은 동식물과 시간을 보낼 수 있는 매우 로맨틱한 장소로, 바위 해변에서 자연 스파도 즐길 수 있는 진정한 오아시스다.

⑤플라차 대로에 앉아 커피 마시기 두브로브니크의 커피 문화를 이해하는 것은 다른 곳을 돌아다니며 구경하는 것만큼이나 현지인들을 이해하는 중요한 일이 될 수 있다. 따라서 오늘만큼은 그늘 좋은 자리에 앉아 오가는 사람들을 구경하면서 게으름을 만끽해보자. 아마도 여행을 추억한다면 오늘이 가장 그리운 날이 될지도 모르니까!

SPECIAL THEME

두브로브니크에서 꼭 해봐야 하는 체험 BEST 5!

(1) 오케스트라 즐기기 두브로브니크의 오케스트라는 100년의 역사를 자랑한다. 오래된 도시의 중심부인 총령의 집무실에서 정기적으로 연주회가 열리는데, 역사적인 장소에서 듣는 오케스트라 음악은 매우 이색적이고 즐거운 일이다.

(2) 와인 맛보기 두브로브니크 앞에 펠예샤츠Peljesac 반도와 코르출라Korcula라는 유명한 와인 재배 지역이 있다. 펠예샤츠는 제네바 협정에 의해 원산지가 보호되는 유럽의 유일한 포도밭인 딩가츠Dingac가 있는 곳이다. 코르출라에는 섬에서만 나는 청포도를 이용해 만든 열대과일의 달콤하고 향긋한 맛을 품은 포시프Posip가 있다. 와인 여행을 하고 나면 미각이 되돌아오는 것을 느낄 수 있다.

(3) 해산물로 뛰어들기 방문을 열고 나가면 맑은 아드리아의 바닷물 속에는 물고기가 가득하다. 이를 그냥 지나치면 몹시 섭섭한 일이 될 것이니 이참에 배 속에 바다를 만들어 보는 것도 나쁘지 않겠다.

(4) 로브리예나츠 요새 올라가기 성벽 외부에 혼자 서 있는 웅장한 요새. 특히 이곳은 미국 드라마 <왕좌의 게임>에 소개된 후 짧은 시간에 매우 유명해진 곳이다. 성벽 걷기를 마친 후 이곳도 잊지 말자.

(5) 다이빙 해보기 아드리아의 깨끗한 표면 아래로 내려가면 새로운 세계를 발견할 수 있다. 이곳은 세계에서 가장 깨끗한 바다 중 한 곳이며, 전 세계 다이버들의 메카와 같은 곳이다. 수영을 못한다면 어쩔 수 없지만 바다 수영을 해본 적이 없어서 망설인다면 안전요원과 함께 내려가는 프로그램을 선택하면 된다. 두브로브니크까지 와서 바다 한 번 들어가지 않는 것처럼 어리석은 일은 없다.

마르코 폴로의 고향,
코르출라Korcula

코르출라

© Tourist Board of Korcula

마르코 폴로Marco Polo(1254~1324)는 중국을 여행하고 <동방견문록>을 남긴 베네치아 상인입니다. 1260년 그의 아버지와 삼촌이 처음 중국을 여행했고 1271년 두 번째 여행에는 17세의 마르코 폴로도 데리고 갔습니다. 바그다드와 페르시아를 거쳐 타클라마칸 사막 남쪽 오아시스를 지나 중국에 도착한 그는 약 17년을 머물며 중국 곳곳을 여행했습니다. 그들은 시집가는 원나라 공주의 호송단에 참가해 수마트라, 말레이, 스리랑카, 인도를 거쳐 1295년 베네치아로 돌아왔습니다. 이들이 베네치아로 돌아오고 4년 후 베네치아와 제노바 사이에 동방무역로의 지배권을 둘러싼 전쟁이 일어났고, 이 전쟁에서 포로가 된 마르코 폴로는 제노바의 감옥에 갇혀 자신이 24년간 여행한 미지의 세계에 대한 여행기를, 기사도 소설을 즐겨 쓰던 루스티첼로Rustichello라는 작가에게 받아쓰도록 시켰다고 합니다. 유럽인들은 마다가스카르 섬과 티베트, 일본 등 그가 여행한 나라에 대한 이야기를 접하며 그들의 지폐, 석탄, 기름과 도자기 등을 처음 만났다고 합니다. 유럽인들은 동방 세계의 놀랄 만한 경치와 유용한 경작지, 신기한 동식물에 감탄했는데, 중국의 발명품인 인쇄 활자와 화약은 유럽에서 큰 명성을 얻었으며, 나침반은 항해에 없어서는 안 될 주요 품목 중 하나가 되었다고 합니다.

혹자는 그가 중국을 여행하지 않고 이 책을 썼다고 비판하고 다른 한편에서는 그를 위대한 탐험가라 찬양합니다. 어느 쪽이든 그가 다른 모험가들을 동방 세계로 이끈 일을 한 것은 틀림없습니다.

크로아티아 코르출라 섬은 마르코 폴로가 태어난 곳으로, 그를 베네치아 상인으로 알고 있는 우리에게 새로운 사실을 알려줍니다. 이곳은 지중해에서 과거의 모습이 가장 많이 남겨진 중세 도시로, 그가 고향을 떠나 미지의 땅을 향할 때 고대 그리스인의 식민지에서 기사도 시대의 도시로 변모해가고 있었다고 합니다. 건축가의 능란한 설계는 실제로 매우 흥미로운 구조를 남겼는데요. 구시가의 통로는 마치 물고기의 뼈 모양처럼 배치되어 있어, 이로 인해 아침, 저녁으로 황금빛의 해가 내리쬐지만, 정오에는

269

더위가 그곳을 피해가 쾌적한 여름을 보낼 수 있지요. 과거 베네치아의 지배를 받았던 코르출라는 한 방울의 물을 보고 이것이 천국에서 우리에게 주는 선물이라 생각하며 항상 조심스레 물방울을 모았다고 합니다. 그래서 마을에는 물탱크가 바닥을 드러내면 종종 고급 포도주를 채워놓는 풍습이 있다고 하네요.

성 마르코 대성당

코르출라의 볼거리는 구시가를 전망할 수 있는 요새Forteca Korčula와 성 마르코 대성당Katedrala Sv. Marko과 구시가 정도입니다. 정작 그가 태어난 마르코 폴로의 집Kuća Marka Pola은 내부가 텅 비어 있어 딱히 볼 만한 게 없습니다.

코르출라의 분위기가 궁금하다면 7~8월의 한여름을 추천합니다. 와인 축제, 기사 토너먼트, 16세기 의상을 입고 펼쳐지는 검무 등의 여러 행사가 기다리고 있으니까요. 모레슈카Moresuka라고 불리는 검무는 동방의 백왕과 흑왕의 전투를 모티프로 만들어진 군무극이며 9월 초에는 마르코 폴로가 사로잡혔던 대해전이 재현된다고 합니다.

가는 방법 두브로브니크 또는 스플리트에서 페리를 이용한다. 두브로브니크에서 출발하는 페리는 믈레트와 라스토보Lastovo을 잇는 페리로 7~8월에만 운항한다. 당일치기 여행을 원할 경우 여행사 투어를 이용하면 된다.

코르출라 ⓘ

구시가 지도를 무료로 배포하며, 페리 시간 등을 알려준다.
주소 Obala dr. Franje Tuđmana 4 **전화** 020 715 701 **홈페이지** www.visitkorcula.eu
운영 여름 월~토 08:00~22:00, 겨울 월~토 08:00~14:00 **휴무** 일·공휴일

코르출라의 요새

마르코폴로의 집

FOOD
먹는 즐거움

싱싱한 해산물 요리가 단연 으뜸이며 파스타와 피자는 이탈리아에서 먹는 것만큼 맛있다. 두브로브니크 근교의 스톤Ston에서 가져오는 싱싱한 굴, 코르출라의 환상적인 와인 포시프Pošip, 달마티아 지방의 전통적인 방식으로 만든 햄, 프로슈토Pršut와 시르 이즈 울라Sir Iz Ulja 치즈는 꼭 먹어야 할 음식이다. 해산물 레스토랑은 구시가 항구에 모여 있고, 그 밖의 레스토랑은 중앙로를 중심으로 골목 사이사이에 흩어져 있다. 다만 유명 관광지여서 값이 비싸고, 음식이 조금 짠 편이다.

Lokanda Peskarija

MAP p. 247 B-1

항구에 위치하고 있어서 여행자와 현지인 모두에게 인기 있는 식당. 모든 음식이 검은 냄비에 담겨 나오는데 신선한 재료를 사용해서 더욱 맛있다. 특히 독특한 마늘 냄새가 나는 새우구이는 짭짜름하면서도 톡 쏘는 맛이 일품이다. 문어 샐러드와 참치, 절인 멸치가 나오는 모둠 해산물은 짜지 않고, 입안에서 바다를 느낄 수 있다. 홍합찜은 대체로 짠 편이니 꼭 소금을 넣지 말라고 말해야 한다. <꽃보다 누나>에 나온 이후 한국 관광객들이 많이 찾아서 한국어 메뉴를 갖추고 있다.

주소 Na Ponti bb 전화 020 324 750 홈페이지 www.mea-culpa.hr 영업 11:00~23:00 예산 55kn~ 가는 방법 구시가 항구에 위치

Taj Mahal

MAP p. 247 A-2

2004년에 문을 연 보스니아 전통 음식점. 이름도 인도풍이고, 실내 인테리어도 인도를 연상시키지만 보스니아 음식을 판다니 조금 아이러니하다. 하지만 이구동성으로 현지인과 숙소 주인들이 추천하는 맛집이다. 대표적인 메뉴는 '베셀리 보사나츠Veseli Bosanac'로 송아지 고기를 채소와 치즈로 감싼 후 겉을 밀가루로 한 번 더 감싸고 살짝 튀긴 보스니아 전통 요리다. 썰어서 한입 먹으면 입에서 고기와 채소가 바삭한 빵과 함께 어우러져 먹는 내내 저절로 미소가 나온다. 다른 추천 메뉴는 '체바프Ćevap'로 빵 안에 고기와 채소가 들어 있는 전통 요리라 허기가 꽉 채워지는 느낌이다. 점심이나 저녁 시간에 방문한다면 대기는 필수다.

주소 Nikole Gučetića 2 전화 020 323 221 홈페이지 www.tajmahal-dubrovnik.com 영업 10:00~24:00 예산 Ćevap 80kn~ 가는 방법 구시가 내 위치

Dalmatino

MAP p. 247 A-1

구시가 골목 안뜰에 위치한 세련되고 매력적인 레스토랑으로 현대와 전통이 잘 조화되어 있다. 내부는 전통적인 돌 벽과 두브로브니크의 오래된 사진들을 액자로 만들어 장식했다. 멋진 음식과 친절한 서비스가 인상적이다. 제철 재료를 사용해 요리하며, 문어 샐러드와 송아지 꼬치, 크림 리소토를 추천한다. 가장 인기 있는 메뉴는 오징어 튀김인데 통통한 오징어를 바삭하고 쫄깃하게 튀겨서 입안에서 톡톡 튄다. 레스토랑 앞 골목에는 분위기 있게 먹을 수 있는 야외 테이블이 있다.

주소 Prijeko ul. 15 전화 020 323 070 홈페이지 www.dalmatino-dubrovnik.com 영업 11:00~ 23:00 예산 오징어 튀김 75kn~ 가는 방법 구시가 내 위치

Oyster&Sushi Bar 'Bota'

MAP p. 247 B-2

2011년 구시가에 문을 연 굴&스시 레스토랑. '해외까지 와서 꼭 일식을 먹어야 할까?'라는 생각도 들지만 집 떠난 지 오래되었다면 매일 먹는 느끼한 스테이크나 피자에 지칠 법하다. 그럴 때 가면 좋은 식당이다. 두브로브니크에서 생굴과 스시를 먹을 수 있는 유일한 식당으로 참치 타르타르와 레몬을 뿌려먹는 생굴, 달콤하면서 짭짜름해서 더욱 맛있는 데리야키 롤이 인기 메뉴다. 말리 바위에서 채취한 신선한 굴은 개수로 계산하기 때문에 먹고 싶은 만큼 시켜서 먹으면 된다. 실내는 테이블이 3개밖에 없어 조금 좁은데, 바로 앞에 야외 좌석 테이블이 넉넉하니 편안하게 먹을 수 있다.

주소 Od Pustijerne bb 전화 020 324 034 홈페이지 www.bota-sare.hr 영업 4~11월 12:00~24:00 예산 생굴 개당 18kn, 굴 롤 60kn, 연어 롤 52kn~ 가는 방법 대성당 뒤 골목에 위치

Bistro Tavulin

MAP p.247 B-1

성 블라호 성당 뒤에 위치한 식당. 더운 여름 날씨에 지친 여행객에게 그늘진 장소에서 맛있는 음식과 휴식을 제공한다. 크림으로 요리한 싱싱하고 부드러운 아드리아 새우, 라구 문어, 소 볼살 등 다른 식당에는 없는 재밌는 이름의 요리를 만날 수 있다. '성 블라호의 흙'은 식당에서 권하는 디저트다. 무료 Wifi를 사용할 수 있으니 먹으면서 실시간으로 맛있는 음식 사진도 업데이트 해보자.

주소 Cvijete Zuzorić 1 전화 020 323 977 홈페이지 www.tavulin.com 영업 09:00~23:00 예산 샐러드 100kn~ 가는 방법 성 블라호 성당 뒤

Dubrovnik

MAP p. 247 B-2

두브로브니크 구시가의 매혹적인 작은 거리, 한 적한 코너에 위치한 레스토랑으로 달마티아 요리 와 지중해 요리를 전문으로 한다. 2006년 새롭게 단장해서 문을 열었는데, 실내의 우아한 분위기 가 돋보인다. 바다소금에 구운 농어 요리에 곁들 여 먹기 좋은 삶은 감자와 양배추가 함께 나오는 데 담백하면서 맛있어서 이 집의 추천 메뉴다.

주소 Marojice Kaboge 5 전화 020 324 810 홈페이 지 www.restorandubrovnik.com 영업 11:00~15:00, 18:00~24:00 휴무 12~3월 예산 생선요리 240kn~ 가는 방법 구시가 내 위치

Dubravka 1836

MAP p. 247 A-2

필레 문 옆에 위치한 지중해 레스토랑. 주 고객은 관광객으로 성벽과 로브리예나츠 요새, 아드리아 해까지 볼 수 있는 자리에 있어 명당으로 소문났 다. 그렇다고 맛이 없냐? 그건 아니다. 신선한 생 선 요리나 해산물 샐러드, 간단히 먹을 수 있는 피 자와 파스타가 추천 메뉴다.

주소 Brsalje 1 전화 020 426 319 홈페이지 www. nautikarestaurants.com 영업 08:00~24:00 예산 파 스타 75kn~ 가는 방법 필레 문에서 도보 3분

Kopun

MAP p. 247 B-2

두브로브니크에서 떠오르는 맛집으로 주로 현지 인들이 찾는다. 대성당 뒤 로맨틱한 바로크 계단 을 올라가면 나오는 성 이그나시에 성당 맞은편 에 있다. 우아하게 꾸며져 있는 실내 대신 대부분 식당 밖의 편안한 좌석에 앉아서 식사를 즐긴다. 크로아티아는 지리적 위치로 인해 유럽 문명의 만남의 장소였다. 이에 격동의 역사를 통해 개발 된 다양한 나라의 음식을 조합해 그 속에서 크로 아티아 전통 요리는 찾는 게 식당이 내건 목표다. 건강한 식사를 제공하기 위해 항상 유전자 변형 없는 신선한 재료를 사용하는데, 대표적인 메뉴 는 16세기 두브로브니크의 유명 작가의 작품에서 영감을 얻어 만든 오렌지와 꿀 소스를 이용한 닭 요리다. 또한 양념한 소고기와 삶은 파스타를 매 운 소스로 볶은 두브로브니크의 전통 음식 사포 르키 마카룰리Sporki Makaruli는 우리나라 불고기 맛 과 비슷하다. 문어 샐러드는 삶은 감자를 접시 삼 아 그 위에 잘게 썬 문어와 채소를 버무려 나오는 데, 어떤 곳에서 맛본 것보다 맛있다. 어떤 메뉴를 시켜도 다 맛있다. 다만 겨울에는 영업을 하지 않 는다는 단점이 있다.

주소 Poljana Ruđera Boškovića 7 전화 020 323 969 홈페이지 www.restaurantkopun.com 영업 11:00~23:00 예산 해산물 리소토 69kn~ 가는 방법 성 이그나시에 성당 맞은 편

Lady Pipi

MAP p. 247 A-1

즉석에서 바비큐를 요리해주는 식당. 언덕 꼭대기에 위치해서 올라가는 데 힘이 좀 들지만 좋은 전망에서 식사를 할 수 있어서 분위기를 중시하는 한국 여행자들 사이에 입소문이 자자하다. 특히 저녁 시간의 테라스 석은 항상 만석이므로 조금만 늦어도 한참을 기다려야 한다. 화덕에서 바로 구워주는 고기와 생선 바비큐가 이 집의 자랑으로, 두툼한 스테이크는 한우와 달리 기름기가 적어서 약간 질길 수 있다. 생선 구이나 해산물 구이가 우리 입맛에 잘 맞는다. 보통 1인 1메뉴가 기본이고, 양이 많지 않으니 3명이 가서 2개 시키기보다 골고루 3개를 시켜 먹어보자.

주소 Antuninska 23 전화 020 321 154 영업 12:00~15:00, 18:30~21:30(비가 오면 휴무) 예산 소고기 스테이크 150kn, 생선 구이 130kn 가는 방법 필레 문을 등지고 구시가 북쪽의 플라차 대로 왼편에 위치

Panorama Restaurant

MAP p. 246 B-2

스르지 산 정상에 있는 레스토랑으로 이탈리아 요리와 간단한 커피를 즐길 수 있다. 멋진 풍경과 함께 즐기는 커피 한 잔은 여행으로 피로한 몸과 마음을 힐링시켜 준다.

주소 스르지 산 운영 1·2·12월 09:00~16:00, 3·11월 09:00~17:00, 4월 09:00~21:00, 5·9월 09:00~22:00, 6~8월 09:00~24:00, 10월 09:00~20:00 예산 스파게티 76~100kn, 커피 22~30kn~ 가는 방법 구시가에서 케이블카 이용

Trgovina Buža
부자 카페 MAP p. 247 B-2

TV 프로그램 <꽃보다 누나>에 등장하면서 유명세를 탄 카페. 아드리아 해를 바라보며 맥주를 마실 수 있는 낭만적인 곳이다. 성벽에 구멍처럼 뚫린 곳을 통해 나가면 생각지도 못한 곳에 카페가 있는데, 카페 이름인 부자ᴮᵘžᵃ는 크로아티아어로 '구멍'을 뜻한다고 한다. 다만 카페라는 이름에 맞지 않게 커피는 팔지 않는다. 성벽 사이 절벽에 위치해 있으며 뜨거운 날씨에는 선탠을 하거나 다이빙을 하는 외국의 젊은이들도 종종 볼 수 있다.

주소 Crijevićeva Ulica 9 전화 091 589 4936 영업 10:00~24:00 예산 맥주 40kn~ 가는 방법 대성당에서 뒤쪽 계단으로 올라간 후 도보 5분

HOTEL
쉬는 즐거움

두브로브니크는 인기 관광지여서 호텔, 펜션, 민박Sobe이 언제나 성황이다. 숙박 요금은 비수기·성수기, 구시가와의 거리 등에 따라 천차만별이고, 5~9월 최고 성수기에는 방 구하기도 쉽지 않고 숙박료도 몇 배 오른다. 구시가에 있는 숙소를 구하는 게 가장 좋지만 이미 예약이 찼다면 다른 지역을 생각해 보는 게 현명하다. 관광객이 몰리는 성수기에는 오히려 구시가를 피해야 쾌적하게 묵을 수 있다.

Youth Hostel MAP p. 246 A-2

공식 유스호스텔. 두브로브니크에서 가장 저렴한 숙소여서 늘 만원이다. 버스 터미널과 구시가 사이에 있지만 두 곳 모두 도보로 갈 수 있다. 버스 터미널과 구시가를 오가는 모든 버스가 호스텔과 가까운 버스 정류장에 정차한다. 가파르고 좁은 골목길 안에 있으니 찾아갈 때는 현지인에게 도움을 청하는 게 좋다. 현대적인 흰색 건물이며 테라스가 있다.

주소 Vinka Sagrestana 3 전화 020 423 241 홈페이지 www.hfhs.hr 요금 도미토리 €15~ 가는 방법 필레 문 앞 버스 터미널에서 도보 15분

Karmen Apartments

MAP p. 247 B-1

영국인 주인이 운영하는 아파트로 총 4채가 있다. 빨강, 보라 등 원색과 원목을 이용해 꾸민 숙소는 내 방처럼 편안함을 준다. 아파트별로 특징이 있는데, 특히 1번 아파트는 항구를 바라보는 풍경이 돋보이며, 2번 아파트는 발코니에 테이블이 있다. 3번 아파트는 1층에 위치해 짐을 들고 계단을 올라가지 않아도 되는 게 가장 큰 특징이다. 아기자기하게 꾸며져 있어 여자들에게 인기가 많다.

주소 Bandureva 1 전화 020 323 433, 098 619 282(휴대폰) 홈페이지 www.karmendu.com 요금 500kn~ 가는 방법 플로체 항구에서 도보 3분

Hostel Marker Dubrovnik Old town

호스텔이라기보다 아파트라고 부르는 게 더 잘 어울린다. 구시가 초입에 위치하며 계단이 없어서 짐이 무거운 여행자들에게 추천한다. 리셉션과 숙소 건물이 다르며, 더블룸은 창문을 열면 바다가 바로 보이는 뷰를 자랑한다. 1층 주방에서 취사가 가능하고, 무료 시트, 담요와 수건, Wifi를 제공한다. 자전거나 오토바이를 빌려주고, 근교 섬으로의 여행도 알선하고 있다. 현금으로만 결제 가능하다.

주소 Svetog Đurđa 6 전화 091 7397 545 홈페이지 www.hostelmarkerdubrovnik.hostel.com 요금 도미토리 200kn~ 가는 방법 구시가 바깥 필레 문 근처

Apartment Peppino

MAP p. 247 A-1

구시가 내에 위치한, 마음 따뜻한 부라 아주머니의 아파트. 홈페이지가 따로 없으니 이메일 또는 전화로 문의해 보자. 아늑한 다락방에 푹신한 침대와 따뜻한 이불, 취사가 가능한 주방과 개인 화장실이 딸린 아파트를 기분 좋은 가격에 빌릴 수 있다. 만약 공용 화장실을 사용하고 방만 빌린다면 성수기라도 저렴한 가격에 대여가 가능한 방도 있다. 다만 높은 계단을 올라가야 하는 작은 단점이 있다.

주소 Palmotićeva 20 전화 098 850 826 홈페이지 www.i-love-dubrovnik.com 요금 2인용 아파트 €100~ 가는 방법 필레 문에서 도보 5분

Villa Adriatica

MAP p. 247 B-1

<꽃보다 누나>에서 그녀들이 묵었던 숙소. 그 이후로 한국인들의 방문이 많아졌다고 한다. 실내는 원목 가구로 꾸며져 있는데, 오래된 빌라의 모습 그대로다. 오래된 건물이라 걸을 때마다 들리는 삐걱거리는 소리가 정겹다. 옛날 열쇠를 그대로 사용하기 때문에 절대 잃어버리면 안 된다는 게 주인아주머니의 부탁. 샤워실 물이 잘 안 내려간다는 얘기도 있지만 그건 방마다 약간 차이가 있다. 깨끗하고 덜 오래된 건물을 찾는다면 이곳보다는 차라리 구시가 내의 다른 숙소를 찾아보는 게 낫다. 하지만 이 숙소의 매력은 방송에서도 나왔듯, 아드리아 해와 구시가를 한눈에 볼 수 있는 숙소 앞 테라스다. 이곳에서 보는 풍경은 너무나 아름다워서 숙소의 아쉬운 점이 싹 잊힐 정도다. 하나의 작은 단점은 인터넷으로 예약을 해도 하루치의 숙박료를 송금해야 한다는 점과 Wifi가 안 된다는 점이다.

주소 Ulica Frana Supila 4 전화 098 334 500(휴대폰) 홈페이지 www.villa-adriatica.net 이메일 booking@villa-adriatica.net 요금 1박 €100~(비수기·성수기 가격 문의) 가는 방법 플로체 문에서 도보 5분

Hilton Imperial Hotel

MAP p. 247 A-1

유명 호텔 체인인 힐튼 호텔은 1895년에 처음 구시가에 문을 열었고, 1913년 추가로 개인 빌라가 완공되었다. 두브로브니크 성벽과 아드리아 해가 한눈에 내려다보이는 전망으로 가족 여행객에게 사랑받고 있다. 필레 문 앞에 있어서 구시가 여행을 하기에 최적의 위치를 자랑한다. 내부는 모던하며, 깔끔하다. 실내 수영장과 헬스 시설을 갖추고 있고, 조식은 방에서도 즐길 수 있다. 예산이 넉넉한 여행자에게 추천한다.

주소 Marijana Blažića 2 전화 020 320 320 홈페이지 www.dubrovnik.hilton.com 요금 더블룸 €300~ 가는 방법 필레 문에서 도보 1분

Excelsior Hotel

MAP p. 246 B-2

신혼부부들에게 가장 사랑받는 호텔. 구시가에서 멀지 않은 언덕에 위치해 있으며 모든 방과 로비, 바, 레스토랑 어디서나 바다가 보이는 멋진 뷰를 자랑한다. 특히 레스토랑은 세계에서 가장 로맨틱한 프러포즈 명소로 선정되었다고 하니 신혼여행 중이거나 커플이라면 해 질 무렵에 한번 들러보자. 객실은 크고 넓은 편이며, 깔끔하게 꾸며져 있다. 한쪽 벽면은 호텔을 방문한 유명인들의 사진으로 장식되어 있으며, 호텔 수영장은 호텔 전용 해변으로 나갈 수 있게 바로 연결되어 있다.

주소 Frana Supila 12   전화 020 300 300   홈페이지 www.adriaticluxuryhotels.com 요금 더블룸 €250~ 가는 방법 플로체 문에서 구시가 반대 방향으로 도보 5분

Villa Dubrovnik

MAP p. 246 B-2

두브로브니크 성 야코브 구역 위의 유명한 절벽에 위치. 구시가뿐만 아니라 멀리 로크룸 섬의 멋진 경치까지 보인다. 총 56개의 객실은 모두 현대적인 고급스러움과 세련된 우아함으로 완벽하게 손님 맞을 준비를 하고 있다. 두브로브니크를 이동하는 전용 보트와 셔틀버스로 사생활 보호까지 되며 레스토랑에서는 전통 지중해 요리를 맛볼 수 있다. 테라

스가 딸린 와인바에서 보는 아드리아 해의 멋진 풍경은 잊을 수 없는 추억을 만들어 준다. 구시가까지는 호텔에서 제공하는 셔틀을 타고 이동해도 되고, 산책로를 따라 걸어도 된다.

주소 Vlaha Bukovca 6   전화 020 500 300   홈페이지 www.villa-dubrovnik.hr 요금 더블 €250~ 가는 방법 플로체 문에서 구시가 반대 방향으로 도보 15분

Hotel Stari Grad

MAP p. 247 A-1

16세기 귀족의 집이었지만 2013년 개조를 마치고 새롭게 문을 연 이 작은 호텔은 초록과 보라색을 이용해 우아하게 꾸몄다. 총 8개의 객실은 두브로브니크의 옛 매력을 잃지 않으면서도 최대한 아늑하고 현대적으로 장식했다. 객실 내부에는 에어컨, 샤워룸, 미니 바, TV, 전화, 금고, Wifi를 갖추고 있다. 모든 객실은 구시가 뷰이지만 조용하며, 여행하기에 최적의 위치다.

주소 A. Od Sigurate 4   전화 020 322 244   홈페이지 www.hotelstarigrad.com 요금 더블룸 비수기 1530kn, 성수기 2540kn~ 가는 방법 필레 문에서 도보 5분

The Pucić Palace

MAP p. 247 B-1

구시가에서 가장 비싼 부티크 호텔. 17세기 바로크 양식의 건물로 문화유적과 박물관, 카페, 미술관에 둘러싸여 있다. 호텔에 들어가면 현대적인 시설과 웅장한 올리브 나무 마루가 손님을 맞는다. 17개의 호화로운 객실과 2개의 스위트룸을 갖추고 있는데, 모든 객실에서 개별 공기 조절 장치, DVD, 초고속 Wifi를 사용할 수 있다. 욕실은 로마네스크 이탈리아식 타일로 장식되어 있고, 대형 창문을 통해 지

중해의 태양을 그대로 받을 수 있다. 호텔 손님은 바네 해변의 이스트 웨스트 비치 클럽에 들어갈 수 있으며, 무료로 파라솔과 해변 의자를 제공한다. 예산에 여유가 있고 위치를 중요시하는 단기 여행자에게 추천한다.

주소 Puča 1 전화 020 326 222 홈페이지 www.thepucicpalace.com 요금 더블룸 €190~(비수기 요금) 가는 방법 군돌리체바 광장에서 도보 1분

두브로브니크에서 숙소 구하기

❶ 두브로브니크는 도미토리를 갖춘 호스텔이 많지 않기 때문에 민박이나 아파트를 빌려야 한다.

❷ 숙박료는 구시가와의 거리에 따라 달라진다. 저렴한 곳을 찾는다면 버스를 타고 이동하더라도 현대적인 숙박 업소가 모여 있는 라파드Lapad 지구에서 방을 구하자.

❸ 성수기에는 시내 모든 집이 민박과 아파트를 빌려준다고 생각하면 된다. 버스 터미널과 항구에 민박집에서 나온 호객꾼들이 있으니 위치, 시설, 요금 등을 따져보고 결정하자. 단, 숙소를 먼저 확인한 후 숙박 여부를 정하자. 또는 ⓘ나 현지 여행사에서도 민박이나 아파트를 예약할 수 있으며, 웹사이트를 통해 미리 예약할 수 있다.
홈페이지 www.dubrovnikapartmentsource.com, www.rentalhomes.com, www.booking.com, www.hostels.com

❹ 3박 미만의 숙박은 추가 요금이 발생할 수 있으니 미리 확인해야 한다.

❺ 아파트나 민박을 빌릴 때는 먼저 구시가, 구시가를 도보로 갈 수 있는 필레 또는 플로체 지구, 라파드 지구, 그 밖의 지역 순으로 알아보자.

❻ 민박 및 아파트의 요금은 대부분 현금 결제만 가능하다. 쿠나(kn)만 되는 경우도 있고 유로(€)만 받는 경우도 있으니 미리 확인하자.

❼ 국가에 등록한 민박과 아파트는 간판에 표시가 되어 있다. 만약 호객꾼을 따라간 곳에 간판이 없다면 등록을 하지 않은 무허가 업소일 수 있다. 그곳에서 머물 경우 사고가 나도 아무런 책임을 물을 수 없다. 꼭 국가 등록 숙소인지를 확인하자.

OTOK LOKRUM

공작새가 반겨주는,

로크룸 섬

로크룸 섬은 두브로브니크 앞에 있으며 구시가에서 페리로 약 15분 소요되는, 관광객과 지역 주민에게 모두 인기 있는 곳이다. 섬의 반 이상이 울창한 초목으로 덮여 있으며, 바다 수영을 즐길 수 있어 보물섬이라 부르기도 한다. 유네스코의 특별 보호 아래 있는데 올리브 밭, 정원, 산책로, 식물원, 베네딕트회 수도원, 사해, 누드 해변 등이 옹기종기 모여 있으니 마음 가는 대로 즐겨보자.

ACCESS
가는 방법

두브로브니크에서 당일치기로 갈 수 있다. 구 항구에서 9시부터 19시까지 30분마다 보트가 출발한다. 보트는 왕복으로 끊으면 되고, 티켓 가격에 섬 입장료가 포함되어 있다. 두브로브니크에서 약 15분 소요.

로크룸 섬 홈페이지 www.lokrum.hr

보트 요금

| 두브로브니크 | 왕복 150kn~ | 로크룸 섬 |

사자왕의 피난처이자 막시밀리안의 여름 별장

섬과 사자왕의 인연은 1192년 제 3차 십자군 전쟁에서 돌아오는 길에 시작되었다. 리처드 1세Richard I(1157~1199)는 잉글랜드 왕국의 두 번째 국왕으로 생애 대부분을 전쟁터에서 보낸 인물이다. 사자 왕이라는 별명만큼이나 용맹하기 그지없었던 그는 제 3차 십자군 전쟁에 참가했고, 11월 지중해를 항해하던 중 폭풍우에 갇혀 강풍과 파도와 싸웠다. 리처드 1세는 두브로브니크 항구에 정박하게 되었고 주민들이 그를 도왔다. 당시 새로운 교회를 세우는 것을 계획했던 상원은 그에게 봉헌을 강요했고 그는 두브로브니크 주민들에게 고마움을 표하기 위해 교회 헌납을 맹세했다. 그 결과 리처드 왕은 두브로브니크에 이어 로크룸 섬에도 새로운 로마네스크 양식의 교회 3개를 세웠다고 전해진다.

섬에 변화가 찾아온 것은 1859년 합스부르크의 페르디난트 막시밀리안Ferdinand Maximilian(1832~1867) 대공이 구입한 다음이다. 막시밀리안은 여름 별장을 꾸미기 위해 칠레, 호주, 중앙 및 남부 캘리포니아, 남아프리카공화국 등지에서 나무와 식물, 꽃 등 5년 미만의 이국적인 외국 식물 여러 종류를 가져와 섬에 심었다. 지금의 식물원Botanički Vrt은 그때 그의 노력으로 만들어진 역사라고 볼 수 있다.

사해

섬의 또 다른 상징인 공작새 역시 막시밀리안이
카나리아 제도에서 가져온 것이다. 지난 150년 동
안 공작새들은 새로운 서식지에 적응했고, 섬 주
위를 자유롭게 걸어 다니며 이국적인 색상으로
로크룸 섬을 장식했다. 그러니 보트에서 내리자
마자 혹은 길을 걷다가 공작새가 갑자기 나타나
도 너무 놀라지 말자.

섬에서 가장 높은 건물인 로열 요새Utvrda Royal는
프랑스인들이 만들었지만 오스트리아인들은 막
시밀리안 탑이라고 불렀다. 이곳은 섬에서 가장
높은 건물로 두브로브니크까지 볼 수 있다. 요새
는 독특한 별 모양으로 돼있다.

섬에서 가장 오래된 곳은 11세기 베네딕트 수도
원Benediktinski Samostan 으로 섬이 생긴 이래부터 존
재했다. 수도원의 복합물은 수세기 동안 여러 과
정을 거쳐 건설되었지만 지금은 폐허가 되어 복
원 공사가 진행 중이다.

섬의 남쪽에는 작은 소금으로 채워진 호수가 있
는데 일명 사해Mrtvo More라 불리는 인기 만점의 수
영 명소다. 어린이와 수영을 못하는 사람도 바다
에서 수영하는 기분을 느낄 수 있다. 호수에서 멀

지 않은 동쪽으로 암초가 많은 나체 해변이 있는
데 벗는 게 부끄럽다면 들어갈 수 없다. 해변 앞에
는 카메라와 수영복 금지 표지판이 서 있다.

섬의 비밀 공간은 두브로브니크 주
민들에게만 알려진 보라
동굴로, 섬의 맨 끝에
숨겨져 있기 때문에 관
광객은 찾기 어렵다. 이
곳은 보트를 타거나 나
체 해변을 통해서 갈 수
있다.

섬은 아름다운 식물과 수
영을 즐길 수 있는 스칼리카 해변

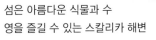

Uvala Skalica이 있어 마치 지상 낙원 같다. 사람들을 유혹하기에 최적의 장소처럼 보이지만 사실 이 안에 사람이 사는 주택이나 호텔은 찾을 수 없다. 그 이유는 섬의 저주 때문이다.

1023년 두브로브니크에 큰 화재가 발생했다. 사람들은 화재가 진압되면 수도원을 만들겠다고 성 베네딕트에게 기도했고, 곧 불은 진압되었다. 주민들은 두브로브니크 대신 로크룸 섬에 베네딕트 수도원과 교회를 세웠다. 그러나 프랑스군이 일방적으로 수도원을 폐쇄하고 수도사들의 추방을 명령했다. 두브로브니크에서 수도사들에게 추방 명령을 전달하기 위해 3명의 귀족이 뽑혔고 수도사들은 이들과 마주치지 않기 위해 애를 썼지만 결국 명령은 전달되었다. 섬에서 마지막 미사를 드린 후 수도사들은 망토를 입고 과거 불에 탔던 촛대에 초를 꽂아 거꾸로 들고 섬을 세 바퀴 걸었는데, 이때 저주가 시작되었다고 한다. 이후 수도사들에게 명령을 전달한 3명의 귀족은 모두 사망했다.

전설에 극적인 내용이 더해지는데, 약하게 깜빡이던 촛불은 어둡고 신비한 힘으로 결국 미래의 소유자까지 저주한다고 한다. 섬을 산 막시밀리안은 멕시코에서 처형되었고, 그의 형수였던 황후 엘리자베트는 제네바 호수에서 살해되었다. 조카 루돌프는 자살로 생을 마감했다. 섬을 지배한 어두운 그림자가 아직 존재한다고 믿는 두브로브니크 주민들은 밤에는 섬을 비워놔야 한다고 생각한다. 사실 저주는 오싹하지만 이렇게 아름다운 섬을 환경 파괴에서 지킬 수 있다면 무시무시한 전설을 빌리는 것도 나쁜 생각은 아닌 듯하다.

TRAVEL PLUS

로크룸 섬을 즐기는 6가지 방법

1. **사해에서 수영하기** 로크룸 섬의 호수는 넓은 바다에 연결되어 소금이 가득한 호수 Mrtvo More로 진짜 작은 사해 같다. 사해는 10m의 깊이지만 이곳은 깊지도 않아 수영하기에 훨씬 좋다.

2. **누드 해변 즐기기** 사해에서 멀지 않은 섬의 남동쪽에 크로아티아의 자연주의자 해변, 일명 누드 해변을 찾을 수 있다. 만약 부끄러움을 탄다면 구경도 말자.

3. **과거로의 시간 여행하기** 베네딕트 수도원에 가면 12~13세기 로마네스크고딕 양식의 대성당과 르네상스 수도원을 볼 수 있다.

4. **공작새와 어울리기** 섬의 가장 큰 특징은 공작새도 섬의 주민이라는 것이다. 카나리아 제도에서 온 이 이국적인 새들은 새로운 서식지에 아주 잘 적응해 섬 곳곳을 돌아다닌다.

5. **이국적인 식물에 감탄하기** 섬을 돌아다니다 보면 색다른 식물을 많이 보게 된다. 지금의 이국적인 모습을 완성시킨 일등 공신은 막시밀리안 대공이다.

6. **고요함 즐기기** 로크룸 섬의 가장 큰 매력은 바로 자동차가 다니지 않는다는 것이다. 그늘진 산책로를 따라 여유롭게 거닐면서 해안가 바위에 앉아 고독함과 고요함을 함께 즐길 수 있다.

MLJET

때 묻지 않은 순수한 녹색의,

믈레트 섬

요정 칼립소에게 사로잡힌 오디세우스의 전설을 듣고, 그들이 있던 섬이 궁금해졌다면 믈레트 섬으로 가보자. 크로아티아 남부에 있는 믈레트 섬은 동화책에서나 볼 수 있을 것만 같은 아름다운 풍경을 자랑한다. 섬 안에는 호수가 있고, 또 그 호수 안에는 12세기의 수도원이 조용히 자리 잡고 있는 작은 섬이 있다. 칼립소는 나타나지 않을지 모르겠지만 이 풍경은 여행자의 마음을 사로잡아 그곳을 떠나고 싶지 않게 만들지도 모른다.

© Realmsofwhere

ACCESS
가는 방법

두브로브니크에서 당일치기 여행지로 인기 있다. 믈레트 섬에는 동쪽의 소브라Sobra 항구와 서쪽의 폴라체Polače 항구가 있는데, 두브로브니크 그루즈Gruž 항구에서 출발하면 소브라Sobra 항구에 도착한다. 항구에 도착하면 배 도착 시간에 맞춰 운행되는 버스를 타고 국립공원 입구로 갈 수 있다. 입구는 포메나와 폴라체 사이에 있으며, 표에는 베네딕트회 수도원으로 가는 버스와 배 환승표가 포함되어 있다. 비수기에는 배 시간을 맞추기 어려우니 여행사에서 운영하는 투어를 이용하면 편리하다.

믈레트 섬 홈페이지 www.mljet.hr

동화 속의 풍경을 만나다

크로아티아에는 수많은 아름다운 장소들이 있지만 믈레트 섬에 대해서는 약간의 편견이나 사심이 더해진다. 알레포 소나무로 이루어진 두꺼운 녹색 숲이 호숫가를 둘러싸고 있는 섬은 세계에서 가장 아름다운 섬 중 하나로 두브로브니크 부근에 위치하고 있다.

고대 그리스의 시인 호메로스Homeros는 기원전 약 700년경에 <오디세이Odysse>를 썼다. 오디세이는 <일리아스Ilias>와 함께 그리스-트로이 간의 전쟁을 다루었으며, 당시 그리스 영웅들의 무용담을 이야기한 책이다. <오디세이>는 그리스 서쪽에 위치한 이타카 섬 국왕 오디세우스의 10년에 걸친 귀향에 대한 이야기를 다루고 있다. 오디세우스는 트로이 전쟁이 끝나고 고향으로 귀국할 때 바다의 신에게 노여움을 샀고 칼립소라는 요정의 섬에 7년 동안 감금되었다가 뗏목을 타고 탈출했다. 여기에 나오는 칼립소의 섬이 바로 믈레트 섬으로, 남쪽에는 '오디세우스의 동굴Odisejeva Špilja'이라 불리는 곳도 있다. 사도 바울이 아드리아를 지나갈 때 믈레트 섬을 언급하고 로마로 가는 길에 이 섬을 방문하기도 했다. 수세기에 걸쳐 많은 방문객들이 다녀갔지만 아직 섬은 평온하다.

1960년 섬 서쪽이 국립공원으로 지정되었고, 자연이 만든 걸작인 두 개의 호수, 말로 호수Malo Jezero(작은 호수)와 벨리코 호수Veliko Jezero(큰 호수)가 있다. 벨리코 호수 가운데 있는 성모 마리아 섬Otočić Sv. Marije에는 12세기 베네딕트회 수도원이 자리 잡고 있다. 호수에서 몇 ㎞ 떨어진 폴라체에는 2세기 때 지은 로마의 궁전 유적이 있는데, 벽에서 4세기 성당의 잔해가 발견되어 섬의 역사를 말해준다. 풍부한 자연과 문화유산의 조화는 방문자들에게 이 섬을 다시 찾고 싶다는 욕심을 내게 한다. 호수의 해안선을 따라 숲으로 가득 찬 산책로는 주변의 섬을 내려다볼 수 있는 멋진 뷰포인트다. 평화로운 휴식을 취할 수 있는 호수와 섬 주변의 바다가 해안선을 따라 이어진다. 수영이나 카약, 스킨스쿠버, 하이킹 등의 스포츠까지 즐길 수 있는 곳, 현대인들의 바쁜 시계를 조금은 여유 있게 돌릴 수 있는 곳이, 바로 믈레트 섬이다.

오디세우스의 동굴

CAVTAT

두브로브니크의 마음의 고향

차브타트

차브타트는 크로아티아에서 가장 유명한 두브로브니크에서 약 18㎞ 떨어진 남쪽 크로아티아 해안의 경사면에 위치한 고대 지중해의 도시다. 매우 멋진 해변을 갖고 있고 쾌적한 기후와 풍부한 식물로 둘러싸여 있는, 붉은 지붕의 아름다운 주택이 가득한 작은 마을이다.

4세기경 그리스인들은 오늘날 차브타트 자리에 에피다우로스라는 도시를 설립했다. 에피다우로스는 228년 로마의 지배 하에 에피다리움으로 이름을 바꿨고, 4세기에는 지진으로, 그 후 7세기에는 아바르족과 슬라브족의 침략으로 파괴되었다. 당시 에피다우로스 난민들은 라구사 공화국(지금의 두브로브니크)으로 도망을 갔고, 에피다우로스 유적은 1426년부터 1806년 라구사 공화국의 종말 때까지 그곳의 일부가 되었다. 이는 두브로브니크의 개발을 불러오기도 했다.

오늘날 차브타트는 소나무 숲, 오래된 올리브 나무의 풍부한 색상과 그 안의 투명한 바닷가, 빈티지한 산책로를 감싸 안은 돌집의 그림 같은 풍경이 멋진 조화를 이룬 도시다. 빛나는 태양 아래 붉은 지붕이 반짝이는 마을은 맛있는 음식을 먹으며 조용히 휴식을 취하거나 해양 스포츠를 즐길 수 있어 아드리아 해안에서 가장 매력적인 목적지 중 하나가 되었다.

이들에게 추천!

· 작은 마을에서 휴식을 취하고 싶다면
· 해양 스포츠를 즐기고 싶다면
· 이반 메슈트로비치의 건축물을 보고 싶다면

INFORMATION
인포메이션

ACCESS
가는 방법

유용한 홈페이지

차브타트 관광청 www.tzcavtat-konavle.hr

관광안내소 MAP p. 287 B-2

차브타트의 무료 지도와 안내 책자를 배포하고,
두브로브니크로 가는 배 또는 버스 등의 교통 정
보를 얻을 수 있다. 코나블레의 다른 지방으로 가
는 교통편에 대한 정보도 알려준다.
주소 Zidine 6
전화 020 479 025
운영 월~토 08:00~19:00, 일 08:00~14:00

우체국 MAP p. 287 B-2

구시가에서 멀지 않은 트룸비체브 거리Trumbicev
Put에 있다. 덜 붐비는 이곳에서 가족에게 엽서를
보내보자.
주소 Trumbićev Put 10
전화 020 362 845
운영 08:00~20:00

두브로브니크에서 당일치기 여행지로 인기 있다.
두브로브니크와 차브타트는 10번 시내버스가 매
일 30분~1시간마다 한 대씩 운행하며, 차브타트
에서 돌아오는 막차는 23시~자정쯤에 출발한다.
두브로브니크에서 출발하는 버스 정류장은 스르
지 언덕으로 올라가는 케이블카 타는 곳 옆에 있
다. 돌아올 때는 탄 곳이 아닌 도로 한복판에 내려
주지만 당황하지 말자. 앞을 보면 구시가가 보이
니 구시가 방향으로 걸어가면 된다. 차브타트 정
류장에서 내리면 바로 앞에 ⓘ가 있는 건물이 보
인다. 건물을 돌아가면 구시가가 시작되는 해변
의 산책로가 나온다. 소요 시간은 약 50분.
두브로브니크 구 항구에서 매일 4~6회 작은 관광
보트가 차브타트를 왕복한다. 요금은 버스보다
비싸지만 같은 장소에서 타고 내릴 수 있어 편리
하다. 왕복으로 이용하는 경우 돌아오는 시간을
미리 정해놓고 그 시간에 맞춰서 배를 타면 된다.
소요 시간은 약 50분.

시내버스 요금

두브로브니크 _____ 25kn 차브타트

보트 요금

두브로브니크 _____ 편도 60kn 차브타트

차브타트 완전 정복

두브로브니크 남쪽에 위치한 코나블레Konavle 지방은 높은 산으로 둘러싸여 있으며, 골짜기 사이사이에 작은 마을이 흩어져 있다. 마을에는 크로아티아의 전통문화가 많이 남아 있다. 차브타트는 코나블레 지방의 중심 도시로, 구시가는 다 돌아보는 데 3~4시간이면 충분하며 시끌벅적한 두브로브니크에서 벗어나 잠시 조용한 하루를 보내고 싶은 여행자에게 최적의 마을이다. 가장 먼저 구시가를 한눈에 볼 수 있는 언덕으로 올라가 보자. 바닷가를 따라 올라가다 보면 어느새 도착. 정상에서 바라본 구시가의 붉은 지붕은 우리가 기대하던 크로아티아의 풍경을 보여준다.

시내 관광을 위한
KEY POINT

랜드 마크 성 니콜라 교회

예상 소요 시간 3~4시간

이것만은 놓치지 말자!

❶ 라치츠 가족 무덤에서 바라본 구시가의 풍경

❷ 해안가 산책하기

❸ 크로아티아인이 가장 사랑하는 화가, 블라호 부코바치의 생가 방문하기

이곳 묘지에는 크로아티아가 낳은 세계적인 조각가 이반 메슈트로비치가 죽은 친구를 그리며 만든 라치츠 가족 무덤이 있다. 다시 구시가로 내려와 크로아티아인들이 가장 좋아하는 화가 블라호 부코바치의 생가를 찾아 그림들을 보고 있노라면 그의 예술혼에 흠뻑 빠지게 될 것이다. 다음에는 각자의 시간에 맞춰 골목 사이사이에 있는 다른 볼거리를 찾아보거나 코나블레 지방의 전통 음식을 먹어 보자. 시간이 있다면 해수욕을 즐겨도 좋고 그늘에서 즐기는 잠깐의 낮잠도 여행에 쌓인 피로를 푸는 데 좋다.

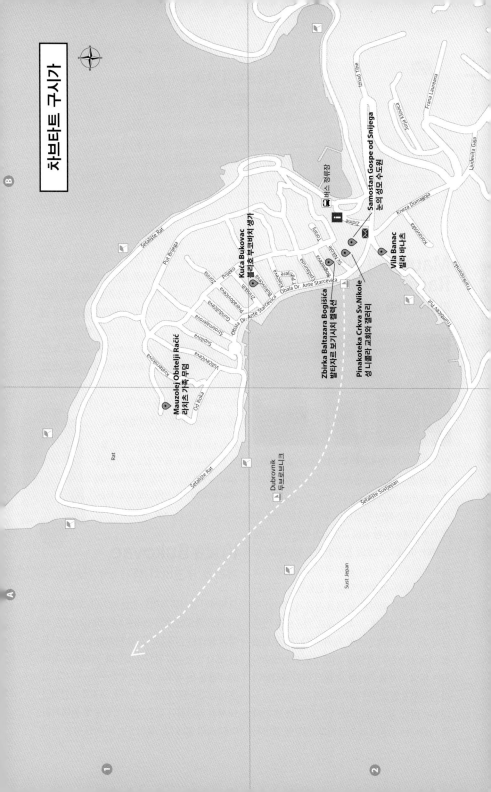

차브타트 구시가

Samostan Gospe od Snijega
눈의 성모 수도원

Kuća Bukovac
불라호 부코바치 생가

Mauzolej Obitelji Račić
라치치 가족 무덤

Zbirka Baltazara Bogišića
발타자르 보기시치 컬렉션

Pinakoteka Crkva Sv.Nikole
성 니콜라 교회와 갤러리

Vila Banac
빌라 바나츠

Dubrovnik
두브로브니크

Put Brijega

Šetalište Rat

Zrinjski

Zorina

Palatićeva

Prijeko

Gundulićeva

Strossmajerova

Šupljica

Vukićevićeva

Kvaternikova

Od Roka

Šetalište Rat

Rat

Bukovčeva

Klaićeva

Obala Dr. Ante Starčevića

Obala Dr. Ante Starčevića

Dučićeva

Radićeva

Sv. Nikole

Gospina

Toranj

Zidine

Šetalište Sustjepan

Sust Jepan

Trumbićev Put

Kneza Domagoja

Iznad Tihe

Jur Klovića

Frana Laureana

Ljudevita Gaja

Ljudevita Gaja

Kralovska

Franelićeva

📷

ATTRACTION
보는 즐거움

구시가의 특별한 매력은 라구사 공화국 때부터 남아 있는 건물이다. 이 마을은 당시 공화국이 정하는 규제 계획에 따라 만들어졌는데, 그 결과가 차브타트 구시가의 현재 모습이다. 문화 유적은 일부 고딕 양식의 흔적이 남아 있지만 대부분 르네상스 양식의 건축물이다. 마을을 자세히 살펴보면 몇 번을 구축하고 복원했는지 알 수 있을 정도로 긴 역사의 많은 흔적을 유지하고 있다.

Mauzolej Obitelji Račić
라치츠 가족 무덤 MAP p. 287 A-1

차브타트에서 유명한 선주 라치츠 가족의 무덤. '천사의 성모'라고도 불리는 무덤은 크로아티아 조각가 이반 메슈트로비치 최초의 건축 작품이다. 1918년 스페인 독감으로 사망한 가족들을 위해 1년 뒤에 사망한 엄마 마리아의 유언으로 만들어졌다. 아버지 이보와 친구이기도 했던 메슈트로비치는 친구를 다시 보지 못한다는 슬픈 마음을 담아 1920~22년에 무덤을 만들었다. 무덤은 브라치 섬에서 가져온 흰 돌을 사용해 팔각형 모양으로 만들었는데, 독특하게도 청동으로 만든 문과 벨, 꼭대기의 천사를 제외하고는 다른 재료를 전혀 사용하지 않았다. 한마디로 메슈트로비치는 무덤 자체를 거대한 흰 돌의 단일 조각품이라 생각하고 만들었던 것! 내부는 탄생, 삶, 죽음이라는 인간의 운명 세 가지를 나타내는 상징으로 가득하다. 입구에 들어서

면 동쪽에 제단이 있고 남과 북쪽 끝에 작은 예배당이 있다. 인간의 형태로 고인의 영혼을 운반하는 네 명의 천사가 인상적이다. 청동 벨에는 "사랑의 비밀을 알고 죽음의 수수께끼를 해결하면 인생은 영원하다고 믿는다"라는 글이 적혀 있다. 무덤은 영원한 백조처럼 맑은 바다와 소나무, 노송나무와 야자수를 지나 아드리아 해가 한눈에 보이는 언덕에서 차브타트를 내려다보고 있다. 해안가를 따라 쭉 올라가면 되기 때문에 산책하는 마음으로 가면 된다.

주소 Sveti Roko 운영 4~10월 월~토 10:00~17:00 휴무 일요일 입장료 20kn 가는 방법 해안가를 따라 Od Roka 끝까지 가서 언덕으로 도보 15분

Kuća Bukovac
블라호 부코바치 생가 MAP p. 287 B-2

국제적인 명성을 누리고 있는 세기말 크로아티아의 가장 중요한 화가 블라호 부코바치가 어린 시절에 살았던 집을 갤러리로 복원한 곳이다. 이곳은 구시가 중심에 위치해 있으며, 거리명도 화가의 이름을 딴 부코브체바 거리Bukovčeva Ulica다. 집은 마당과 뒤뜰이 있는 2층 석조 구조로 전형적인 18세기 달마티아 건축물이다. 안으로 들어가면 여러 개의 방에 전시물이 있는데 어떤 방은 젊은

시절의 부코바치가 그린 벽화가 장식되어 있다. 거실은 개인 스튜디오로 가구와 옷, 붓, 팔레트 등과 함께 약 30점의 그림이 전시되어 있고 특히 초상화가 많다. 1877년 파리에서 전시된 후 그를 세계적으로 유명 작가로 만든 그림 <손Ruka>도 이곳에서 볼 수 있다. 자신의 아이들이 커가는 모습을 시간에 따라 그린 그림과 자화상이 특히 인상적이다. 1층은 현대미술 전시회가 정기적으로 열리는 독립적인 전시 공간으로 사용되고 있다.

주소 Bukovčeva 5 홈페이지 www.migk.hr/o-nama-kb/radno-vrijeme-ulaznice 운영 4~10월 월~토 09:00~18:00, 일 09:00~14:00, 11~3월 화~토 09:00~18:00, 일 09:00~12:00 입장료 일반 30kn, 학생 15kn 가는 방법 성 니콜라 교회에서 도보 7분

크로아티아의 국민 화가, 블라호 부코바치에 대해서

삐삐의
SaySaySay

블라호 부코바치|Vlaho Bukovac는 1855년 7월 4일 차브타트에서 태어났습니다. 그의 할아버지는 이탈리아 선원으로 폭풍을 피해 정박한 차브타트에 반해 정착한 뒤 그의 아버지를 낳았습니다. 차브타트에서 태어나고 자란 부코바치는 11살 때 뉴욕에 있는 삼촌에게 갔지만 도착하자마자 삼촌이 돌아가시는 비극적인 상황을 맞이하게 되었고, 그의 외숙모는 그를 하트 섬 소년 감화원에 보내 15세까지 생활비를 벌어오게 했습니다. 짧은 항해 훈련을 받은 그는 이스탄불-리버풀-오데사를 여행하는 배의 선원으로 취직해 미국을 떠났습니다. 얼마 후 고향으로 다시 돌아온 그는 마을에 벽화를 그리고, 가족의 초상화를 그리면서 예술혼을 불태웠습니다. 하지만 제대로 그림을 배운 적이 없었던 그는 1877년 파리의 미술아카데미에 입학, 같은 해 <손>이라는 작품으로 이름을 알리고, 1888년 영국으로 건너가 초상화를 제작하며 명성을 쌓아갔습니다. 1893~97년 자그레브로 돌아와 작품 활동을 했고, 그의 작품은 대부분 이 시기에 그려졌다고 합니다. 이때 크로아티아를 대표하는 화가가 되었다고 해도 과언이 아닙니다. 부코바치는 캔버스에 빛을 도입해 밝은 색상을 사용했고, 자그레브의 아트 파빌리온의 건설을 시작했으며, 예술 전시회를 조직하기도 했습니다. 1903년에는 프라하 예술 아카데미 교수로 임명되어 프라하로 갔습니다. 프라하에서 점묘를 도입하며 뛰어난 교육자로서 명성을 획득하기도 했습니다. 그의 말년에 대해서는 잘 알려지지 않았는데 1922년 프라하에서 사망하기 전까지 그리 행복하지만은 않았다는 소문이 있습니다.

Zbirka Baltazara Bogišića
발타자르 보기시치 컬렉션

MAP p. 287 B-2

발타자르 보기시치 컬렉션은 1909년에 설립되었는데, 1912~55년까지는 크로아티아의 과학과 예술 아카데미의 일부였다고 한다. 현재 보기시치 컬렉션은 차브타트 렉터 궁전 안에 세워졌는데 렉터 궁전은 르네상스 양식의 흥미로운 건물로 차브타트의 문화와 역사 유산의 보고다. 발타자르 보기시치는 유럽의 유명 법학자이자 과학자로 그의 수집품을 볼 수 있는 곳인 과학 도서관은 귀중한 도서 3만 권과 희귀 도서, 1000개 이상의 문자 집합 및 그래픽 조각 모음, 회화, 판화, 사진, 가구, 도자기, 민속학, 문서 등을 전시하고 있다. 화폐 중 하나는 그 희소성만으로 크로아티아에서 가장 가치 있다고 평가 받는다. 블라호 부코바치의 걸작 <에피다우로스 카니발Epidaurus Carnival>도 볼 수 있는데, 당시의 차브타트의 모습과 축제, 두 가지를 엿볼 수 있다.

주소 Obala Dr. A. Starčevića 18 운영 월~토 09:00~13:00 입장료 일반 25kn 가는 방법 성 니콜라 교회에서 도보 5분

© Tourist Board of Konavle

Pinakoteka Crkva Sv.Nikole
성 니콜라 교회와 갤러리 피나코테카

MAP p. 287 B-2

항구에 위치한 성 니콜라 교회는 15세기 르네상스 양식의 건물로 옆에는 종탑이 있다. 완성 이후 몇 번이나 손상을 입었지만 자세히 보지 않으면 알아보기 어렵다. 내부는 바로크 양식으로 꾸며져 있다. 제단은 18세기 말과 19세기 초 두브로브니크에서 유명했던 화가 카멜로 레지오 팔레르미타노Carmello Reggio Palermitano의 작품으로, 성 블라호Sv. Vlaho와 두브로브니크의 모습을 파노라마로 만들어 놓았다. 바로 옆에 있는, 1952년에 설립된 갤러리 피나코테카는 15~20세기에 모은 회화, 조각, 성배, 십자가 등을 전시한 곳으로 관광객에게는 2001년부터 개방되었다.

많은 예술 작품 중에서도 특히 흥미로운 것은 <15세기의 성 니콜라>로 볼로냐의 바로크 예술가가 만들었다. 이밖에 놓치면 아까운 볼거리는 시칠리아 화가가 그린 그림과 블라호 부코바치의 작품 등이다. 갤러리 자체가 작아서 보는 데 그리 오래 걸리지 않는다.

주소 Svetog Nikole 1 운영 10:00~13:00, 16:00~19:00 입장료 15kn 가는 방법 차브타트 정류장에서 도보 5분

성 니콜라 교회

Samostan Gospe od Snijega
눈의 성모 수도원 MAP p. 287 B-2

눈의 성모 수도원은 구시가 서쪽에 위치한 15세기 르네상스 건물이다. 비잔틴의 영향을 받았으며, 1510년 빅코 로브린 도브리체비치|Vicko Lovrin Dobričević|가 만든 대천사 미카엘의 날개 모양 제단은 아드리아 남쪽에서도 독특한 작품으로 손꼽힌다. 수도원에서 놓치지 말고 봐야 할 작품은 수도원의 상징이자 1909년 블라호 부코바치가 그린 길이 10m, 높이 3m의 <차브타트의 성모> 그림이다. 아이를 안은 어머니의 따뜻한 마음이 보는 이에게까지 전해진다. 이와 함께 두브로브니크 화가 보지다르 블라트코비치|Bozidar Vlatkovic|가 제단에 그린 회화도 놓치지 말자.

주소 Šetalište Rat 2 가는 방법 성 니콜라 교회에서 도보 3분

차브타트의 성모

Vila Banac
빌라 바나츠 MAP p. 287 B-2

멀리서 봐도 눈에 띄는 핫핑크의 건물로 1928년 함선의 보조 바나츠|Bozo Banac| 가문을 위해 지어졌다. 차브타트의 수스테판 반도 첫 번째에 위치하고 있다. 건축가 해롤드 빌리니치|harold Bilinic|와 라보슬라브 호라바트|Lavoslav Horvat|의 작품으로, 20세기 차브타트와 코나블레 지방의 주택에서 가장 성공적인 건축 중 하나로 손꼽힌다. 현재는 코나블레 지방의 자치정부 청사로 사용 중이라 건물 외관만 구경할 수 있다. 테라스에서는 아드리아 해가 한눈에 펼쳐지는데, 구시가와 약간 떨어져 있고 복잡하지 않아서 인기 있는 결혼식 피로연 장소로도 손꼽힌다.

주소 Trumbićev put 25 가는 방법 성 니콜라 교회에서 앞을 보고 왼편의 해안가 주랑을 보고 따라가다 양 갈래 길에서 좌측의 Trumbićev Put를 따라가면 보인다. 도보 7분

MOSTAR

기독교와 이슬람이 공존하는 곳
보스니아-헤르체고비나 모스타르

기독교와 이슬람이 각축을 벌인 발칸반도에 두 종교가 공존하는 도시가 있을 거라고 상상을 해 보았는가? 모스타르가 바로 그런 도시다. 모스타르는 보스니아-헤르체고비나 연방도시로 15세기부터 400년간 오스만제국의 지배를 받아 주민 대부분이 이슬람교를 믿었다. 이후 19세기 합스부르크의 지배를 받으면서 기독교인들이 이곳에 정착하기 시작해 네레트바Neretva 강을 사이에 두고 한쪽은 이슬람 지구, 한쪽은 기독교 지구로 나누어 평화롭게 공존하며 살았다.

이 두 지역을 이어준 상징적인 존재가 바로 '스타리 모스트'다. 하지만 유고연방 해체와 보스니아 내전, 모스타르 전쟁 등을 치르면서 이슬람과 기독교 사이의 500년 평화는 산산이 깨져 버리고 말았다. 종교 문제와 크로아티아의 영토 확장이라는 이유를 들어 양 세력 간의 인종 청소가 자행되었고 형제처럼 지내던 이웃 간에 죽고 죽이는 생지옥이 전개되었다. 1994년 2월에 국제사회의 중재로 평화를 되찾았지만 거리 곳곳에 남아 있는 포탄 자국은 아직 아물지 않은 시민들의 상처를 대변해 주고 있다. 500년간 두 문화가 공존해 온 역사적인 도시는 과거의 명예를 회복하기 위해 지금도 눈물겨운 노력을 계속하고 있다.

INFORMATION
인포메이션

ACCESS
가는 방법

유용한 홈페이지

모스타르 관광청 www.turizam.mostar.ba

관광안내소 MAP p. 295 B-2

모스타르 지도를 무료 배포하고 근교로 가는 버스 시간을 알려준다. 위치는 스타리 모스트를 건너면 나오는 라드 비탄주Rade Bitange 거리에 있다.
주소 Rade Bitange 5
전화 036 580 275
운영 5~10월 09:00~12:00

우체국 MAP p. 295 A-2

주소 Fejićeva b.b
전화 036 513 117
운영 월~금 08:00~20:00, 토 08:00~18:00

크로아티아를 여행한다면 모스타르에 꼭 한 번 들르기를 추천한다. 자그레브에서 야간버스가 운행한다. 스플리트와 두브로브니크에서는 버스로 3~4시간 정도 소요된다. 특히 두브로브니크에서 당일치기 여행지로 인기 있는데, 시간이 많이 걸리므로 새벽에 출발하거나 현지 여행사에서 주최하는 투어에 참여하는 방법이 효율적이다. 비수기 · 성수기에 따라 운행 편수도 달라지니 왕복 교통편을 미리 확인하는 게 안전하다. 이때, 반드시 여권을 챙기자.
모스타르에서 두브로브니크행 버스를 놓쳤다면 택시를 이용하는 방법도 있다. 중앙 ①에 문의하면 도움을 준다. 버스 터미널에서 구시가까지 정문에서 직진하다가 두 번째 블록에서 좌회전한 후 믈라데나 발로르드Mladena Balorde 거리를 따라 곧장 걸어가면 된다. 약 15~20분 소요.

버스 요금

스플리트	90~120kn	모스타르
두브로브니크	118kn	모스타르
사라예보	17kn	모스타르

TRAVEL TIP!

보스니아 화폐 단위는 마르카BAM이며, 1BAM=약 700원 정도로 환산하면 된다. 유로는 통용되지만 크로아티아 화폐인 쿠나kn는 받지 않는다. 환전은 은행에서 하는 게 안전하고 환율도 좋다.

모스타르 완전 정복

모스타르는 네레트바 강을 사이에 두고 이슬람 지구와 기독교 지구로 나뉜다. 스타리 모스트가 있는 이슬람 지구는 관광 명소가 모여 있는 구시 가다. 구시가는 그다지 크지 않아 여유 있게 걸 어 다녀도 한나절이면 충분하다. 버스 터미널에 서 구시가까지만 잘 찾아오면 지도 없이 마음 가 는 대로 돌아다녀도 아무 문제가 없다.

이슬람 문화의 정취가 감도는 모스타르의 풍경 은 무척 이색적이다. 구시가가 시작되는 **터키인 의 거리 쿠윤질룩**Kujundziluk에 들어서면 자갈길 이 펼쳐진다. 400년간 오스만제국이 지배한 흔 적이 그대로 남아 있는 곳으로, 레스토랑과 기념 품점, 갤러리 등이 늘어서 있다. 건물들이 하나 같이 우리나라의 한옥을 닮은 돌기와집이다. 모 스타르의 전통 가옥이라는데, 먼 이국땅에 우리 나라와 비슷한 건축양식이 있다는 게 신기할 따 름이다. 터키인 거리에서는 17세기에 지은 모스 타르 최고의 이슬람 사원인 **코스키 메흐메드 파 샤 모스키**가 단연 돋보인다.

모스크 내부도 볼 만하지만 탑에 올라 내려다보 는 구시가 풍경이 정말 아름답다.

시내 관광을 위한 KEY POINT

랜드 마크 스타리 모스트

터키인의 거리를 지나면 모스타르 관광의 하이라이트인 **스타리 모스트**가 나온다. 이곳 시민들이 다리를 통해 도시의 평화를 염원하듯 세계 평화를 염원하며 다리를 건너보자. 다리 한쪽에 있는 'Don't forget 93'이라는 의미심장한 메시지를 담고 있는 스타리 모스트의 돌 앞에서 기념 촬영하는 것도 잊지 말도록. 다리를 건너면 기념품점, 레스토랑, 카페, ⓘ 등이 있는 구시가의 중심 광장이 나온다. 여기서 강 쪽으로 더 내려가면 스타리 모스트보다 더 오래전에 세운 **크리바 쿠프리야 모스트**가 있다. 시내 관광은 느긋하게 산책하듯 돌아보고 여러 각도에서 스타리 모스트를 감상할 수 있도록 전망대, 전망 좋은 카페, 강가 등을 가보자. 구시가를 돌아다니다 보면 이곳에서 하루를 보내며 사색에 젖어보고 싶다는 마음이 저절로 생긴다. 시간 여유가 있다면 꼭 하루를 머물며 스타리 모스트의 야경을 감상해 보자. 아름다운 강변 풍경도 감상하고 저녁 식사나 커피를 마실 수 있는 분위기 있는 레스토랑에서 시간을 보내도 좋겠다.

BEST COURSE 👍

카라쾨즈 베이 모스크 ▶ 스타리 바자르 ▶ 스타리 모스트 ▶ 코스키 메흐메드 파샤 모스키 ▶ 크리바 쿠프리야 모스트 ▶ 터스코 쿠파틸로 ▶ 사하트 쿨라

예상 소요 시간 4~5시간

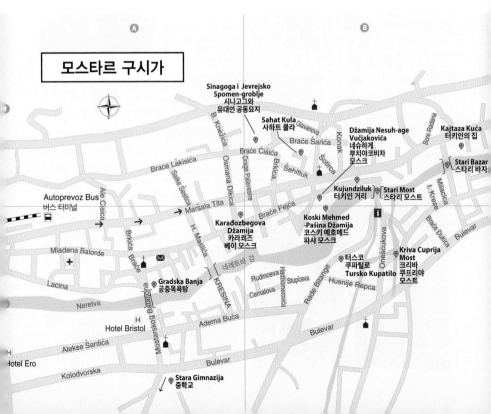

모스타르 구시가

ATTRACTION
보는 즐거움

이슬람 풍조가 짙게 배어 있는 구시가에 들어서면 중동의 한 국가를 여행하는 듯한 착각이 든다. 이 슬람풍의 좁은 골목길을 지나 스타리 모스트를 건너면 그 맞은편에는 다시 유럽의 여느 기독교 도 시가 시작된다.

Karađozbegova Džamija
카라쾨즈 베이 모스크 MAP p. 295 A-2

전형적인 오스만 스타일의 모스크로 16세기 이 슬람 건축물 중 가장 대표적인 건축물이다. 모스 크는 넓은 의미에서 내세의 아름다움뿐만 아니 라 오스만 시대의 생활과 문화를 볼 수 있어서 방 문할 가치가 있다. 1557년 터키의 건축가 미마르 시난Mimar Sinan의 프로젝트로 건설되었다. 내부는 화려한 아라베스크와 그림으로 장식되어 있는데, 사원 외에 이슬람 학교와 가난한 사람들을 위한 도서관도 있다. 모스크는 전쟁 중에 손상되었으 나 오랜 시간에 걸쳐 복원해 다시 문을 열었다. 사 원 뒤에는 도시에서 가장 오래된 이슬람 묘지가 있으니 그냥 지나치지 말고 들러보자.

가는 방법 버스 터미널에서 도보 20분

Stari Bazar (Kujundžiluk)
스타리 바자르 MAP p. 295 B-1

구시가 중심에 위 치한 시장. 구시가 에서 가장 오래된 장소 중 하나로 예 쁜 자갈길을 따라 걷다 보면 마치 16 세기 중반으로 거 슬러 올라간 것 같 다. 오스만 시대부터 자리를 지킨 공예품점들이 남아 있는데 사원과 작은 여관들은 고대의 특징 적인 모습만 유지하고 있다. 시장은 모스타르 구 시가에서 가장 활기가 넘치는 곳으로 공예품 상 점과 전통 레스토랑, 카페 등이 옹기종기 모여 있 다. 현지의 일상이 궁금하다면 시장으로 가보자.

가는 방법 스타리 모스트에서 도보 3분

Stari Most
스타리 모스트 MAP p. 295 B-1

슬라브어에서 스타리는 '오래된', 모스트는 '다 리'라는 뜻. 즉 '오래된 다리'라는 뜻이다. '모스트' 는 모스타르라는 지명의 유래이기도 하다. 다리 는 1557년에 오스만제국의 미마르 하이레딘Mimar

스타리 모스트

Hairedin이 설계해 9년이 지난 1566년에 완성되었다. 길이 28.6m, 높이 19m의 단일 교각으로 된 아치형 다리는 그 완벽한 설계로 오랜 세월 아름다움을 유지해 세계문화유산으로 지정되었지만 1993년 모스타르 전쟁 때 크로아티아계의 포격으로 그해 11월 붕괴되고 말았다.

스타리 모스트는 이슬람과 기독교를 이어주는 평화의 상징이자, 전쟁의 피로 얼룩진 민족 분단의 비극을 증언해 주는 상징이기도 하다. 1994년 평화를 되찾은 후 유네스코의 총괄 아래 세계 각국의 후원금을 지원받아 터키의 건축가들이 2004년 7월에 복원하였고 다시 세계문화유산에 등록되었다. 터키를 여행하면 스타리 모스트와 같은 양식으로 지은 다리를 많이 볼 수 있다.

가는 방법 스타리 바자르에서 도보 3분

Koski Mehmed-Pašina Džamija
코스키 메흐메드 파샤 모스크

MAP p. 295 B-2

코스키 메흐메드 파샤 모스크는 1617~18년 코스키 메흐메드 파샤에 의해 지어졌다. 메흐메드는 가장 일반적인 이슬람 이름이라서 사원을 지은 사람에 대해서는 정확하게 알 수가 없다. 사원은 스타리 모스트가 보이는 네레트바 강 위에 있다. 이곳은 다리 사진을 찍기 좋은 위치라서 사람들이 다리를 보러왔다가 모스크도 함께 방문하는 경우가 많다. 내부는 터키의 영향을 받았다. 사원 근처

에는 기도를 위한 장소인 높은 첨탑 미나렛이 있고 앞마당에 세워진 분수는 여러 사람이 동시에 사용하는 세면 용수로 의식 전에 사용한다. 오스만제국의 모스크에서 모두 같은 분수를 발견할 수 있다. 내부는 대칭과 기하학적, 추상적인 디자인으로 장식되어 있다. 모스크는 스타리 모스트와 함께 1992~95년 전쟁으로 파괴되었지만 2001년 재건되어 다시 문을 열었다.

가는 방법 스타리 모스트에서 도보 3분

코스키 메흐메드 파샤 모스크

Tursko Kupatilo
터스코 쿠파틸로 MAP p. 295 B-2

하맘(공중목욕탕)을 사용하는 것은 오스만 시대에 일반적인 일이었다. 모스타르 구시가에 위치한 하맘은 16세기 말에서 17세기 초 사이에 고전적인 오스만 건축양식으로 건설되었다. 하맘을 둘러싸고 아무런 장식이 없다면 그 안에 모스크와 이슬람 학교 및 주방이 함께 있는 경우다. 외부를 보면 개인의 프라이버시를 위해 창문 없이 설계된 단일 형태의 돔 지붕으로 만들어졌다. 오스만제국 시대를 끝으로 더 이상 목욕탕으로 사용되지 않았다. 오늘날 프랑스와 터키의 원조 덕분에 전시회 및 문화 행사를 개최하는 장소로 사용되고 있다.

가는 방법 스타리 모스트에서 도보 5분

Kriva Ćuprija Most
크리바 쿠프리야 모스트 MAP p. 295 B-2

일명 '굽은 다리'라고 부르는 크리바 쿠프리야 모스트는 스타리 모스트를 작게 줄여 놓은 모습이다. 네레트바 강 오른쪽에 위치해 있고 1558년에 만들어졌지만 누가 만들었는지는 알려지지 않았다. 다리가 사람들에게 알려지게 된 계기는 스타리 모스트를 만들기 8년 전 스타리 모스트 건설을 위해 시험적인 시도로 만들어졌다는 사실 때문이다. 이 다리도 돌로 만들어졌는데 정면에 있는 벽과 보도 사이의 공간은 깨진 돌로 채워져 있다. 2000년 12월 홍수에 의해 파괴되었고, 유네스코의 도움으로 2001년 복원을 마쳐 지금의 모습을 갖추게 되었다.

가는 방법 스타리 모스트에서 도보 5분

Sahat Kula
사하트 쿨라 MAP p. 295 B-1

오스만 시대에 속하는 또 다른 중요한 기념물로 헤르체고비나 박물관 옆에 서 있는 시계탑이다. 1630년경에 만들어진 사각형 탑은 높이 15m로 파티마라는 전통적인 이름으로 불린다. 시계탑은 마지막 전쟁 당시 심각한 손상을 입었다가 1999년에 복원되었다. 지금은 박물관이 문을 열지 않아서 시계탑 말고는 딱히 볼 게 없다. 구시가를 내려다볼 수 있기에, 그 풍경이 궁금하다면 몰라도 특별히 찾아서 올라갈 필요는 없다.

가는 방법 스타리 모스트에서 도보 10분

Kajtaza Kuća
터키인의 집 MAP p. 295 B-1

12m의 높은 지대 위에 지어진 터키인의 집은 17세기 오스만제국 시대의 가장 아름다운 주택 중 하나로 잘 보존되어 있다. 내부는 과거에 사용했던 가구를 통해 역사를 짐작할 수 있는 작은 박물관과 남성과 여성의 공간으로 나뉜 숙소로 꾸며져 있다. 초승달 모양의 마당은 이슬람의 상징으로, 한여름에는 마당의 분수 앞에서 잠시 더위를 식힐 수 있다.

주소 Caše Ilića bb 운영 10:00~16:00 가는 방법 스타리 모스트에서 도보 7분

Sinagoga i Jevrejsko Spomen-groblje
시나고그와 유대인 공동묘지

MAP p. 295 B-1

유대인 공동체는 오스만 시대에 이 도시의 문화적 특징을 이해하고 모스타르에 정착했다. 1889년에 설립된 시나고그는 1952년에 재건되어 모스타르에 사는 유대인들의 예배와 집회, 교육과 친목이 이뤄지는 장소로 사용되었다. 1999년 유대인 공동묘지와 기념관은 홀로코스트의 유대인 희생자에 의해 건립되었다.

주소 Brankovac b.b

시나고그

Džamija Nesuh-age Vučjakovića
네슈하게 부치야코비차 모스크

MAP p. 295 B-1

네레트바 강 우측에 1550년에 건설된 가장 오래된 모스크로 '라임나무 아래 모스크'라 불리기도 한다. 1931년 내부에 초등학교와 상점, 묘지가 만들어졌다. 그러나 1932년 폐쇄되었고 1951년 폭파되었다가 1998년 발굴되었다. 발굴 후 당시와 동일한 건축 자재를 사용해 원래의 형태로 복원되었다. 모스크 내부의 장식 중 일부는 해안 지역에서만 볼 수 있는 것으로 모스크 장식에는 이례적인 일이라고 한다.

주소 Maršala Tita b.b 운영 행사 때만 오픈 가는 방법 스타리 모스트에서 도보 5분

Stara Gimnazija, Gradska Banja
중학교와 공중목욕탕 MAP p. 295 A-2

모스타르의 행정 건물 대부분은 오스트리아·헝가리제국 통치 기간인 19~20세기 사이에 지어졌다. 신고전주의와 분리주의 특성을 가지고 있는데 그중 가장 흥미로운 건물은 건축가 프란티세크 블라제크František Blažek가 1898년에 지은 특색 있는 중학교 건물과 미로슬라프 루스의 지원으로 건축가 루돌프 토니스Rudolf Tonnies의 프로젝트로 1914년에 건설된 공중목욕탕이다. 공중목욕탕은 오랜 시간 방치되다 최근에 복원되어 시민에게 개방되었다. 이름은 공중목욕탕이지만 내부에는 수영장, 마사지실, 체육관, 살롱, 태닝룸 등이 갖춰진 복합 시설물이다. 기독교와 이슬람 분위기가 물씬 풍기는 모스타르에서 동유럽의 모습을 보고 싶다면 이 두 건물을 찾아보자.

중학교 주소 Bulevar b.b 공중목욕탕 주소 Musala b.b 운영 월~금 08:00~17:00 가는 방법 버스 터미널에서 나와 만나는 큰 도로인 Maršala Tita 거리를 따라 걷다, 첫 번째 큰 길인 Brkića Braće에서 오른쪽으로 꺾어 걸으면 네레트바 강을 건너는 첫 번째 다리가 보인다. 다리 바로 앞에 공중목욕탕이 있다. 다리를 건넌 후 똑바로 가다보면 중학교를 찾을 수 있다.

중학교

KOTOR

중세의 성채 도시

몬테네그로 코토르

이탈리아어로 '검은 산'을 의미하는 몬테네그로는 디나르 알프스 산맥의 경사면에 가려 어두운 산지가 많은 데서 유래했다. 험준한 돌산 사이에 발달한 깊은 계곡들, 그 사이로 들어온 바닷물로 코토르 만의 해안은 '아드리아 해의 피오르', '제2의 모나코'라고 불리며, 지중해에서 가장 아름다운 해변 중 하나로 손꼽힌다. 영국 시인 바이런은 '육지와 바다의 가장 아름다운 만남'이라고 칭송했다. 그런 몬테네그로의 코토르는 중세에 만들어진 성채의 도시로 고대 로마의 식민도시였고, 세르비아 왕국과 베네치아공화국 등 주변국의 지배 아래 해상 무역의 중계점으로 발전해 상인의 도시가 되었다. 구시가는 다섯 번의 대지진으로 엄청난 피해를 입었지만 그때마다 복구됐고, 지금은 그 가치를 인정받아 1979년 유네스

코 세계문화유산으로 지정되었다.

강과 산, 바다로 둘러싸인 천혜의 요새. 1000년이 넘는 시간 동안 그 모습을 그대로 간직하고 있는 멋진 도시. 세계에서 가장 유명한 여행서적 론리 플래닛이 발표한 2016년 최고의 여행지 1위에 코토르가 선정된 건 어쩌면 당연한 결과인지 모르겠다.

이들에게 추천!

· 검은 돌산에 둘러싸인 신비로운 도시를 보고 싶다면
· 론리 플래닛이 뽑은 최고의 여행지가 궁금하다면
· 천혜의 요새가 어떤 모습인지 궁금하다면

INFORMATION
인포메이션

ACCESS
가는 방법

유용한 홈페이지

코토르 관광청 www.tokotor.me

관광안내소   MAP p. 303 A-2

구시가 바다의 문 앞에 위치하고 있다. 한국어 지도를 배포하고, 숙박 및 교통편을 안내해 준다.
주소 Stari Grad 315
전화 +382 32 325 947
운영 4~11월 08:00~21:00, 12~3월 09:00~15:00

두브로브니크에서 당일치기 근교 여행지로 인기가 높다. 두브로브니크에서 코토르까지 여름 성수기에는 매일 5편, 비수기에는 매일 1편의 버스가 운행한다. 소요 시간은 약 2시간 30분~3시간.
크로아티아와 몬테네그로의 국경은 출입국 심사가 엄격해 국경을 통과하는 데 시간이 오래 걸릴 수 있으니 일정을 여유 있게 잡자. 또한 근교 여행지여도 국경을 넘어가는 것이기 때문에 여권 지참은 필수. 가장 편한 방법은 여행사 투어를 이용하는 것이다. 두브로브니크에서 출발하는 몬테네그로 당일 여행 코스는 코토르와 부드바, 두 도시를 하루에 볼 수 있어 시간이 부족한 여행자에게 추천한다. 코토르 버스 터미널은 구시가의 남쪽에 위치한다. 해변을 따라 구시가까지는 도보 10분 소요.

버스 요금

두브로브니크	135kn~	코토르

TRAVEL PLUS

바다 위에 떠 있는 두 개의 섬, **페라스트**

페라스트Perast는 바다 위에 떠 있는 2개의 인상적인 섬으로 한 곳은 인공적으로 만들었고, 다른 한 곳은 자연적으로 생겼다. 멀리서 볼 때 민트색의 지붕이 인상적인 곳은 성모 성당 Gospa od Škrpjela이다. 어부 두 명이 암초에서 성모의 초상화를 발견하고는, 바닥을 돌로 메워 땅을 넓혀 나갔고, 인공 섬을 만들고 바로크 양식의 성당을 세웠다. 성당 안에는 발견 당시의 성모의 그림이 제단에 걸려 있고 좌우로 68점의 성모 일생이 담긴 유화가 있다. 성당 내부는 배를 타고 가서 볼 수 있다. 나무에 둘러싸여 신비로운 모습의 섬은 성 조르제Sveti Đorđe 섬. 섬 안에는 베네딕트 수도원St. George Benedictine Monastry이 있다. 나폴레옹이 이곳을 점령했을 때 한 병사가 이곳에 사는 여인과 사랑에 빠졌으나 포탄으로 마을이 폭격당해 여인이 숨졌다고 한다. 병사는 프랑스로 돌아가지 않고 수도사가 되어 남은 인생을 여인에게 속죄하며 살았다는 애절한 사연이 숨어 있다. 키가 큰 소나무 숲과 수도원의 붉은 지붕, 슬픈 사랑 이야기가 어우러져 더욱 아름다운 곳이다.

코토르 완전 정복

기원전에는 로마인들이 살았고, 3세기경 로마의 속국으로 발전하다 서로마가 멸망하면서 비잔틴제국의 지배를 받았다. 우리가 보는 성벽은 이 시기에 쌓아진 것이다. 12세기 중엽 세르비아가 발칸반도를 지배하면서 코토르도 이 밑으로 들어가게 된다. 이때 경제적으로 윤택해지고, 예술가들도 많이 배출한다. 그러나 1389년 세르비아는 오스만제국과의 전쟁에서 패하고 이후 코토르는 헝가리-크로아티아의 지배를 받다가 1391년 자치공화국으로 독립하게 된다. 베네치아가 아드리아 해의 해상권을 장악한 1420년부터 약 370년간 베네치아의 속국이 되면서 지금의 모습 대부분이 만들어지게 되었다. 이후 오스트리아 · 헝가리제국의 지배를 받고, 1945년 유고슬라비아 공화국으로 편입되었다가 2006년이 되어서야 몬테네그로는 완벽한 독립국이 되었다. 코토르는 많은 동유럽의 도시들이 그렇듯 신시가와 구시가로 나뉘어 있다. 서쪽의 코토르 만과

이것만은 놓치지 말자!

❶ 요새 위에 올라가서 보는 코토르 전경

❷ 골목 사이사이에 숨어 있는 광장

시내 관광을 위한
KEY POINT

랜드 마크 성 트리푼 성당
예상 소요 시간 3~4시간

동쪽의 절벽으로 마을의 경계가 나눠지는데, 신시가는 대부분 주민들의 생활공간이다. 우리가 가야 하는 곳은 높이 20m, 전체 길이 4.5㎞의 거대한 성벽으로 둘러싸여 있는 구시가다. 로마 시대부터 외적의 침입이 많아 중세 세르비아 네만리치Nemanjić 왕가가 건설한 성벽 안쪽으로 가장 번창했던 12~15세기 무렵의 중세 풍경이 고스란히 남아 있다. 입구는 총 4개로 정문인 서문으로 들어가면 시계탑이 서 있는 무기의 광장을 만나게 된다. 광장은 르네상스, 로마네스크, 바로크 등 다양한 스타일 건축양식으로 둘러싸여 있어 당시의 모습을 짐작할 수 있게 한다. 이곳에서 지도는 불필요한 종이에 불과하다. 골목과 좁은 길이 미로처럼 얽혀 있는 이유는 과거 해적이 침입했을 때 한 번에 들어올 수 없게 하기 위해서, 주민들이 재빨리 밖으로 피하기 위해서였다고 한다. 구시가를 다니기 가장 좋은 방법은 여유롭게 발길 닿는 대로 가는 것이다. 골목을 돌아다니는 것만으로도 여행의 즐거움이 배가 되는 곳이 코토르다.

A

B

Sentier Vers la Citadella

코토르 구시가

Bedemi Grada Kotora
성벽

Sjeverna Vrata
북문

성벽 오르는 입구

성벽 오르는 입구

Katedrala Sv. Tripuna
성 트리푼 대성당

Pomorski Muzej
해양 박물관

Trg
Sv. Tripuna

Južna Vrata
남문

Crkva Sv. Luke
성 루카 성당

Palata Pima
피마 궁전

Crkva Sv. Nikole
성 니콜라 교회

Trg od Brašna

Rijeka Škurda

Gradska Piaca

Palata Beskuća
베스쿠차 궁전

Gradski Toranj
시계탑

Morska Vrata
서문

Trg od Oružja

Riva

아 드 리 아 해

📷

ATTRACTION
보는 즐거움

만약 베네치아에 가본 적이 있다면 코토르와 닮은 점이 많다는 것을 알 것이다. 미로같이 좁은 조약돌 거리와 작은 가게들, 르네상스 시대의 오래된 교회를 보고 있으면 절로 베네치아가 떠오른다. 구시가는 1시간이면 다 돌아볼 만큼 작지만 언덕 위의 요새에 하이라이트가 있다. 운동화 끈을 단단히 조여매고, 긴 성벽을 따라 거친 숨을 몰아가며 2시간을 올라가면 눈부신 코토르의 전경이 펼쳐진다. 피오르 협곡이 만들어 낸 아름다운 풍경을 감상해 보자.

Morska Vrata
서문 MAP p. 303 A-2

외벽으로 둘러싸인 구시가의 정문은 도시의 3개 문 중 가장 크고 아름답다. 1555년에 르네상스와 바로크 양식으로 지어졌으며, 문 앞에는 대포와 2개의 튼튼한 기둥이 세워져 있다. 19세기까지는 해안도로의 부재로 오직 배를 통해서만 도시에 진입할 수 있었기에 바다의 문이라 불렸다. 오른쪽 기둥은 배를 정박하기 위한 용도로 사용되었다. 아치형 문 위에 써진 1944년 11월 21일은 제 2차 세계 대전이 끝날 무렵 도시가 나치로부터 해방된 기념일이다. 그 위에는 구 유고슬라비아의 문장이 새겨져 있는데, '남의 것을 탐하지 않고, 우리 것을 포기하지도 않는다'라고 써 있다. 문을 통과하면 팔의 광장으로 구시가에서 가장 큰 광장

과 연결된다. 오늘날 서문 앞은 매립되어 부두까지 멋진 야자수 광장이 조성되어 있다. 작은 과일 시장이 열리기도 한다. 또 다른 문인 북문은 스쿠르다 강이 해자 역할을 하고 있다.

가는 방법 버스 터미널에서 도보 10분

Katedrala Sv. Tripuna
성 트리푼 대성당 MAP p. 303 B-1

코토르의 상징이자 구시가의 상징. 비잔틴 황제의 연대기에 따르면 809년에 처음 세워 성 트리푼 Sv. Tripun에게 봉헌되었다. 화재로 인해 1166년에 재건했고 성 트리푼의 유해를 콘스탄티노플에서 옮겨와 안치하면서 이곳의 수호성인이 되었다. 가장 큰 특징은 르네상스와 바로크가 혼합된 건축양식이다. 과거 로마제국이 동서로 분열되었을 때 지리적으로 두 곳의 경계선상에 있던 코로르는 동쪽의 그리스정교와 서쪽의 가톨릭, 둘 다 받아들였고 두 문화가 자연스럽게 융화되어 발달했다. 이를 보여주는 게 성당 내부에 장식된 프레스코화다. 그 후 1667년과 1979년 대지진으로 성당의 아치와 천장 등이 붕괴되었고, 프레스코화도 파괴되어 지금은 그 일부만이 남아 있다. 내부는 아치형의 붉은색 기둥들이 중앙 제단을 중심으로 늘어서 있다. 2층 전시실로 올라가는 벽에는 지진으로 파괴된 조각들이 전시되어 있다. 조각, 그림, 오래된 성경책이나 예복, 은으로 만든 성인의 팔

과 다리 등이 전시되어 있다. 높이 35m의 종탑은 1667년 지진 후 재건했으며, 종탑 좌측에는 성당이 지어진 809년이, 우측에는 재건된 해인 2009년이 새겨져 있다. 역사적 가치를 지닌 성당은 같은 종교가 아니더라고 꼭 들러볼 만하다.

운영 09:00~19:00 입장료 일반 €3

Gradski Toranj
시계탑 MAP p. 303 A-2

17세기에 바로크와 고딕 양식을 결합해 만든 시계탑으로 과거에는 감시탑의 역할을 겸했다. 구시가의 입구인 무기 광장에 위치한 시계탑을 정면으로 바라보면 1667년과 1979년에 발생한 대지진으로 오른쪽으로 살짝 기울어진 것을 느낄 수 있다. 시계탑 앞의 삼각대 기둥은 '수치심 기둥'으로 범죄자의 공공 굴욕을 위해 사용되었다고 한다. 지나가는 행인이 범죄자에게 달걀, 토마토, 채소 등을 던져 수치심을 느끼게 했는데, 이런 형벌을 받은 후 범죄자들은 불가피하게 마을에서 버림받았고, 생존을 위해 마을을 떠나 다른 곳으로 이주했다고 한다.

Palata Pima&Palata Beskuća
피마 궁전과 베스쿠차 궁전

MAP p. 303 A-1, A-2

다른 곳과 달리 코토르는 유난히 귀족들이 소유한 저택을 많이 볼 수 있다. 그들 대부분이 이곳을 지배했던 베네치아인이었고, 이곳에서 물러나면서 집은 그대로 남기고 갔다. 그중 피마 궁전은 구시가 저택 중 가장 아름답다고 손꼽는 건물 중 하나다. 위층의 발코니는 바로크 양식이지만 궁전은 르네상스 양식으로 지어져 두 가지 다른 양식이 조화를 이룬다. 궁전의 소유주인 피마 가문은 무사 가문으로 16~18세기에 코토르에 살았다. 현재의 모습은 17세기 말에 완성되었고 1979년 대지진을 겪은 후 복원된 궁전은 밀가루 광장에서 찾을 수 있다.

베스쿠차 궁전은 18세기에 어떤 장식도 없이 간단하게 지어졌다. 유일한 장식은 불꽃 모양의 비잔틴 가문의 문장으로 이는 고딕 양식의 진정한 걸작이라 할 수 있다. 베스쿠차 가문은 군함에 관련된 무역으로 부를 축적했지만 베네치아와 나폴레옹 전쟁에서 패하면서 가문도 같이 몰락했다. 건물은 오스트리아 법원으로 사용되다가 코토르 시소유가 되었다. 베스쿠차는 현지어로 '집이 없다'란 뜻으로 무기 광장에서 발견할 수 있다.

Crkva Sv. Nikole
성 니콜라 교회 MAP p. 303 A-1

코토르에서 가장 중요한 정교회로 루카 광장에 위치하고 있다. 1909년 네오비잔틴 양식으로 지어졌다. 정면에서 보면 2개의 종탑을 볼 수 있는데, 종탑 바로 옆에 귀중품 보관소가 자리 잡고 있다. 이곳에는 지역 사회의 문화와 역사의 작은 박물관이라 불려도 손색없을 만큼 다양한 예술작품들과 고문서, 교회의 가운들이 보관되어 있다. 대부분은 코토르 귀족에게 기부 받은 것이라고 한다.

Crkva Sv. Luke
성 루카 성당 MAP p. 303 A-1

12세기 후반에 지어진 성당. 코토르에 일어난 모든 지진을 견뎌낸, 구시가에 있는 유일한 건물이다. 외관의 거뭇거뭇한 모습은 화재 때 생긴 그을음이다. 잘 보존된 로마네스크 양식의 성당은 지역의 종교적 관용을 보여주는 대표적인 건축물로 내부 두 개의 제단에서 그 답을 찾을 수 있다.

12세기 후반에서 17세기까지 가톨릭 성당으로 사용됐는데, 오스만제국과 베네치아 전쟁 당시 갑자기 증가한 정교회 신자로 인해 성당에 정교회 시설을 추가하면서 예배를 볼 수 있게 해줬고 그 후 건물은 세르비아 정교회로 바뀌었다. 19세기 초까지는 가톨릭 신자들이 자신들의 제단을 유지하고 있었기 때문에 지금까지 두 개의 제단을 볼 수 있다. 종교라는 이름 아래 신을 등에 업고 숨은 그림자처럼 온갖 악행이 자행되는 요즘 세상에 본받을 만한 미덕이라 생각되니 고개가 숙여졌다.

운영 09:00~22:00

Pomorski Muzej
해양 박물관 MAP p. 303 A-1

아드리아 해군의 업적을 전시한 박물관으로 코토르의 영광스러운 역사를 보여준다. 18세기 초에 지어진 바로크식 그루구린 저택에 위치하고 있다. 입구부터 청동으로 만들어 놓은 액자들이 눈에 띄는데 중세 시대부터 시작된 코토르의 뛰어난 항해술에 관한 다양한 자료들을 모아두었다. 오디오 가이드는 중요한 바다 전투, 보트와 선박, 탐색 장비와 정교하게 장식된 무기 등을 이해하는 데 도움이 된다.

주소 Ulica 2 운영 1/1~4/14 · 11 · 12월 월~금 08:00~15:00, 토 · 일 · 공휴일 09:00~13:00, 4/15~5 · 9 · 10월 월~토 08:00~18:00, 일 · 공휴일 09:00~13:00, 6월 월~토 09:00~19:00, 일 · 공휴일 10:00~16:00, 7 · 8월 월~토 08:00~20:00, 일 · 공휴일 10:00~16:00 입장료 일반 €5, 학생 €1

Bedemi Grada Kotora
성벽 MAP p. 303 B-1

구시가의 하이라이트 및 뷰포인트. 코토르의 가장 큰 매력은 구시가 전체를 조망할 수 있는 중세 요새다. 산 정상에 있는 성 이반 요새Kastel Sv. Ivan는 12~14세기 세르비아의 지배 당시 건설되었다. 1350개의 계단을 밟고 올라가면 가장 멋진 파노라마를 볼 수 있다. 올라가는 데 2시간 정도 소요된다. 오후에 올라간다면 일몰을 볼 수 있어서 가장 좋지만 안개가 없다면 아침도 좋다. 다만 짧은 시간 안에 방문할 수 없다는 것을 염두에 두자. 중간쯤 올라가면 14세기 유럽을 휩쓴 페스트에서 살아남은 사람들이 감사하는 마음으로 1518년에 세운 성 모자 복지 교회가 있는데 만약 물을 챙기지 못했다면 이곳에서 생수를 구입할 수 있다. 해안가를 따라 올라가거나 구시가의 성 이반 요새 뒤 깎아지른 듯한 절벽을 지그재그로 올라가야 한다. 만약 성벽을 걸을 경우 고르지 못한 숲길을 걸어야 하니 운동화를 신는 게 좋다. 여름에는 최대한 햇빛을 피할 수 있게 준비하고 물은 꼭 가지고 올라가야 한다.

요새에 오르기 전 지도를 보면 세 가지 색으로 길이 표시되어 있다. 파란색은 쉬운 길, 노란색은 가파른 길, 빨간색은 가장 힘든 길이다.

운영 5~9월 08:00~20:00(그 외 ~16:00) 입장료 일반 €8 가는 방법 바다의 문에서 출발 지점까지 도보 7분, 정상까지는 약 2시간 소요

BUDVA

2500년 역사의 도시

몬테네그로 부드바

고대 페니키아 왕 아게노르의 아들인 카드모스는 제우스에게 납치된 동생 에우로페를 찾기 위해 집을 나섰다. 그러던 중 만난 아폴론의 신녀가 '동생을 찾는 일은 그만두고 암소를 따라가세요. 그리고 암소가 쓰러지는 곳에 도시를 세우세요'라고 말했다. 그는 즉시 암소를 산 뒤 소가 쓰러진 곳에 도시를 세우곤 아내 하모니아와 함께 살았다. 부드바의 유래로 전해지는 전설이다. 아드리아 해 연안에서도 가장 오래된 도시 중 하나인 부드바는 5세기 그리스의 극작가 소포클레스가 '일리리아 마을'이라 언급한 것이 문서에 남긴 첫 발자국이다.

2세기 로마제국에 의해 정복되었고, 6세기에는 비잔틴제국의, 중세에는 세르비아의 지배를 받았다. 15~18세기 베네치아공화국의 지배를 받았는데 구시가의 대부분은 이때 베네치아 양식으로 지어졌다. 이후 오스트리아, 프랑스, 러시아, 유고슬라비아 연방의 통치를 받는 격동의 시기를 보냈다. 1979년에 몬테네그로를 휩쓴 큰 지진으로 구시가 건물 대부분이 파괴되었지만 약 8년간의 복원공사로 예전의 아름다운 모습을 되찾게 되었다.

INFORMATION
인포메이션

가는 방법

코토르에서 버스로 갈 수 있다. 버스 터미널에서 30분에 한 대씩 있으며, 약 40분 소요된다. 여행사에서 운영하는 미니버스를 이용할 경우 목적지까지 갈 수 있다. 부드바 버스 터미널에서 구시가까지는 약 1km 정도로 10~15분 정도 걸으면 도착한다. 버스 터미널을 나와 바닷가 방향으로 걸어가면 큰 도로가 나오는데, 이곳에서 오른쪽으로 걸어가면 왼쪽 바닷가로 내려가는 넓은 길이 나온다. 이 길로 내려가면 도로를 만나게 되는데 이곳에서 오른쪽 도로로 가면 구시가가 나온다.

버스 요금

코토르 _____ €3.5 _____ 부드바

ⓘ (관광안내소)

부드바 구시가 지도를 배포한다. 성 스테판 섬이나 성 니콜라 섬으로 가는 방법 및 코토르로 가는 버스 시간표도 알려준다.

주소 Njegoševa 28
전화 033 402 814
홈페이지 www.budva.montenegro.travel

Restoran Jadran Kod Krsta MAP p. 311 A-1

구시가로 들어가기 전 요트 선착장 앞에 위치한 식당. 37년의 전통을 자랑하며, 지중해 및 해산물 요리를 먹을 수 있다. 그릴에 구운 새우는 짭짤하면서 입에 착착 달라붙는다. 맥주와 함께하면 더욱 맛있다.

주소 Slovenska Obala bb 전화 069 030 180 홈페이지 www.restaurantjadran.com 영업 07:00~24:00 예산 생선구이 €12~

Restoran Lim MAP p. 311 A-1

바다가 내려다보이는 해안에 위치한 림 레스토랑은 몬테네그로 북쪽의 아름다운 강 이름을 따서 1994년에 지었다. 전통을 유지하며 역사를 강조하는 이 레스토랑은 상쾌한 바다를 보며 맛있는 음식을 먹을 수 있으며, 내부의 세련된 분위기로 기분도 함께 좋아지는 곳이다. 해산물과 지중해 요리를 먹을 수 있으며, 직원들의 친절한 서비스를 받을 수 있다. 2015년 품질상을 수상한 곳으로 그릴에 구운 생선이나, 바삭하게 튀긴 오징어 튀김 등이 맛있다.

주소 Slovenska Beach 전화 067 371 911 홈페이지 www.restoranlim.com 영업 09:00~01:00 예산 생선구이 €12~

몬테네그로 최고의 관광도시를 만나다

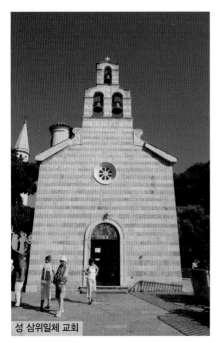

성 삼위일체 교회

높은 산악지대와 17개의 아름다운 해변 덕분에 세계에서 가장 아름다운 해안 중 한 곳으로 손꼽히는 곳, '제 2의 모나코'로 불리는 부드바는 몬테네그로 남쪽에 위치하고 있다. 멀리서 보면 섬 위에 솟아 있는 듯한 형상을 한 구시가는 원래 모래사장으로 대륙과 연결되어 있다가 반도가 되었다.

뜨거운 태양 아래 반짝이는 붉은 지붕과 넘실대는 아드리아 해의 풍경은 크로아티아와 사뭇 닮아 있다. 보는 것만으로 기분 좋아지는 해변을 지나 성벽으로 둘러싸여 요새화된 구시가로 들어가면 중세시대부터 이어진 미로 같은 골목을 헤매게 된다. 구시가의 볼거리는 1804년에 지은 성 삼위일체 교회Crkva Sv. Trojice로 위엄을 뽐내며 당당하게 서 있다. 로마네스크와 비잔틴 양식으로 지어진 교회 종탑 위에 있는 3개의 종이 멀리서도 눈에 띄고 여름이면 교회 앞 작은 광장에서 연극이 열리

기도 한다. 12세기에 세워진 성 요한 성당Crkva Sv. Ivana 안에는 12~13세기 그리스 또는 남이탈리아에서 만들어져 이곳에 안치되었다는 푼토의 걸작 <성모 마리아> 그림이 있다. 시타델라 옆에 세워진 푼타의 산타 마리아 성당Santa Maria in Punta은 840년 베네딕트회 수도원에서 지었지만 1807년 프랑스에 의해 폐지되었다.

구시가 한복판에 위치한 고고학 박물관Etnografski Muzej에서는 그리스 유물, 화병, 보석, 장신구, 식기 등 수세기에 걸쳐 발견된 유물을 전시 중이다. 하나밖에 없는 귀한 박물관으로 부드바의 역사에 관심 있다면 들어가서 관람해 보자. 기원전 10~11세기에 건설된 시타델라Citadela는 망망대해를 감상하기 가장 좋은 뷰포인트로 현재 극장으로 사용 중이다. 이곳에는 사랑하는 두 연인이 부모에게 결혼을 허락받지 못하자 손을 잡고 성벽 위에 올라서 바다로 뛰어들었다는 슬픈 얘기도 전해진다.

2006년 6월 독립을 선포한 몬테네그로는 지역적 특징과 지중해의 따뜻한 날씨, 천혜의 자연을 무기로 관광 사업에 주력하게 되었다. 특히 추운 나라인 러시아인들이 많이 찾아와서 간판에서도 쉽게 러시아어를 발견할 수 있다. 가난한 어부의 마을이 러시아 및 유럽 부호들의 부동산 투자로 인해 인구당 백만장자의

시타델라

수가 유럽에서 가장 많은 곳이 되었다고 하니 아이러니하다.

그중에서도 작은 섬 전체가 호텔인 스테판Sv. Stefan 섬이 대표적이다. 구시가에서 해안도로를 따라 약 10㎞ 떨어진 섬은 해안의 작은 섬을 제방으로 연결한 곳이다. 원래 어부가 살던 마을이었는데, 티토 정부 시절 주민들을 강제로 이주시키고 겉모습은 그대로 둔 채 마을 안을 현대식으로 화려하게 고쳐 당시 고위직들의 휴양지로 사용했다고 한다. 1970년 싱가포르에서 인수해 지금의 모습으로 바뀌었다고 한다. 하나밖에 없는 길 덕분에 완벽하게 프라이버시가 보장되어 세계적인 영화배우 마이클 더글러스와 캐서린 제타 존스 부부를 비롯해 미국의 테니스 스타 비너스 윌리엄스, 소피아 로렌 등 이름만 대면 알 만한 스타들이 틈 날 때마다 자주 방문한다고 한다.

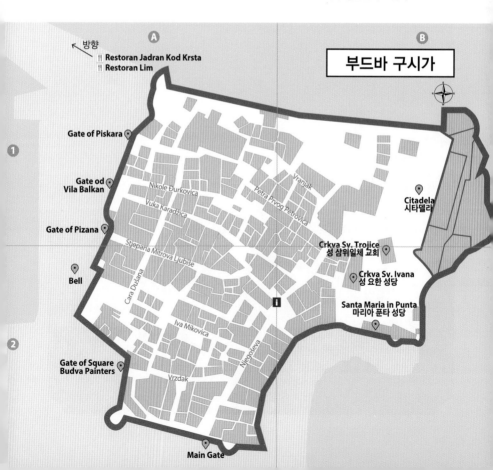

부드바 구시가

크로아티아 여행 실전

인천국제공항에서 출국하기 1

여행의 시작과 끝은 공항에서 이뤄진다. 출발 당일 공항에 첫발을 내딛는 순간 크로아티아로의 여행이 시작된다. 낯선 곳으로의 떠남이 심장을 두근거리게 하지만 실수 없이 비행기를 탈 수 있도록 정신을 가다듬어 보자. 탑승 수속을 마치고 비행기를 타기까지 꽤 복잡한 절차를 거쳐야 하는 만큼 공항에는 최소 2~3시간 전에는 도착해야 한다. 특히 해외 여행객이 가장 많은 6~8월 및 연휴에는 4시간 전에 도착하는 게 안전하다. 2018년 1월 18일부터 인천국제공항이 제1·2여객터미널로 나뉘었으니 출발 전 자신의 비행기가 어느 터미널을 이용하는지 확인하자.

- **제1여객터미널 취항 항공사** 아시아나항공, 저비용항공사, 그 외 외국항공사
- **제2여객터미널 취항 항공사** 대한항공, 델타항공, 에어프랑스, KLM 네덜란드항공 외 외국항공사

인천공항으로 가는 방법

인천국제공항으로 가는 교통수단으로는 공항버스, 리무진, 공항철도 AREX^{Airport Express} 등이 있다. 가장 대중적인 교통수단으로는 우리나라 전역으로 운행되는 공항버스와 리무진이다. 공항철도 AREX는 지하철 5, 9호선 김포공항 역에서 인천공항까지 30분 이내에 연결한다. 그 밖에 서울역은 공항버스와 지하철 모두가 운행돼 열차를 이용하는 지방 여행객에게 편리하다. 상세한 공항 교통 정보는 홈페이지를 통해 확인해 두자. 어디서 출발하든 공항에는 비행기 출발 3시간 전에는 도착해야 한다.

- **인천국제공항 홈페이지** www.airport.kr **전화** 1577 2600

❶ 공항버스
제1여객터미널은 1층 내부(4, 9번 출구 옆)와 외부(4, 6, 7, 8, 11, 13번 출구 옆 및 9C)의 버스 매표소에서 리무진과 좌석버스 승차권을 구입할 수 있다. 지방행 버스의 경우 홈페이지에서 예매 가능하다. 단, 인터넷 예매 시 수수료 2000원이 추가된다. 제2여객터미널은 교통센터 지하1층 버스 터미널에서 이용 안내와 승차권 구입이 가능하다.
홈페이지 www.airportbus.or.kr

❷ 공항철도 AREX
노선
인천공항 2터미널 ➜ 인천공항 1터미널 ➜ 공항화물청사 ➜ 운서 ➜ 영종 ➜ 청라국제도시 ➜ 검암 ➜ 계양 ➜ 김포공항 ➜ 마곡나루 ➜ 디지털미디어시티 ➜ 홍대입구 ➜ 공덕 ➜ 서울역
- **직통열차** 논스톱 운행 소요 시간 43분 | 요금 어른 9,000원, 어린이 7,000원
- **일반열차** 모든 역 정차 소요 시간 53분 | 요금 어른 4,150원
공항철도 홈페이지 www.arex.or.kr **전화** 1599 7788

▶도심공항 터미널 이용하기

도심공항은 서울역과 삼성역, 광명역에 위치하고 있다. 3곳 모두 당일 인천공항 국제선 항공편일 경우 이용 가능하며, 서울역은 직통열차 고객만 이용 가능하다. 도심공항 체크인 카운터에서 발권과 수하물 위탁을 마친 후 보안 검색대를 거쳐 승하차장에서 리무진 및 열차에 탑승한다. 공항에 도착해 도심공항 승객 전용 출입통로의 보안검색을 지나 출국 수속을 마친 후 항공기에 탑승하면 된다. 다만, 각 도심공항 터미널 별로 탑승 수속이 가능한 항공사가 상이하니 이용을 원할 경우 해당 터미널로 문의하자.

전화 삼성역 터미널 1588 7946, 서울역 터미널 1599-7788, 광명역 터미널 1544-7788

TRAVEL PLUS

탑승 수속 시 알아야 할 것들

탑승권 Bording Pass - 체크인을 하면 탑승구와 기내 좌석번호가 적힌 탑승권을 받는다. 이때 직항인 경우 1장, 1회 환승편인 경우 비행기를 갈아타야 하므로 2장을 준다. 인천공항 수속 시 한꺼번에 받을 수 있다. 하지만 2회 환승편인 경우 인천공항에서는 제 3국인 베이징, 상하이, 도쿄까지만 탑승권을 발급하고, 제 3국에 도착해 탑승 수속을 한 번 더 해야 남은 두 장의 탑승권을 받을 수 있다. 부칠 짐은 인천공항에서 최종 목적지까지 보내는 경우와 제 3국에서 찾아 다시 부쳐야 하는 경우가 있다.

좌석 선택 - 창가 Window Seat 쪽과 통로 Aisle Seat 쪽 중 선택할 수 있다.

수화물 - 이코노미 클래스 20㎏, 비즈니스 클래스 30㎏까지 무료로 부칠 수 있고, 기내는 10㎏까지 허용한다.

수화물 보관표 Baggage Tag - 수화물 보관표는 짐을 찾을 때까지 잘 보관해야 하며, 짐을 분실했다면 신고 시 제출해야 하는 증빙 서류다.

마일리지 적립 Mileage - 체크인 시 마일리지 적립을 잊었다면 항공권과 탑승권을 잘 보관했다가 귀국 후 6개월 이내에 항공사에 방문해 적립하면 된다.

액체, 젤류 휴대 반입 제한 - 용기 1개당 100㎖ 이하로 1인당 1ℓ 이하의 투명 지퍼 비닐 봉투 안에 용기를 보관해야 하며 지퍼가 잠겨 있어야 한다. 면세점에서 액체, 젤류 화장품을 구입한 경우 면세점에서 받은 그대로 개봉하지 않고 최종 목적지까지 가면 된다. 면세점 구입품은 구입 당시 받은 영수증이 훼손탐지가능봉투(STEB) 안에 동봉된 경우에 한해 용량에 관계없이 반입 가능하다.

휴대품 면세 범위

여행자의 휴대품 중 주류 1병(1ℓ 이하, US$400 이하), 담배 1보루(200개비), 향수 60㎖ 등은 면세해 준다. 그 외 해외에서 구입한 기타 물품은 최대 US$600까지만 면세가 가능하다. 단, 담배와 주류는 만 19세 이상인 여행자에 한한다.

출국 수속

출국장은 제1여객터미널, 제2여객터미널 모두 3층에 있다. 만약 제2여객터미널에서 출국해야 하는데 제1여객터미널로 잘못 왔을 경우 3층 8번 출구로 나가면 제2여객터미널로 가는 셔틀버스가 5~10분마다 한 대씩 있다. 도착 후 항공 체크인을 위해 해당 항공사 카운터를 찾아보자. 체크인과 간단한 출국 절차를 밟은 후 비행기에 탑승하면 된다. 출국 수속절차는 제1·2여객터미널이 동일하다.

❶ **탑승 수속 Check-in**(체크인) 본인이 탑승하는 해당 항공사 카운터를 찾아 여권과 항공권을 제출하고 탑승 수속을 하면 된다. 마일리지 카드가 있다면 함께 제출하자. 이때 원하는 좌석을 얘기할 수 있는데, 창가는 윈도 시트Winodw Seat, 통로는 아일 시트Aisle Seat다. 10㎏ 이상의 큰 짐이 있다면 별도로 부쳐야 한다. 수속을 마치면 좌석이 표기된 탑승권Bording pass과 부친 짐에 대한 수화물 보관표Baggage Tag를 준다. 군미필자는 탑승 수속 시 국외여행허가 증명서만 제출하면 바로 병무신고가 된다.

❷ **세관 신고 및 출국 심사** 탑승 수속을 마쳤다면 이제 출국장으로 들어가자. 여권과 탑승권을 보여준 후 출국장으로 들어가면 바로 세관 신고대가 있다. 특별히 고가의 전자제품 같은 귀중품이 아니라면 신고할 필요는 없다. 검색 요원의 안내에 따라 X-Ray 보안 검색 컨베이어 벨트 위에 올려놓고 금속 탐지기를 통과해야 된다. 출국 심사대에서 여권과 탑승권을 심사관에게 제출하면 여권에 출국 도장을 찍고 항공권과 함께 돌려받은 후 그대로 나가면 바로 면세 구역이 나온다.

❸ **탑승구 확인 및 면세 쇼핑** 탑승권에 적힌 탑승구 Gate No의 위치를 확인 후 이동하자. 1~50번 탑승구 승객은 제1여객터미널에서, 101~132번 탑승구 승객은 제1여객터미널에서 27, 28번 게이트 사이의 에스컬레이터를 타고 지하 1층으로 간 후 셔틀트레인을 타고 탑승동으로 이동한다(단, 한번 이동하면 다시 돌아올 수 없다). 230~270번 게이트 탑승객은 제2여객터미널에서 탑승한다. 비행기가 출발하는 탑승구 게이트까지는 출발 40분 전까지만 가면 된다.

한국으로의 귀국

현지 여행과 장시간 비행으로 많이 지쳤겠지만 아직 간단한 입국 절차가 남아 있다. 기내에서 나눠 주는 세관 신고서를 작성하고, 간단한 입국 심사를 받자. 모니터의 항공편명을 확인하면 짐 찾는 곳이 표시돼 있다. 혹시 짐을 찾지 못했다면 분실신고 센터에서 수하물 보관표를 보여주고 신고를 하면 된다. 간단한 세관 검사를 마치고 나가면 꿈에 그리던 입국장에 들어선다.
※ 2019년 6월 제1·2 여객터미널 1층에 입국장 면세점이 문을 열었다. 1인당 면세 한도는 출·입국 합산 US$600이며, 향수, 화장품, 주류, 건강식품 등 10여 종을 판매한다.

귀국 절차 비행기 도착 ➔ 검역(해당 사항이 있을 경우 검역질문서를 심사대에 제출) ➔ 입국 심사(입국 심사대에 여권 제시) ➔ 수화물 찾기(모니터 확인 후, 해당 번호의 수취대에서 수화물을 찾는다) ➔ 세관 검사(세관 신고 물품이 있는 경우 신고서를 제출한 후 세관의 검사를 받는다) ➔ 입국장

2 기내 서비스 이용하기

공항에서의 설렘을 뒤로하고 마침내 비행기에 탑승한다. 직항을 이용했다면 유럽까지 12시간 정도의 비행 시간이 예상되지만 직항이 아닌 이상은 16시간 정도를 비행기에서 보내야 한다. 여행의 설렘은 잠시, 좁고 불편한 장거리 비행기는 현실이다. 지루하기 짝이 없는 긴 비행 시간, 기내 서비스를 적절히 이용해 극복해 보자.

기본 기내 서비스와 매너

크로아티아까지의 장거리 비행 시 기본 기내 서비스에는 두 끼의 식사와 중간에 샌드위치나 라면 등을 제공하는 스낵 타임이 있다. 지루함을 달래기 위해 영화와 음악이 제공되며, 개인용 모니터가 설치돼 있는 경우 게임도 가능하다. 그 밖에 개인용 담요가 제공된다. 승무원의 친절한 서비스를 제공받고 싶다면 간단한 기내 매너도 기억해 두자.

기내식 하늘에서 즐기는 기내식은 여행의 큰 즐거움이다. 하지만 마치 미니어처로 보이는 적은 양의 기내식을 보는 순간 실망하기 쉽다. 성인 한 명의 1일 섭취 권장량은 2000kcal로 기내식은 권장량 기준으로 한 끼에 500~700kcal로 정한다. 기내는 지상보다 기압이 약 20%가량 낮기 때문에 많이 먹으면 배 속에 가스가 차고 소화도 잘 되지 않기 때문이다. 만약 당신이 유대교, 무슬림 등의 특별한 종교를 믿거나 채식주의자라면 미리 항공사에 얘기해 맞춤 기내식을 제공받을 수 있다.

개인용 모니터 내 맘대로 조종이 가능한 개인용 모니터가 장착된 비행기를 탄 경우 다양한 영화, TV 프로그램, 음악, 게임 등의 서비스가 제공되어 여행이 즐거워진다.

화장실 노크는 금물. 비행기 화장실 문에는 '비었음VACANT'와 '사용 중OCCUPIED'이라는 두 가지 표시가 있다. 실수하는 일 없이 확인 후 이용하자.

담요 긴 비행 시간 동안 숙면을 위해 베개와 담요가 제공된다. 더 필요하다면 승무원에게 요청하면 된다. 단, 기념 삼아 담요를 챙겨서는 안 된다.

승무원 부르기 승무원을 부를 때는 좌석 옆에 사람 모양의 버튼을 누르면 된다. 소리를 지르거나, 승무원의 몸을 터치하는 건 매우 무례한 행동이다. 승무원을 희롱하거나 항공보안법에 위반하는 행위를 하는 경우 최대 5년 이하 징역이나 500만 원 이하의 벌금을 내야 한다는 사실!

신발 벗기 신발이 불편하다면 벗어도 된다. 대부분의 항공사는 수면 양말이 있으니 요청하면 받을 수 있다. 신발을 벗고 맨발로 기내에 돌아다니는 것은 예의가 아니다. 1회용 슬리퍼를 준비하는 것도 센스!

옷 준비하기 기내는 일정한 온도를 유지하기 위해 에어컨이 계속 가동되어 생각보다 춥다. 사계절 언제나 양말과 상하의 긴팔 옷을 챙기자.

자리 이동하기 탑승한 비행기에 빈 좌석이 많다면 좌석을 옮길 수 있다. 누워도 상관없다. 단, 좌석을 옮길 때는 승무원에게 미리 얘기하고 동의를 얻어야 한다.

의자 젖히기 비행기에 올라 자리에 앉자마자 의자를 뒤로 젖히는 사람이 있다. 하지만 비행기 이착륙 때는 의자를 젖히면 안 된다. 물론 식사 때도 젖혔던 의자를 바로 세워야 하는 게 예의다. 또한 나만 편하자고 한없이 뒤로 젖히지 말고 적당한 간격으로 사용하자. 내가 불편하면 다른 사람도 똑같이 불편하다는 사실을 늘 기억하자.

아기와 어린이를 위한 서비스 아이를 위한 유아식부터 어린이를 위한 메뉴와 24개월 미만의 아기를 위한 아기 바구니 서비스도 제공된다. 단, 비행기 출발 24시간 전까지 항공사로 직접 예약해야 한다. 예민한 아기와 어린이를 위해 모형 비행기와 퍼즐 같은 장난감도 제공한다.

특별한 기내 서비스

요즘 항공사의 기내 서비스는 손님을 끌기 위한 하나의 전략이 됐다. 항공사별로 차별화된 기발한 서비스는 항공사 선택의 기준이 되기도 한다. 선택한 항공사에 특별한 기내 서비스가 있는지는 홈페이지를 통해 확인 가능하다.

바리스타 서비스 전문 바리스타가 커피 서비스를 제공한다. 손님 앞에서 즉석으로 커피를 추출, 시연하는데 이코노미 클래스의 경우 미리 신청한 승객에 한해서 시행된다.

차밍 서비스 긴 비행 시간으로 인해 건조해진 피부를 촉촉하게 만들어 주는 마스크 팩을 붙여준다. 또한 숙련된 여승무원들은 승객에게 메이크업 서비스를 제공하는 것은 물론이고 개개인의 피부타입에 맞는 메이크업 방식도 조언해 준다.

플라잉 매직 서비스 탑승 당일 생일이나 결혼기념일인 경우 케이크를 선물 받고, 승무원들의 깜짝 합창도 들을 수 있다.

기내에서의 건강관리

장시간 비행기를 타면 유난히 몸이 피곤해지는 것을 느끼게 된다. 목이 마르고, 에어컨 때문에 기침도 나오고, 눈은 뻑뻑하고 발은 퉁퉁 부어 있다. 이는 지상과는 다른 비행기 내부 상황과 오랜 시간 같은 자세로 앉아 있기 때문이다. 약간의 센스를 발휘해 건강관리를 해보자.

1. **얼굴에 수분을 공급하자** 기내는 매우 건조하기 때문에 10시간 넘게 비행기에 있다면 지상에서와 같은 피부 관리가 필요하다. 메이크업을 하고 기내에 탑승했다면 잘 시간에는 클렌징 티슈를 사용해 지워주는 게 좋다. 또한 보습 크림을 수시로 발라주고 워터 스프레이도 필수다. 만약 창가 자리에 앉아 해를 쬐게 된다면 자외선 차단제를 바르면 좋다. 일부 항공사에서는 보습용 마스크 팩을 제공하기도 한다.

2 인공눈물이 필요해! 사람이 쾌적하다고 느끼는 습도는 30~40%지만 기내는 15% 내외다. 습도가 낮아지면서 눈물이 증발하기 때문에 건조함 때문에 눈이 괴롭다. 눈이 건조해지면 뻑뻑하고 침침해서 사물도 잘 안 보이게 된다. 특히 안구건조증 환자나 시력교정시술을 받은 지 얼마 지나지 않은 경우 각막염까지 걱정해야 할 정도다. 만약 렌즈를 착용하고 기내에 탑승했다면 안경으로 바꿔 착용하는 게 좋다. 인공눈물을 수시로 넣어 안구 표면에 수분을 공급하거나 눈 주변에 따뜻한 물수건을 대거나 책 또는 영화를 볼 때 눈을 자주 깜빡이는 것도 도움이 된다.

3. 기지개를 켜자 장시간 기내에 앉아 있으면 회사에서 야근할 때보다 허리가 더 아픈 것처럼 느껴진다. 좁은 의자에 같은 자세로 앉아 있을 때 척추가 받는 하중이 서 있을 때보다 더 크기 때문이다. 디스크가 있는 사람은 특히 조심해야 한다. 50분에 한 번씩 5분 정도 통로를 산책하듯 걷거나 기지개를 켜면서 허리를 늘려주는 간단한 스트레칭이 필요하다.

4. 귀가 먹먹하고 잘 안 들려요! 비행기 이착륙 시나 고도를 변경할 때 귀가 먹먹해지고 잘 안 들린다. 기압 변화에 귓속 일부 기관이 막혀 발생하는 증상이다. 이를 해결하려면 코를 손으로 막고 입을 다문 채 숨을 코로 내쉬면 된다. 껌을 씹고 하품을 하는 것도 도움이 된다. 기내 환경이 익숙하지 않은 신생아나 유아의 경우 우유를 먹이거나 인공젖꼭지를 빨게 하면 도움이 된다.

5. 다리가 붓거나 저려요! 장시간 같은 자세로 앉아 있으면서 자주 움직이지 않는 경우 피로, 근육의 긴장, 다리 부종, 어지럼증 등의 증상이 나타날 수 있다. 이를 예방하기 위해서는 몸을 조이지 않는 편안한 옷을 입고, 자주 일어나 복도를 걸어 다니거나 발과 무릎을 주물러 준다. 앉아서 발목을 뒤로 젖혔다 펴는 스트레칭도 반복하자. 다리를 꼬지 않는 것도 좋다.

TRAVEL PLUS

이코노미클래스 증후군을 아시나요?

한때 전 세계를 발칵 뒤집어 놓은 이코노미클래스 증후군. 장시간 비행기를 탄 후 다리가 붓고 혈액 순환이 잘 안 되며 다리 안쪽에 혈전이 생겨 일부 조각이 혈류를 타고 돌다 폐에 들어가 호흡곤란을 일으켜 사망에 이르는 현상을 일컫는 말이었다. 그래서 당시 1, 2등석에 비해 좁고 불편했던 이코노미클래스의 좌석 간격을 더 넓게 해야 한다는 등의 많은 의견들이 나왔지만 최근 학계의 발표에 의하면 이코노미클래스 증후군은 좌석 간격보다는 운동의 차이에서 발생하는 것이라고 한다. 즉, 계속 자리에 앉아만 있으면 안 된다는 말이다.

환승하기 3

크로아티아까지 한 번에 날아가는 직항편이 생겼다는 반가운 소식이다. 그러나 유럽 항공사나 2번 경유하는 항공사를 이용할 경우 환승은 필수다. 환승을 한 번도 안 해 봤다면 가장먼저 떠오르는 건 어떻게 비행기를 갈아타지? 내가 국제 미아가 되는 건 아닐까? 하는 상상이다. 그렇지만 공항 내 환승 표시판과 모니터만 제대로 확인하면 전 세계 어느 공항에서든 비행기를 갈아타는 것은 어렵지 않다. 목적지에 도착하면 까다로운 입국 심사를 거쳐야 하지만 간단한 영어와 환한 미소면 무사통과다.

환승 순서

한두 번 비행기를 타본 사람이라도 환승에 대한 막연한 두려움은 늘 갖고 있다. 그래서 항공사를 선택할 때 '비행기를 바꿔 타야 하나?', '만약 잘못해서 비행기를 놓치면 어쩌지?'가 고민거리 중 한 부분을 차지한다. 사실 환승은 몇몇 공항을 빼고는 그리 어렵지 않다. 더군다나 인천공항에서 부친 짐은 최종 목적지에서 찾으면 되기 때문에 내가 바꿔 탈 비행기만 잘 찾으면 된다.

→ 비행기가 환승지에 도착한 후 밖으로 나오면 Transfer(환승) 또는 Transit 또는 Flight Connection 이라는 표시를 볼 수 있다. 이 표시를 따라 걸어가면 환승 로비가 나오고 면세점과 각 탑승구로 연결된 통로들이 나온다.

→ 유럽 내에서 한 번 환승해 목적지에 도착하는 유럽 항공사의 경우 인천에서 출발할 때 최종 목적지의 탑승권까지 같이 받는 경우가 대부분이다. 만약 탑승권을 받지 못했다면 환승을 위한 항공사 카운터에 도착해서 탑승권을 받아 출발 30분 전에 탑승구Gate로 가면 된다. 시간이 남는다면 면세점이나 구경하자.

→ 간혹 각국의 공항 구조에 따라 터미널이 바뀌는 경우가 있는데 이럴 때는 공항에서 운행하는 무료 셔틀 버스를 이용하면 된다. 만약 모르겠다면 공항 내 제복을 입고 돌아다니는 직원에게 비행기 티켓을 보여주고 도움을 요청하는 게 현명하다.

스톱오버 활용하기

스톱오버^{Stopover}란 비행기 환승 시 단지 환승만 하는 것이 아니라 경유지에서 24시간 이상 체류하는 것을 말한다. 대부분의 항공사가 스톱오버를 허용하고 있으며, 무료 또는 약간의 추가 비용만 지불하면 된다. 항공료와 열차 요금이 비싼 유럽에서 스톱오버를 활용하면 무료로 도시 간 이동이 가능하다. 황금 같은 기회에 경유지를 이용하는 스톱오버를 잘 활용해 원 플러스 원의 행복을 누려보자.

터키의 이스탄불
Istanbul

거대하고 환상적인 도시 이스탄불은 아시아와 유럽의 두 대륙 위에 건설되었다. 도시 중심에는 흑해Black Sea와 마르마라 해Marmara Sea, 그리고 골든 혼Golden Horn으로 흐르는 보스포루스 해협Bosphorus Straits이 있다.

이스탄불은 동로마와 비잔틴, 오스만 3개 제국의 수도로서 이들의 유물을 수호하고 있다. 뿐만 아니라 동양과 서양, 과거와 현재를 연결하며 그 안에는 낭만이 공존하는 유일한 도시다. 많은 돔과 첨탑으로 치장된 하늘 아래 고대 자갈길을 쉴 새 없이 오가는 자동차 소리, 길거리에서 물건을 파는 사람들의 소리까지. 이국적인 풍광을 즐기면서 비잔틴과 오스만 시대로 거슬러 올라가 거대한 돔과 모스크, 섬세한 궁전과 성을 볼 수 있다. 해 질 무렵 보스포루스 해협 서쪽 해안에서 반대편 건물의 창에 비친 붉은 햇살을 바라보고 있노라면 왜 수백 년 전 이곳에 도시가 세워졌는지를 불현듯 깨닫게 된다. 동시에 이스탄불이 왜 세계에서 가장 영광스러운 도시가 되었는지도 알게 될 것이다

TRAVEL TIP!

터키항공 시티투어

터키항공을 이용하는 경우 이스탄불을 경유하는데, 제 3국행으로 가는 환승 시간이 6시간일 경우 무료 시티투어를 제공한다. 영어 가이드가 동행하고, 술탄 아흐메트 모스크와 토프카프 궁전, 이집션 바자르Egyptian Bazar 투어와 식사가 포함되어 있다.

공항에서 시내로 들어가는 방법

터키의 아타튀르크 국제공항Atatürk International Airport은 시내에서 약 24㎞ 떨어진 곳에 위치하고 있다. 공항 도착 후 1층 입국장으로 내려와 ①에서 지도와 시내로 나가는 방법을 확인한 후 환전소에서 교통비 정도만 환전해서 시내로 나가면 된다. 홈페이지 www.ataturkairport.com

– 하와시Havaş 셔틀버스 공항에서 시내로 가는 가장 간단한 방법. 셔틀버스는 공항에서 신시가의 중심 인 탁심Taksim으로 이동한다. 만약 술탄 아흐메트Sultan Ahmet 지구로 가기를 원한다면 악사라이Aksaray 또는 제이틴부르누Zeytinbrunu에 하차한 후 트램으로 이동하면 된다. 요금 1회 18TL

– 시내버스 96T를 이용해서 탁심 광장에서 하차.

– LRT 지하철 + 트램 셔틀버스와 시내버스보다 저렴하게 시내로 나갈 수 있다. 공항 밖으로 나와 표 지판을 향해 지하로 내려가면 LRT 역이 있다. 지하철을 타고 제이틴부르누Zeytinbrunu 역에서 하차한 후 카바타쉬Kabtaş 방향으로 가는 트램을 타면 술탄 아흐메트로 간다. 약 40분 소요.
토큰 시내에서 대중교통을 많이 이용하지 않는 여행자에게 적합 | 요금 1회 5TL
교통카드 충전식으로 대중교통을 여러 번 이용할 경우 편리 | 요금 1회 2.6TL(교통카드 보증금 6TL, 최소 충전 금액 4TL)

이스탄불 둘러보기

술탄 아흐메트 모스크 Sultan Ahmet Camii

술탄 아흐메트 지구는 이스탄불에서 볼거리가 가장 많이 몰려 있는 구역이 다. 이 구역에 있는 이스탄불의 상징 술탄 아흐메트 모스크Sultan Ahmet Camii는 파란색 타일 때문에 블루 모스크라고도 불린다. 외관보다 더 화려한 내부가 눈길을 끄는데 높이 43m의 거대한 돔과 베네치아에서 온 200여 장의 스테인 드글라스, 이즈니크Iznik에서 만든 2만여 장의 타일 장식이 더해져 아름다움 이 배가 된다.

주소 Sultanahmet 전화 212 518 1319 홈페이지 www.sultanahmetcami. org 운영 매일(단, 기도 중일 때는 방문 금지) 가는 방법 Sultanahmet 역 하차

아야소피아 Ayasofya

비잔틴 시대를 대표하는 최고의 역사 유적인 아야소피아는 현재 박물관으로 사용된다. 기독교와 이슬람 사원의 모습을 모두 찾아볼 수 있는 독특한 건축 물이다. 비잔틴 형식으로 지었지만 로만 건축물의 영향을 받은 이 거대한 규

모의 사원은 인간의 힘이 아니라 신의 뜻으로 건설되었다고 생각해 더욱 신성하게 여겨진다.

주소 Ayasofya Square 전화 212 522 1750 홈페이지 www.muze.gov.tr 운영 4~10월 화~일 09:00~19:00, 11~3월 화~일 09:00~18:00 휴무 월요일 요금 일반 72TL 가는 방법 Sultanahmet 역 하차

토프카프 궁전 Topkapi Palace

대포 문 궁전이라는 이름의 이 궁전은 오스만제국의 술탄과 가족, 하인들이 약 400년간 거주했던 곳이다. 이곳 박물관에 당시의 생활상을 반영하는 유물들을 소장해 더욱 의미가 깊다.

주소 Sultanahmet, Fatih 전화 212 512 0480 홈페이지 www.topkapi palace.com 운영 4/15~10/25 09:00~18:45, 10/26~4/14 09:00~16:45 요금 일반 72TL 가는 방법 Sultanahmet 역 하차

그랜드 바자 Grand Bazaar

세계에서 가장 크고 오래된 시장으로 1461년에 형성되었다. 61개 쇼핑 거리에는 카펫, 보석 세공품, 기념품, 식료품 등 3000개가 넘는 품목을 판매하고 있다. 1년 365일 수많은 사람들로 북적이는데, 워낙 넓고 복잡한 데다 비슷비슷한 길이 많아 길을 잃기 십상이다.

주소 Beyazıt Mh 전화 212 519 1248 홈페이지 www.grandbazaaristanbul. org 운영 월~토 08:30~19:00 휴무 일요일 가는 방법 트램 Beyazit 역 하차

TRAVEL PLUS

이스탄불에서 꼭 먹어봐야 할 고등어 케밥

왠지 고등어 케밥이라고 하면 거부감이 들 수 있지만 빵 위에 뿌리는 레몬 소스 때문일까? 전혀 비리지 않다. 케밥을 먹으려면 에미뇌뉘Eminönü 선착장으로 가자. 멀리서도 생선 굽는 냄새를 맡을 수 있다.
가는 방법 에미뇌뉘Eminönü 역 하차.

S2

프랑스의 파리
Paris

파리는 유럽 여행의 하이라이트로 가장 여행하고 싶은 도시 1위다. 파리를 경유하는 에어프랑스를 이용해 자그레브로 이동할 때 파리에서 스톱오버를 하면 파리와 크로아티아 두 곳을 여행하는 게 가능하다. 세계적인 볼거리와 소박한 뒷골목, 로맨틱한 영화 속의 배경과 오감을 즐겁게 하는 다양한 엔터테인먼트, 눈여겨볼 패션 트렌드까지 무엇 하나 빼놓을 수 없는 제일의 여행지. 17세기 섬나라 영국인들에게 파리는 언제나 동경의 대상이었다. 파리를 여행하는 유럽의 젊은이들은 도시 곳곳의 유적지를 돌아보면서 지적 갈증을 해소한다. 노트르담 대성당에서 앙리 4세의 관용과 결단력을, 베르사유 궁전에서 왕권강화를 위한 루이 14세의 노력을, 개선문에서는 자유·평등·박애의 혁명 정신을 지켜내기 위해 투쟁한 용감한 파리 시민들의 정신을 배울 수 있다. 그래서 오늘도 많은 사람들이 파리를 꿈꾼다.

공항에서 시내로 들어가는 방법

파리의 샤를 드 골 공항Aéroport Roissy Charles de Gaulle은 시내에서 북동쪽으로 약 30㎞ 떨어진 곳에 위치하고 있다. 인천에서 출발한 비행기는 CDG의 2터미널에 도착한다. 공항 도착 후 입국장으로 내려와 ①에서 지도를 받고 시내로 나가면 된다.

- 르 버스Le Bus 와 루아시 버스Rossy Bus 시내로 가는 가장 편한 방법이라는 르 버스는 샤를 드 골 공항과 오를리 공항, 파리 시내를 연결하는 4개의 노선으로 이루어진 셔틀버스다. 연중무휴 05:45~23:00 운행이며, 배차 간격은 약 20~30분. 요금은 편도 €14.50~22.

- 시내버스 350번 파리 북 역Gare de Nord과 동 역Gare de l'Est을 간다. 야간 버스는 N120, N121, N140이 있으며 모두 북 역에서 하차한다. 요금은 €6~8.

- 도시 고속 철도 RER 가장 보편적이고 저렴한 방법. 북 역과 샤트레 레 알Châtelet les Halles, 생미셸 노트르담St-Michel Notrte-Dame 역에서 환승해 목적지로 갈 수 있다. 요금은 €11.40, 시간은 40~50분 소요된다.

파리 둘러보기

샹젤리제 Avenue des Champs-Élysée

파리는 볼 것이 참 많다. 그중 가장 하이라이트는 1667년 앙드레 르 노트르 André le Nôtre가 조성한 가로수 길로 플라타너스가 늘어선 넓은 도로를 따라 역사적인 건물과 명품 매장이 줄지어 있는, 파리를 대표하는 거리 샹젤리제다. 명품 숍이 가득한 조르주 생크 가Av. George V를 따라 북쪽으로 500m 쯤 가면 샹젤리제 거리다. 북서쪽에 개선문L'Arc de Triomphe이 있고, 남쪽에는 콩코르드 광장Place de la Concorde이 있다.

가는 방법 메트로 1호선 George V 또는 메트로 1 · 2 · 6호선 Charles de Gaulle Etoile 역 하차

에펠탑 La Tour Eiffel

파리의 상징이자 파리 여행의 시작이자 끝인 곳. 1889년 세계 박람회를 기념하기 위해 세운 탑으로 박람회가 끝나면 철거될 계획이었지만 다행스럽게 지금까지 남아 있어 파리의 상징으로 꼽힌다. 하지만 19세기에는 시민들의 비난을 한 몸에 받았었다.

주소 Champ de Mars 홈페이지 www.toureiffel.paris 운영 6/13~8/29 엘리베이터 09:00~24:45, 계단 09:00~24:30, 8/30~6/12 엘리베이터 09:30~23:45, 계단 09:30~18:30 요금 엘리베이터 꼭대기층 일반€25.90, 학생€13, 계단 2층+엘리베이터 꼭대기층 일반€19.70, 학생€9.80 가는 방법 메트로 6호선 및 RER C선 Champ de Mars-Tour Eiffel 역 하차

루브르 박물관 Musée de Louvre

세계 3대 박물관 중 한 곳으로 역사적, 문화적 예술의 보고라 불린다. 소장품 수가 약 40만 점에 이르며 이 중 1/4만 전시된다. 12세기 말 필립 오귀스트 Philippe Auguste 왕이 이 자리에 요새를 지으며 건축이 시작되어 왕궁으로 사용된 이후 수백 년에 걸쳐 여러 왕조가 건물을 확장해 지금의 모습을 갖추었다. 루브르 박물관은 혼자 봐도 즐겁고 가이드 투어로 돌아봐도 즐거운 곳이다. 간혹 파업 때문에 박물관이 조금 늦게 오픈하거나 몇몇 전시관은 닫혀있을 수도 있으니, 방문 전 홈페이지 방문은 필수!

주소 Cour Napoléon et Pyramide du Louvre 전화 01 40 20 5555 홈페이지 www.louvre.fr 운영 월 · 목 · 토 · 일 09:00~18:00, 수 · 금 09:00~21:45 휴무 화요일, 12/24 · 30 · 31, 1/1 요금 일반 €17 가는 방법 메트로 1 · 7호선 Palais Royal-Musée du Louvre 역 하차

S3

이탈리아의 베네치아
Venezia

116개 섬과 409개의 다리로 연결된 수상도시 베네치아는 독특한 분위기를 풍긴다. 동방과의 중계무역을 통해 부를 쌓고 비잔틴제국의 수도 콘스탄티노플을 정복한 베네치아공화국은 부귀영화를 누리며 곳곳에 비잔틴 양식의 이국적이고 정교한 건축물들을 세웠는데, 최고의 번영기를 누린 12~15세기에는 얼마나 화려하고 부유했을지 짐작조차 어렵다. 지나치게 아름다워서일까? 어느 도시든 강만 흐르면 '어디어디의 베네치아'라 이름을 붙이기 바빴다. 척박한 환경과 적은 인구로 한 시대를 풍미한 베네치아인들의 기상은 시대를 넘어 베네치아를 찾는 여행자들에게 큰 감동을 안겨준다.

공항에서 시내로 들어가는 방법

베네치아 마르코 폴로 국제공항Aeroporto di Venezia Marco Polo은 베네치아 섬과 메스트레Mestre 역에서 약 15㎞ 떨어진 곳에 위치해 있다.

– ATVO 공항 리무진 베네치아 섬의 로마 광장Piazza le Rome, 열차 역인 메스트레까지 30분 간격으로 운행한다. 요금은 €8.

– 일반 버스 5번 로마 광장까지 운행한다. 요금은 €6, 약 25분 소요. 산타 루치아Venezia S.L 역에서 출발하는 모든 열차는 메스트레 역에 정차한다.

베네치아 둘러보기

산 마르코 광장 Piazza di San Maroco

베네치아 관광의 중심인 산 마르코 광장은 대성당 앞에 넓게 펼쳐져 있다. 대리석 주랑이 3면을 둘러싸고 있어 마치 커다란 응접실 같은 느낌인데, 대성당, 두칼레 궁전, 종탑을 감싸고 있다. 광장의 야경이 특히 아름다워 당일치기보다는 하룻밤 머물며 낭만을 느껴보길 바란다.

산 마르코 대성당 Basilica di San Marco

베네치아의 수호성인인 성 마르코의 유해를 안치하기 위해 건설한 대성당이지만 베네치아가 번성하던 시기에 지어져서인지 매우 화려해 성당이라는 느낌은 나지 않는다. 성당 입구 오른쪽 계단을 올라가면 광장이 한눈에 보이는 테라스가 있다.

주소 San Marco 전화 041 270 8311 홈페이지 www.basilicasanmarco.it 운영 성당 월~토 09:30~17:00, 일·공휴일 14:00~16:30(4/16~10/28 ~17:00) 요금 성당 무료, 박물관 일반 €5

두칼레 궁전 Palazzo Ducale

베네치아 공화국 총독 관저이자 정부 청사 건물로 9세기에 처음 지어졌지만 화재를 겪고 재건해 지금의 모습을 갖추게 되었다. 과거에는 재판소와 감옥이 있었지만 지금은 박물관으로 사용되고 있다.

주소 San Marco 전화 041 271 5911 홈페이지 www.palazzoducale.visitmuve.it 운영 4~10월 일~목 08:30~21:00, 금·토 08:30~23:00, 11~3월 08:30~19:00 요금 일반€25, 학생€13

탄식의 다리 Ponte Dei Sospiri

두칼레 궁전의 감옥과 새로 만든 감옥 사이를 연결하기 위해 17세기에 만든 다리. 죄수들이 판결을 받고 감옥으로 가는 도중 이 다리를 건너다 아름다운 바다를 보며 탄식했다는 유래에서 이름이 붙여졌다. 이 다리를 건너 탈출한 사람이 딱 한 명 있는데, 그가 바로 세기의 바람둥이 카사노바다.

곤돌라

이탈리아어로 '흔들리다'라는 뜻의 곤돌라는 운하의 도시라는 베네치아의 특성상 11세기부터 도시의 교통수단으로 이용되었다. 길이 10m 정도, 너비 1.2~1.6m 정도의 날씬하게 잘 빠진 곤돌라는 줄무늬 유니폼을 입은 뱃사공이 약 3m의 크기의 노를 저으면서 베네치아 구석구석을 보여주는데 지금은 현지인보다는 관광객이 주로 이용하는 놀잇배가 되었다. 베네치아 운하를 한 바퀴 도는데 약 40~60분이 소요되며, 낮에 이용하는 것도 좋지만 노을이 지는 야간의 베네치아 모습도 꽤나 근사하다. 다만 곤돌라 1대당 가격이 비싼 편이라 여럿이 모여서 타는 게 좋다.

요금 주간 €80, 야간 €100

4 크로아티아 입국하기

기내에서 나눠주는 입국카드 작성도 생략하는 경우가 대부분이었을 정도로 입국 절차가 간단했던 크로아티아가 최근 영국만큼이나 까다로워졌다. 차례를 기다리며 침착하게 답변을 준비하자.

비행기

입국 순서

❶ 비행기에서 내려 Arrival이라 쓰여 있는 표지판을 따라가다 보면 Passport Control 또는 Immigration 이라고 쓰인 입국 심사대가 나온다.

❷ 외국인Foreigner 과 내국인Native으로 나눠 줄을 선 후 여권과 함께 입국 신고서를 제출한다. 이때 심사관이 얼마나 머물 것인지, 가는 곳이 어디인지, 동행은 누구인지 등의 질문을 할 수 있다. 긴장으로 인해 대답이 기억나지 않는다면 천천히 다시 물어봐달라고 요청하고, 가지고 있는 비행기·숙소·렌터카 예약 티켓 및 일정 등을 보여주며 관광이라는 사실을 확인시켜주는 것도 방법이다.

❸ 입국 심사대를 빠져 나오면 짐을 찾기 위해 Baggage Claim이라고 적힌 곳으로 가자. 전광판을 보면 내가 타고 온 항공편명과 수화물 수취대의 번호가 나오니 그곳으로 가서 기다렸다가 짐을 찾은 후 세관 신고가 필요 없는 녹색 문Nothing to Declare으로 나가면 된다.

❹ 공항 로비에서 ⓘ에 들러 시내행 교통편과 대략적인 정보를 얻은 후 시내로 이동하자. 환전을 해야한다면 환율이 시내보다 좋지 않으니 최소한의 교통비만 환전하자.

> **TRAVEL PLUS**
>
> ### 크로아티아 입·출국 시 알아두면 유용한 정보
>
> **크로아티아 입국 시 면세 범위** 담배 200개비, 향수 50㎖, 와인 2ℓ , 그 외 알코올류 1ℓ
> **수화물 분실 및 신고** 내 수화물이 나오지 않았다면 당황하지 말고 Lost&Found 또는 Lost Baggage라고 쓰인 분실물 센터로 가서 수화물 보관표 Baggage Tag를 보여주고 신고를 하자. 신고 시 머물 예정인 숙소 주소와 연락처를 적고, 만일을 대비해 한국 주소와 연락처도 같이 적어 놓자. 도시에 머무는 동안 짐을 찾게 되면 항공사에서 보내주지만 그렇지 않은 경우엔 귀국 후 항공사에서 정한 규정에 의해 보상받을 수 있다(1kg당 $20). 신고 시 세면도구 키트 및 약간의 보상금을 받을 수 있으니 잊지 말고 물어보자!
> **출국 시 부가세 환급** 최소 금액 740kn, 90일 내 출국 시 세금 환급이 가능하다. 세관 신고 시 물건을 보여줘야 하니 짐을 미리 붙이지 말자. 물건 또한 사용하지 않은 상태여야 한다.

철도

크로아티아는 2013년 유럽연합에 가입했지만 셍겐 조약에는 곧 가입할 예정이다. 따라서 유럽연합 가입국에서 크로아티아로 입국할 때는 입국 심사를 받는다. 크로아티아 내의 철도 사정이 좋은 편이 아니기에 국내에서는 버스 여행을 더 선호하고 이웃 국가인 슬로베니아, 오스트리아, 헝가리, 독일의 각 도시에서 크로아티아 자그레브로 열차를 타고 올 수 있다. 열차를 타고 입출국하는 경우 모든 심사는 좌석에서 이루어지므로 국경 근처에 도착하면 자리에서 여권을 준비하고 기다리자. 출입국 심사 모두 여권을 보여 주고 묻는 말에 대답하면 된다.

버스

유럽 각 도시에서 자그레브까지 수많은 장거리 버스가 운행된다. 장거리 버스는 자그레브 중앙역에서 걸어서 약 20분 거리에 위치한 시외버스 터미널에 도착하는데, 열차와 마찬가지로 출입국 심사 모두 버스 안에서 이뤄진다. 군인과 심사관이 함께 버스에 올라 여권을 걷어가서 이상이 없는 한 확인 후바로 돌려준다.

페리

이탈리아에서 페리를 타고 아드리아 해 연안의 도시에 입국할 수 있다. 가장 많은 노선은 앙코나Ancona에서 스플리트나 자다르 등으로의 입국이다. 출국 심사는 탑승 전 이탈리아에서, 입국 심사는 크로아티아에 도착한 각 항구에서 이뤄진다. 여권을 준비하고, 질의응답을 마친 후 아무 문제 없다면 입국이 가능하다.

렌터카

크로아티아 국경에 있는 검문소에서 출입국 심사를 한다. 여권과 국제운전면허증을 제시하면, 트렁크 및 차량 조사가 이뤄질 수도 있다. 어디서 왔는지, 어디로 가는지, 며칠을 머무는지 등 일반적인 질문이지만 입국 심사를 받는 자리니 만큼 성의 있게 대답하면 된다.

5 크로아티아 국내 교통

비행기

크로아티아 내에서 비행기로 이동할 일은 많지 않지만 유럽의 주요 도시에서 크로아티아로 넘어올 때 빈번하게 사용된다. 로마와 런던, 바르셀로나에서 저가 항공인 이지젯EasyJet, 부엘링Vueling, 라이언에어 Ryanair 등을 이용해 입국이 가능하다. 자그레브와 스플리트, 두브로브니크는 크로아티아 항공사의 가장 인기 있는 국내선 구간이다.

이지젯 www.easyjet.com
부엘링 www.vueling.com
라이언에어 www.ryanair.com
스카이스캐너 www.skyscanner.co.kr

열차

크로아티아 내의 철도망은 유럽 다른 나라와 달리 그리 발달하지 않았다. 하지만 유럽의 다른 나라를 여행하다가 크로아티아로 넘어와 유레일패스가 남아 있다면 주요 구간은 열차를 이용해 볼 만하다. 열차가 운행되는 주요 노선은 자그레브-리예카와 자그레브-스플리트다. 만약 유레일패스가 없다면 크로아티아 패스는 비싸기만 하고 딱히 쓸모가 없으니 구입할 필요가 없고, 열차를 타야 한다면 구간권을 구입하는 게 낫다. 만약 유레일패스를 소지 중이며, 크로아티아 여행 중 인접국 보스니아-헤르체고비나를 여행할 예정이라면 크로아티아 국경까지는 유레일패스를 사용하고, 크로아티아 국경부터 보스니아-헤르체고비나의 목적지까지만 티켓을 구입하면 된다.

크로아티아 열차 홈페이지 www.hzpp.hr

버스

크로아티아는 기암절벽과 해안선이 발달한 지형이기에 국내 여행에 가장 발달한 교통수단은 버스다. 수도인 자그레브에서 달마티아의 소도시인 솔린까지 버스 노선이 잘 발달되어 있으며, 요금이나 소요 시간도 적합하다. 만약 성수기에 버스를 이용해 이동할 경우 미리 예약해야한다. 수트케이스 같은 큰 짐은 버스 요금에 포함되지 않으므로 따로 요금을 지불해야 한다. 장거리로 이동하는 경우 휴게

소에 들러 화장실을 이용할 수 있으며, 간단한 간식도 먹을 수 있다. 다시 출발하는 시간은 우리나라와 마찬가지로 내리기 전에 운전사에게 확인하는 게 좋다.

버스 예약 홈페이지 www.croatiabus.hr, www.buscroatia.com

페리

아드리아 해에 떠 있는 크로아티아의 아름다운 섬들을 둘러보는 데 있어 페리는 가장 인기 있는 교통수단이다. 달마티아 해안의 항구도시 대부분에 페리가 정박한다. 리예카를 출발해 아름다운 섬과 아드리아 해안의 주요 해안 도시를 경유해 최종 목적지인 두브로브니크까지 운항하는 페리가 가장 인기 있다. 크로아티아의 대표적인 페리 회사는 야드롤리니야다.

야드롤리니야 Jadrolinija **홈페이지** www.jadrolinija.hr

렌터카

최근 크로아티아 전역을 렌터카로 여행하는 사람들이 늘어나고 있다. 보통은 입국하면서 렌터카를 빌려 크로아티아 전역을 돌아다니는 경우가 대부분이지만 기름 값이나 톨게이트, 주차 비용 등을 생각하면 주요 도시에서는 대중교통을 이용하고, 도시 간 이동에만 사용하는 게 더 낫다. 렌터카 비용도 성수기와 비성수기로 구분되는데 성수기에는 2배 정도 가격이 오르며, 원하는 차량이 없을 수도 있기 때문에 출발 시 한국에서 미리 예약하고 가는 게 좋다. 예약 후에는 예약증과 예약 당시 결제한 신용카드, 국제운전면허증을 잊으면 안 된다.

- **렌탈카스닷컴** 렌터카 비교 사이트
  홈페이지 www.rentalcars.com

TRAVEL PLUS

두 발을 자유롭게 해주는 **렌터카 여행**

크로아티아 여행의 또 다른 매력은 차로 돌아 다니는 드라이브 여행이다. 마치 영화 속 한 장면처럼 오픈카를 타고 머리를 흩날리며 아드리아 해안 도로를 달리는 상상은 모든 여행자들의 로망이다. 그럼, 렌터카 여행 방법에 대해 알아보자.

주유는 셀프

❶ 렌터카 빌릴까? 말까?

시원하게 뻗은 도로, 드라이브 중 펼쳐지는 아름다운 경치, 버스와 달리 시간 제약이 없어 여유로운 스케줄. 우리나라와 동일한 주행 방향과 좌측 운전석. 이것만으로도 렌터카 여행은 크로아티아를 즐기는 최고의 방법 중 하나라고 말할 수 있다.

다만 도시로 들어가면 일방통행 골목이 많고, 주차공간이 협소하니 나의 여행 목적과 인원에 맞는 차량을 선택해야 하며, 운전이 미숙한 여행자라면 권하고 싶지 않다.

❷ 어떤 렌터카 회사를 고를까?

만약 크로아티아와 유럽의 다른 국가를 묶어서 여행할 경우 국제적인 회사나 대형 업체를 고르는 게 좋다. 유럽 자동차는 수동기어 Menual가 대부분이라 자국의 렌터카 회사를 이용할 경우 선택의 폭이 좁아질 수 있지만, 국제적인 대형 회사의 경우 차 종류가 많아 선택의 폭이 넓다. 2종 면허 소지자라면 예약 시 반드시 자동기어 Automatic 차량을 선택해야 한다. 크로아티아는 특히 길이 좁고 골목이 많아 작은 차의 선호도가 높다.

- **유니렌트** Uni Rent 크로아티아 현지 업체로 크로아티아 내에만 15개 지점이 있어 인수 및 반납이 편리하다. 일정기간 이상 렌트한다면 한국어가 지원되는 네비게이션을 서비스로 받을 수 있다.
  홈페이지 www.uni-rent.het
- **허츠** Hertz 국제적인 렌터카 회사. 크로아티아와 다른 국가를 함께 여행할 때 편리하다.
  홈페이지 www.hertz.co.kr

❸ 예약하기

예약은 홈페이지에서 가능하며, 사전 예약 시 할인을 받을 수 있다. 성수기에는 반드시 예약을 해야 하고, 그 외 기간에는 공항에 도착해서 빌리는 것도 가능하다.

❹ 예약 시 체크 사항

① 렌트비에는 대여일수와 차종에 따른 기본요금과 세금, 선택 보험이 포함된다. 여기에 옵션으로 네비게이션과 유아용 카시트 등을 추가할 수 있다. 연료는 차량 픽업 시와 같이 가득 채워서 반환해야 한다. 예약 시 기어의 자동 및 수동 여부를 확인해야 하며, 대여와 반납 장소가 다를 경유 편도 요금이 적용될 수 있다.

② 예약과 픽업 시 국제운전면허증, 여권, 신용카드가 필요하다.

③ 보험은 차량손실 면책보험 CDW과 면책 범위가 넓은 슈퍼보험 SCDW이 있는데, 처음 운전하는 곳이니 되도록 슈퍼보험을 선택하자. 탑승자 상해 보험 PAI 등은 옵션이다.

④ 유심 칩을 구입했다면 구글 맵 또는 Sygic(7일 무료)을 네비게이션으로 이용하면 된다.

❺ 렌터카 픽업 방법

① 공항 도착 후 수속   ② 임차 계약서 작성

③ 차량 조작 방법 및 이상 여부 확인, 주유 방법 및 크로아티아 운전 시 주의사항이 있는지 직원에게 물어보는 게 좋다.

④ 반납 시 속도위반 여부, 차량 이상 여부 등을 확인하느라 시간이 많이 소요된다. 그래도 한국에 돌아온 후 신용카드에서 범칙금이 빠져나가는 경우가 간혹 있다.

여행 중 한국으로 소식 전하기   6

유심 칩 사용하기

내 휴대폰을 그대로 가져가 현지 통신사에서 판매하는 유심 칩Usim을 구입해 사용하는 방법으로 최근 여행자들 사이에서 가장 보편화된 방법이다. 칩에는 데이터를 많이 사용하는 요금, 문자를 많이 사용하는 요금 등 조건이 다양하니 자신에게 잘 맞는 칩을 구입해 사용하면 된다. 다만 유심 칩을 바꿔서 사용하는 경우 내 휴대폰 번호가 아닌 현지 번호가 새롭게 생성된다. 구입은 우체국 또는 신문 가판대에서 가능하다. 간혹 전화 기종에 따라 유심 칩을 뺄 때 뾰족한 도구가 필요한 경우도 있으니 출국 전 확인하자.

로밍 휴대폰

크로아티아도 자동 로밍이 가능하다. 본인 휴대폰을 가지고 가는 것이어서 가장 편리하지만 요금이 비싸다는 단점이 있다. 여행 기간이 짧은 경우에 추천한다. 다른 방법으로는 인천공항에서 데이터 사용을 막아놓은 후 현지 무료 Wifi 가능 지역에서만 Wifi를 켜고 이용하는 방법이 있다.

7   HOW TO EAT 먹는 기술

여행 중 소문난 현지 음식을 먹어보는 일처럼 즐거운 일이 또 있을까? 크로아티아 음식은 파란만장한 역사를 반영하듯 동유럽 음식 문화에 뿌리를 두고 있으며, 육류를 위주로 하는 발칸반도 음식이 많은 편이다. 다양한 문화가 요리에도 그대로 녹아 해안 지방에서는 이탈리아 요리를, 내륙 지방에서는 오스트리아, 헝가리, 터키의 영향을 받은 음식을 즐길 수 있다. 우리와는 다른 식사 예절과 문화를 만났다고 당황하지 말고 조금만 신경 쓰면 제대로 된 서비스를 받으며 즐거운 시간을 가질 수 있다.

음식의 특징

크로아티아 음식은 다양성이라고 말할 수 있다. 달마티아의 해안 지방은 올리브 오일을 이용한 생선 요리와 해산물 요리가, 이스트리아의 내륙 지방은 송로버섯이나 신선한 채소를 이용한 요리가, 자그레브는 육류 요리가 발달했다. 대부분의 식당은 신선한 제철 재료로 음식을 만들어 모두의 입맛을 자극한다.

1. 자그레브 요리
자그레브는 오스트리아, 헝가리, 터키의 영향을 받은 만큼 푸짐한 육류 요리를 선호한다. 커다란 쇠솥에 뚜껑을 덮고 약 2시간 동안 공들여 익힌 페카Peka는 한 번쯤 먹어봐야 하는 요리로 어느 레스토랑에서건 미리 예약을 해야 맛볼 수 있다. 연한 송아지 고기를 치즈로 감싼 뒤 빵가루를 입혀 튀긴 스테이크 자그레바치키 오드레자크Zagrebački Odrezak는 돈가스와 비슷하지만 더 부드럽다.

2. 달마티아 요리
바닷가를 접하고 있는 달마티아 요리는 신선한 생선과 해산물, 올리브 오일을 이용한다는 특징이 있는데 지중해 요리와 비슷하다. 페카와 비슷한 파슈티차다Pašticada는 와인과 향신료를 넣고 끓인 소고기 스튜로 이곳에서 꼭 먹어봐야 할 음식 중 하나다. 문어 샐러드와 오징어 먹물 리소토도 한번 맛보면 계속 생각이 난다. 먹어볼 기회가 있다면 파그 치즈도 잊지 말자.

3. 와인
"크로아티아 와인이 유명했어?"라고 반문할지 모르지만 유럽에서 프랑스, 이탈리아 다음으로 많은 와인 소비가 이뤄지고 있는 곳이 크로아티아다. 달마티아 남쪽의 흐바르 섬, 비스 섬, 코르출라 섬에 도착하면 넓게 펼쳐진 포도원을 볼 수 있다. 지중해성 기후와 다채로운 토착 품종들은 끊임없이 노력하는 생산자를 만나 풍부한 맛과 향의 와인으로 태어난다. 레드와인의 왕이라 불리는 플라바치 말리Plavac Mali, 토미츠Tomić, 즐라탄 오토크Zlatan Otok, 바비치Babić, 포시프Pošip 등은 기회가 있다면 꼭 마셔보자.

레스토랑 이용하기

아래 소개하는 이용 방법은 레스토랑이나 카페 모두 같다. 격식을 차려야 하는 레스토랑인 경우는 미리 예약하거나, 차림새와 식사 예절에도 반드시 신경 써야 한다. 그렇지 않은 경우에도 시내 관광 중 레스토랑을 이용한다면 옷차림이야 어쩔 수 없지만 최소 음료와 주요리를 주문해야 하며, 팁 역시 신경 써야 한다.

❶ 웨이터의 안내를 받자
레스토랑 입구에 들어서면 일단 기다리자. 웨이터가 다가와 인원과 금연석 또는 흡연석 등을 확인한 후 자리를 안내한다. 만약 웨이터가 안내해 준 자리가 마음에 들지 않는다면 원하는 자리를 말하면 된다.

❷ 음료부터 시키자
웨이터가 메뉴판을 주면 먼저 음료부터 정하라. 와인 강국 크로아티아에 왔다면 와인을 한 잔 시켜보자. 음료 주문 후 메뉴 선택에 웨이터의 도움이 필요하다면 문의해 보자.

❸ 식사는 느긋하게 즐기자
음료는 주요리와 함께 천천히 마시고, 주요리는 느긋하게 즐겨보자. 필요한 게 더 있다면 웨이터를 큰 소리로 부르지 말고, 눈과 가벼운 손짓으로 부르면 된다.

❹ 계산은 자리에서, 식사 후에는 팁을 챙기자
식사를 마쳤다면 웨이터에게 계산서를 부탁하자. 외국은 더치페이가 익숙해 따로 계산하고 싶다면 한 명씩 별도로 계산할 수 있다. 웨이터의 서비스가 마음에 들었다면 전체 금액의 10% 정도를 팁으로 테이블 위에 두는 게 예의다.

TRAVEL PLUS

생선 요리와 고기 요리 먹는 법!

❶ 생선 요리는 뒤집어 먹지 않는다
생선 요리를 시킨 당신. 집에서처럼 생선 한 면을 발라먹은 다음 뒤집는다? 서양에서는 생선 요리는 뼈를 따라 왼쪽에서 오른쪽으로 발라서 자신 앞에 놓은 후 먹을 만큼 잘라가면서 먹는다. 한 쪽을 다 먹은 다음에는 뒤집지 말고 그 상태에서 다시 나이프를 이용해 살을 발라 먹으면 된다.

❷ 고기 요리는 잘라가며 먹는다
거창하게 한 끼를 즐기기로 마음먹고 시킨 스테이크. 한 번에 다 썰어 놓고 먹기보다는 먹을 때마다 잘라가면서 먹는다. 뼈가 있는 경우, 뼈에서 떼어내기 어려운 부분을 손으로 잡고 뜯는 건 매우 실례되는 행동이다. 고기가 남아 있어 아깝더라도 그대로 남겨두자.

8   HOW TO BUY 쇼핑의 기술

여행을 하는 것만큼 우리를 즐겁게 하는 게 있다면 바로 쇼핑이 아닐까? 특히 현지에서 구입한 물건들은 우리나라에서 구할 수 없는 독특한 아이템들로 희소성이 높다. 거기에 여행의 추억까지 담긴 물건이라면 어찌 소중하지 않을까? 하지만 관광하는데도 빠듯한 시간 때문에 여유 있게 쇼핑을 즐기기란 불가능하다. 관광과 쇼핑 두 마리 토끼를 모두 잡고 싶은 오늘, 실수 없는 쇼핑을 위해 몇 가지 쇼핑 노하우를 익혀두자.

똑똑한 쇼핑하기

1. 아이템을 먼저 정하자
여행할 도시에 도착해 무작정 물건을 구입한다면 성공할 확률은 작다. 계획적이고 효율적인 쇼핑을 위해 미리 상세한 쇼핑 리스트를 만들어 보자. 선물해야 할 사람의 리스트도 만들어 보자. 혹시 우리나라에서도 구입할 수 있는 상품이라면 미리 가격 조사를 해 두면 큰 도움이 된다.

2. 각 도시를 대표하는 쇼핑 아이템을 구입하자
자그레브는 넥타이, 흐바르 섬은 라벤더, 스플리트는 신발 등 이렇게 각 도시를 대표하는 쇼핑 아이템들은 그곳이 아니면 살 수 없는 기념품이다. 비싸더라도 가치가 있다면 꼭 구입하자.

3. 신체 사이즈를 알아두자
크로아티아는 기본적으로 우리나라와 사이즈가 다르고, 브랜드별로 약간씩 차이가 있다. 같은 브랜드여도 디자인에 따라 사이즈가 다를 수 있으니 사이즈만 보고 눈대중으로 대충 선택하지 말고 마음에 든다면 반드시 입어보거나 신어보고 구입하자.

TRAVEL
PLUS

현지 **의류&신발 사이즈** 기준표

의류 같은 나라에서도 우리나라와 마찬가지로 브랜드마다 약간씩 사이즈 차이가 있다.

품목/의류	여자				남자		
	사이즈				사이즈		
한국	44	55	66	77	95	100	105
유럽	36	38	40	42	48	50	52
미국	2	4	6	7	13~14	14~15	15~16

신발 구입 시 신어보고 사는 게 제일 좋다. 특히, 우리나라에서 살 때와 마찬가지로 오후에 가서 신어보면 발이 불편한지 아닌지를 더 잘 알 수 있다.

품목/신발	여자					남자				
	사이즈					사이즈				
한국	224	230	235	240	245	255	260	265	270	275
유럽	31 1/2	36	36 1/2	37	37 1/2	40 1/2	41	42	42 1/2	43

4. 영수증을 챙겨두자

크로아티아에서 물건을 샀는데 환불이 가능할까? 물론 가능하다. 환불과 교환은 우리나라보다 더 쉽게 이루어진다. 환불 시 계산했던 영수증과 상품에 붙은 태그 및 상표를 버리지 않았다면 OK! 만약 이것들이 없다면 환불 또는 교환은 불가능하다.

5. 부가세 환급(VAT)을 받자

외국인이 물건을 구입할 경우 수출로 간주하여 면세를 받을 수 있다. 하지만 무조건 물건을 샀다고 받을 수 있는 것이 아니고 하루 한 곳에서 740kn 이상을 구입해야 환급받을 수 있다. 또한 부가세 환급 서비스Tax Free에 가맹된 상점에서만 가능하다.

현찰로 환급 받는 경우 - 물건을 다 사고 돈을 지불한 후 "부가세 환급해 주세요Tax-free, please"라고 얘기한다. 점원이 주는 용지를 작성하고 여권을 보여주면 작성된 용지에 도장을 찍어 한 장을 돌려준다. 여권 사이에 끼어 잘 보관했다가 출국하는 공항에서 TAX-REFUND 창구를 찾아가 물품들을 보여준 후 도장을 받으면 된다. 그 자리에서 현금을 주는 곳이 있는가 하면, CASH TAX-REFUND 창구를 또 한 번 찾아가 도장 찍은 용지를 보여주고 환급받는 곳도 있다.

카드로 환급받는 경우 - 계산을 카드로 할 경우 대부분 환급 또한 카드로 받는데 보통 우리나라에 돌아와 한두 달 내에 사용했던 금액의 명세서를 보면 금액에서 마이너스가 돼서 나온다. 출국하는 공항에서 TAX-REFUND 창구를 찾아가 구입한 물건을 보여준 후 도장을 받으면 된다. 그리고 서류를 동봉해 우체통에 넣으면 된다.

9   **HOW TO STAY 숙박의 기술**

내 집처럼 편안하게 머물며 새로운 곳으로 떠날 재충전의 기회를 가질 수 있는 곳이 바로 여행지에서의 숙소다. 자칫 인색해지기 쉬운 짠돌이 배낭족이라도 숙소만은 쾌적한 곳을 이용하자. 숙소는 시설과 관광지와의 거리, 안전도, 숙박료를 고려해 결정하면 된다.

숙박의 종류

1. 유스호스텔 Youth Hostel

정식 명칭은 International Youth Hostel 또는 YHA로 현지 청소년이나 배낭족을 위한 숙소다. 대형으로 운영되며 가격 대비 시설이 좋고 쾌적해 배낭족에게 인기가 많다. 방은 여럿이 함께 사용하는 도미토리, 2인실, 가족실 등이 있고 샤워실과 화장실은 공용이다. 개인용 라커, 인터넷, 세탁, 부엌 시설 등을 잘 갖추고 있고, 여럿이 수다 떨기 좋은 TV룸이나 당구 · 탁구 등을 즐길 수 있는 스포츠 시설, 정원도 잘 갖춰져 있다. 일반적으로 간단한 아침이 포함되어 있다. 숙박료는 회원증 유무, 만 26세 이상, 미만에 따라 차이가 있고 예약은 전화, 인터넷 등을 통해 가능하다. 우리나라에서는 유스호스텔 연맹을 통해 약간의 수수료를 내고 예약할 수 있다. 숙소에 따라서 선착순으로 당일 예약만 받는 경우도 있다. 대부분의 유스호스텔은 도심보다는 주택가가 모여 있는 외곽에 있고, 쾌적한 숙박을 위해 공통된 규칙이 있다. 체크인은 15시나 17시 이후에나 가능하며 리셉션은 보통 7시에서 10시, 17시에서 20시까지만 운영한다. 체크아웃은 10시 이전에 해야 하고 자정쯤에는 소등과 출입문을 잠그는 시간Curfew이므로 일제히 잠을 자야한다. 소등 시간 전에 숙소에 들어오지 못했다면 돈을 지불했다고 해도 투숙이 불가능하다.
· **한국 유스호스텔** www.hostel.or.kr
· **크로아티아 유스호스텔** www.hfhs.hr

2. 사설 호스텔 Hostel

말 그대로 개인이 운영하는 저렴한 숙박 시설로 역이나 관광지 주변에 모여 있어 여행자들이 가장 많이 이용한다. 숙박 시설도 유스호스텔처럼 운영하는 대형 호스텔부터 가족 경영으로 운영하는 소규모 호스텔까지 다양하다. 대형 사설 호스텔은 공식 유스호스텔과 거의 같은 수준의 시설을 갖추고 있지만 규칙이 유스호스텔보다 자유롭다. 또 숙박 제공 외에 바, 각종 시티투어, 자전거 대여 등 다양한 엔터테인먼트를 개발해 제공하고 있다. 사설 호스텔은 운영 형태, 규모, 요금 등이 다양하고 각 도시마다 부르는 방식과 특색이 다르다. 비수기 · 성수기에 따라 요금이 다르고 비수기에는 흥정도 가능하다. 예약은 인터넷, 전화로 하는 게 일반적이다. 방은 도미토리, 2인실이 가장 많고 욕실 포함, 공용 욕실 사용 여

부에 따라 요금이 다르다. 아침 포함 여부는 숙소에 따라 다르며 파티 분위기의 숙소를 좋아한다면 대형 사설 호스텔을, 조용한 분위기를 좋아한다면 가족적인 분위기의 작은 호스텔을 이용하는 게 좋다.

3. 한인 민박
아직까지 크로아티아의 도시에서 한인 민박을 찾아보기 힘들지만 대도시를 중심으로 서서히 생겨나는 추세다. 대부분은 개인 주택을 민박으로 운영하는 경우가 많아 규모가 작고, 가족적이다. 무엇보다 말이 통해 여행 정보를 얻거나 도움을 받기에 좋고 아침으로 한식을 먹을 수 있는 게 가장 큰 장점이다. 단, 민박은 불법으로 운영되는 경우가 많고, 시설이 제대로 갖춰져 있지 않은 경우 화장실 및 욕실 사용 등이 매우 불편하다. 대부분의 민박집은 홈페이지가 있으니 미리 알아본 후 예약하자.

4. 현지인 민박 Sobe

일반 가정집을 개조해 소규모로 운영하는 공식적인 현지인 민박은 국가에 등록되어 있는 곳이 대부분이다. 대문 옆에 'Sobe'라는 표지판을 달고 있으며, 시설에 따라 별이 새겨져 있고 요금도 다양하다. 가장 일반적인 민박은 가정집에서 방을 한 칸 빌려서 사용하는 것으로 부엌과 화장실 등을 가족과 함께 사용하게 된다. 민박집 주인이 열차나 페리 도착 시간에 맞춰 호객 행위를 하는 경우가 많은데, 숙소 사진을 가지고 나오니 시설과 위치, 가격 등을 알아보고 이용하면 된다. 숙박 여부는 먼저 숙소를 확인하고 결정하는 게 안전하다.

5. 아파트먼트 Apartment

우리나라의 작은 콘도처럼 거실과 부엌이 있고 생활용품까지 갖추고 있다. 내 집 같은 분위기로 직접 요리를 해 먹고 다른 사람의 방해를 받고 싶지 않은 장기 체류 여행자에게 적합하다. 최소 3일 이상 머물러야 빌릴 수 있는 곳이 많으며 7일 이상 이용 시 요금 할인도 받을 수 있다. 국가에 등록된 아파트먼트는 현지인 민박과 마찬가지로 대문 옆에 'Apartment'라는 표지판이 달려 있다.

6. 호텔 Hotel

호텔은 기본적으로 편안하고 쾌적한 시설과 친절한 서비스, 바, 레스토랑, 비즈니스 센터, 헬스클럽 등 각종 편의 시설을 갖추고 있다. 단, 시내 중심에 있는 호텔은 큰 규모의 현대적인 건물보다는 작고 오래된 것들이 대부분이다. 호텔은 한국에서 미리 예약하고 가는 게 편리하다.

숙소 이용하기

1. 체크인 Check in
대부분의 숙소는 보통 12시나 14시에 체크인이 가능하다. 체크인 시 영문 이름으로 예약을 확인하거나, 호텔인 경우에는 호텔 바우처만 제시해도 가능하다. 방 열쇠를 받으면서 아침 식사 시간과 장소, 부대시설 이용 등에 대한 문의를 해두자. 요청하면 시내 무료지도 및 간단한 여행 안내도 받을 수 있다.

2. 체크아웃 Check out
체크아웃은 숙소마다 조금씩 다르지만 보통 12시 이전이 일반적이다. 호텔의 경우 미니바, Pay TV, 전화 등 유료 시설물을 이용했다면 요금을 지불하고 방 열쇠를 반납하는 것으로 간단히 끝난다. 대부분 숙소에서는 무료로 짐을 보관해 주니 필요하다면 큰 짐을 맡겨도 좋다.

3. 객실 이용
숙소에서는 항상 다른 투숙객에게 피해가 가지 않도록 주의해야 한다. 물론 여행을 가면 밤까지 일행과 즐거운 시간을 갖게 마련이다. 하지만 지나친 행동은 제재를 받거나 심한 경우 경찰이 출동하는 불상사가 발생할 수도 있다. 며칠간 객실에 머무는 동안에는 매일 아침 메이드가 청소를 해준다. 이때 귀중품 보관에 주의해야 하며, 잠시 객실을 비우더라도 귀중품을 챙겨 가는 것이 안전하다. 호텔의 객실 문은 자동으로 잠기게 되어 있으니 객실을 나올 때는 열쇠를 소지해야 한다.

호텔 이용하기

1. 아침 식사
호텔의 아침 식사는 콘티넨탈식Continental, 아메리칸식American, 뷔페식Buffe 등으로 제공된다. 콘티넨탈식이 가장 기본으로 빵과 잼, 커피 또는 차가 제공된다. 간혹 우유와 시리얼이 제공되는 경우도 있다. 아메리칸식은 콘티넨탈식에 과일, 소시지와 햄, 삶은 달걀 또는 오믈렛, 요거트 등이 추가 제공된다. 뷔페식은 콜드 뷔페Cold Buffe와 핫 뷔페Hot Buffe로 나뉘고 콜드는 콘티넨탈식, 핫은 아메리칸식 뷔페를 말한다.

2. 객실 내에서의 전화 사용
호텔 객실에 있는 전화는 객실 간 통화와 시내통화, 그리고 국제전화가 모두 가능하다. 단, 객실 간의 전화 사용은 무료지만, 시내 및 국제통화를 하는 경우 세금 및 봉사료가 추가돼 일반전화에 비해 3~4배 정도 비싸다는 것을 알아두자. 수신자 부담 전화인 경우는 대부분 무료로 이용이 가능하나 호텔에 따라 시내 통화료 정도의 비용을 청구하는 경우도 있다. 전화를 사용했다면 체크아웃할 때 요금을 지불하면 된다.

3. 금고 Safety Box
일종의 귀중품 보관함으로 객실 내에 작은 금고가 마련되어 있거나 호텔 프런트 데스크에서 직접 보관해 주는 경우가 있다. 무료로 사용할 수 있으며 여권, 현금 등 귀중품 보관에 유용하다.

4. 욕실 사용

욕실에는 기본적으로 샴푸, 린스, 샤워젤 등 호텔 어메니티Amenity와 수건 등이 준비되어 있으며, 곳에 따라 헤어드라이어까지 준비되어 있다. 간혹 욕실 수건을 몰래 챙기는 여행자가 있는데, 어메니티는 호텔에서 준비한 무료 서비스지만 수건은 호텔의 재산이라는 사실을 기억하자. 유럽의 욕실 바닥에는 카펫이 깔려 있는 경우가 많으니 샤워할 때 카펫이 젖지 않도록 샤워 커튼을 욕조 안쪽으로 드리워 사용해야 한다. 방심한 사이 물이 흘러 방까지 적시는 경우가 있으므로 주의가 필요하다.

5. 미니 바

미니 바는 객실 내 냉장고로 음료수와 주류, 간단한 간식이 준비되어 있다. 미니 바를 이용하면 체크아웃 시 별도 비용을 지불해야 한다. 일반 가격보다 3~4배 정도 비싸니 이용 전에 꼭 가격표를 확인하자.

6. Pay TV

객실 내 TV 채널에는 일반 채널과 성인영화, 현재 상영 중인 영화를 볼 수 있는 PAY TV 채널이 있다. 대부분 TV 근처에 안내문이 있으니 꼭 확인하도록 하자. 만약 이용을 했다면 체크아웃 시 별도로 지불하면 된다.

7. 팁 Tip

객실을 이용하면 방 청소를 해준 메이드에게 팁을 주는 게 매너다. 하루에 10kn 또는 €1면 적당하다.

ADVICE

도미토리 형식의 저렴한 숙소를 이용할 때 소지품 관리는 어떻게 해야 하나요?
요즘은 개인용 라커가 방마다 준비돼 있어 문제가 없지만 그렇지 않다면 늘 소지해야 합니다. 혼자 여행한다면 샤워 시에도 복대를 비닐에 넣고 보이는 곳에 둔 다음 샤워를 하는 게 안전합니다. 보관함은 있지만 열쇠와 자물쇠가 없는 경우도 있으니 여분의 열쇠와 자물쇠를 들고 다니면 유용합니다.

여러 명이 사용하는 숙소를 이용할 때 특별한 주의사항이 있나요?
도미토리 이용 시 작은 소리로 대화해야 하며, 취침 시간은 룸메이트들과 맞추는 게 좋습니다. 공용 샤워실이나 화장실을 이용하셨다면 나올 때 깨끗하게 정리정돈을 하는 게 예의입니다.

숙박비의 지불 방식은?
신용카드가 일반화돼 있어 신용카드 결제도 가능하지만 도미토리 같은 저렴한 숙소는 공식 유스호스텔이 아닌 경우 현금 지불을 요구하는 경우가 많습니다. 체크인을 하자마자 숙박비를 지불할 필요는 없고 여권이나 신용카드 사본을 제시했다면 체크아웃 시 지불해도 상관없습니다.

10 SOS! 문제 해결 마법사

여행 중에 생기는 문제의 90% 이상이 자신의 부주의로 일어난다는 사실을 아는가! 여행의 즐거움도 좋지 만 문제가 생기면 마음 상하는 일 외에 일정에도 큰 차질이 생긴다. 여행 중에는 언제나 긴장을 늦추지 말 고, 문제가 생겼다면 침착해야 한다. 여행 중 위급한 사항은 누구에게나 생길 수 있다. 이런 상황을 대비해 아래와 같은 대처 요령들을 미리 숙지해 두자. 문제가 생겼다고 해서 힘들게 떠난 여행을 그냥 중단할 순 없지 않은가. 잘만 해결된다면 때론 이런 경험도 귀국 후 웃으며 회상할 수 있는 좋은 추억이 될 수 있다.

여권 분실 및 도난

출발 전에 여권을 3장 정도 복사해 두었다가 1장은 집에, 2장은 복대와 큰 가방에 보관하자. 여권을 도난 또는 분실했다면 가장 먼저 가까운 경찰서에 가 신고하고 폴리스 리포트Police Report를 받자. 대사관에 여 권 복사본, 여권용 사진 2장, 폴리스 리포트를 제출한다. 주말이 끼지 않았다면 3~4일 정도 소요된다. 여 권 복사본이 없다면 여권 번호, 여권 만료일과 발급일만으로도 가능하니 미리 적어두면 유용하다.

현금 분실

여행 경비로 챙겨온 현금을 분실, 도난당했을 때는 방법이 없다. 여행자 보험사에서도 현금만은 보상해 주지 않는다. 신용카드가 있다면 사용하고, 여행이 불가능하다면 재외공관이나 영사 콜센터로 전화를 걸어 신속해외송금지원제도를 신청할 수 있다. 신속해외송금은 국내에 있는 가족이나 지인이 외교부 계 좌로 입금하면 현지 대사관 및 총영사관에서 해외여행객에게 긴급 경비를 현지화로 전달하는 제도다. 1 인 1회 최고 $300로, 크로아티아 대사관에 방문하여 접수하면 된다. 이 밖에 전 세계 10만개 지점을 가진 미국 송금 업체인 웨스턴 유니언Western Union을 이용할 수 있다. 관광지로 유명한 도시는 반드시 지점이 있다. 우리나라에서 국민, 기업은행 등을 통해 송금할 수 있다. 돈을 보낸 사람이 10자리의 송금번호와 송금 받을 지점을 알려주면 송금번호와 신분증을 가지고 가면 찾을 수 있다.

· **웨스턴 유니언**Western Union **홈페이지** www.westernunion.com
· **영사 콜센터 홈페이지** www.0404.go.kr

신용카드 분실

카드를 분실했다는 걸 안 즉시 카드사로 전화해서 분실 신고를 해 타인이 사 용하지 못하게 카드를 정지시켜야 한다. 카드사의 분실 신고 센터는 24시간 운영되기 때문에 시간에 상관없이 전화하면 된다.

알아두세요!
카드사별
분실 신고 번호

국민카드 1588-1688
신한카드 1544-7200
삼성카드 1588-8900
하나카드 1800-1111
현대카드 1577-6200
우리카드 1599-5000
씨티카드 1566-1000

배낭 및 짐 분실

배낭이나 짐을 분실했다고 여행이 중단되는 경우는 극히 드물다. 짐을 분실해도 일단 경찰서에 가서 폴리스 리포트Police Report를 받아야 한다. 그래야 귀국 후 보험사에 제출해 보상 한도액 내에서 보험금을 받을 수 있기 때문이다. 단, 분실Lost이 아닌 도난Stolen이어야 보상이 가능하다. 분실은 개인의 부주의이기 때문에 보험 혜택을 받지 못한다. 가방이 없어졌다면 기분은 많이 나쁘겠지만 최소한의 물품을 구입해 여행을 계속하자.

몸이 아프거나 상해를 입었을 때

여행 중에 몸이 아프거나 상해를 입었다면 보험에 가입돼 있어도 현지에서 바로 혜택을 받을 순 없다. 일단 병원을 이용한 후 진단서와 영수증을 챙기자. 약 처방을 받고 약국에서 약을 사먹었다면 역시 영수증을 챙기자. 귀국 후 보험사에 청구하면 심사 후 보상을 받을 수 있다.

TRAVEL PLUS

응급 시 전화번호

경찰서 · 소방서 · 앰뷸런스의 응급 시 통합번호 112
경찰서 192 **앰뷸런스** 194 **자동차 사고** 1987 **바다에서 일어난 사고** 195

· **자그레브 한국 대사관 주소** Ksaverska cesta 111/A-B, Zagreb **전화** 01 4821 282 **업무 시간 외 응급 연락처** 091 2200 325 **민원 접수시간** 월~금 08:30~12:00, 13:00~16:30 **휴무** 토 · 일 · 공휴일 **가는 방법** 반 옐라치치 광장에서 14번 트램을 타고 Mihaljevac 종점에서 하차. 길을 건너 시내 방향 Kaptol Centar로 약 200m 걸어가면 소방 학교와 체육관 건물 사이에 위치. 25~30분 소요.

크로아티아에서 여권 분실 시

• **주 크로아티아 대사관(자그레브 소재)에서 단수여권 발급**
• **민원 접수 시간 내 접수**
 ① 사건 발생 지역 인근 경찰서 방문, 여권 분실 신고
 ② 구비서류 – 경찰 리포트(여권 분실 신고서), 여권 사본 또는 신분증, 사진 2매 (4.5cm×3.5cm), 수수료 $15 또는 105kn(현금만 가능, 카드 및 € 불가)
 ③ 분실자가 직접 대사관 방문 신청(여권 발급 시간 약 2시간이내)
 ④ 두브로브니크에서 여권 분실 시 경찰 발급 여권 분실 신고서를 이용, 항공편으로만 이동 가능(보스니아 · 헤르체고비나 육로 국경 통과 불가)
 ⑤ 영어 통역 필요 시 영사 콜센터 통역 서비스 센터 이용(유료, +82 2 3210 0404)

크로아티아 여행 준비하기

내게 맞는 여행 스타일 찾기   **1**

크로아티아만을 돌아보는 여행을 계획한 여행자라면 이미 서·동유럽을 여행한 경우가 대부분이다. 그래서 가이드나 인솔자가 있는 패키지여행이나 단체여행보다 개개인의 취향에 맞는 자유여행을 선호한다. 10일 미만의 여행이라면 항공권과 호텔이 포함된 에어텔, 10일 이상의 여행이라면 자유여행, 호텔팩, 맞춤 여행 등 자신의 취향에 맞게 결정하면 된다.

현지 여행은 내 마음대로! 호텔팩과 에어텔

가장 인기 있는 여행 형태로 상품도 다양하다. 정해진 일정에 여권과 현지 생활비를 제외하고 호텔, 항공권, 여행자보험 등이 가격에 포함되어 있다. 최소 1명부터 10~20명이 같은 일정, 같은 날짜에 출발하는 상품까지 다양하다. 호텔팩은 여행 준비의 대부분인 항공, 호텔 등의 예약은 여행사에서 대행하고 여행자는 스케줄에 맞춰 이동, 호텔 투숙, 시내 관광 등을 할 수 있다. 자유여행과 달리 숙소가 예약되어 있어 안전하지만 정해진 일정에서 벗어날 수 없다는 단점도 있다. 하지만 현지에서 문제가 발생했을 때 도움을 받을 수 있다는 장점이 가장 크다. 에어텔은 항공사가 개발한 상품으로 여행사를 통해 예약할 수 있다. 최근 들어 가장 급부상하고 있는 여행 형태로 항공사에서도 여행자들의 기호를 파악해 다양한 상품을 개발하고 있다. 8~15일 미만 일정이 주를 이루고 저렴한 값에 항공권과 호텔을 이용할 수 있다. 단, 항공료가 워낙 저렴해 예약 후 72시간 안에 발권해야 하는 제약이 있다. 대부분의 에어텔은 여행 일정이 정해져 있지만 항공권은 최대 한 달까지 체류가 가능하므로 예약 시 일정을 추가하거나 변경이 가능하다. 특히 허니문이나 가족여행, 직장인 휴가 등에 아주 적합하다.

내 스케줄에 맞춰주는 맞춤 여행

자유 배낭여행과 호텔팩을 접목시킨 형태다. 나만의 일정에 맞춰 항공, 숙소 예약, 버스 티켓 등을 구입한다. 맞춤 여행을 하려면 개별적으로 준비하는 방법도 있지만 여행사의 전문가와 상의하고 준비하는 게 효율적이다. 상담 후 일정을 정하고 거기에 맞춰 항공권과 호텔 예약, 일정에 맞는 버스 티켓 등을 구입하면 된다. 출발 전에 개별 오리엔테이션도 받을 수 있고 무엇보다 개인의 취향에 맞게 일정을 짤 수 있다는 게 가장 큰 장점이라 점점 인기도 높아지고 있다. 맞춤 여행을 계획하려면 우선 여행 기간과 여행하고 싶은 여행지 정도는 정한 뒤 전문가와 상담하도록 하자. 일정이 정해지자마자 항공과 호텔 예약 상황을 바로 확인할 수 있어 안심되고 개별 오리엔테이션을 받을 수 있으며, 티켓 발권 후라도 약간의 수수료를 지불하면 출발 전까지 일정을 변경하거나 수정할 수도 있다.

자유롭게 훌훌 떠나자! 자유 배낭여행

가장 클래식한 여행 스타일. 항공권 구입부터 현지 관광은 물론 의식주 해결까지 여행의 모든 부분을 스스로 해결해야 하기 때문에 다른 형태의 여행보다 심적인 부담이 가장 크다. 그러나 철저한 여행 준비는 비용을 절감하고, 알찬 여행이 될 수 있다. 일정 및 예산을 짠 후 인터넷을 통해 항공권과 버스 및 페리 티켓 구입, 숙소 예약 등을 준비하면서 여행에 대한 로망과 자신감을 더욱 키울 수 있다. 다만, 현지에서 곤란한 일이 생겼을 때 도움 받을 곳이 없으니 더욱 철저하게 준비해야 한다.

따라만 다녀도 좋다, 패키지여행

같은 일정, 같은 날짜에 20명 정도의 사람이 함께 출발한다. 여권과 현지 개인 경비를 제외하고 호텔, 항공권, 현지 교통수단, 여행자보험 등이 가격에 포함되어 있다. 가장 큰 특징은 전문 가이드가 함께하는 것으로 비행기나 버스 이동, 호텔 체크인, 체크아웃, 여행 전반에 대한 간단한 오리엔테이션, 위급사항 등 여행의 기술적인 부분을 도와주는 역할을 한다. 다만 도시에 도착해도 항상 팀원과 같이 움직여야 하고, 정해진 시간에 이동해야 하기 때문에 더 보고 싶은 곳이 있어도 자유롭게 시간을 뺄 수 없다. 시간의 여유가 없어 준비하는 데 어려움이 많은 사람이나, 연세가 있는 어른들에게 적합하다.

여행 상품 선택 시 체크리스트

- ☐ 과연 믿을 만한 여행사일까? 홈페이지에서 여행자들의 평가 후기를 잘 살펴본다.
- ☐ 이용 항공사의 출·도착 시간 확인! 비행기의 출·도착 시간에 따라 하루를 버리느냐 버느냐가 좌우된다.
- ☐ 요금에 모든 세금이 포함되었는지 여부 확인! 간혹 여행사 홈페이지에 나온 금액만 보고 덜컥 예약했는데, 나중에 유류할증료가 올랐다는 등 하면서 추가 금액을 요구할 수 있다.
- ☐ 호텔의 등급과 위치 파악하기. 시설은 좋지만 위치가 공항 근처나 근교일 수 있다. 이 경우 이동하는 데 많은 시간이 들기 때문에 돈을 더 주고라도 시설보다는 위치의 편리성을 더 생각하고 고르는 게 낫다.
- ☐ 식사의 포함 여부를 생각하자. 어느 정도 수준의 식사인지와 팁은 별도인지에 따라 준비해야 하는 예상 금액이 달라진다.
- ☐ 현지 가이드 및 전용 차량 기사의 팁이 포함된 금액인지 확인하자.
- ☐ 선택 관광은 말 그대로 선택 관광일까? 아니면 꼭 참여하게 되는 필수 관광일까? 여행사의 상술로 이어지는 선택 관광에서 말도 안 되게 비싼 바가지요금을 쓸 수도 있다.
- ☐ 경비 내역에서 포함 여부와 불포함 여부를 다시 확인하자.
- ☐ 여행자 보험 가입 여부, 상해, 질병, 도난 등에 대한 최대 보상 한도액을 꼭 확인하자. 보상액이 적다면 별도로 더 가입하자.
- ☐ 현지 교통편 포함 여부. 저가 항공, 버스 및 페리 티켓 예약 등이 포함되는지 확인하자.

효율적인 정보 수집   2

여행 관련 정보 수집은 준비에서 현지 여행까지 여행의 질을 좌우한다. 하지만 손가락 하나 클릭하면 쏟아지는 수많은 인터넷 정보와 여행 관련 서적까지 너무 많은 게 문제다. 시간 절약과 효율적인 정보 수집을 위해 Step 1, 2, 3을 따라 해보자.

STEP 1

전반적으로 크로아티아를 이해하자!

알아야 궁금한 게 생기는 건 당연하지 않을까? 크로아티아를 알아보고 싶다면 먼저 가이드북을 읽자. 각 나라와 도시별 특징과 놓치지 말아야 관광 명소, 주의점 등이 요약돼 여행 준비 단계에서 현지 여행까지 가장 많이 도움이 된다. 여행지를 선정할 때는 크로아티아를 배경으로 쓴 가벼운 에세이를 읽어 보는 것도 도움이 된다.

STEP 2

인터넷 정보 수집은 구체적인 검색어로!

가장 쉽게 정보를 수집할 수 있는 인터넷에서 다양하고 따끈따끈한 최신 정보를 얻을 수 있다. 하지만 방대한 정보 중 내게 꼭 맞는 양질의 정보를 수집하기 위해선 오랜 시간과 정성이 필요하다. 짧은 시간 안에 최상의 정보를 수집하고 싶다면 검색은 구체적인 검색어로 하는 게 현명하다.

❶ 크로아티아보다는 도시, 도시명보다 꼭 보고 싶은 주요 관광 명소의 이름과 인물, 사건 등으로 검색하면 책에도 소개되지 않은 전문지식의 정보를 수집할 수 있다.

❷ 현지 교통 정보는 현지 버스 사이트와 페리 사이트 및 저가 항공사 홈페이지에서 시간을 조회하고 필요하다면 예약도 하자.

❸ 영어로 돼 있지만 각 도시의 관광청 사이트를 조회하면 볼거리 외에 숙소나 식당, 다양한 엔터테인먼트 정보를 수집할 수 있다. 영어라고 겁먹고 찾아보지 않는다면 손해라는 사실.

유용한 정보 사이트

대표적인 여행 커뮤니티
유랑(유럽 여행의 든든한 동반자) cafe.naver.com/firenze
배낭길잡이 cafe.daum.net/bpguide

STEP 3

전문 여행사 및 전문가와 상담하기

내가 세운 계획을 객관적으로 판단해 주고 올바른 정보를 제공 받을 수 있다. 여행사에 가서 상담을 받고, 조언을 구하면 가이드북이나 인터넷에서 부족했던 부분들이 채워져 여행의 밑그림이 완성되어 가는 것을 느낄 수 있다. 일정 짜기와 일정에 꼭 맞는 항공권 및 숙소와 현지 교통 정보에 대한 궁금증이 해결되고 여행 계획이 구체화된다. 덤으로 그들만의 노련한 여행 비결도 얻을 수 있다.

3 크로아티아 여행 시즌 캘린더

	1 / Siječanj	2 / Veljača	3 / Ožujak	4 / Travanj	5 / Svibanj	6 / Lipanj
축제일	• 1일 신년 • 6일 공현 대축일			• 20일 부활절 월요일	• 1일 노동절	• 10일 성체 축일 • 22일 반나치 투쟁 기념일 • 25일 건국 기념일
기념일 · 이벤트		• 카니발 축제 (스플리트) • 3일 성블라호 축제 (두브로브니크)			• 7일 성 두예 축제(스플리트)	• 초 피치긴 월드 챔피언십 (스플리트) • 중 불 여름 축제(불 섬) • 말 흐바르 여름 축제 (흐바르)
시즌 정보	휴가철이 끝나고 모두 일상으로 돌아가는 시기. 내륙 지방은 추운 날씨 때문에 여행을 다니기 쉽지 않다. 대부분의 페리는 높은 파도와 강풍으로 운항을 중단한다.		크로아티아에서 손꼽히는 행사 중 하나인 현대 음악 축제는 홀수 해 4월에 열린다. 현대 클래식 음악을 위주로 하는 명망 있는 축제를 즐기기 위해 음악 마니아들이 자그레브로 모인다.		여름을 준비하기 위해 분주해지는 시기. 이 시기에 여행하면 따뜻한 날씨와 아직은 오르지 않은 비성수기 가격으로 합리적인 여행이 가능하다. 각 도시에서 여름 축제의 서막이 열린다.	

℉ ℃ 온도 · 강수량 그래프

시차	우리나라보다 8시간 느리며, 서머타임 기간(3월 마지막 일요일~10월 마지막 일요일)에는 7시간 느리다.
여행 시기와 기후	지역에 따라 기후가 다양하다. 최대 성수기인 7~8월은 날씨가 가장 좋고, 물가가 비싸지며 연안 지역이 가장 붐비는 시기다. 준 성수기인 5월, 6월, 9월의 아드리아 해는 아직 수영을 할 수 있을 만큼 바닷물이 따뜻하다. 연안 지역은 여전히 아름답고 성수기를 맞이하려는 사람들로 붐빈다. 비수기인 11~3월의 내륙 지방은 여전히 춥다.

7 / Srpanj	8 / Kolovoz	9 / Rujanj	10 / Listopad	11 / Studeni	12 / Prosinac
• 27일 성 마르코 축일	• 5일 성모승천 대축일 • 16일 디오클레티아누스의 날		• 8일 독립기념일	• 1일 만성절	• 25일 크리스마스
• 가든 페스티벌 (자다르) • 마지막 파그 카니발(파그) • 여름 축제 (스플리트) • 여름 축제 (두브로브니크)	• 보름달 축제 (자다르) • 테라네오 축제(시베니크)	• 세계 연극축제 (자그레브)	• 중순 필름 페스티벌(자그레브)		
각 도시에서 화려한 여름 축제가 시작된다. 거리 축제로 도시는 생기를 띠고, 각국에서 몰려드는 여행객들로 바다는 몸살을 앓는다.		성수기가 끝났지만 아직 아드리아 해의 바다는 따뜻하기만 하다. 요금도 한풀 꺾이고 관광객도 많이 빠져나간 후라 여행하기 좋은 시기다. 이 시기의 자그레브에서는 수준 높은 현대 연극을 즐길 수 있다.		크로아티아의 모든 와인 생산지에서 성 마르틴 축일을 기념하며, 다양한 와인 축제가 열린다. 막 만들어진 싱싱한 와인을 맛볼 수 있는 절호의 찬스! 이 시기에는 와이너리를 방문해 보자.	

강수량

온도

mm
100
80
60
40
20
0

7   8   9   10   11   12

4 여행 준비 다이어리

'계획한 만큼 보인다'

출발 전 여행계획은 현지 여행의 양과 질을 좌우한다. 여행 준비과정을 즐기는 사람도 있지만 복잡하고 신경 쓸 게 한두 가지가 아니어서 골치 아파하는 사람이 더 많을 것이다. 그러나 해외여행은 국내여행과는 다르니 꼼꼼하게 준비해 보자. 준비가 철저할수록 현지에서의 여행은 한결 즐겁고 여유로워진다.

D-DAY 3~4개월 전 ﹒ 꼭 가고 싶은 여행지 선정하기

내가 꿈꾸던 나만의 여행지를 찾는 게 매우 중요하다. 평소에 가고 싶은 여행지를 생각해 둔 사람이 아닌 이상 막연하기 그지없겠지만, 여행지를 정하는 가장 쉬운 방법으로는 가이드북을 처음부터 끝까지 읽어보는 것이다. 분명 마음을 사로잡는 국가나 도시가 있다. 그것만 나열해도 나만의 루트가 된다.

• 여행 잡지, 여행 전문 사이트나 동호회에 올린 기행문, TV에서 방영하는 크로아티아 관련 프로그램 등도 도움이 된다.

D-DAY 2~3개월 전 ﹒ 항공권 예약하기

'The early bird catches the worm' 일찍 일어나는 새가 벌레를 잡는다고 했다. 항공권 구입에도 바로 이 얼리버드의 정신이 필요하다. 항공료는 전체 여행 경비의 1/3을, 여행 준비의 반을 차지한다. 성수기에 저렴한 항공권은 기다려주지 않으므로 미리미리 준비하자. 세부 일정이 없더라도 여행 기간, 출·도착 도시만 정해지면 예약이 가능하다. 여권도 필요 없다. 여권과 동일한 영문 이름만 있으면 된다.

• 6~7월 출발 조기 할인 항공권은 2~3월부터 판매하지만 저렴한 항공권은 조건에 따라 예약 후 바로 발권해야 하는 경우가 많다. 발권 전에 반드시 취소 규정을 확인하자.

D-DAY 2개월 전 ﹒ 세부 일정 짜기&숙소 예약하기

꼭 가고 싶은 여행지가 정해졌다면 구체적인 일정을 짜자. 크로아티아 전도에 가고 싶은 도시를 표시해 동선과 버스나 페리의 소요 시간, 체류 일정 등을 고려해 계획하면 된다. 일정을 짤 때 욕심은 금물! 이상적인 여행 계획은 한 도시에서 2~3일을 머물면서 그 도시에 대한 깊이 있는 여행을 하고 근교까지 여행한다면 금상첨화. 일정이 정해지면 숙소가 부족한 크로아티아의 환경을 생각해 숙소 예약 등을 미리 하면 된다.

• 이 기간에는 노트를 준비해 나만의 가이드북을 만들어보자. 관심 있는 기사를 스크랩하거나 인터넷에서 수집한 정보를 복사해 붙여두자. 여행 준비 과정에서 느낀 점을 그때그때 적는 것도 잊지 말자!

• 웹서핑은 상세하게 검색해야 좋은 정보를 얻을 수 있다. 크로아티아 배낭여행으로 검색하면 시간과 에너지만 낭비하게 된다. '지상낙원 두브로브니크', '꽃보다 누나에 나온 식당', 'TV에 나온 자그레브' 등 구체적으로 검색해 보자.

D-DAY 45일 전　여권과 각종 증명서 발급하기

해외에서 신분증으로 통용되는 여권과, 각종 할인 혜택을 받기 위한 국제학생증 또는 국제청소년증 등을 준비한다. 저렴한 유스호스텔에 묵을 예정이라면 유스호스텔 회원증도 필수다. 그 밖에 여행 기간에 맞는 여행자보험에도 가입하자.

• 이 모든 증명서는 7일이면 준비할 수 있지만, 여권만은 그렇지 않다. 특히 여름 성수기에는 신청자가 많으니 최소 1개월 전에는 반드시 신청해야 한다.

D-DAY 15~30일 전　최종 점검&오리엔테이션

일정과 예약 리스트에 변동사항이 없는지 최종 점검한 후, 잔금을 지불하고 호텔 바우처, 버스 패스, 여행자보험 증명서 등을 받다. 여행사를 통해 한꺼번에 신청했다면 각종 증빙 서류 등을 받을 때 각각의 사용 방법과 주의사항에 대해 상세한 안내를 받을 수 있다. 이때 궁금한 것들을 미리 적어서 가면 좋다.

D-DAY 1~7일 전　짐 꾸리기&환전하기

출발 하루 전에 짐을 꾸리면 몸살 난다! 짐은 여유롭게 싸는 것이 좋다. 미리 준비하면 가격 비교를 통해 저렴한 쇼핑을 할 수 있어 경비도 절약된다. 환전은 신분증만 있으면 은행에서 간단히 할 수 있으니 하루 전까지만 준비하면 된다.

• 공항은 환율이 좋지 않으니 꼭 시내 은행에서 미리 환전해 두자.

D-DAY 비행기 출발 2~3시간 전　출국 수속하기

인천국제공항 홈페이지를 미리 참조해 교통편을 확인한 후 비행기 출발 2~3시간 전에는 도착해야 한다.

ADVICE

여행 준비를 못했어요! 한 달 만에도 준비가 가능한가요?

시간이 없다면 가이드북 한두 권을 구입해 마음에 드는 추천 일정대로 여행을 계획하세요. 2~3군데 여행사에 들러 담당자를 정하고 항공권, 숙소, 여권, 각종 증명서를 한꺼번에 신청하면 됩니다. 담당자가 있으니 여행 준비 기간 동안 궁금한 것도 물어보고 출발 전에 오리엔테이션도 받을 수 있답니다. 호텔이 예약된 호텔팩이나 패키지를 이용하는 것도 한 방법입니다.

혼자 떠나는 여행자가 여행 준비 시 가장 신경 써야 하는 건 뭘까요?

낯선 곳을 혼자 여행한다는 것은 책에서 소개하는 많은 이야기처럼 그다지 낭만적이지 않습니다. 하나부터 열까지 스스로 알아서 해야 하고 싸울 친구가 없는 대신 멋진 유적지에 갔을 때나 맛있는 요리를 먹을 때 즐거움을 함께 나눌 친구도 없습니다. 하지만 현지에서 만나게 될 새로운 사람과의 인연은 두고두고 추억으로 남을 것입니다.

5 일정 짜기

전체 일정이 여행의 큰 그림이라면, 방문할 도시별 일정 짜기는 작은 그림이라고 할 수 있다. 항공 예약 및 숙소, 예산 짜기, 현지 여행의 성공 여부까지 좌우해 여행 준비 과정 중 가장 중요한 비중을 차지한다. 복잡하고 까다롭게 느껴져 스트레스 받기 쉬운 부분이지만 즐거운 마음으로 간단한 일정 짜기의 공식을 따라 해보자.

STEP 1 도시 선정하기

가이드북, 신문, 잡지, TV에 소개된 다큐멘터리 등을 보면 누구나 자신의 마음을 사로잡는 도시가 있다. 전문가들이 제시하는 여행 일정은 어디까지나 참고사항이기에 꼭 가고 싶은 도시를 위주로 선정하자.

STEP 2 선정한 도시를 내 여행 기간에 맞게 배치하기

계획한 여행 기간 안에 선정한 도시들을 적절하게 배열해 보자. 너무 많은 도시를 선정했다면 우선순위를 정하고, 대도시인 경우 3~4일, 중·소도시인 경우 1~2일 정도 머문다는 가정 하에 추리면 된다. 도시를 추릴 때 반드시 명심해야 하는 건 욕심은 절대 금물이라는 사실. 되도록 대도시에서 여유 있게 머물며 근교 도시까지 돌아보는 일정으로 계획하자.

다음은 지도상에 선정한 도시를 표시해 도시 간 동선을 정하고, 항공 예약을 위해 첫 도시와 마지막 도시는 대도시로 정하면 된다. 도시 간 이동은 현지 교통 사이트에서 소요 시간과 요금 등을 확인해 두면 좀 더 완벽한 일정을 짤 수 있다. 이렇게 전체 그림이 그려지면 항공 예약 및 버스 티켓 구입, 전체 여행 경비 예산 짜기가 가능해진다.

TIP 유럽연합 회원국의 셴겐 조약Schengen Agreement에 의해 유럽 내에서 체류할 수 있는 기간은 최대 6개월 내 90일로 제한하고 있다.

STEP 3 도시별 상세 일정 짜기

전체 일정이 정해졌다면 다음은 도시별 상세 일정을 짜보자. 전체 그림도 중요하지만 매일매일 어떤 여행의 즐거움을 누릴 것인지에는 철저한 계획이 필요하다. 가이드북에 나온 모든 관광명소를 여행하는 건 불가능하다. 도시를 선정한 것처럼 각 도시마다 나만의 명소 리스트를 뽑아보고 지도에 표시해 동선을 만들자. 거기에 그 도시에서만 먹어볼 수 있는 음식이나 놀이, 공연 등도 즐길 수 있도록 일정에 넣으면 완벽하다.

개인적으로 도시 여행 첫째 날은 가장 높은 곳에 올라 시내 전경을 감상한 후 가장 유명한 관광명소를 돌아보고, 둘째 날은 뒷골목과 시장을 돌며 현지인들의 삶을 엿보고, 셋째 날은 박물관, 미술, 건축 기행이나 각종 엔터테인먼트 등 관심 테마를 주제로 한 여행을 추천한다. 단, 박물관 및 유적지 운영은 주말, 공휴일, 축제일 등에 영향을 받으니 미리 확인해 두자.

예산 짜기   6

힘들게 모든 돈으로 여행을 떠나기 전 쓸데없는 지출을 막기 위해 예산을 미리 산출해 보는 것은 중요하다. 전체 여행 경비에 크게 영향을 미치는 것으로는 여행 시기, 항공료와 숙박, 이동 거리에 따른 교통비 등이 있다. 여름 성수기와 축제 기간에는 도시 전체 물가가 몇 배로 오른다는 사실을 기억해 두자. 또한 항공료와 숙박료 역시 여행 시기와 크게 관련이 있다. 쓸 땐 쓰고, 아낄 땐 아끼는 합리적인 소비를 위해 전체 여행 경비 산출은 필수다. 아래 리스트의 금액만 더해봐도 대략적인 자신의 경비를 산출할 수 있다.

	품목	Key word	예상 경비
출발 전 준비리스트	항공권	전체 여행 경비의 1/3을 차지한다. 성수기는 피하고, 되도록 빨리 예약해야 저렴한 항공권을 구할 수 있다.	80만~140만 원 정도
	교통비	여행 일정, 버스 및 페리 이동 횟수 등을 고려해 유럽 전문 여행사 또는 버스 사이트에서 구입한다. 크로아티아는 기차보다는 버스를 이용해 움직이는 경우가 많기 때문에 근교의 다른 나라를 함께 여행하지 않는 이상 크로아티아만 여행한다면 철도 패스는 크게 도움이 되지 않는다.	도시 간 버스 이동은 편도 약 3만 원×이동 횟수
	숙박료	호텔부터 민박까지 숙박 급수와 방 종류에 따라 요금이 다양하다. 우리나라에서 예약 또는 현지에서 예약할 수 있다.	3성급 호텔 2인실 1박 / 1인 8만 원 정도, 유스호스텔 도미토리 1박/1인 3만~4만 원 정도
	기타	여권, 각종 할인카드, 여행자보험, 준비물 구입비 등.	25만 원
1일 현지 여행 경비	식비	아침은 숙소에서, 점심은 패스트푸드, 저녁은 현지 레스토랑을 이용하는 경우.	저렴한 한 끼 식사 5000~1만 원 정도, 괜찮은 식당에서 한 끼 식사 4만~6만 원 정도
	입장료	하루에 관람할 수 있는 박물관이나 유적지는 3곳 정도가 최대.	1만~2만 원
	교통비	24시간 티켓 하나면 트램, 버스를 다양하게 이용할 수 있다.	5000~1만 원
	기타 잡비	여행 중 필요한 물품 구입, 간식비, 지도 구입, 유료 화장실, 공중전화, 코인라커 이용료, 쇼핑 등 항목의 경비가 여기에 포함된다.	1만~2만 원

7 여행의 필수품, 여권

외국 여행의 가장 기본 준비물인 여권은 해외에서 자신의 신분을 증명해 주는 유일한 수단이다. 국내 공항 출입국 심사와 다른 나라 출입국 심사, 국내외에서 환전, 호텔 체크인, 세금 환급Tax Refund 등을 할 때 언제나 중요한 신분증으로 사용된다. 여권을 발급 받으면 바로 서명을 하고 여행 중에 여권을 분실하거나 도난당하지 않도록 주의를 기울여야 한다.

전자여권 우리나라에서는 여권의 보안성을 극대화하기 위해 비접촉식 IC칩을 내장하여 바이오 인식 정보와 신원 정보를 저장한 전자여권ePassport, electronic passport을 발급한다. 바이오 인식 정보에는 얼굴과 지문이, 신원 정보 수록에는 성명, 여권번호, 생년월일 등을 수록하게 된다. 바이오 인식 정보 수록을 위해 여권 신청은 반드시 본인이 해야 하며, 여권 접수는 서울 지역 모든 구청과 광역시청, 지방 도청 여권과에서 한다.

여권 신청에서 발급

STEP 1

서류 준비하기 여권 신청서는 외교 통상부 사이트나 발급 기관에 구비돼 있다. 여권 관련 상세한 정보는 외교통상부 사이트를 통해 확인할 수 있으니 여권 신청 전에 미리 확인해 두면 편리하다. 또, 접수 시 기다리는 수고를 덜기 위해 접수일 예약제도 실시하고 있으니 이용해 보자. 그 밖에 여권을 발급 받기 위한 각종 양식의 서류도 다운받을 수도 있다.
외교통상부 홈페이지 www.0404.go.kr

STEP 2

신청하기 서류가 준비됐다면 여권을 신청하자. 여권 접수는 서울 지역 모든 구청과 광역시청, 지방 도청 여권과에서 한다. 2008년 8월 25일부터 '본인 직접 신청제'가 실시돼 여권 신청은 본인이 직접 해야 한다. 단, 대리 신청은 친권자, 후견인 등 법정 대리인, 배우자, 본인이나 배우자의 2촌 이내 친족으로서 18세 이상인 사람만이 가능하다. 신청과 함께 발급 수수료도 지불해야 한다.
  * **여권의 종류**
    복수여권(10년 유효, 발급 소요 기간 7~10일, 발급 비용 5만 3000원)
    단수여권(1년 1회 사용, 발급 소요 기간 7~10일, 발급 비용 2만 원)
    병역 미필자(단수여권, 1년 1회 사용, 발급 소요 기간 7~10일, 발급 비용 1만 5000원)
    미성년자인 경우 8세 이상 (일반여권, 5년 유효, 발급 소요 기간 7~10일, 발급 비용 4만 5000원)

STEP 3

신원 조회 및 여권 서류 심사 여권을 접수하면 각 지방 경찰청에서 신원 조회 과정을 거친 후 결과 회보, 여권 서류 심사 과정을 거쳐 여권을 제작한다.

STEP 4

여권 발급 및 수령

접수일로부터 수령일까지 대략 7~10일 정도 소요된다. 신분증을 가지고 본인이 직접 해당 여권과에 가서 수령하면 된다.

알아두세요!

인천공항 영사 민원 서비스 센터에서는 긴급한 사유의 당일 출국자에 한해 기존 사진 부착식 단수여권을 발급해주거나 6개월 이내 여권의 유효기간을 연장 또는 여권 발급을 해주고 있다.

인천 외교통상부 영사 서비스 센터 전화
T1 032 740 2777~8, T2 032 740 2782~3

ADVICE

여권 발급을 위한 구비서류

- **일반여권 발급 신청서 1통** - 인터넷 또는 발급기관에서 구할 수 있다.
- **여권용 사진 1장** - 단, 사진 전사식 여권(~2008.8.24)이나 긴급 사진 부착식 여권 신청 시에는 2장 제출

    ※여권용 사진

    ① 가로 3.5cm, 세로 4.5cm, 얼굴 길이 3.2~3.6cm
    ② 최근 6개월 이내에 촬영한 천연색 정면 사진
    ③ 얼굴은 머리카락이나 장신구 등으로 가리면 안 되고 얼굴 전체가 나와야 한다.
    ④ 사진 배경은 균일한 흰 색이어야 하고 테두리가 없어야 한다.
    ⑤ 즉석 사진은 사용 불가
    ⑥ 모자, 제복, 흰색 계통의 의상 착용은 불가(일반여권 발급 시 공적인 신분을 나타내는 제복 또한 착용 불가)
    ⑦ 유아 사진에는 한 사람만 나와야 하며, 의자, 장난감, 손, 다른 사람이 보이면 안 된다.

- **신분증** - 주민등록증 또는 운전면허증
- **남자의 경우 병역 미필자** - 국외여행 허가서 1통(25세 이상 35세 이하)

    국외여행 허가서 발급 - 병무청 홈페이지에서 간단히 신청할 수 있으며, 신청 2일 후에 출력 가능. '국외여행 허가서'는 여권 발급 시 사용하고, '국외여행 허가 증명서'는 잘 보관해 두었다가 출국 시 공항에서 항공 체크인할 때 여권과 같이 제출하면 된다.

    병무청 민원 상담

    전화 1588-9090→2번(병무청 민원 상담)→4번(상담원 연결)
    홈페이지 www.mma.go.kr

- **미성년자(18세 미만)의 경우** - 여권 발급 동의서(동의자가 직접 신청하는 경우는 생략), 동의자의 인감증명서(여권 발급동의서에 날인된 인감과 동일 여부 확인)

8 각종 카드 발급하기

만 26세 미만 여행자는 크로아티아 여행 시 다양한 할인 혜택을 받을 수 있다. 학생이라면 반드시 국제학생증을, 만 26세 미만이라면 국제청소년증을 발급해 가자. 저렴한 공식 유스호스텔에서 묵을 예정이라면 유스호스텔증도 준비하자. 여행에서 사용한 각종 카드는 훈장처럼 기념품으로 남는 법이니 말이다.

국제학생증 학생이라면 누구나 발급받을 수 있는 세계 공통의 학생신분증이다. 해외여행 중 비행기, 버스, 열차는 물론 시내 교통과 미술관, 박물관 입장료, 숙박 등에도 할인 혜택을 받을 수 있다. 국제학생증은 ISIC 카드, ISEC 카드 두 종류가 있으며, 발급 후 1~2년간 유효하다.

• **구비서류** 반명함판 또는 여권용 사진 1장, 신분증(주민등록증, 여권 등 본인 확인이 가능한 것) , 재 · 휴학증명서 원본(발급 1개월 이내), 학생비자, 해외 교육기관 입학허가서+학비 송금 영수증 중 택 1 | 발급 비용 ISIC 1만7000원, ISEC 1만5000원(우편요금 2,500원 불포함)

ISIC 발급처 키세스 여행사 홈페이지 www.kises.co.kr
ISEC 발급처 홈페이지 www.isecard.co.kr
※ 18~26세 미만인 경우 국제 청소년증을 발급 받을 수 있다. 홈페이지를 통해 키세스 여행사에서 신청 가능하다.

유스호스텔 회원증 저렴한 숙소인 유스호스텔은 회원제로 운영되는데 회원과 비회원의 숙박 요금이 다르다. 동유럽을 여행하는 동안 대부분의 숙박을 유스호스텔에서 할 경우라면 회원증을 미리 발급받아 가는 게 좋다. 유스호스텔 연맹에서 발급받을 수 있으며, 별다른 서류 없이 신청서를 작성하면 바로 발급해 준다.

• **중앙사무국** 서울시 송파구 송이로 30길 13 세안빌딩 2층 | 전화 02 725 3031 | 홈페이지 www.kyha.or.kr | 발급비(1년) 이멤버십 유스 1만7000원, 패밀리 3만4000원, 카드 개인 2만 원

국제운전면허증 현지에서 렌터카를 빌려 운전하려면 국제운전면허증이 반드시 필요하다. 가까운 운전면허 시험장에 가서 신청하면 1시간 이내 발급받을 수 있다. 발급일로부터 1년간 유효하다.

• **구비서류** 운전면허증, 여권, 반명함판 사진 또는 여권용 사진 1장, 국제운전면허증 교부 신청서 | 수수료 8500원 | 고객센터 1577-1120

휴가철이나 연휴 때가 되면 사람들은 해외여행을 떠난다. 그러나 '나한테는 아무 일도 안 일어날 거야' 혹은 '보험 가입하는 돈이 아까워'라는 생각으로 보험 가입을 꺼리는 경우가 있다. 하지만 수많은 변수와 위험이 있는 해외여행에서의 사고는 누구도 예측할 수 없기에 아무 준비 없이 무작정 떠나기보단 최소한의 대비책으로 보험에 반드시 가입하자. 여행 중 가장 많이 발생하는 사고는 소지품 도난과 상해 또는 질병으로 이 품목만큼은 보상액이나 조건 등을 세심하게 따져보고 가입하는 게 현명하다.

STEP 1 보험 가입 시 꼼꼼히 따져보기

보험에 가입하기 전 현실적으로 잃어버리기 쉬운 휴대품에 대한 배상액이나 현지에서 아파서 병원을 이용했을 때에 대한 보상액 등을 자세히 보자. 휴대품의 경우 통틀어 20만 원, 30만 원이라는 한도액을 정해 보상해 주는 곳이 있는가 하면 휴대품목 하나하나에 대해 한도액을 정하는 곳도 있으며, 본인 부담금을 내야 하는 경우도 있다. 특히 도난당한 물품 구매 영수증이 있어야 보상받는 데 유리하기 때문에 구입 당시 영수증을 잘 보관해 놓는 게 좋다. 여행자보험의 기본 보상 기간은 집에서 출발해 돌아오는 순간까지이기 때문에 해외여행을 가는 길에 공항버스에서 사고가 나더라도 보상받을 수 있다. 다만 전쟁, 폭동, 내란 및 스쿠버다이빙, 패러글라이딩 등 위험을 수반하는 활동으로 인해 발생한 손해는 보상하지 않는다. 보험 가입은 여행사를 통해 신청하는 게 가장 간편하고, 보험사 홈페이지를 통해서도 직접 신청할 수 있다. 공항에서도 가능하다.

STEP 2 현지에서는 증거를 확보하라!

여행자보험은 여행 중 사고가 발생하면 현지에서 바로 보상금이 지불되는 게 아니라 귀국 후 서류 제출 및 심사를 거쳐 보상해 준다. 그래서 여행 중 사고가 발생하면 증거 확보에 최선을 다해야 한다. 가장 빈번하게 일어나는 휴대품 도난과 병원을 이용했을 경우를 소개한다.

• **도난을 당했을 때** - 도난을 당했다면 가장 먼저 가까운 경찰서에 가서 도난신고부터 하자. 경찰서에선 육하원칙에 의해 질문을 한 후 도난증명서Police Report를 작성해 준다. 도난 증명서는 어느 나라 언어로 쓰든 상관없다. 그러나 도난 경위와 도난당한 품목은 최대한 자세히 적어야 한다. 증명서에 도난을 의미하는 'thief' 또는 'stolen' 등의 단어가 들어가야 하며, 분실을 뜻하는 'lost'라는 단어가 들어가면 개인의 부주의로 보고 혜택을 받을 수 없으니 리포트를 받은 즉시 그 자리에서 확인하는 게 좋다. 귀국 후 보험사에 제출하면 심사를 거친 후 보상 한도액 내에서 보상을 해준다. 항공권, 철도 및 버스패스, 현금 등은 유가증권에 해당하므로 보험 혜택을 받을 수 없으며, 소지품이나 쇼핑한 물건 등에 한해서만 보상을 받을 수 있다.

- **병원을 이용했다면** - 해외에서 병원을 가는 경우는 없어야겠지만 그래도 부득이하게 생길 수 있다. 상해든 질병이든 여행 중 병원을 이용했다면 진단서Doctor's description와 영수증을 꼭 챙겨야 한다. 또한 처방전을 받아 약을 사먹었다면 약 구입 영수증도 중요한 증빙서류가 되니 잘 챙겨두자. 귀국 후 보험사에 이 서류들을 보내야만 보상을 받을 수 있다.

STEP 3 알아두면 유용한 보험 용어

- **휴대품 손해** – 가입금액 한도 내에서 잃어버린 휴대품 손해액을 지급받을 수 있다.
- **의료실비** – 여행 도중 사고를 입어 사고일로부터 180일 이내에 발생한 상해로 의사의 치료를 요할 경우 진찰비, 수술비, 간호비, 입원비 등의 의료실비가 지급된다.
- **질병 치료실비** – 여행 도중 발생한 질병으로 보험 기간 중 또는 보험 기간 만료 후 30일 이내에 의사의 치료를 받기 시작하였을 때 보상받을 수 있다.
- **질병 사망** – 여행 도중 발생한 질병으로 보험 기간 중 또는 보험 기간 만료 후 30일 이내 사망한 경우 보험금이 지급된다.
- **재해 상해** – 사고로 인한 사망 시 지급된다.
- **배상 책임** – 여행 도중 우연한 사고로 타인의 신체나 재물의 훼손 등 법률상의 손해배상 책임을 부담함으로써 입는 손해를 보상한다.
- **특별비용** – 탑승한 항공기나 선박이 행방불명 또는 조난된 경우나 산악 등반 중에 조난되어서 상해나 질병으로 사망하거나 그 원인으로 14일 이상 입원한 경우 등에 수색구조비용, 항공운임 등 교통비 및 숙박비, 유해 이송 비용 등이 지급된다.
- **항공기 납치** – 여행 도중 피보험자가 탑승한 항공기가 납치됨에 따라 예정 목적지에 도착할 수 없게 될 때 일정한 날짜 안에서 보상받을 수 있다.
- **천재지변** – 지진, 해일 등 천재지변에 의한 손해를 보상 받을 수 있다.

해외 여행자보험 가입 가능한 보험사
KB 손해보험 www.kbinsure.co.kr 1544-0114
삼성화재 www.samsungfire.com 1577-3339
AIG 해외여행자보험 www.aig.co.kr 1544-2792
현대해상 www.hi.co.kr 1588-5656

ADVICE

허위 신고는 금물!

여행자보험은 사고에 대비한 예비이지 허위 신고로 돈을 벌 목적으로 쓰여서는 절대 안 됩니다. 허위 신고자들 때문에 요즘 보험사들이 내놓은 여행자보험 상품은 요금이 비싸지거나 도난 품목에 대한 보상액이 턱없이 적어지고 있답니다. 때문에 앞으로 여행을 떠날 여행자들이 불이익을 당하고 있습니다. 더 지나치면 아예 도난을 당해도 혜택 받지 못하는 여행자보험 상품이 나올까 걱정됩니다. 허위 신고는 불법 행위, 사기라는 거 아시죠? 양심에 금가는 일은 절대 하지 마세요.

항공료는 여행 시즌, 항공사, 경유인지 직항편인지에 따라 차이가 난다. 내가 원하는 최상의 스케줄과 저렴한 요금으로 항공권을 구입하고 싶다면 미리미리 알아보고 서둘러 예약하는 것이 최선이다.

저렴한 항공권을 잡아라!

항공권은 경유를 많이 할수록 저렴하며 항공사보다는 여행사를 통해 구입하는 것이 더 저렴하다. 또한, 같은 목적지라도 우리나라 항공사보다 다른 나라 항공사의 요금이, 그리고 편도보다 왕복 요금이 더 저렴하다. 항공사에 따라 학생 또는 만 25~30세 미만의 Youth 특별 할인 요금이 있으니 해당 된다면 미리 알아보고 구입하자. 마지막으로 목적지와 귀국지가 같은 도시인 경우, 목적지와 귀국지가 서로 다른 티켓보다 더 저렴하다는 것도 알아두자.

물론 항공 요금은 비수기와 성수기에 따라 차이가 난다. 요즘 각 항공사에는 조기 할인 항공권이라는 것이 있다. 스케줄도 좋고 요금이 저렴하지만, 출발 3~4개월 전에 미리 구입해야 하고 예약 후 72시간 안에 발권해야만 하는 단점이 있다. 이 점을 고려하여 신중하게 결정해야 한다. 할인 항공권에도 출국일과 귀국일 변경 불가능, 귀국지 변경 불가능, 환불 불가능, 마일리지 적립 불가 등의 제약 조건이 있으니 미리 확인하자. 물론 여행 계획만 잘 세운다면 크게 문제될 건 없다.

항공권 예약 및 발권

먼저 여행 루트, 기간, 선호하는 항공사 등을 정한다. 항공 예약은 출발일 6개월 전부터 가능하며 예약 시 정확한 출발일과 귀국일, 목적지와 귀국지, 여권과 동일한 영문 이름만 말하면 된다. 예약 후 티켓이 발권되기 전까지는 날짜 및 현지 입국지 변경이 가능하다.

만약 원하는 항공사에 자리가 없다면 대기자Waiting List로 예약해 두자. 그리고 만일을 대비해 다른 항공사에도 같은 스케줄을 예약해 두는 것이 좋다. 하지만 같은 항공사를 여러 여행사에 예약하는 것은 중복 예약이 되므로 항공사에서 모든 예약 사항을 취소시킬 수 있으니 주의하자! 항공권을 구입했다면 적혀 있는 영문 이름이 여권과 동일한지, 예약한 출발일과 귀국일, 목적지와 귀국지 등이 제대로 되어 있는지, 예약 상태가 OK로 확약되어 있는지 여부를 반드시 확인해야 한다. 또한 귀국 시 현지에서 해당 항공사에 예약 재확인Reconfirm이 필요한지 미리 확인하자. 마지막으로 항공사 마일리지를 적립하면 국내 항공을 저렴하게 이용하거나 무료로 이용할 수 있는 기회가 주어지니 잊지 말고 적립하자.

▶ 알아두면 편리한 항공 용어

오픈 티켓 Open Ticket - 출발일은 정했지만 귀국일이 유동적이라 정하지 않고 Open으로 발권하는 티켓.

픽스 티켓 Fix Ticket - 출발일과 귀국일을 지정해 발권하는 티켓.

스톱오버 StopOver - 경유지에서 24시간 내에 출발하지 않고 관광 등을 목적으로 며칠 체류할 수 있다.

트랜스퍼/트랜짓 Transfer/Transit - 환승.

리컨펌 Reconfirm - 귀국 시 현지에서 항공 예약을 재확인하는 것.

스탠바이 Stand By - 예약이 확약되지 않아 공항에서 빈자리가 날 때까지 대기하는 것.

오버부킹 Over Booking - 항공사들은 취소 고객에 대한 대비로 예약을 여유 있게 받는다. 리컨펌이 반드시 필요하다면 오버 부킹일 확률이 90%! 이 경우 귀국 전에 반드시 리컨펌을 해야 한다.

코드쉐어 Codeshare - 2개 이상의 항공사가 공동 운항을 하는 것으로, 한 비행기를 두 항공사가 판매하는 것을 말한다. 예를 들면 에어프랑스 티켓을 구입하지만 대한항공을 이용하는 것이다.

※ 영문 이름 뒤의 MS는 여성, MR은 남성, CH는 어린이, INF는 아기를 뜻한다.

TRAVEL PLUS

항공권 구입 시 꼭 확인해야 하는 것들

❶ **유효기간** - 정상 요금의 이코노미 클래스 항공권인 경우 유효기간이 1년인 경우가 일반적이지만 특별 할인 티켓인 경우에는 15일, 1개월, 3개월, 6개월 등 유효기간에 제한이 있다.

❷ **환불 여부** - 정상 요금의 티켓은 환불 요청 시 약간의 취소 수수료 외에 전액을 환불을 받을 수 있지만 특별 할인 항공권은 환불이 전혀 되지 않거나 금액의 10~20% 정도밖에 환불되지 않는다.

❸ **현지에서 귀국지 및 날짜 변경 여부** - 정상 요금의 티켓은 귀국지와 날짜 변경이 가능하지만 저렴한 할인 티켓은 불가능하다. 단, 귀국지 변경은 불가능하나 날짜 변경이 현지에서 1회에 한해 무료 또는 약간의 수수료를 받고 가능한 티켓도 있다.

❹ **항공료 외에 공항 Tax 확인** - 항공권 구입 시 항공료 외에도 공항 이용세, 전쟁보험료, 관광진흥기금, 유류할증료를 포함해 지불해야 한다. USD로 공시되어 구입 당일 환율에 따라 가격 변동이 있다. 2017년 12월 현재 자그레브 왕복 공항 Tax는 약 50만 ~60만 원 정도.

❺ **경유지 숙박 제공 여부** - 경유 항공편의 경우 항공사 사정상 목적지까지 당일 연결편이 없어 경유지에서 숙박을 해야 하는 경우가 있다. 이때 무료로 숙박이 제공되는지 여부를 반드시 확인해야 한다.

❻ **공동운항 확인** - 다국적 마일리지 프로그램이 발달해 협력사끼리는 공동운항하는 경우가 많다. 예를 들어 대한항공을 예약했어도 시간에 따라 에어 프랑스를 탈 수도 있다. 예약한 항공사는 하나지만 여러 나라의 항공사를 이용할 수 있는 장점도 있으나 꼭 타보고 싶어 예약한 항공사라면 공동운항인지 확인해 볼 필요가 있다.

똑 소리 나는 스톱오버 활용하기! (p.320 참조)

2018년 대한항공이 자그레브로 가는 직항을 취항했다. 그러나 약간의 시간적 여유만 있다면 유럽이나 아시아를 경유해 가는 것도 매력적일 수 있다.

대부분의 항공사는 자국을 경유하게 되는데, 이 때 스톱오버를 이용하면 무료 혹은 약간의 추가 비용만으로 도시 간 이동을 할 수 있고 경유지도 함께 여행할 수 있기 때문이다. 시간과 비용을 모두 절약할 수 있으니 아래 사례를 읽어본 후 항공 예약 시 응용해보자.

> **예]** 시간의 여유가 있는 여행자에게 권할 만한 스케줄로 오스트리아 항공을 이용해 자그레브 In, 로마 Out으로 왕복 항공권을 예약해 보자. 비행기는 각각 빈을 경유하게 돼 있다. 현지 입국 시 경유지인 빈에서 7일간 머물 수 있도록 스톱오버를 요청한 후 빈을 포함해 프라하, 부다페스트 등 동유럽을 여행한 후 빈에서 비행기를 타고 자그레브로 간다. 크로아티아의 아름다운 도시를 여행한 후 페리를 타고 이탈리아의 앙코나로 간다. 이탈리아의 대표 도시 베네치아, 피렌체, 로마를 여행한 후 귀국행 비행기를 타면 된다. 한 항공사를 이용해 동유럽, 발칸반도, 서유럽까지 효율적으로 여행할 수 있어 그만이다.

마일리지 프로그램

여행이 흔해진 요즘 비행기를 타는 횟수도 많아졌다. 항공사마다 고객 유치를 위해 다양한 마일리지 프로그램을 운영하고 있는데 그중 신용카드를 사용하는 것만으로 항공 마일리지를 적립하는 방법도 있다. 항공권 요금에 따라 다르지만 기본적으로 유럽 여행 한 번으로 제주도 무료 왕복 항공권을 얻을 수 있는 약 1만 마일 적립이 가능한데 이렇게 차곡차곡 모은 마일리지를 이용해 국내 · 해외여행을 공짜로 할 수 있다. 마일리지 적립 카드는 인터넷 신청이 가능하다. 카드가 배송되는 데 약 1달 정도 걸리니 출발 전에 여유를 두고 신청하자.

▶스카이 팀 SKY TEAM

대한항공, 델타항공, 아에로멕시코, 알이탈리아항공, 에어프랑스, 체코항공, KLM네덜란드항공, 아에로플로트러시아항공, 아르헨티나항공, 에어유로파, 중화항공, 중국동방항공, 중국남방항공, 가루다인도네시아항공, 케냐항공, 중동항공, 사우디아항공, 타롬루마니아항공, 베트남항공, 샤먼항공

홈페이지 www.skyteam.com

▶스타 얼라이언스 STAR ALLIANCE

아시아나항공, 루프트한자, 스칸디나비아항공, 싱가포르항공, 에어뉴질랜드, 에어캐나다, 오스트리아항공, 유나이티드항공, 전일본공수, 타이항공, 폴란드항공, 에어차이나, 이집트항공, 남아프리카항공, 스위스국제항공, 탑포르투갈, 터키항공, 아드리아슬로베니아항공, 에게안그리스항공, 에어인디아, 크로아티아항공, 에티오피아항공, 에바항공, 코파항공, 브뤼셀항공, 아비앙카브라질항공, 심천항공

홈페이지 www.staralliance.com

11 크로아티아 취항 항공사

자신의 여행 스케줄에 따라 7일 미만의 단기 여행이라면 직항편을, 스탑 오버를 통해 2곳을 함께 여행하고 싶다면 1회 경유하는 유럽계 항공사를, 시간에 여유가 된다면 2회 이상 경유하는 항공사를 추천한다.

직항, 대한항공
한국에서 크로아티아까지 바로.

▶ 대한항공 Korean Air(KE)
대한항공이 크로아티아의 수도 자그레브에 신규 취항했다. 이는 아시아 항공사 최초의 크로아티아 직항편으로 노선은 하계와 동계로 나눠 다른 요일로 운항한다. 하계는 화·목·토 주 3회, 동계는 월·수·금 주 3회다. 자그레브까지는 약 11시간 30분 소요된다.

취항 도시 자그레브, 프라하 외 유럽 전역　홈페이지 www.koreanair.com

1회 경유, 유럽계 항공사
한국에서 크로아티아까지 바로, 유럽에서 환승 1회

▶ 에어프랑스 Air France(AF) · 네덜란드항공 KLM Royal Dutch Airlines(KL)
에어프랑스와 KLM, 대한항공 공동운항까지 하루 4편이 아침부터 새벽까지 한국과 유럽을 연결한다. 한국에서 파리, 암스테르담까지는 직항이지만 크로아티아로 가려면 1회 이상 갈아타야 한다. 운항 시간, 소요 시간이 거의 직항과 비슷하고 기내 서비스가 좋아 꽤 인기가 있다. 다만, 예약 시 1시간 미만의 짧은 환승 시간은 짐 분실 및 넓디넓은 공항 전체를 뛰어다니거나 혹은 예약된 비행기를 못타는 불상사가 벌어질 수 있으니 가급적 환승 시간은 최소 2시간으로 넉넉하게 잡는 게 좋다.

취항 도시 자그레브, 파리, 빈, 프라하 외 유럽 전역　홈페이지 에어프랑스 www.airfrance.co.kr, 네덜란드항공 www.klm.co.kr

▶ 독일항공 Lufthansa(LH)
독일의 국적기로 유럽 주요 도시를 취항한다. 최근에는 부산 출발과 밤 출발이라는 이례적인 스케줄을 선보여 배낭족, 신혼부부들에게 많은 사랑을 받고 있다. 2014년 한국 취항 30주년을 기념해 보잉 747-80이 인천-프랑크푸르트에 도입되어 매일 정규 운항 중이다. 쾌적한 기내, 깔끔한 서비스 등이 장점이며, 한국 구간에는 한국인 승무원이 함께 탑승한다. 스타 얼라이언스팀으로 아시아나와 마일리지 교환이 가능하다.

취항 도시 자그레브, 두브로브니크, 프라하, 헝가리 외 유럽 전역　홈페이지 www.lufthansa.com

▶ 터키항공 Turkish Airlines(TK)

1933년 5월 설립되었으며 오늘날 전 세계 98개 지점을 가지고 있는 거대한 항공사. 한국에는 1997년 10월 운항하기 시작했지만 1998년 10월 일시 중단되었다. 2001년부터 인천-이스탄불 직항노선을 운항하며, 크로아티아와 지중해를 같이 보기에 가장 적합한 항공사다.

취항 도시 자그레브, 부다페스트, 프라하, 이스탄불 **홈페이지** www.turkishairlines.com/en-kr

▶ 러시아항공 Russian Airlines(SU)

흔히 러시아항공을 생각하면 비행기가 노후되었고 승무원이 불친절하다고 알려져 있지만 사실 그렇지 않다. 가격이 매력적이지만 모스크바-자그레브가 당일 연결이 되지 않아 무비자가 된 러시아를 여행하고 크로아티아에 입국하는 여행자에게 적합하다. 돌아오는 편은 당일 연결이 가능하다.

취항 도시 자그레브, 프라하, 모스크바 외 유럽 **홈페이지** www.aeroflot.ru-ko

▶ 크로아티아항공 Croatia Airlines(OU)

크로아티아까지 직항이면 가장 좋겠지만 아쉽게도 크로아티아로 들어가지는 않는다. 그래도 인천-프랑크푸르트 또는 인천-런던은 아시아나 또는 대한항공의 국적기를 이용할 수 있다. 크로아티아 내에서 이동 시 크로아티아항공을 이용한다.

취항 도시 자그레브 외 유럽 **홈페이지** www.croatiaairlines.com

▶ 아시아나항공 Asiana Airlines(OZ)

대한항공보다 취항지는 적지만 취항하지 않는 자그레브와 같은 도시는 스타 얼라이언스 내의 다른 항공사를 이용해 이동할 수 있다.

취항 도시 파리, 프랑크푸르트 등 유럽 **홈페이지** www.flyasiana.com

▶ 폴란드항공 LOT Polish Airlines(LO)

스타얼라이언스 소속의 폴란드 국영 항공사. 바르샤바를 경유해 자그레브로 당일에 입국할 수 있다. 인천과 바르샤바까지 보잉 878 드림라이너 기종을 운항한다.

취항 도시 자그레브 외 유럽 **홈페이지** www.lot.com

2회 경유, 유럽계 항공사
한국에서 제 3의 국가로. 환승 후 유럽으로, 유럽에서 다시 환승해 목적지!

▶ 영국항공 BritishAirways(BA)

아시아와 동유럽을 함께 여행할 수 있고 예약 시 요청하면 도버해협도 무료 또는 약간의 비용을 지불하고 비행기를 이용할 수 있다. 우리나라에서 도쿄, 오사카, 베이징, 상하이, 방콕, 홍콩을 경유하는 편을 이용하거나 런던까지 직항으로 간 후 최종 목적지에 도착한다. 당일 연결이 되지 않는 불편함이 있지만 요금이 저렴하고 제3국에서의 스톱오버를 허용하며, 타 할인 항공에 비해 유효기간이 비교적 긴 편이라 (3~6개월) 서유럽을 함께 여행하려는 장기여행을 계획하는 여행자에게 좋다.

취항 도시 자그레브 외 유럽 전역 **홈페이지** www.britishairways.com

▶ **스위스항공 Swissair(LX)**

우리나라에서 홍콩, 도쿄, 방콕을 경유해서 스위스를 한 번 더 거쳐 크로아티아의 목적지로 갈 수 있다. 인천-취리히 구간은 추가 요금을 지불 후 대한항공을 이용할 수 있고 경유지에서의 스톱오버도 가능하다.

취항 도시 프라하, 빈, 부다페스트, 류블랴나, 자그레브, 바르샤바 외 유럽 전역 **홈페이지** www.swiss.com

▶ **오스트리아항공 Austrian Airlines(OS)**

크로아티아와 유럽, 인도, 아시아를 함께 여행할 수 있는 가장 좋은 노선이다. 우리나라에서 베이징, 도쿄, 방콕을 경유하거나 또는 델리, 뭄바이를 경유해서 크로아티아로 갈 수 있는데, 잠시 동안 빈에 머물다 다른 나라로 이동할 수 있는 경유지 스톱오버가 가능하다. 상하이 또는 도쿄처럼 당일 연결이 되지 않는 구간은 항공사에서 호텔을 제공한다. 두브로브니크를 취항하는 항공사 중의 하나이며, 저가 항공사처럼 유럽에서 저렴하게 비행기를 이용할 수 있는 빈 패스를 판매한다. 스타 얼라이언스팀으로 아시아나와 마일리지 교환 및 적립이 가능하다.

취항 도시 자그레브 외 유럽 전역 및 아시아 **홈페이지** www.aua.com/kr

1회 경유, 제 3세계 항공사
한국에서 제 3의 국가로, 환승 후 크로아티아로

▶ **카타르항공 Qatar Airways(QR)**

도하를 경유해 자그레브에 도착한다. 밤늦은 출발과 합리적인 가격으로 신혼부부, 직장인, 학생 모두에게 인기가 높다. 단, 매일 취항하지는 않는다.

취항 도시 자그레브 외 유럽 전역 **홈페이지** www.qatarairways.com

TRAVEL PLUS

셀프 체크인 Self-check in?

e-티켓에 이어 이제는 셀프 체크인도 늘어나는 추세다. 더 이상 보딩 패스를 받기 위해 줄을 길게 서서 기다릴 필요가 없는 것이다. 셀프 체크인은 항공권 구입 후 인터넷이나 공항 내에 비치된 무인시스템을 통해 본인이 직접 체크인에 필요한 사항을 기입하고 기계에서 보딩 패스를 발급받는 것을 말한다. 보딩 패스를 받을 때 좌석 배치도가 나와 자리도 고를 수 있다. 단, 인천공항에서는 한국어가 지원되지만 외국에서는 영어 또는 현지어만 가능하기 때문에 언어의 장벽을 뛰어넘어야만 가능하다.

• **셀프 체크인 절차** - 키오스크 화면(무인시스템 기계)에서 항공권 번호 입력 또는 기계에 대고 여권을 스캔 → 여권 번호, 이름, 국적, 성별 등의 개인 신상정보 입력 → 좌석 및 기내식 선택 → 보딩 패스 출력 → 수화물 카운터에서 수화물 수속

삐삐의 SaySaySay

같은 날, 같은 좌석인데
항공 요금이 다른 이유는 뭘까요?

설레는 마음으로 비행기를 기다리는 사람들. 이들은 모두 같은 날 자그레브 행 비행기를 기다리는 중입니다. 이들 모두 일반석 항공권을 구입했지만 가격은 90만 원, 140만 원, 200만 원으로 제각각입니다. 같은 날, 같은 비행기를 타고 같은 서비스를 받는 좌석인데 이렇게 가격 차이가 나는 이유는 뭘까요?

답은 항공권은 가격 정찰제가 없다는 것입니다. 항공권 가격은 노선 운영 비용에 탑승률 등을 고려해 정해지지만, 구입 시기와 각종 조건에 따라 가격 차이가 크게 납니다. 그래서 국제선 항공권의 경우 같은 좌석 내에도 3~4배까지 벌어지는 우스운 일이 생기는 것이지요.
정상 가격의 항공권은 유효기간이 최장 1년입니다. 편명이나 일자, 여정 등을 자유롭게 변경할 수 있고, 사용하지 않은 경우 전액 환불도 가능하지요. 하지만 이런 정상 운임보다 가격이 내려갈수록 각종 제약 조건이 붙습니다.
항공사에서 내놓는 특가 항공권은 유효기간이 최소 15일에서 최대 3개월로 편명, 일자, 여정 등이 대부분 변경 불가능합니다. 출발 전후 날짜 변경은 추가 요금을 내야 하며, 경우에 따라서는 환불이 불가능한 경우도 있습니다.
또한 항공사는 여행사나 일반인에게 가격을 다르게 책정해 판매하기도 합니다. 따라서 대량으로 항공권을 구매하는 여행사들은 개인 소비자보다 저렴한 가격에 항공권 구입이 가능한 것이지요. 간혹 여행사나 항공사 홈페이지에서 출발일자가 임박한 땡처리 항공권을 판매하기도 하는데 이런 프로모션 항공권은 대부분 날짜 변경 및 환불이 불가능하다는 사실을 기억해야 합니다.

12 환전하기

유럽 대다수의 나라가 유로(€)를 사용하고 있어 환전이 편리해졌지만 크로아티아는 아직 자국 화폐인 쿠나(kn)를 사용한다. 전체 여행 일정을 고려해 전체 경비를 현금, 국제현금카드와 신용카드 등으로 준비해 가자. 사실 환전에는 정답이 없다 모두 적당히 준비해 상황에 맞게 적절히 사용하는 수밖에.

현금 Cash

현지에서 바로 사용할 수 있어 편리하지만 도난 또는 분실할 경우 아무런 보상을 받을 수 없어 위험부담이 크다. 그렇다고 현금 없이 여행을 떠나는 것도 위험하다. 전체 여행 경비에서 1/3 정도는 편리한 현금으로 준비해 가자. 크로아티아는 자국 화폐를 사용하는데 우리나라에서는 구할 수가 없다. 우리나라에서는 유로화로 환전한 후 현지 환전소에서 필요한 만큼 현지 돈으로 환전해 사용한다.

신용카드 Credit Card

크로아티아의 대부분 도시에서 신용카드 사용이 가능하므로 가지고 가면 편리하다. 신용카드사에서 제공하는 호텔 할인, 렌터카 서비스, 마일리지 적립 등도 함께 누릴 수 있다는 장점이 있다. 단, 해외에서 사용하는 카드 정산은 모두 달러^{USD}로 이뤄진다. 즉, 자그레브에서 1000kn를 썼다면 결제는 달러로 환산한 뒤 다시 원화로 청구된다는 뜻이다. 달러로 환산된 거래 금액이 원화로 청구되는 기준은 거래 내역이 카드사로 접수되는 날을 기준으로 하는데 만약 5월 1일에 거래를 했더라고 5월 20일에 접수가 되면 20일에 해당하는 전신환 매도율이 적용된다. 그러므로 청구되는 기간이 환율 하락 시점이라면 신용카드를 쓰는 것이 유리하지만 반대로 상승 중이라면 현금을 쓰는 것이 더 나을 수도 있다. 또한 국제카드를 이용할 경우 카드사마다 약간의 차이는 있지만 국제 거래 처리 수수료가 부과된다. 간혹 현지에서 신용카드

TRAVEL PLUS

우리나라에서 돈 버는 현금 환전법

전국 은행에서 환전 시 기준이 되는 환율은 같지만 운송비, 수수료 등이 포함되어 실제 환전 시 적용되는 가격은 상당히 달라진다. 거기다 은행 간에 경쟁이 심해져 환전 우대 쿠폰까지 발행해 부지런히 은행 홈페이지를 조회해야 고시한 가격보다 유리한 환율로 환전을 할 수 있다. 은행에서 환전하려면 여권 또는 주민등록증 같은 신분증이 있어야 한다. 크로아티아에서는 자국 화폐로 재환전해야 하니 소액권보다는 고액권으로 준비해 가는 게 좋다.

를 쓸 경우 본인 여부를 확인하기 위해 여권을 보여 달라는 경우가 있다. 그럴 경우를 대비해 학생인 경우 가족 카드를 만들면 된다. 가족 카드는 발급일이 최소 7~10일 정도 소요돼 출발 전 미리 신청해야 한다. 해외에서 가능한 신용카드는 비자VISA, 마스터MASTER, 아멕스AMERICAN EXPRESS, 다이너스DINERS가 대표적이다. 도난 및 분실을 대비해 반드시 신고 전화번호 정도는 여러 곳에 적어가자. 단, 카드 재발급은 귀국 후에나 가능하니 신용카드는 2개 정도 준비해 가는 게 현명하다.

국제 현금카드 International Debit Card

해외 어디서나 국내 예금을 찾아서 사용할 수 있고 환전의 번거로움이 없다. 현금을 들고 다니면서 도난이나 분실의 불안함이 없다는 장점이 있다. 국내의 통장에 넣어둔 돈을 현지 은행 ATM 기계에서 뽑으면 현지 화폐로 찾아 쓸 수 있다. 단, 돈을 인출할 때마다 수수료는 발생한다. 국민은행, 외환은행, 씨티은행 등 가까운 주거래 은행에서 발급받을 수 있지만 최소 예치금액이 있으며 발급 시 수수료가 발생할 수 있다. 현금카드의 분실을 생각해 최소 2개를 더 발급해 가는 게 안전하다.
- **발급 자격** - 만 18세 이상 국민인 거주자
- **발급 서류** - 현금이 인출될 통장과 도장, 신분증
- **사용 방법** - ATM 기계에 카드 넣기 → 언어를 '영어'로 선택 → 인출Withdrawal을 선택 → 계좌Account 또는 Saving 선택 → 필요한 금액 입력 → 비밀번호Pin Number 입력 → 나온 돈을 확인한 후 카드를 뽑는다

※ 크로아티아에서 환전하기

'Change Money', 'Exchange'라는 간판을 내건 환전소가 시내 곳곳에 있다. 특히, 관광객들이 몰리는 유명 관광 명소에 밀집돼 있다. 관광객이 많이 지나는 큰길가에 있는 환전소보다 조용한 골목에 있는 환전소가 환율이 더 좋다. 환율표는 반드시 We Buy라고 써 있는 환율표로 확인해야 하며, 수수료의 유무도 따져야 한다. 공항과 기차역 및 버스 터미널의 환전소는 환율이 나쁘니 교통비 정도만 환전하자.
또한 크로아티아의 화폐는 국제적으로 통용되지 않는 화폐로 반드시 쓸 만큼만 환전해야 한다. 돈이 남았다면 출국 전 재환전을 해야 하지만 수수료가 엄청나 그냥 뭐라도 사는 게 좋을 정도다. 환전 시 신분증이 필요하니 환전 계획이 있다면 미리 챙겨두자.

TRAVEL PLUS

크로아티아 통화, 쿠나

크로아티아는 쿠나Kuna를 사용하며, 'kn' 또는 'HRK'로 표시한다. 1kn는 약 180원(2019년 2월 기준)이다. 1kn=100lipa(리파)로 읽고 표시한다. 지폐 단위는 10kn, 20kn, 50kn, 100kn, 200kn, 500kn, 1000kn가 있고, 동전은 1kn, 2kn, 5kn, 1lipa, 2lipa, 5lipa, 10lipa, 20lipa, 50lipa가 있다.

13 짐 꾸리기

배낭이 가벼울수록 여행의 무게도 가벼워진다. 배낭을 꾸리다 보면 방 안에 있는 모든 것들이 여행 중에 꼭 필요한 물건처럼 느껴지겠지만 막상 여행 중에 사용하는 것은 정해져 있으니 간단하게 꾸리자. 만약 가지고 갈까? 말까? 라고 망설여지는 물건이 있다면 꼭 필요한 게 아니니 빼는 게 좋다. 짐을 꾸릴 때는 먼저 겉옷, 속옷, 세면도구, 화장품, 잡다한 것 등을 분류해 같은 종류끼리 비닐 봉투나 작은 손가방 등에 담는다. 이것을 큰 짐에 넣을 때에는 각 꾸러미를 가벼운 것부터 부피가 큰 순서대로 넣어 가장 무거운 것이 위쪽으로 오도록 한다. 그리고 자주 사용할 작은 소품들은 가방 바깥쪽 주머니에 넣으면 편리하다.

꼭 챙겨야 하는 물품

❶ **가방** 큰 짐을 넣을 가방은 배낭 또는 캐리어 중 취향에 맞게 선택하면 된다.

- **배낭** - 38~45ℓ 의 배낭 크기가 적당하다. 가방을 고를 때는 방수가 되는지, 메는 어깨끈의 바느질이 튼튼한지와 끈의 쿠션이 적당한지가 중요하다. 인터넷으로 보고 사는 것보다는 직접 메어보고 사는 게 좋다. 자물쇠를 이용할 수 있게 지퍼가 잘 만들어졌는지, 주머니가 많이 있는지 등을 꼼꼼하게 살펴보자. 옆으로 뚱뚱하게 퍼지는 것보다는 위로 높은 게 짐을 넣기 좋다. 배낭을 메고 여행을 갈 경우 양손이 자유로워 이동할 때도 한결 수월하다. 하지만 몸이 피곤한 날 어깨에 짊어진 짐의 무게는 천근만근이 될 수 있다.
- **캐리어** - 바퀴가 튼튼한 것을 골라야 한다. 크로아티아의 울퉁불퉁한 돌길을 덜덜거리고 걷다가 바퀴 한쪽이 툭, 하고 빠진다면 꼼짝없이 새로 사야 하기 때문이다. 또한 짐을 넣고 끌 때 무게가 분산되는지도 중요하다. 무게가 분산되지 않는다면 수트케이스는 한없이 무거운 리어카 같게만 느껴질 것이다. 쇼핑을 위해 이민용 가방 같은 대형 트렁크를 가져간다면 야간 페리를 이용하거나 라커에 짐을 넣을 때 불편하니 24~28인치의 크기가 적당하다.
- **보조가방** - 큰 짐을 넣을 가방이 결정되었다면 작은 배낭이나 옆으로 멜 수 있는 가방도 준비해야 한다. 도시에서 큰 가방은 숙소에 보관하고 작은 가방에 카메라, 가이드북, 물 등을 넣고 여행하자.

❷ **옷** 가장 많은 부분을 차지하는 게 옷이다. 레스토랑이나 격식 있는 자리에 갈 경우를 대비해서 너무 배낭여행용 옷만 챙기지는 말자. 패션과 기능을 고려해 현명하게 챙겨보자. 더운 여름에 떠난다고 해서 반팔만 가져가면 안 된다. 아침과 저녁이 되면 쌀쌀해지기 때문이다. 긴 바지 한 벌과 카디건 또는 얇은 잠바는 언제나 유용하다. 얇은 옷을 여러 벌 겹쳐 입는 것도 센스와 보온이라는 두 마리 토끼를 동시에 잡을 수 있다. 여성의 경우 원피스 같은 치마가 유용하다. 더운 여름에는 몸에 감기지도 않아 시원하면서도 우아해 보일 수 있다.

- **옷 종류** - 긴 바지 1벌, 긴 남방, 긴 카디건 또는 얇은 봄 잠바(방수 되는 등산 잠바도 OK), 반팔 티셔츠 2~3벌, 반바지 1벌, 속옷 3~4벌, 양말 3켤레, 원피스

❸ **신발** 하루 종일 걸어야 하는 여행자에게 가장 중요한 것은 신발이다. 신발은 편한 게 제일이다. 간혹 여행 간다고 신나서 새 신발 신고 오는 경우가 있다. 길들여지지 않은 신발을 신고 여행을 하는 것만큼 바보 같은 행동은 없다. 가벼우면서 쿠션이 있어 오래 걸어도 발에 무리가 가지 않는 경등산화나 운동화가 좋다. 여름에는 스포츠 샌들이나 물놀이용 아쿠아 슈즈는 필수다. 숙소에서 신을 수 있는 슬리퍼도 잊지 말자. 물에 젖어도 상관없는 것으로 준비하는 게 좋다.

❹ **세면도구 및 화장품** 치약, 칫솔, 비누, 샴푸, 린스, 수건은 필수다. 화장품은 개인 취향에 따라 준비하면 된다.

❺ **카메라와 소품** 카메라는 전문가가 아니라면 휴대가 간편한 것이 좋다. 디지털카메라를 가져간다면 여행 기간과 용량을 미리 생각해 메모리 카드와 충전지, 리더기 또는 USB를 준비하자.

❻ **비상약품** 아무리 영어나 현지어에 능통해도 막상 아프면 머릿속이 하얗게 변해 아무 생각이 안 난다. 따라서 말도 통하지 않는 외국에서 아픈 증세에 따라 약을 구입하기란 쉽지 않으니 미리 한국에서 목록을 정해 가져가면 아플 때 안심이 된다.

- **기본 상비약** - 감기약, 진통제, 해열제, 소화제, 지사제, 일회용 밴드, 연고, 파스, 바르는 모기약 등을 준비하면 된다. 이밖에 피로회복을 위해 영양제, 비타민도 챙기면 유용하다.

❼ **일기장&필기도구** 적을 수 있는 간단한 필기도구뿐만 아니라 기념으로 남기고 싶은 입장권과 자료들을 붙이고 느낌을 적을 수 있는 일기장을 준비하자. 만약 그림 그리기 좋아하는 사람이라면 작은 색연필 세트도 유용하다.

❽ **복대** 입이 닳도록 강조하고 또 강조하는 말은 복대 착용이다. 얇은 면으로 된 복대에 여권, 돈, 카드, 패스 등을 넣어두면 좋다. 복대는 귀중품을 넣은 내 분신이기 때문에 속옷과 겉옷 사이에 착용해야 한다. 여름에는 땀이 차서 안의 내용물이 젖을 수 있으니 내용물을 비닐로 한 번 싸서 복대에 넣어 보관하자.

❾ **모자&선글라스&우산** 강렬한 햇볕을 피할 수 있는 모자와 선글라스는 필수다. 크로아티아의 날씨는 변덕스러워 낮에 해가 쨍쨍해도 갑자기 비가 내릴 수 있다. 양산으로도 사용할 수 있는 작고 가벼운 우산을 준비하는 게 좋다. 공산품이 비싼 크로아티아의 우산은 가격 대비 질도 떨어진다.

편리한 여행을 위한 물품

❶ **외장하드 또는 USB** 디지털카메라를 가져갔지만 메모리가 부족한 경우 사진을 그때그때 외장하드 또는 용량이 큰 USB에 보관하면 메모리가 모자랄 일이 없다.

❷ **열쇠와 자물쇠** 큰 가방과 작은 가방에 채울 수 있도록 2개 정도 준비하자. 비행기 탑승 시 짐을 따로 부치거나 열차 탑승 시, 남에게 짐을 맡길 때, 호스텔에서 개인 사물함을 사용할 때 등 도난 방지용으로 다양하게 쓰인다.

❸ **빨래비누&가루비누** 속옷이나 양말을 세탁할 때는 빨래비누가 유용하다. 숙소에서 세탁기를 쓸 경우 돈을 주고 세제를 사야 한다. 비닐팩이나 빈 필름통에 가루비누를 덜어 가면 편하다.

❹ **다용도 휴대용 칼** 칼 이외에 가위, 깡통따개, 자 등 다양한 기능이 있어서 과일을 깎아 먹거나 잼을 발라 먹는 등 여러 가지로 쓸모가 많다. 아니면 와인 오프너와 조그만 과일 깎는 칼을 따로 챙기는 게 좋다. 다만 비행기를 탈 때 기내에 가져갈 수 없으니 꼭 별도로 수화물에 넣어야 한다.

❺ **손톱깎이&면봉** 10일 이상의 여행이라면 꼭 준비해 가자. 여행하다 보면 간혹 손톱이 부러지는 경우도 있고, 귀가 간지러운 경우도 있다. 없으면 무척 불편하다.

그 밖에 없으면 아쉬운 물품

❶ **휴지&물휴지** 페리 내 화장실이나 여행 중 방문하는 관광 명소에 휴지가 없는 경우가 많다. 하지만 현지에서도 구입이 가능하니 미리 많이 준비할 필요는 없다.

❷ **비상식량** 자신 있게 현지 음식만 먹겠다고 떠났지만 옆에서 참치 캔 하나 사서 고추장에 비벼먹는 친구를 보면 저절로 눈이 가게 마련이다. 볶은 고추장이나 김, 라면수프, 카레가루 등 부피가 작은 비상식량을 준비하자.

❸ **비닐 봉지** 지퍼백과 비닐 봉지는 젖은 빨래나 음식물을 보관할 때 필요하다. 쓰레기통 대신 쓸 수도 있고 기념품이나 브로슈어 등을 보관할 때도 유용하다.

❹ **마스크팩** 요즘엔 1회용 마스크팩을 쉽게 구할 수 있다. 낱개 포장이 되어 있어 필요한 만큼만 챙기면 되니 부담도 안 되고, 다양한 종류 중 자신의 피부에 맞는 것을 선택할 수도 있다. 장시간 비행으로 얼굴이 건조해지거나 해변에서 놀고 난 후 햇볕에 얼굴을 그을렸을 때 꼭 필요하다.

❺ **생리대** 개인이 선호하는 브랜드 제품을 준비해 가는 것이 제일 좋다. 하지만 짐이 많아 부담스럽다면 현지에서 구입해서 쓰는 것도 방법이다.

여행 준비 목록 체크리스트

필수/선택	품목	체크/항목	내용
필수	보조가방	여권	사진이 나온 부분을 3장 정도 복사해 따로 보관하자
필수		여권용 사진	비상시를 대비해서 3~4장을 준비하자
필수		국제학생증	현지에서 할인도 받고! 신분증 대용으로도 사용하고!
선택		유스호스텔증	유스호스텔을 많이 이용할 배낭여행자라면!
필수		국외여행 허가신고필증	병역 미필자들은 미리 여권 사이에 넣어 두자!
필수		여행자보험	유비무환! 여행자보험
필수		가이드북	현지 여행을 도와줄 바이블!
필수		필기구&일기장&수첩	일기도 쓰고, 가계부도 쓰고, 가족에서 엽서도 보내고!
필수	의류	속옷	3~4벌 정도
필수		반팔 티셔츠	2~3벌 정도(계절에 맞게 준비)
필수		재킷 또는 카디건	1~2벌 정도
필수		반바지	1~2벌 정도(계절에 맞게 준비)
필수		긴 바지	1~2벌 정도
필수		원피스 또는 치마(여성)	1~2벌 정도(또는 수영복)
필수		신발	운동화, 슬리퍼, 샌들(계절에 맞게 준비), 아쿠아 슈즈
필수		모자&선글라스	무난한 것으로 준비
필수	위생용품	세면도구	칫솔, 치약, 샴푸, 비누, 때타월, 스포츠 타월
필수		화장품	본인이 쓰던 것을 준비하자
선택		생리용품	본인이 사용하던 제품이 최고다!
필수		손톱깎이	여행 중에도 손톱은 계속 자라니까
선택		면봉	귓속의 먼지를 제거하거나 화장을 고칠 때 유용
선택		빗과 면도기	본인이 사용하던 것을 준비하자
필수	카메라 가방	카메라	작은 소품가방에 배터리, 메모리카드, USB, 리더기, 멀티콘센트를 챙겨놓자
필수	기타	비상약	일주일 정도의 비상약을 준비하자. 감기약, 진통제, 해열제, 소화제, 지사제, 일회용 밴드, 연고, 파스 등
선택		다용도 휴대용 칼	과일을 깎거나 호신용으로 유용!
선택		비닐 봉지	젖은 빨래나 쓰레기 등을 처리할 때 유용하다
선택		옷걸이 2개	숙소에서 빨래를 말리거나 옷을 걸어 놓을 때 유용
선택		3단 우산	현지에서 비싼 돈 주고 사기 아깝다
선택		외장하드	메모리 카드가 꽉 찼을 때 유용하다
선택		여행용 티슈&물티슈	여러모로 유용하다. 특히 씻지 못했을 경우!
필수	지갑 속	한국 돈 약간	공항에 오고 갈 경비!
필수		현지 여행 경비	각종 신용카드 및 체크카드와 약간의 현금

간단한 크로아티아어 회화

크로아티아어는 서부 남슬라브어군에 속해 세르비아, 보스니아, 몬테네그로와 상당한 유사성이 보인다. 크로아티아어를 발음하는 것은 어렵지 않지만 일부 크로아티아어가 남성형과 여성형으로 나뉘며 상황에 따라 우리나라 말처럼 존대를 쓰는 경우도 있다는 사실만 알아두면 된다. 관광업에 종사하는 대부분의 사람은 영어 구사가 가능하지만 외국인이 더듬더듬 크로아티아어로 말하는 순간 현지인들은 환하게 웃으며 친절해진다는 사실을 기억하자. 유용하게 활용할 수 있는 간단한 크로아티아를 익혀보자.

요일

월요일 Ponedjeljak 포네델랴크
화요일 Utorak 우토라크
수요일 Srijeda 스리예다
목요일 Ćetvrtak 체트브르타크
금요일 Petak 페타크
토요일 Subota 수보타
일요일 Nedjelja 네디엘랴

숫자

1 Jedan 예단
2 Dva 드바
3 Tri 트리
4 Četiri 체티리
5 Pet 페트
6 Šest 세스트
7 Sedam 세담
8 Osam 오삼
9 Devet 데베트
10 Deset 데세트
20 Dvadeset 드바데세트
30 Trideset 트리데세트

40 Četrdeset 체트르데세트
50 Pedeset 페데세트
60 Šezdeset 셰즈데세트
70 Sedamdeset 세담데세트
80 Osamdeset 오삼데세트
90 Devedeset 데베데세트
100 Sto 스토
1000 Tisuću 티수추

때에 따른 인사말 : 안녕하세요

아침 Dobro jutro 도브로 유트로
점심 Dobar dan 도바르 단(가장 많이 쓰는 인사말)
저녁 Dobra večer 도브라 베체르

간단한 인사말

안녕하세요 Bog 보그
안녕히 가세요 Zbogom 즈보곰
감사합니다 Hvala 흐발라
천만에요 Nema na ćemu 네마 나 체무
실례합니다 Oprostite 오프로스티테
미안합니다 Žao mi je 즈아오 미 예
네 Da 다

373

아니요 Ne 네
부탁드립니다 Molim 몰림

시간

아침(오전) Jutro 유트로
점심(오후) Poslijepodne 포슬리예포드네
저녁 Večer 베체르
어제 Jučer 유체르
오늘 Danas 다나스
내일 Sutra 수트라

표지판

출구 Izlaz 이즐라즈
입구 Ulaz 우라즈
남자 Muški 무슈키
여자 Žene 제나
화장실 Toalet 토알레트
개점 Otvoreno 오트보레노
폐점 Zatvoreno 자트보레노
우체국 Poštanski 포슈탄스키
관광안내소 Turistička 투리스티치카
박물관 Muzej 무제이
광장 Trg 트르그
역 Kolodvor 콜로드보르
배 Brod 브로드
버스 Autobus 아우토부스
비행기 Avion 아비온
기차 Vlak 블라크
트램 Tramvaj 트람바이
편도 Jednosmjernu 예드노스메르누
왕복 Povratnu 포브라트누

레스토랑 이용 시

예약하고 싶은데요. Želio bih rezervirati. 젤리오 비흐 레제르비라티
메뉴를 추천해 주세요. Što možete preporučiti? 슈토 모제테 프레포루치티?
저 사람과 같은 것으로 주세요. Molim vas, dajte mi isto. 몰림 바스. 다이테 미 이스토
와인 좀 추천해 주세요. Molim vas da odaberete prikladan vina za ovo jelo. 몰림 바스 다 오다베레테 프리클라단 비나 자 오보 옐로.
주문한 음식이 이게 아니에요. Toga nisam naručio. 토가 니삼 나루치오
계산서 주세요. Molim vas donesite, račun. 몰림 바스 도네시테, 라춘

위급 상황 시

도와주세요! Upomoć! 우포모치
길을 잃었어요. Izgubio sam se. 이즈구비오 삼 세
사고가 났습니다. Desila se nezgoda! 데실라 세 네즈고다
의사에게 연락해 주세요. Zovite liječnika. 조비테 리예치니카
경찰에 연락해 주세요. Zovite policiju! 보지테 폴리치유
몸이 아픕니다. Ja sam bolestan. 야 삼 볼레스탄
이곳을 다쳤어요. Boli me ovdje. 볼리 메 오브데
열이 나요. Imam groznicu. 이맘 그로즈니추
배가 아픕니다. Boli me trbuh. 블리 메 트레부흐
구급차를 불러 주세요. Zovite vozilo hitne pomoći. 조비테 보질로 히트네 포모치

INDEX

인덱스

INDEX

인덱스

Memo

Memo

friends 프렌즈 시리즈 17

프렌즈 크로아티아

발행일 | 초판 1쇄 2016년 3월 31일
개정 3판 1쇄 2019년 3월 11일
개정 4판 1쇄 2020년 3월 26일

지은이 | 김유진, 박현숙

발행인 | 이상언
제작총괄 | 이정아
편집장 | 손혜린
책임편집 | 유효주

디자인 | onmypaper
개정 디자인 | 김미연
지도 | 신혜진

발행처 | 중앙일보플러스(주)
주소 | (04517) 서울시 중구 통일로 86 바비엥3 4층
등록 | 2008년 1월 25일 제2014-000178호
판매 | 1588-0950
제작 | (02) 6416-3922
홈페이지 | jbooks.joins.com
네이버 포스트 | post.naver.com/joongangbooks

ISBN 978-89-278-1096-4 14980
ISBN 978-89-278-1051-3(set)